获中国石油和化学工业优秀教材一等奖
普通高等教育"十一五"国家级规划教材
（高职高专教材）

化工单元操作

第二版

张宏丽　刘　兵　闫志谦　等编

化学工业出版社
·北京·

本书主要介绍化工生产过程中常见的单元操作的基本原理、典型设备的构造和性能、一般的计算方法以及单元操作技术。内容包括：流体流动，液体输送，气体的压缩与输送，非均相物系的分离，传热，蒸发和结晶，蒸馏，吸收，萃取，干燥。每章均有复习题，部分章节附有习题和答案。书末有附录，供解题时查数据使用。

本书在编写上力求深入浅出，浅显易懂，避免了一些繁杂的数学推导。侧重单元操作基础知识的学习和应用，突出工程观点，注意启迪思维，便于自学。

本书可供化工单元操作技术、化工机械技术、分析检测类专业高职高专学生使用，也可作为化工类高级工培训教材。

图书在版编目（CIP）数据

化工单元操作/张宏丽，刘兵，闫志谦等编．—2版．—北京：化学工业出版社，2010.5（2018.3重印）

普通高等教育“十一五”国家级规划教材

ISBN 978-7-122-07871-1

Ⅰ.化… Ⅱ.①张…②刘…③闫… Ⅲ.化工单元操作-高等学校-教材 Ⅳ.TQ02

中国版本图书馆CIP数据核字（2010）第034751号

责任编辑：于　卉　　　　文字编辑：林　媛

责任校对：王素芹　　　　装帧设计：王晓宇

出版发行：化学工业出版社（北京市东城区青年湖南街13号　邮政编码100011）

印　　装：大厂聚鑫印刷有限责任公司

787mm×1092mm　1/16　印张17¾　字数446千字　2018年3月北京第2版第10次印刷

购书咨询：010-64518888（传真：010-64519686）　售后服务：010-64518899

网　　址：http://www.cip.com.cn

凡购买本书，如有缺损质量问题，本社销售中心负责调换。

定　　价：32.00元

前　言

本书是获得第九届中国石油和化学工业优秀教材奖一等奖、2007年化学工业出版社出版的普通高等教育“十一五”国家级规划教材（高职高专教材）《化工原理》（张宏丽，周长丽，闫志谦等编）的修订版。为适应高等职业教育蓬勃发展的新形势，修订版更注重提高学生理论联系实际的能力，培养学生工程技术观点和实际操作的动手能力。

本教材在保持第一版教材特色的基础上，修订内容如下：①更新了部分章节的内容与顺序；②各章新增加了单元操作技术有关内容；③丰富了各章习题；④配套了本教材的电子课件及各章练习题题解过程；⑤更新了附录中部分内容。

修订版教材不仅重点讲述化工常用单元操作的基本原理、典型设备及计算方法，还介绍了单元操作技术有关内容，以便于各院、校化工单元操作实训。故修订版教材更名为《化工单元操作》。

本教材是以高职高专化工技术、分析检测技术及化工机械技术类专业学生的培养目标为依据编写的。教材在编写过程中广泛征求了企业专家的意见，具有较强的实用性。

教材在编写过程中，注意贯彻“基础理论教学要以应用为目的，以必需、够用为度，以掌握概念、强化应用、培养技能为教学重点”的原则，突出应用能力和综合素质的培养，反映高职高专特色。

教材在编写上力求深入浅出，浅显易懂，避免了一些繁杂的数学推导。侧重单元操作基础知识的学习及应用，突出工程观点，注意启迪思维，便于自学。本书是化学工程学的基础，是以流体流动、传热及传质单元操作为对象，进行浅显讲解的化学工程入门书。每章均有复习题，部分章节附有习题和答案。书末有附录，供解题时查数据使用。书中的*阅读材料可结合实训过程学习，加强动手能力的训练，促进专业教育实际化。

本教材由河北化工医药职业技术学院张宏丽编写绪论、第一章、第五章、第八章及附录；徐州工业职业技术学院刘兵编写第二章至第四章；河北化工医药职业技术学院闫志谦编写第六章、第七章，辽宁石油化工大学李剑虹编写第九章、第十章。全书由张宏丽统稿，丁春燕审阅书稿。

在本教材编写过程中，得到相关领导和同行的支持。本书部分章节中的图、表由段颖绘制。在此一并表示感谢。

由于编者水平所限，时间仓促，书中难免有不妥之处，欢迎读者批评指正。

编　者

2010年2月

第一版前言

本教材是以高职高专化工技术、分析检测技术及化工机械技术类专业学生的培养目标为依据编写的。教材在编写过程中广泛征求了企业专家的意见，具有较强的实用性。

教材在编写过程中，注意贯彻“基础理论教学要以应用为目的，以必需、够用为度，以掌握概念、强化应用、培养技能为教学重点”的原则，突出应用能力和综合素质的培养，反映高职高专特色。

教材在编写上力求深入浅出，浅显易懂，避免了一些繁杂的数学推导。侧重单元操作基础知识的学习及应用，突出工程观点，注意启迪思维，便于自学。本书是化学工程学的基础，是以流体流动、传热及传质单元操作为对象，进行浅显讲解的化学工程入门书。书中的阅读材料可结合实训过程学习，加强动手能力的训练，促进专业教育实际化。

本教材由张宏丽编写绪论、第一章、第五章、第八章、第九章及附录；周长丽编写第二章至第四章；闫志谦编写第六章、第七章、第十章。丁春燕编写第十一章。全书由张宏丽统稿，田铁牛审阅书稿。

在本教材编写过程中，得到相关领导和同行的支持。本书部分章节中的图、表由段颖绘制。在此一并表示感谢。

由于编者水平所限，时间仓促，书中难免有不妥之处，欢迎读者批评指正。

编　者

2007 年 2 月

目　录

绪 论

一、本课程的学习内容和任务

本课程的学习内容是化工生产过程中常见的单元操作过程及设备。其任务是学习各单元操作的基本原理、典型设备的构造和性能以及一般的计算方法。

在化学工业的生产中，常常采用空气、煤、海水等天然资源或玉米、甘薯等农作物为原料进行加工处理制成成品。这些从原料到成品的生产程序，称为化工生产过程。例如无机肥料工业中的合成氨生产过程、制药工业中的葡萄糖生产过程等。这些化学工业产品的生产方法、原理、流程和设备等问题都在各类的工艺学中学习，例如无机物工艺学、有机合成工艺学、制药过程工艺学等。

尽管化学工业的门类繁多，产品和生产方法复杂多样，但是，在生产过程中都要用到一些类型相同、具有共同特点的基本过程和设备，例如流体的输送、过滤、加热、冷却、蒸发、精馏和干燥等。这些基本过程和设备都是大多数化工产品的生产过程中所共有的。例如，在烧碱的生产中，碱液的浓缩是采用蒸发来完成的；同样在食盐精制和葡萄糖等生产中也采用蒸发来浓缩溶液。可见蒸发是一个化工基本过程。又如，在制药工业中，所得的葡萄糖晶体成品需要干燥；而在纯碱生产中，纯碱也需要干燥。所以干燥也是一个化工基本过程。这些具有共同的物理变化特点的化工基本过程，也称为单元操作。

化工基本过程与化工生产过程是不同的，任何化工生产过程都是按照不同的生产要求，由若干个化工基本过程组合而成。对于从事化学工程技术的人员来说，这是一门很重要的课程。因为各种化工产品的生产过程中都离不开化工基本过程、典型设备的构造和操作等问题。学习本门课程，可培养学生分析和解决有关单元操作各种问题的能力。

二、单元操作的名称与分类

根据各单元操作所遵循的基本规律，从而可进一步将它们归纳成下列几个基本过程。

1. 动量传递过程

研究流体流动的基本规律以及主要受这些基本规律支配的一些单元操作，如流体的流动与输送、沉降、过滤等。

2. 热量传递过程

热量传递过程简称传热过程。研究传热的基本规律及主要受这些基本规律支配的一些单元操作，如传热、蒸发、结晶等。

3. 质量传递过程

质量传递过程简称传质过程。研究物质通过相界面的迁移过程的基本规律及受这些基本规律支配的一些单元操作，如精馏、吸收、萃取、干燥等。

4. 热力过程

研究热力学的基本规律及遵循这些基本规律的单元操作，如冷冻、深度冷冻等。

应当指出，以上分类方法只是相对的。在最简单的情况下，过程用一个基本定律就能表明，例如流体力学过程可以用流体运动规律来表明。但是某些过程也可以同时包括有流体动力学现象、热交换现象和传质现象，而某些设备也会随着它在生产中使用目的或条件的不同起着不同的作用。因此，对同一典型设备有必要从各个角度进行全面的分析，找出一系列共同影响和经常互相矛盾的因素密切地联系起来研究。

三、基本概念与方法

在学习各种单元操作时，为了弄清过程始末和过程之中各股物料的数量、组成之间的关系，必须做出质量衡算，质量衡算常称为物料衡算。为了搞清过程中吸收或释放的能量，还需进行能量衡算。物料衡算和能量衡算是本课程研究问题的常用手段。此外，为了计算所需设备的工艺尺寸，必须依靠平衡关系了解过程进行的方向与极限，依赖速率关系分析过程进行的快慢。这些基本概念是从工程观点出发分析某个过程技术上的可行性和经济上的合理性的基本依据。

1. 物料衡算

物料衡算是质量守恒定律的具体应用，是化工计算的基础。进行物料衡算时，必须首先要划定衡算的系统，其次要确定衡算的对象与衡算的基准。对于划定的衡算系统，根据质量守恒定律，当系统中无物料积累时，则进入系统的物料总量等于离开系统的物料总量。

设投入的原料量为 $m_{原}$，产品量为 $m_{产}$，损失物料量为 $m_{损}$，即可列出物料衡算方程为：

$$m_{原}=m_{产}+m_{损} \tag{0-1}$$

画出清晰的衡算系统示意图，对理解题意和在解题过程中少犯或不犯错误是非常必要的。

2. 能量衡算

能量衡算是能量守恒定律的具体应用，也是化工计算中的一种基本计算。它不仅对生产工艺条件的确定、设备设计是不可缺少的，而且在生产中分析问题、评价技术经济效果也是很重要的。

热量是能量的一种形式，在多数情况下化工过程涉及的能量主要是热量。对连续操作的系统，当系统中无热量积累时，设输入的热量为 $Q_{入}$，输出的热量为 $Q_{出}$，损失的热量为 $Q_{损}$，则热量衡算方程为：

$$Q_{入}=Q_{出}+Q_{损} \tag{0-2}$$

进行热量衡算时，仍应画出清晰的衡算系统示意图，确定衡算的范围，选定计算基准和统一的计量单位。

3. 平衡关系

物理和化学变化过程，都有一定的方向和极限。在一定条件下，过程的变化达到了极限，即达到了平衡状态。任何一种平衡状态的建立都是有条件的，当条件发生变化时，原有的平衡状态被破坏并发生移动，直至在新的条件下建立新的平衡。可见，平衡状态具有两种属性，即相对性和可变性。生产中常利用它的可变性使平衡向有利于生产的方向移动。

4. 过程速率

过程速率是指过程进行的快慢，即单位时间内过程的变化率称为过程速率。过程速率与过程的推动力成正比，而与过程的阻力成反比。在动量传递、热量传递和质量传递中都得到反复的应用。此公式可表示为：

$$过程速率=\frac{推动力}{阻力} \tag{0-3}$$

四、单位制和单位换算

1. 基本量和导出量

凡参与生产过程的物料都具有各种各样的物理性质，如黏度、密度、热导率等，而且还常需用各种不同的参变量，如温度、压强、流速等来表示过程的特征。这些物理性质和参变量在过程中均需要计量和控制，通常把它们统称为物理量。

尽管这些物理量的种类繁多、各不相同，但都可以通过几个彼此独立的基本量来表示其性质。其他物理量都可以通过既定的物理关系与基本量联系起来，这种由基本量导出的物理量称为导出量。

基本量所用的单位称为基本单位，由基本单位导出的单位称为导出单位。单位制是基本单位与导出单位的总和。

2. 单位制

由于计量各个物理量时，采用了不同的基本量，因而产生了不同的单位制。目前最常用的单位制有以下三种。

（1）物理单位制　在此制中，长度单位是厘米、质量单位是克、时间单位是秒。其他物理量的单位可以通过物理和力学的定律由这些基本量导出。比如：力的单位由牛顿第二定律 $F=ma$ 导出，其单位为克·厘米/秒^2，称为达因。在科学实验和物化数据手册中常用此制。

（2）工程单位制　在此制中，长度单位是米、力的单位是千克力、时间单位是秒。这样，质量就变为导出量。

（3）国际单位制　1960 年第 11 届国际计量大会上正式通过国际单位制，代号为 SI。一共采用七个物理量的单位为基本单位，其名称、代号见表 0-1。

表 0-1　国际单位制的七个基本量

基本量	单位名称	单位代号	
		中文	国际
长度	米	米	m
质量	千克(公斤)①	千克(公斤)	kg
时间	秒	秒	s
电流	安培	安	A
热力学温度	开尔文②	开	K
物质的量	摩尔	摩	mol
光强度	坎德拉	坎	cd

① 括弧中的名称与它前面的名称是同义词。

② 除以开尔文表示的热力学温度外，也使用按式 $t=T-273.15\text{K}$ 所定义的摄氏温度，式中，t 为摄氏温度，T 为热力学温度。摄氏温度用摄氏度表示，摄氏度的代号为℃。

为了使用的方便，SI 还规定了一套词冠来表示单位的倍数和分数，见表 0-2。

在选用国际制单位的倍数单位或分数单位时，应使数值处在 0.1～1000 之间。

表 0-2 国际单位制词冠

因数	词冠	代号		因数	词冠	代号		因数	词冠	代号	
		中文	国际			中文	国际			中文	国际
10^{18}	艾可萨	艾	E	10^{2}	百	百	h	10^{-9}	纳诺	纳	n
10^{15}	拍它	拍	P	10^{1}	十	十	da	10^{-12}	皮可	皮	p
10^{12}	太拉	太	T	10^{-1}	分	分	d	10^{-15}	飞母托	飞	f
10^{9}	吉咖	吉	G	10^{-2}	厘	厘	c	10^{-18}	阿托	阿	a
10^{6}	兆	兆	M	10^{-3}	毫	毫	m				
10^{3}	千	千	k	10^{-6}	微	微	μ				

例如：1.2×10^4N　　可以写成　　12kN

0.00394m　　可以写成　　3.94mm

1401Pa　　可以写成　　1.401kPa

但是在同一个量的数值表中，或在一篇文章中讨论这些数值时，即使有些数值不在0.1～1000范围之内，也最好使用一致的倍数单位或分数单位。对于有些量，在特殊的使用场合，可以用同一个习惯的倍数单位或分数单位。例如，在大部分机械制图中可以使用毫米表示几何尺寸。

本教材主要采用国际单位制。

3. 单位换算

1984年2月27日国务院发布命令，明确规定在我国实行以SI单位为基础的法定计量单位，要求在1990年底以前各行各业要全面完成向法定计量单位的过渡。鉴于几十年来，在工农业生产和工程技术中，一直广泛使用工程单位制，现在理化手册和科技资料中的数据仍然主要是采用物理单位制，因而有必要掌握这些单位制之间的换算。

物理量由一种单位换成另一种单位时，量本身并无变化，但数值要改变，换算时要乘以两单位间的换算因数。所谓换算因数，就是彼此相等而各有不同单位的两个物理量之比。化工常用单位的换算因数可从本书附录中查到。

【例题 0-1】 一标准大气压（1atm）的压力在SI中为多少帕？

解 从附录一中查得

$$1\text{atm}=1.01325\times10^5\text{Pa}$$

【例题 0-2】 求把密度的单位由g/cm^3换算成kg/m^3时的换算因数。

解

$$1\text{g/cm}^3=1000\text{kg/m}^3$$

换算因数为1000。

4. 单位的正确运用

化工计算中所使用的公式种类不同，使用物理量单位的方法也不同。

一类公式是根据物理规律建立的，称为理论公式。其中的符号除比例系数外，各代表一个物理量，因此又称为物理量方程，如牛顿第二定律$F=ma$等。物理量实际上是数目与单位的乘积，把物理量的数据代入这一类公式时，应当把数值和单位一起代进去，而解出的结果总是属于同一单位制，所以理论公式在单位上总是一致的。

使用理论公式进行计算时，开始便应选定一种单位制，并贯彻到底中途不能改变。求得的结果若不能保持单位的一致或得出不合理的单位，表明计算中混进不一致的单位，或者所用公式本身的单位不一致，有必要检查公式是否正确。

另一类公式是根据实验结果整理出来的，称为经验公式。这类公式的每一个符号都要用指定单位的数值代入，所得结果属于什么单位也是指定了的。对于这类公式，代入以前要逐一核实数据的单位是否合乎规定，只需将数字代入，算出的结果则附上规定的单位。严格地说，这种公式中的符号并不能代表完整的物理量，只是代表物理量中的数字部分，所以又称数字公式，其使用是有局限性的。

复习题

1. 试举例说明本课程和工艺学的研究对象有何不同。
2. 什么叫做单元操作?
3. 物料衡算和热量衡算的依据和基本步骤是什么?
4. 物理单位制、工程单位制和SI中各以哪几个单位为基本单位?
5. 单位制与基本单位、导出单位的关系是什么?
6. 在工程计算中如何保证单位的正确运用?

习 题

0-1 将物理单位制的黏度单位泊换算成SI黏度单位Pa·s。

[答：0.1]

0-2 将2hp（马力）换算成kW。

[答：1.49kW]

0-3 将流量600L/min换算成m^3/s。

[答：0.01]

第一章 流体流动

学习目标

1. 熟练掌握的内容

流体的压缩性，流体的密度、黏度和压力的定义、单位及其换算；流体静力学基本方程、流量方程、连续性方程、伯努利方程及其应用；流体的流动类型、雷诺数及其计算；流体在圆形直管内的阻力及其计算。

2. 了解的内容

圆形管内流体流动的速度分布；边界层的基本概念；非圆形管内阻力的计算，当量直径；局部阻力的计算；孔板流量计、文氏流量计与转子流量计的基本结构，测量原理及使用要求。

3. 操作技能训练

各种阀门、管件及管道涂色的认知。

第一节 流体流动的主要任务

流体是指具有流动性的物体，包括液体和气体。研究流体平衡和运动宏观规律的科学称为流体力学。流体力学分为流体静力学和流体动力学。

化工生产中所处理的原料、中间体和产品，大多数是流体。按生产工艺要求，制造产品时往往把它们依次输送到各设备内，进行化学反应或物理变化，制成的产品又常需要输送到贮罐内贮存。过程进行的好坏、动力消耗及设备的投资都与流体的流动状态密切相关。

在化工生产中，有以下几个主要方面经常要应用流体流动的基本原理及其流动规律。

一、流体的输送

欲将流体沿管道进行输送，需选择适宜的流动速度，以确定输送管路的直径。在流体的输送过程中，常常要采用输送设备，因此需要确定流体在流动过程中应加入的外功，为选用输送设备提供依据。这些都要应用流体流动的规律进行分析和计算。

二、压力、流速和流量的测量

为了了解和控制生产过程，需要测定管路或设备内的压力、流速及流量等参数，以便合理地选用和安装测量仪表。而这些测量仪表的工作原理又多以流体的静止或流动规律为依据。

三、为强化设备提供适宜的流动条件

化工生产中传热、传质等过程，都是在流体流动的情况下进行，设备的操作效率与流体流动状况有密切关系。因此，研究流体流动对寻求设备的强化途径具有重要意义。

本章主要讲述：流体静止时的平衡规律；流体在管内的流动规律；流体阻力的理论和计算以及运用这些基本原理解决有关管路计算和流量测量问题。

第二节　流体静力学

流体的静止是流体运动的一种特殊方式。研究流体流动问题，一般先从静止流体这个特殊事物开始。流体静力学的任务是研究静止流体内部压力变化的规律。

下面，先介绍在流体静力学中涉及的流体的主要特性及物理量。

一、流体的压缩性

流体的特征是分子之间的内聚力极小，几乎有无限的流动性，而且可以几乎毫无阻力地将其形状改变。当流速低于声速时，气体和液体的流动具有相同的规律。

一般来说，液体的形状与容器相同，具有一定的自由表面，其体积几乎不随压强和温度而改变。与之相反，气体的形状与容器完全相同，完全充满整个容器，其体积随压强和温度的变化而有明显改变。流体的体积随压强和温度而变的这个性质，称为流体的压缩性。

实际流体都是可压缩性流体。但是，液体由温度、压力引起的体积变化极小，工程上可按不可压缩性流体考虑。气体具有较大的压缩性，但在压力变化很小的流动状态下，也可以当作不可压缩性流体处理。

在流体力学中，为了研究许多有关液体静止或运动状态的理论，引入了实际不存在的理想液体的概念。理想液体的体积绝对不随压强和温度的变化而改变，在流动时分子之间没有摩擦力。

高温、低压下的实际气体接近于理想气体，所以通常可用理想气体状态方程式 $pV=nRT$ 来计算。

二、流体的主要物理量

1. 密度、相对密度和比体积

（1）密度　单位体积流体所具有的质量，称为流体的密度。其表达式为

$$\rho=\frac{m}{V} \tag{1-1}$$

式中　ρ——流体的密度，kg/m^3；

m——流体的质量，kg；

V——流体的体积，m^3。

液体的密度一般可在物理化学手册或有关资料中查得，本教材附录中也列出某些常见气体和液体的密度数值，仅供做练习时查用。

在不同的单位制中，密度的单位和数值都不同，应掌握密度在不同单位制之间的换算。

① 气体的密度　气体是可压缩性流体，其密度随压强和温度而变化。因此气体的密度必须标明其状态。从手册中查得的气体密度往往是某一指定条件下的数值，这就需要将查得的密度换算成操作条件下的密度。一般当压强不太高、温度不太低时，也可按理想气体来处理。结果为

$$\rho=\frac{pM}{RT}=\frac{M}{22.4}\times\frac{pT_0}{p_0T} \tag{1-2}$$

式中　p——气体的绝对压力，kPa；

M——气体的千摩尔质量，kg/kmol；

T——气体的热力学温度，K；

R——通用气体常数，8.314kJ/(kmol·K)；

下标 0——标准状态，即 273K、101.3kPa。

任何气体的 R 值均相同。R 的数值，随所用 p、V、T 等的单位不同而异。选用 R 值时，应注意其单位。

用式(1-2) 计算混合气体的密度时，应以混合气体的平均千摩尔质量 $M_{均}$ 代替 M。混合气体的平均千摩尔质量 $M_{均}$ 可按下式求得

$$M_{均}=M_1y_1+M_2y_2+\cdots+M_ny_n$$

式中 M_1，M_2，…，M_n——气体混合物中各组分的千摩尔质量，kg/kmol；

y_1，y_2，…，y_n——气体混合物中各组分的摩尔分数。

② 液体的密度　液体的密度一般用实验方法测定。工业上测定液体密度最简单的方法使用比重计。各种液体的密度数据，可从有关手册中查到。本书附录中列有某些液体的密度，供练习查用。

混合液体的密度的准确值要用实验方法求得。如液体混合时，体积变化不大，则混合液体密度的近似值可由下式求得：

$$\frac{1}{\rho_{混}}=\frac{w_1}{\rho_1}+\frac{w_2}{\rho_2}+\cdots+\frac{w_n}{\rho_n} \tag{1-3}$$

式中 $\rho_{混}$——混合液体的密度；

ρ_1，ρ_2，…，ρ_n——混合液中各纯组分的密度；

w_1，w_2，…，w_n——混合液中各纯组分的质量分数。

【例题 1-1】 20℃95%乙醇 10t 的体积为多少立方米？

解 从附录中查得 20℃95%乙醇的密度为 $804kg/m^3$。

由式 $\rho=m/V$，得 $V=m/\rho$

已知 $$m=10t=10000kg$$

所以 $$V=10000/804=12.4m^3$$

【例题 1-2】 $0.1m^3$ 20℃的水银的质量为多少千克？

解 从附录中查得水银在 20℃时的密度为 $13546kg/m^3$。

由式 $\rho=m/V$，得 $m=\rho V$

已知 $$V=0.1m^3$$

所以 $$m=13546\times0.1=1354.6kg$$

【例题 1-3】 已知甲醇水溶液中，甲醇的组成为 90%，水为 10%（均为质量分数）。求此甲醇水溶液在 20℃时的密度近似值。

解 由式 $$1/\rho_{混}=w_1/\rho_1+w_1/\rho_2$$

令甲醇为第 1 组分，水为第 2 组分。已知 $w_1=0.9$，$w_2=0.1$

查附录，在 20℃时 $\rho_1=791kg/m^3$，$\rho_2=998.2kg/m^3$

将 w、ρ 值代入公式得

$$\begin{aligned}1/\rho_{混}&=0.9/791+0.1/998.2\\&=0.001138+0.0001\\&=0.001238\end{aligned}$$

所以 $$\rho_{混}=1/0.001238=808kg/m^3$$

【例题 1-4】 求甲烷在 320K 和 500kPa 时的密度。

解 计算式为 $$\rho = pM/RT$$

已知 $p=500\text{kPa}$，$T=320\text{K}$，$M=16\text{kg/kmol}$，$R=8.314\text{kJ/(kmol}\cdot\text{K)}$

代入上式得

$$\rho = 500\times16/(8.314\times320) = 3.0\text{kg/m}^3$$

【例题 1-5】 已知空气的组成为 21% O_2 和 79% N_2（均为体积分数），试求在 100kPa 和 300K 时空气的密度。

解 空气为混合气体，先求 $M_{均}$。

$$M_{均} = M_1 y_1 + M_2 y_2$$

已知 $M_1 = M_{O_2} = 32\text{kg/kmol}$，$y_1 = y_{O_2} = 0.21$，$M_2 = M_{N_2} = 28\text{kg/kmol}$，$y_2 = y_{N_2} = 0.79$

所以 $$M_{均} = 0.21\times32 + 0.79\times28 = 28.84\text{kg/kmol}$$

由式 $\rho = pM/RT$ 计算

已知 $p=100\text{kPa}$；$T=300\text{K}$；$R=8.314\text{kJ/(kmol}\cdot\text{K)}$

所以 $$\rho = \frac{100\times28.84}{8.314\times300} = 1.16\text{kg/m}^3$$

(2) 相对密度（d_4^{20}） 相对密度为流体密度与 4℃时水的密度之比，用符号 d_4^{20} 表示，习惯称为比重。即

$$d_4^{20} = \frac{\rho}{\rho_{水}} \tag{1-4}$$

式中 ρ——液体在 t℃时的密度；

$\rho_{水}$——水在 4℃时的密度。

由上式可知，相对密度是一个比值，没有单位。因为水在 4℃时的密度为 1000kg/m^3，所以 $\rho=1000d$，即将相对密度值乘以 1000 即得该液体的密度 ρ，kg/m^3。

【例题 1-6】 在一内径为 700mm，高 1000mm 的圆筒铁桶内盛满丙酮。已知丙酮的相对密度为 0.79，求丙酮的质量为多少千克？

解 由式 $\rho=m/V$，得 $m=V\rho$

丙酮的密度

$$\rho = 1000d_4^{20} = 1000\times0.79 = 790\text{kg/m}^3$$

丙酮的体积

$$V = 0.785d^2h = 0.785\times0.7^2\times1 = 0.385\text{m}^3$$

丙酮的质量

$$m = \rho V = 790\times0.385 = 304\text{kg}$$

(3) 比体积（ν） 单位质量流体所具有的体积称为流体的比体积，用符号 ν 表示，习惯称为比容。显然，比体积就是密度的倒数，其单位为 m^3/kg。表达式为

$$\nu = \frac{V}{m} = \frac{1}{\rho} \tag{1-5}$$

上述这些物理量是表明流体的质量与体积的换算关系。如果已知流体的质量及密度（或相对密度、比容），即可求得流体的体积。反之亦然。

2. 压强（压力）

(1) 压强的定义 流体垂直作用于单位面积上的力，称为流体压力强度，亦称为流体静压强，简称压强（工程上习惯称为压力）。用符号 p 表示压强，A 表示面积，F 为流体垂直作用于面积上的力。则压强

$$p=\frac{F}{A} \tag{1-6}$$

式中 p——作用在该表面 A 上的压力，N/m^2，即 Pa；

F——垂直作用于表面的力，N；

A——作用面的面积，m^2。

(2) 压强的单位及其换算 在 SI 中，压力的法定计量单位是 Pa（帕）或 N/m^2，工程上常使用 MPa（兆帕）作为压力的计量单位。

在工程单位制中，压力的单位是 at（工程大气压）或 kgf/cm^2。

其他常用的压力表示方法还有如下几种 标准大气压（物理大气压），atm；米水柱，mH_2O；毫米汞柱，mmHg；毫米水柱，mmH_2O（流体处于低压状态时常用）。

各种压力单位的换算关系如下：

$$1atm=101.3kPa=1.033kgf/cm^2=760mmHg=10.33mH_2O$$

$$1at=98.1kPa=1kgf/cm^2=735.6mmHg=10mH_2O$$

实际生产中还经常采用以某液体的液柱高度表示流体压力的方法。它的原理是作用在液柱单位底面积上的液体重力。设 h 为液柱高度，A 为液柱的底面积，ρ 为液体的密度，则由 h 液柱高度所表示的流体压强为

$$p=h\rho g \tag{1-7}$$

由此可见，流体液柱的压强 p 等于液柱高度 h 乘以液体的密度 ρ 和重力加速度 g。

如果已知流体的压强为 p，密度为 ρ，与它相当的液柱高度 h 可由下式求得

$$h=\frac{p}{\rho g}$$

所以，用液柱高度表示液体的压强时，必须注明流体的名称及温度，才能确定液体的密度 ρ，否则即失去了表示压强的意义。

(3) 压强的表达方式 压强在实际应用中可有三种表达方式：绝压、表压和真空度。

① 绝对压强（简称绝压） 是指流体的真实压强。更准确地说，它是以绝对真空为基准测得的流体压强。

② 表压强（简称表压） 是指工程上用测压仪表以当时、当地大气压强为基准测得的流体压强值。它是流体的真实压强与外界大气压强的差值，即

表压＝绝对压强－(外界)大气压强

③ 真空度 当被测流体内的绝对压强小于当地（外界）大气压强时，使用真空表进行测量时真空表上的读数称为真空度。即

真空度＝(外界)大气压强－绝对压强

在这种条件下，真空度值相当于负的表压值。

因此，由压力表或真空表上得出的读数必须根据当时、当地的大气压强进行校正，才能得到测点的绝对压。

绝对压强、表压与真空度之间的关系，可以用图 1-1 表示。

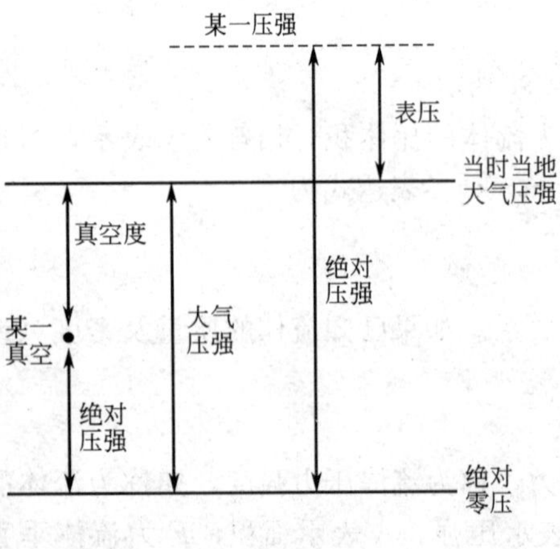

图 1-1 绝对压强、表压和真空度的关系

为了避免绝对压强、表压与真空度三者关系混淆，在以后的讨论中规定，对表压和真空度均加以标注，如 2000Pa（表压）、600mmHg（真空

度）。如果没有注明，即为绝压。

【例题 1-7】 在兰州操作的苯乙烯精馏塔塔顶的真空度为 620mmHg。在天津操作时，若要求塔内维持相同的绝对压力，真空表的读数应为多少？兰州地区的大气压力为 640mmHg，天津地区的大气压力为 760mmHg。

解 根据兰州地区的条件，求得操作时塔顶的绝对压强。

$$绝对压强=大气压强-真空度=640-620=20\text{mmHg}$$

在天津操作时，维持同样绝对压强，则

$$真空度=大气压强-绝对压强=760-20=740\text{mmHg}$$

【例题 1-8】 装在某设备进口和出口的压强表的读数分别为 4kgf/cm^2 和 2kgf/cm^2，试求此设备的进出口之间的压强差，kPa。设当时设备外的大气压强为 1kgf/cm^2。

解 由

$$绝对压强=大气压强+表压强$$

已知　大气压强 $p=1\text{kgf/cm}^2$；进口表压 $p_{1表}=4\text{kgf/cm}^2$；出口表压 $p_{2表}=2\text{kgf/cm}^2$

所以

$$\begin{aligned}压强差&=进口的绝对压强-出口的绝对压强\\&=(p+p_{1表})-(p+p_{2表})\\&=p_{1表}-p_{2表}=4-2=2\text{kgf/cm}^2=196.2\text{kPa}\end{aligned}$$

由上例解可知，两处的表压差等于绝压差。

【例题 1-9】 某设备进出口测压仪表的读数分别为 20mmHg（真空）和 500mmHg（表压），求两处的绝对压强差，kPa。

解 出口压强 p_2 大于大气压强，而进口压强 p_1 小于大气压强。

由

$$\begin{aligned}p_2-p_1&=(p+p_{2表})-(p-p_{1真})\\&=p_{2表}+p_{1真}\\&=500+20=520\text{mmHg}=69.3\text{kPa}\end{aligned}$$

由上例可知，当已知一处的表压和另一处的真空度时，表压与真空度之和等于两处绝压之差。应当注意，在计算时表压与真空度的单位要一致。

三、流体静力学基本方程式

1. 流体静力学基本方程式的形成

静止的流体是在重力和压力的作用下达到静力平衡，因而处于相对静止状态。由于重力就是地心引力，可以看作是不变的，起变化的是压力。用以表述静止流体内部压力变化规律的公式就是流体静力学基本方程式。此方程的导出方法如下。

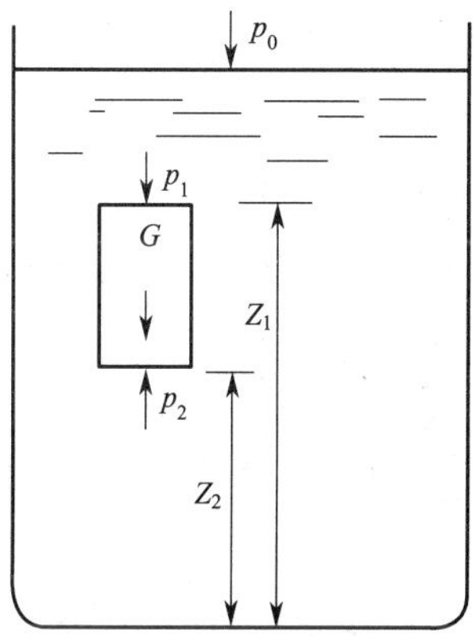

图 1-2　流体静力学基本方程式的推导

如图 1-2 所示，敞口容器内盛有密度为 ρ 的静止流体，液面上方受外压强 p_0 的作用（当容器敞口时，p_0 即为外界大气压强）。取任意一个垂直流体液柱，上下底面积均为 $A(\text{m}^2)$。任意选取一个水平面作为基准水平面，今选用容器底面积为基本水平面。并设液柱上、下底与基准面的垂直距离分别为 Z_1 和 $Z_2(\text{m})$。作用在上、下端面上并指向此两端面的压强分别为 p_1 和 p_2。在重力场中，该液柱在垂直方向上受到的作用力有

① 作用在液柱上端面上的总压力 P_1

$$P_1=p_1A\qquad（方向向下）$$

② 作用在液柱下端面上的总压力 P_2

$$P_2=p_2A \qquad （方向向上）$$

③ 作用于整个液柱的重力 G

$$G=\rho gA(Z_1-Z_2) \qquad （方向向下）$$

由于液柱处于静止状态，在垂直方向上的三个作用力的合力为零，即

$$p_1A+\rho gA(Z_1-Z_2)-p_2A=0$$

整理上式得

$$p_2=p_1+h\rho g \tag{1-8}$$

式中　　　　　　　$h=(Z_1-Z_2)$为液柱的高度，m。

若将液柱上端取在液面，并设液面上方的压强为 p_0，液柱高度为 h，则式(1-8) 可改成为

$$p_2=p_0+h\rho g \tag{1-9}$$

式(1-8) 和式(1-9) 均称为流体静力学基本方程式，它表明了静止流体内部压力变化的规律。

2. 静力学基本方程的讨论

① 在静止的液体中，液体任一点的压力与液体密度和其深度有关。液体密度越大，深度越大，则该点的压力越大。

② 在静止的、连续的同一液体内，处于同一水平面上各点的压力均相等。此压力相等的截面称为等压面。

③ 当液体上方的压力 p_0 或液体内部任一点的压力 p_1 有变化时，液体内部各点的压力 p_2 也发生同样大小的变化。

静力学基本方程式是以液体为例推导出来的，也适用于气体。因在化工容器中，气体的密度也可认为是常数。值得注意的是，静力学基本方程式只能用于静止的连通着的同一种流体内部，因为它们是根据静止的同一种连续的液柱导出的。

3. 静力学基本方程的应用

流体静力学基本方程在化工生产过程中应用广泛，通常用于测量流体的压力或压差、液体的液位高度等。

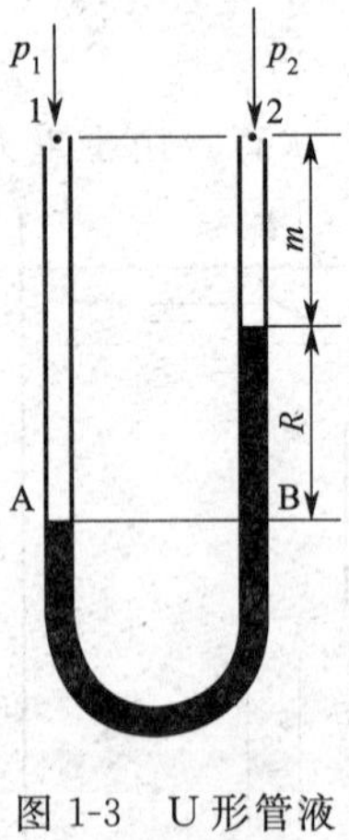

图 1-3　U 形管液柱压差计

(1) 测量流体的压力或压差

① U 形管压差计　U 形管压差计的结构如图 1-3 所示，系由两端开口的 U 形玻璃管，中间配有读数标尺所构成。使用时管内装有指示液，指示液要与被测流体不互溶，不起化学作用，且其密度 $\rho_{指}$ 应大于被测流体的密度 ρ。通常采用的指示液有：水、油、四氯化碳或汞等。

如图 1-3 所示，当 U 形管压差计两支管分别与管路（或设备）中两个不同压力的测压口相连接，流体即进入两支管内，指示液的上面为流体所充满。设流体作用在两支管口的压力为 p_1 和 p_2，且 $p_1>p_2$，由于 $p_1>p_2$，则必使左支管内的指示液液面下降，而右支管内的指示液液面上升，稳定时显示出读数 R，由读数 R 可求出 U 形管两端的流体压差 (p_1-p_2)。

在图 1-3 中，水平面 A-B 以下的管内都是指示液，设 A-B 液面上作用的压力分别为 p_A 和 p_B，因为在相同流体的同一水平面上，所以 p_A 与 p_B 应相等。即：$p_A=p_B$

根据流体静力学基本方程式分别对U形管左侧和U形管右侧进行计算、整理得

$$p_1-p_2=(\rho_{指}-\rho)Rg \tag{1-10}$$

由式(1-10)可知，压差（p_1-p_2）只与指示液的位差读数 R 及指示液同被测流体的密度差有关。

若被测流体是气体，气体的密度比液体的密度小得多，即（$\rho_{指}-\rho$）$\approx\rho_{指}$，于是上式可简化为

$$p_1-p_2=\rho_{指}Rg \tag{1-11}$$

式(1-10)或式(1-11)为用U形管压差计测压力差的计算式。如果要测量某处的表压或真空度也很方便，只需将U形管压差计的一端与所测的部位相接，另一端与大气相通即可。

图1-4表示用U形管压差计测量容器表压的情况，此时U形管压差计指示液的液面与测压口相连的一端液面低，与大气相通的一端液面高。读数 $R\rho_{指}g$ 值即为表压。

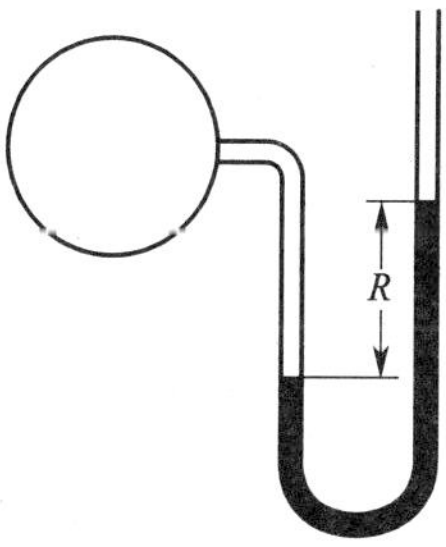

图1-4　测量表压

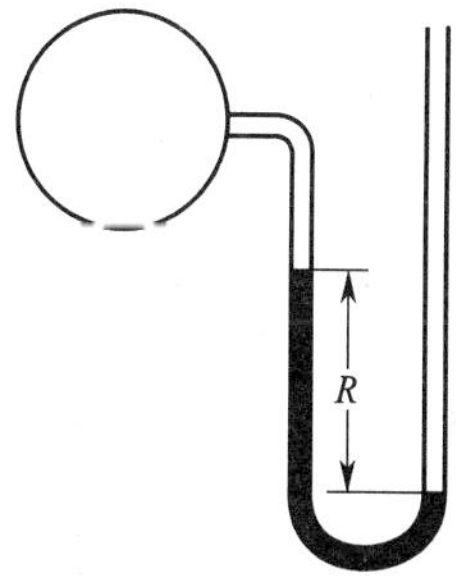

图1-5　测量真空度

图1-5表示用U形管压差计测量容器负压的情况，此时U形管压差计指示液的液面与测压口相连的一端液面高，与大气相通的一端液面低。读数 $R\rho_{指}g$ 值即为真空度。

U形管压差计所测压差或压力一般在101.3kPa的范围内。其特点是：构造简单，测压准确，价格便宜。但玻璃管易碎，不耐高压，测量范围狭小，读数不便。通常用于测量较低的表压、真空度或压差。

② 微差压差计　由式(1-10)可以看出，若所测量的压力差很小，U形管压差计的读数 R 也就很小，有时难以准确读出 R 值。为了把读数 R 放大，除了在选用指示液时，尽可能地使其密度 $\rho_{指}$ 与被测流体的密度 ρ 相接近外，还可采用如图1-6所示的微差压差计。其特点是：压差计内装有两种密度相近且互不相溶的指示液A和B，而指示液B与被测流体亦应不互溶；为了读数方便，在U形管的两侧臂顶端各装有扩大室。扩大室的截面积比U形管的截面积大很多，即使U形管内指示液A的液面差 R' 很大，仍可认为两扩大室内的指示液 B 的液面维持等高。于是压力差（p_1-p_2）便可由下式计算，即

$$p_1-p_2=(\rho_A-\rho_B)gR' \tag{1-12}$$

从式(1-12)可知，适当选取A、B两种指示液，使其密度差很小，其读数便可比普通U形管压差计大若干倍。U形管压差计主要用于测量气体的微小压力差。工业上常用的双指示液有石蜡油与工业酒精；苯甲醇与氯化钙溶液等。

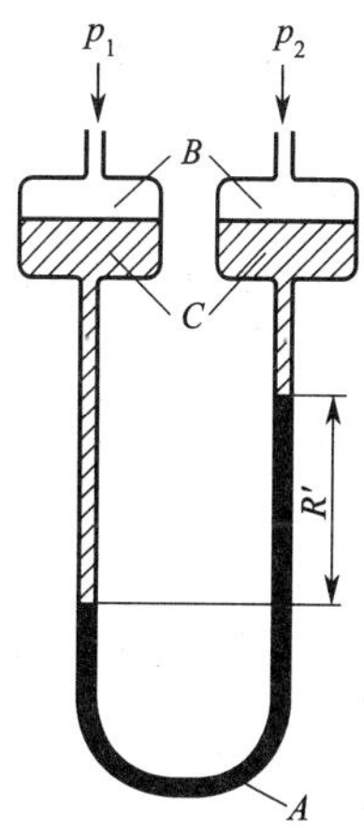

图1-6　双液U形管微差压差计

【例题1-10】　用U形管压差计测量气体管路上两点的压力差，指示液为水，其密度为

1000 kg/m^3，读数 R 为 12mm。为了放大读数，改用微差压差计，指示液 A 是含有 40%酒精的水溶液，密度 ρ_A 为 920kg/m^3；指示液 B 是煤油，密度 ρ_B 为 850kg/m^3。问读数可以扩大多少？

解　由于所测压力差未变，故

$$p_1-p_2=\rho_{指}Rg=(\rho_A-\rho_B)gR'$$

$$R'=\frac{R\rho_{指}}{\rho_A-\rho_B}=\frac{12\times1000}{920-850}=171\text{mm}$$

计算结果表明，读数可提高到原来的 171/12＝14.3 倍

（2）液位的测量　在化工生产过程中，经常需要掌握和控制各类容器中的贮液量和液位的高度。利用液位计对容器中的液位进行测量，是实际生产中常见的工作。一般常用的液位计有玻璃管液面计和液柱压差计等。

① 玻璃管液面计　图 1-7 所示为玻璃管液面计，多用于密闭的容器。其主要构造为一玻璃管，管的上下两端分别与容器内液面的上下两部分相连。器内液面的高低即在玻璃管内显示出来。这种液面计构造简单、测量直观、使用方便，缺点是玻璃管易破损，被测液面升降范围不应超过 1m，而且不便于远处观测。多使用于中、小型容器的液位计量。

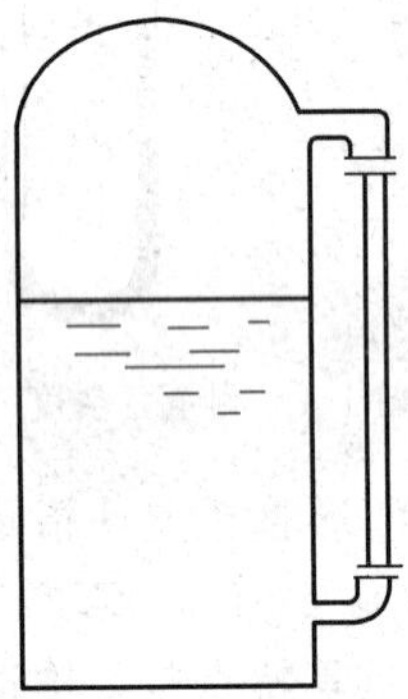

图 1-7　玻璃管液面计

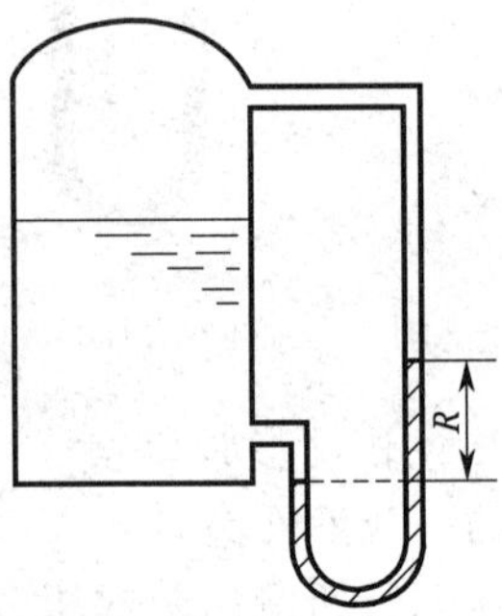

图 1-8　液柱压差计

② 液柱压差计　如图 1-8 所示，为液柱压差计。连通管中放入的指示液，其密度 $\rho_{指}$ 远大于容器内液体密度 ρ。这样可利用较小的指示液液位读数来计量大型容器内贮藏的液体高度。因为液体作用在容器底部的静压强是和容器中所盛液体的高度成正比，故由连通玻璃管中的读数 R，便可推算出容器内的液面高度 h。即

$$h=\frac{R\rho_{指}}{\rho}\tag{1-13}$$

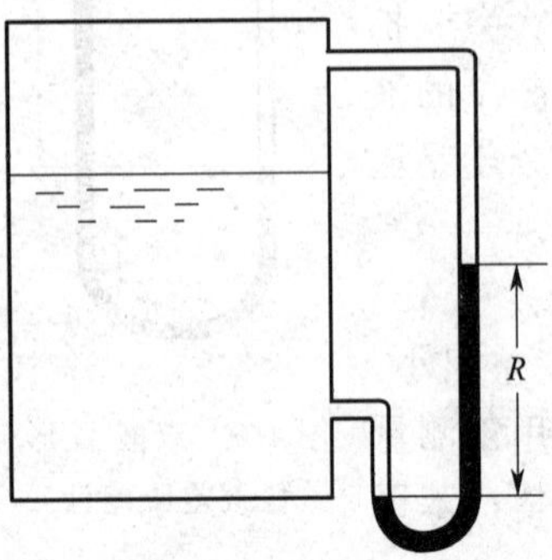

例题 1-11 附图

【例题 1-11】　如图所示的容器内存有密度为 800kg/m^3 的油，U 形管压差计中的指示液为水银，读数 200mm。求容器内油面高度。

解　设容器上方气体压力为 p_0，油面高度为 h（指油面至 U 形管油侧指示液面间的距离），则

$$p_0+h\rho_{油}g=p_0+R\rho_{指}g$$

即　$$h=R\rho_{指}/\rho_{油}$$

已知　$\rho_{油}=800\text{kg/m}^3$，$\rho_{指}=13600\text{kg/m}^3$

故　$$h=0.2\times13600/800=3.4\text{m}$$

（3）液封高度的计算　用流体静力学基本方程式确定化工生产中设备的液封高度，是这一方程式的又一应用。现举一例说明之。

【例题 1-12】 某厂为了控制乙炔发生炉内的压力不超过10.7kPa（表压），在炉外装一安全液封（习惯称为水封）装置，如本题附图所示。液封的作用是，当炉内压力超过规定值时，气体便从液封管排除。试求此炉的安全液封管应插入槽内水面下的深度 h。

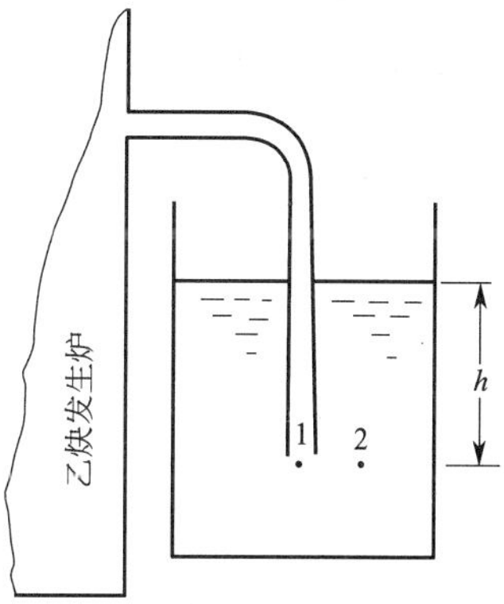

例题 1-12 附图

解　以水封管口作为基准水平面 0-0′，在其上取 1、2 两点，其压力

$$p_1 = 炉内压力 = 大气压力 + 10.7\times10^3$$

$$p_2 = 大气压力 + h\rho_{水} g$$

因 1、2 两点在同一静止液体的同一水平面上，所以

$$p_1 = p_2$$

即
$$9.81\times1000h = 10.7\times10^3$$

解得
$$h = 1.09\text{m}$$

在应用流体静力学基本方程式时，应当注意：

① 正确选择等压面。等压面必须在连续、相对静止的同种流体的同一水平面上。

② 基准面的位置可以任意选取，选取得当可以简化计算过程，而不影响计算结果。

③ 计算时，方程式中各项物理量的单位必须一致。

第三节　流体动力学

在化工厂中，沿管道输送流体是经常性的操作，因此必须解决流体在输送过程中所遇到的一些问题。例如：流动流体内部压力变化的规律；液体从低位流到高位或从低压流到高压，需要输送设备对液体提供的能量；从高位槽向设备输送一定量的料液时，高位槽应安装的高度等。要解决上述问题，必须学习流体在管内的流动规律。反映流体流动规律的有连续性方程式与伯努利方程式。

一、流量方程式

1. 流量

单位时间内流经管道任一截面的流体量，称为流体的流量。流量有两种表示方法。

（1）体积流量　单位时间内流经管道任一截面的流体体积，称为体积流量。用符号 q_V 表示，单位是 m^3/s 或 m^3/h。测定流量的简便方法是，在管道出口处测出 τ 时间内流出的流体总体积 V，由式(1-14) 求出流量

$$q_V = V/\tau \tag{1-14}$$

因气体的体积随温度和压力而变化，故气体的体积流量应注明温度、压力。

（2）质量流量　单位时间内流经管道任一截面的流体质量，称为质量流量。用符号 q_m 表示，单位是 kg/s 或 kg/h。

$$q_m = m/\tau$$

质量流量与体积流量的关系为

$$q_m = q_V \rho \tag{1-15}$$

2. 流速

单位时间内流体在流动方向流过的距离称为流速。流速亦有两种表示方法。

(1) 平均流速　实验证明，流体流经管道截面上各点的流速是不同的，管道中心处的流速最大，越靠近管壁流速越小，在管壁处流速为零。流体在截面上某点的流速，称为点速度。流体在同一截面上各点流速的平均值，称为平均流速。生产中常说的流速指的是平均流速，以符号 u 表示，单位为 m/s。流速与流量的关系为

$$u = \frac{q_V}{A} = \frac{q_m}{\rho A}$$

或者

$$q_V = uA \tag{1-16}$$

$$q_m = u\rho A \tag{1-17}$$

式中　A——流通截面积，m^2。

(2) 质量流速　质量流量与管道截面积之比称为质量流速。以符号 G 表示，其单位为 $kg/(m^2 \cdot s)$。表达式为

$$G = q_m/A = q_V\rho/A = u\rho \tag{1-18}$$

质量流速的物理意义是：单位时间内流过管道单位截面积的流体质量。

3. 流量和流速——流量方程式

描述流体流量、流速和流通截面积相互关系的公式称为流量方程式，式(1-15)、式(1-16)、式(1-18) 都是流量方程式。利用流量方程式可以计算流体在管路中的流量、流速或管路的直径。

一般管路的截面是圆形的，若 d 为管子的内直径，则管子截面积 $A=\frac{\pi}{4}d^2$，带入流量方程式，得

$$d = \sqrt{\frac{4q_V}{\pi u}} = \sqrt{\frac{q_V}{0.785u}} \tag{1-19}$$

由式(1-19) 可知，当流量为定值时，必须选定流速，才能确定管径。流速越大，则管径越小，这样可节省设备费，但流体流动时遇到的阻力大，会消耗更多的动力，增加日常操作费用；反之，流速小，则设备费大而日常操作费少。所以在管路设计中，选择适宜的流速是十分重要的，适宜流速由输送设备的操作费和管路的设备费经济权衡及优化来决定。通常，液体的流速取 0.5～3m/s，气体则为 10～30m/s。每种流体的适宜流速范围，可从手册中查取。表 1-1 列出了一些流体在管路中流动时流速的常用范围，可供参考选用。

表 1-1　某些流体在管路中的适宜流速范围

流 体 种 类	流速范围/(m/s)	流 体 种 类	流速范围/(m/s)
水及一般液体	1～3	饱和水蒸气：	
黏性液体，如油	0.5～1	0.3kPa(表压)	20～40
常压下一般气体	10～20	0.8kPa(表压)	40～60
压强较高的气体	15～25	过热蒸汽	30～50

由于管径已经标准化，所以经计算得到管径后，应按照标准选定。可参看附录十五。

通常钢管的规格以外径和壁厚来表示，以 ϕ 外径×壁厚表示。

【例题 1-13】　水管的流量为 $45m^3/h$，试选择水管的型号。

解　已知 $q_V=45/3600\text{m}^3/\text{s}$，取适宜流速 $u=1.5\text{m/s}$，带入公式，则

$$d=\sqrt{\frac{q_V}{0.785u}}=\sqrt{\frac{45}{3600\times0.785\times1.5}}=0.103\text{m}=103\text{mm}$$

参考本书附录十五，选 $Dg100$（或称 4in）水管，其外径为 114mm，壁厚为 4mm，内径为 $114-2\times4=106\text{mm}$。因选定的管子内径比计算值大，则流速比原选值小。如果需要流速的实际值，可用下式校核，即

$$u=u_{计}\left(\frac{d_{计}}{d}\right)^2$$

式中　$u_{计}$——计算时选取的适宜流速，m/s；

$d_{计}$——计算出的管子内径，m；

d——最后选定的管子内径，m。

本例的实际流速为

$$u=1.5\times\left(\frac{103}{106}\right)^2=1.42\text{m/s}$$

二、稳定流动与不稳定流动

1. 稳定流动

流体在流动时，任一截面处流体的流速、压力、密度等有关物理量仅随位置而改变，不随时间而变，这种流动称为稳定流动。如图 1-9 所示。

2. 不稳定流动

流体在流动时，任一截面处流体的流速、压力、密度等有关物理量不仅随位置而变，又随时间而变，这种流动称为不稳定流动。如图 1-10 所示。

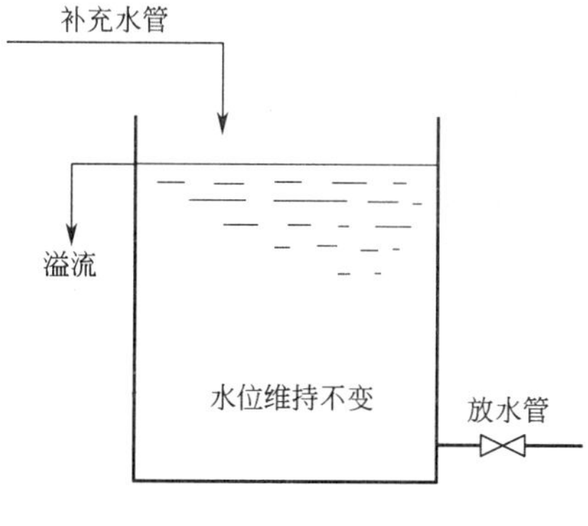

图 1-9　稳定流动

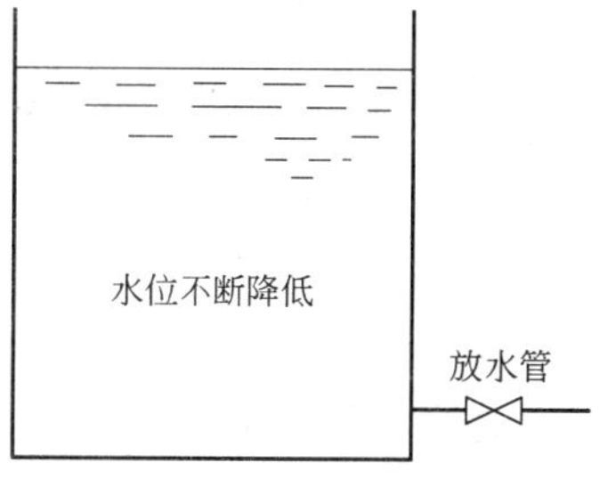

图 1-10　不稳定流动

在化工生产中，流体输送操作多属于稳定流动。所以本章只讨论稳定流动。

三、流体稳定流动时的物料衡算——连续性方程

当流体在密闭管路中作稳定流动时，既不向管中添加流体，也不发生漏损，则根据质量守恒定律，通过管路任一截面的流体质量流量应相等。这种现象称为流体流动的连续性。

如图 1-11 所示，在管路中任选一段锥形管，流体经此锥形管从截面 1-1 到截面 2-2 作稳定流动。流体完全充满管路。则物料衡算式为

$$q_{m_1}=q_{m_2}=常数$$

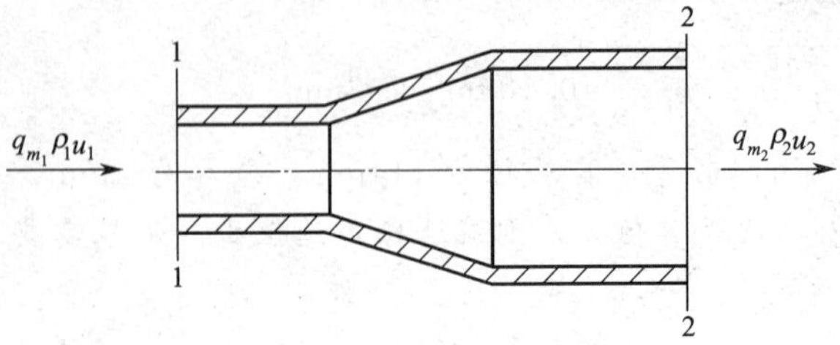

图 1-11 流体的稳定流动

或者 $u_1\rho_1A_1=u_2\rho_2A_2=$常数 (1-20)

上式即为流体流动的连续性方程式。

若流体是不可压缩性的液体，则其密度不变，即 $\rho_1=\rho_2$，则式(1-20) 可写成

$$u_1A_1=u_2A_2=\text{常数}$$

或 $$\frac{u_1}{u_2}=\frac{A_2}{A_1} \tag{1-21}$$

即流速与截面积成反比。

对于圆形截面的管子，$A=(\pi/4)d^2$，式(1-21) 可改写为

$$\frac{u_1}{u_2}=\left(\frac{d_2}{d_1}\right)^2 \tag{1-22}$$

即流速与管径的平方成反比。

连续性方程式是一个很重要的基本方程式，可以用来计算流体的流速或管径。若管路中有支管存在，则流体仍有连续性现象，总管内流体的质量流量应该是各支管内质量流量之和。

【例题 1-14】 一管路由内径为 100mm 和 200mm 的钢管连接而成。已知密度为 1186kg/m^3 液体在大管中的流速为 0.5m/s，试求：(1) 小管中的流速 (m/s)；(2) 管路中液体的体积流量 (m^3/h) 和质量流量 (kg/h)。

解 由式(1-22) $\frac{u_1}{u_2}=\left(\frac{d_2}{d_1}\right)^2$，已知：$d_1=0.1\text{m}$，$d_2=0.2\text{m}$，$u_2=0.5\text{m/s}$，于是得

① 小管中的流速 $u_1=u_2(d_2/d_1)^2=0.5\times(0.2/0.1)^2=2\text{m/s}$

② 体积流量 $q_V=u_1A_1=2\times0.785\times(0.1)^2=0.0157\text{m}^3/\text{s}=56.52\text{m}^3/\text{h}$

质量流量 $q_m=q_V\rho=56.52\times1186=67032\text{kg/h}$

四、流体稳定流动时的能量衡算——伯努利方程

流体在稳定流动时，应服从能量守恒定律。依据这一定律，单位时间内输入管路系统的能量应等于从管路系统中输出的能量。伯努利方程式即依据这一定律导出的。流体流动时的能量形式主要为机械能。

1. 流体流动时所具有的机械能

(1) 位能 由于流体几何位置的高低而决定的能量，称为位能。位能是一个相对值，其大小随所选基准水平面的位置而定。

$$\text{质量为 } m(\text{kg})\text{流体的位能}=mgz \quad \text{J}$$

$$1\text{kg 流体的位能}=zg \quad \text{J/kg}$$

(2) 动能 由于流体有一定流速而具有的能量，称为动能。

$$\text{质量为 } m(\text{kg})\text{流体的动能}=\frac{1}{2}mu^2 \quad \text{J}$$

$$1\text{kg 流体的动能}=\frac{u^2}{2} \quad \text{J/kg}$$

(3) 静压能 由于流体有一定静压力而具有的能量称为静压能。如一水平胶皮管内通入自来水，若胶皮管壁有一小孔，便会有液柱垂直喷出。喷出的液柱高度便是液体静压能的

表现。

$$质量为 m(\text{kg})流体的静压能=\frac{mp}{\rho} \quad \text{J}$$

$$1\text{kg} 流体的静压能=\frac{p}{\rho} \quad \text{J/kg}$$

因此，质量为 m(kg) 流体的总机械能为

$$mgz+\frac{1}{2}mu^2+\frac{mp}{\rho} \quad \text{J}$$

1kg 流体的总机械能为

$$zg+\frac{u^2}{2}+\frac{p}{\rho} \quad \text{J/kg}$$

2. 理想流体的伯努利方程

无黏性、流动时不产生摩擦阻力的流体，称为理想流体。实际生产中，理想流体是不存在的，它只是实际流体的一种抽象“模型”。但任何科学的抽象都能帮助人们更好地理解和解决实际问题。

当理想流体在一密闭管路中作稳定流动时，由能量守恒定律可知，进入管路系统的总能量应等于从管路系统带出的总能量。在无其他形式的能量输入和输出的情况下，理想流体进行稳定流动时，在管路任一截面的流体总机械能是一个常数。即

$$zg+\frac{u^2}{2}+\frac{p}{\rho}=常数 \tag{1-23}$$

如图 1-12 所示，也就是将流体由截面 1-1 输送到截面 2-2 时，两截面处流体的总机械能相等。即

$$z_1g+\frac{u_1^2}{2}+\frac{p_1}{\rho}=z_2g+\frac{u_2^2}{2}+\frac{p_2}{\rho} \tag{1-24}$$

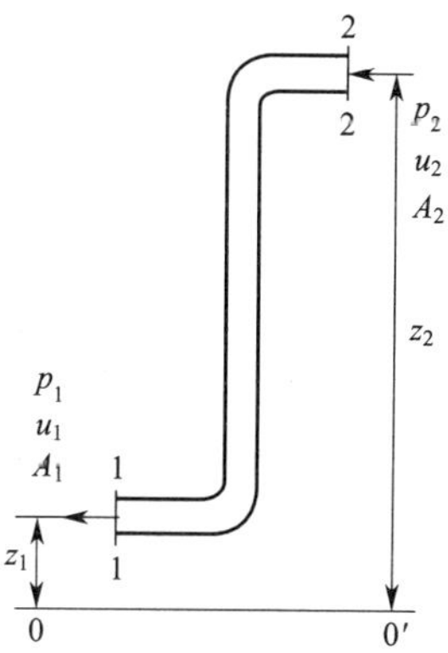

图 1-12 理想流体的管路系统

式(1-23) 和式(1-24) 称为伯努利方程，是以单位质量的流体为基准，其各项的单位为 J/kg。

由伯努利方程可知，流动的流体在不同截面间各种机械能的形式可以互相转化。流体在任一截面上，各种机械能的总和为常数。

3. 实际流体的伯努利方程

在化工生产中所处理的流体都是实际流体。实际流体在流动时有摩擦阻力产生，使一部分机械能转变成热能而无法利用，这部分损失掉的机械能称为损失能量（阻力损失）。对于1kg 流体而言，从截面 1-1 输送到截面 2-2 时，克服两截面间各项阻力所消耗的损失能量为$\sum h_{损}$，单位为 J/kg。

在实际输送流体的系统中，为了补充消耗掉的损失能量，需要使用外加设备（泵）来供应能量。如图 1-13 所示，1kg 流体从输送机械所获得的机械能，称为外加能量。用 $W_{功}$ 表示，单位为 J/kg。

按照能量守恒及转化定律，输入系统的总机械能必须等于由系统中输出的总能量。即

$$z_1g+\frac{u_1^2}{2}+\frac{p_1}{\rho}+W_{功}=z_2g+\frac{u_2^2}{2}+\frac{p_2}{\rho}+\sum h_{损} \quad \text{J/kg} \tag{1-25}$$

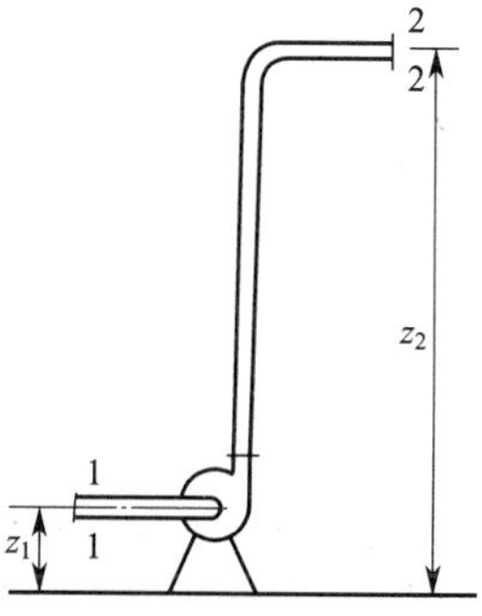

图 1-13 液体输送装置

式(1-25) 亦称为伯努利方程式，它是以单位质量为基准的。

在式(1-25)的各种实际应用中，为了计算方便，常可采用不同的衡算基准，得到如下不同形式的衡算方程。

(1) 以单位重量(1N)流体为衡算基准　将式(1-25)中各项除以g，则得

$$z_1+\frac{u_1^2}{2g}+\frac{p_1}{\rho g}+H_{功}=z_2+\frac{u_2^2}{2g}+\frac{p_2}{\rho g}+H_{损} \qquad \text{m 流体柱} \tag{1-26}$$

式中各项单位为：$\frac{J}{N}=\frac{N\cdot m}{N}=m$，其物理意义为：每牛顿重量的流体所具有的能量，通常将其称为压头。z 为位压头；$\frac{u^2}{2g}$ 为动压头；$\frac{p}{\rho g}$ 为静压头；$H_{功}=W_{功}/g$ 为外加压头；$H_{损}=\sum h_{损}/g$ 为损失压头。

(2) 以单位体积流体为衡算基准　将式(1-25)中各项乘以 ρ，得

$$z_1 g\rho+\frac{\rho u_1^2}{2}+p_1+\rho W_{功}=z_2 g\rho+\frac{\rho u_2^2}{2}+p_2+\rho\sum h_{损} \qquad \text{Pa} \tag{1-27}$$

式中各项单位为：$\frac{J}{m^3}=\frac{N\cdot m}{m^3}=\frac{N}{m^2}=Pa$，即单位体积不可压缩流体所具有的能量。

伯努力方程是流体动力学中最主要的方程式，可以用来确定各项压头的转换关系；计算流体的流速；以及管路输送系统中所需的外加压头等问题。当 $H_{功}=0$ 时，由式(1-26)可看出，在无外加压头的情况下，流体在管路中流动时，只能从高压头处自动流向低压头处，反之就必须外加能量。换句话说，两截面间的总压头差就是流体流动的推动力。

五、伯努利方程的应用

应用伯努利方程时应注意以下各点。

① 截面选取。先要定出管路的上游截面1-1和下游截面2-2，以明确所讨论的流动系统的范围。两截面应与流体流动的方向垂直（此条件下的流体流动速度为 u），并且流体在两截面之间是连续的。所求的物理量应当在两截面之一反映出来，其余物理量应是已知或通过其他关系计算出来。

② 基准面。基准面必须是水平面，原则上可以任意选定。通常把基准面选在低截面处，使该截面处 z 值为零，另一个 z 值等于两截面间的垂直距离，使计算简化。

③ 伯努利方程中各项物理量的单位必须一致。流体的压力可以都用绝压或都用表压，但要统一。

④ 如果两个横截面积相差很大，如大截面容器和小管子，则可取大截面处的流速为零。

⑤ 不同基准伯努利方程式的选用：通常依据习题中损失能量或损失压头的单位，选用相同基准的伯努利方程。

⑥ 伯努利方程是依据不可压缩流体的能量平衡而得出的，故只适用于液体。对于气体，当所取系统两截面之间的绝对压力变化小于原来压力的20%$\left(\frac{p_1-p_2}{p_1}<20\%\right)$时，仍可使用式(1-25)～式(1-27)进行计算。式中的流体密度应以两截面之间流体的平均密度 $\rho_{均}$ 代替。这种处理方法带来的误差在工程计算中是可以允许的。

下面举几个例子说明伯努利方程式的应用。因损失能量的计算将在后面内容中讨论，所以例题中的损失能量都先给出，以便于练习。

【例题 1-15】　如图所示，在管路中有相对密度为0.9液体流过。大管的内径是

106mm，小管的内径是 68mm。大管 1-1 截面处液体的流速为 1m/s，压力为 120kPa（绝）。求小管 2-2 截面处液体的流速和压力。

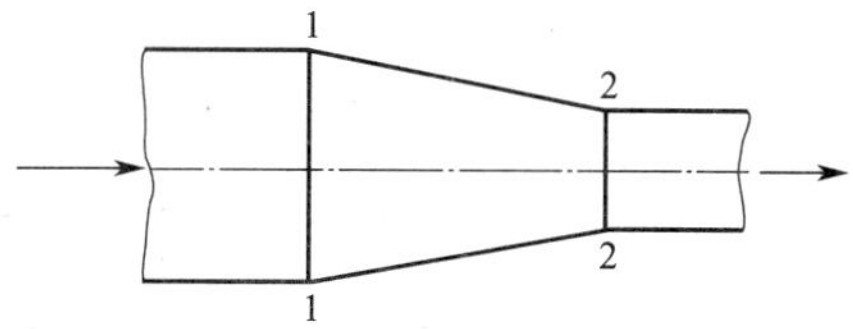

例题 1-15 附图

解　已知 $\rho=0.9\times1000=900\text{kg/m}^3$，$d_1=0.106\text{m}$，$d_2=0.068\text{m}$，$u_1=1\text{m/s}$，$p_1=120\text{kPa}$（绝）$=1.2\times10^5$（绝）。

求：① 小管 2-2 截面处液体的流速 u_2

$$u_2=u_1\left(\frac{d_1}{d_2}\right)^2=1\times\left(\frac{0.106}{0.068}\right)^2=2.43\text{m/s}$$

② 小管中 2-2 截面处液体的压力 p_2

列出 1-1 截面和 2-2 截面之间的伯努利方程式，取管中心线为基准面，则 $z_1=z_2=0$。由于两截面相距很近，损失能量可略去不计，即 $\sum h_{损}=0$。此外，无外功加入，$W_{功}=0$。即伯努利方程简化为

$$\frac{p_1}{\rho}+\frac{u_1^2}{2}=\frac{p_2}{\rho}+\frac{u_2^2}{2}=\frac{1.2\times10^5}{900}+\frac{1}{2}=\frac{p_2}{900}+\frac{2.43^2}{2}$$

得
$$p_2=117800\text{Pa}=117.8\text{kPa（绝）}$$

由本题可见，部分静压能转化成为动能。

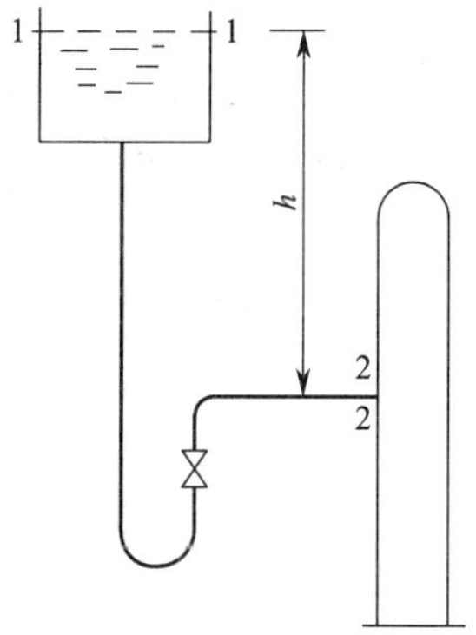

例题 1-16 附图

【例题 1-16】　如图所示，密度为 850kg/m^3 料液从高位槽送入塔中。高位槽内液面维持恒定，塔内表压为 10kPa，进料量为 $5\text{m}^3/\text{h}$。连接管为 $\phi38\text{mm}\times2.5\text{mm}$ 的钢管，料液在连接管内流动时的损失能量为 30J/kg。问高位槽内的液面应比塔的进料口高出多少米。

解　取高位槽液面为 1-1 截面，出料口为 2-2 截面，并以 2-2 截面出料管中心线为基准面，则 $z_1=?$，$z_2=0$，$p_1=0$（表压），$p_2=10\text{kPa}=10000\text{ Pa}$（表压），$u_1=0$，$u_2=q_V/A$，$q_V=5/3600\text{m}^3/\text{s}$，$d_2=38-2.5\times2=33\text{mm}=0.033\text{m}$，$A=0.785\times0.033^2\text{m}^2$，

$$u_2=\frac{5/3600}{0.785\times0.033^2}=1.62\text{m/s},\quad \sum h_{损}=30\text{J/kg},\quad W_{功}=0$$

根据伯努利方程　$z_1g+\dfrac{u_1^2}{2}+\dfrac{p_1}{\rho}+W_{功}=z_2g+\dfrac{u_2^2}{2}+\dfrac{p_2}{\rho}+\sum h_{损}$

得
$$z_1g=\frac{u_2^2}{2}+\frac{p_2}{\rho}+\sum h_{损}=\frac{1.62^2}{2}+\frac{10000}{850}+30=43.1$$

$$z_1=\frac{43.1}{g}=\frac{43.1}{9.81}=4.39\text{m}$$

由本题可见，位能是被用来克服管路中的全部阻力，故位能可成为流体流动的推动力。

【例题 1-17】　如图将密度为 1840kg/m^3 的溶液从贮槽用泵打到 20m 高处。已知泵的进口管路为 $\phi108\text{mm}\times4\text{mm}$，溶液的流速为 1m/s。泵的出口管路为 $\phi68\text{mm}\times4\text{mm}$，损失压头为 3m 液柱。试求泵出口处溶液的流速和所需的外加压头。

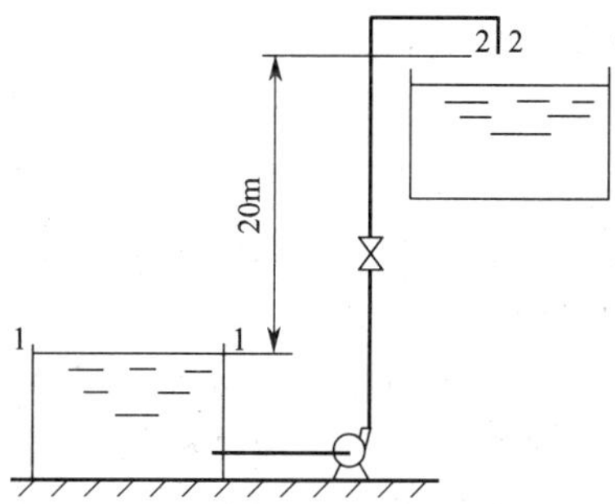

例题 1-17 附图

解　取贮槽液面为 1-1 截面，泵出口管截面为 2-2 截

面，以 1-1 截面为基准面，则

$$z_1=0,\ z_2=20\text{m},\ u_1=0,\ u_2=u_{出}=u_{进}\left(\frac{d_{进}}{d_{出}}\right)^2,\ u_{进}=1\text{m/s},$$

$$d_{进}=108-4\times2=100\text{mm}=0.1\text{mm},\ d_{出}=68-4\times2=60\text{mm}=0.06\text{m},$$

$$u_2=1\times\left(\frac{0.1}{0.06}\right)^2=2.78\text{m/s},\ p_1=p_2=0(表压),\ H_{损}=3\text{m 液柱},\ H_{功}=?$$

根据伯努利方程 $$z_1+\frac{u_1^2}{2g}+\frac{p_1}{\rho g}+H_{功}=z_2+\frac{u_2^2}{2g}+\frac{p_2}{\rho g}+H_{损}$$

将各项数值带入得 $$H_{功}=z_2+\frac{u_2^2}{2g}+H_{损}=20+\frac{2.78^2}{2\times9.81}+3=23.4\text{m 液柱}$$

由本题可见，泵所提供的外加压头必然大于溶液的升扬高度。

第四节 流 体 阻 力

前面曾经指出，流体流动时会遇到阻力，简称为流体阻力。流体阻力的大小与流体的黏度以及其他因素有关，下面先介绍黏度。

一、流体的黏度

1. 流体阻力的表现和来源

可以做一个简单的实验来观测流体阻力的表现。如图 1-14 所示，在一水槽的底部接出一段直径均匀的水平管，在截面 1-1、2-2 两处安装两根直立的玻璃管，用来观测当水流经管道时两截面处的静压力。

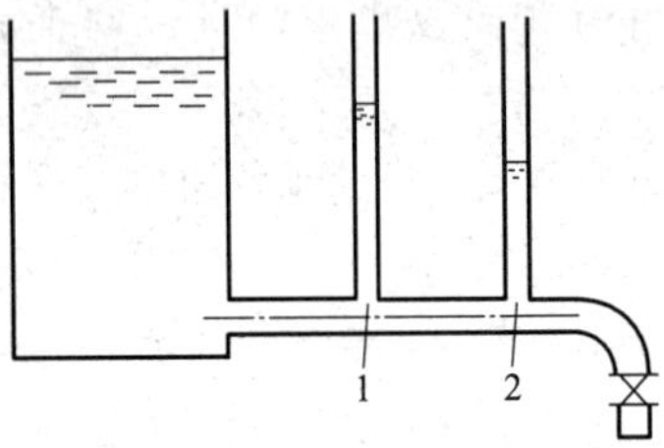

图 1-14 流体阻力的观察

若把水平管的出口阀打开，水以流速 u 流动时，两直立玻璃管内的液柱高度将出现图示现象。由两截面间的伯努利方程式可得

$$\sum h_{损}=\frac{p_1-p_2}{\rho}$$

由上式可见，存在流体阻力致使静压能下降。阻力越大，静压能下降就越多。这种压力降就是流体阻力的表现。

应当说明的是，上式只适用于流体在等径的水平管中流动的情况。

为了更好地了解流体流动时产生的阻力，可以用河道的水流现象来说明。流体流经固体壁面时，由于流体对壁面有附着力作用，因此在壁面上黏附着一层静止的流体，同时在流体内部分子间是有吸引力的，所以，当流体流过壁面时，壁面上静止的流体层对与其相邻的流体层的流动有约束作用，使该层流体流速变慢，离开壁面越远其约束作用越弱，这种流速的差异造成了流体内部各层之间的相对运动。

由于流体层与流体层之间产生相对运动，流得快的流体层对与其相邻流得慢的流体层产生一种牵引力，而流得慢的流体层对与其相邻流得快的流体层则产生一种阻碍力。上述这两种力是大小相等而方向相反的。因此，流体流动时，流体内部相邻两层之间必然有上述相互作用的剪应力存在，这种力称为内摩擦力。内摩擦力是产生流体阻力的根本原因。

此外，当流体流动激烈呈紊乱状态时，流体质点流速的大小与方向发生急剧的变化，质点之间相互激烈地交换位置。这种运动的结果，也会损耗流体的机械能，而使阻力增大。可以说，流体流动状况是产生流体阻力的第二位原因。

所以，流体具有内摩擦力是产生流体阻力的内因，流体流动时受流动条件的影响是流体阻力产生的外因。另外，管壁粗糙程度和管子的长度、直径均对流体阻力的大小有影响。

2. 流体的黏度

流体流动时流层之间产生内摩擦力的这种特性称为黏性。黏性大的流体不易流动，从桶底把一桶油放完比一桶水放完要慢得多。其原因是油的黏性比水大，即流动时内摩擦力较大，因而流体阻力较大，流速较小。

衡量流体黏性大小的物理量称为黏性系数或动力黏度，简称黏度，用符号 μ 表示。

(1) 黏度的单位　流体的黏度可由实验测定或从手册上查到。在物理单位制中黏度的单位为 $dyn \cdot s/cm^2$，专用名称为泊，用符号 P 表示。由于泊的单位太大，一般常用的是厘泊(cP)，1P－100cP。

在 SI 制中黏度的单位为 $N \cdot s/m^2$ 或 $Pa \cdot s$。

物理单位制中黏度的单位与 SI 制中黏度单位的换算关系如下：

$$1Pa \cdot s=10P=1000cP=1000mPa \cdot s \text{ 或者 } 1cP=1mPa \cdot s$$

流体的黏度随温度而变化。液体的黏度随温度的升高而降低；气体则相反，黏度随温度的升高而增大。

压力对液体黏度的影响可忽略不计；气体的黏度只有在极高或极低的压力下才有变化，一般情况下可以忽略。

混合物的黏度在缺乏实验数据时，可选用经验公式估算。

(2) 混合液体的黏度（对于分子不缔合的液体混合物）

$$\lg\mu=\sum x_i \lg\mu_i \tag{1-28}$$

式中　μ——混合液的黏度，$Pa \cdot s$；

x_i——混合液中 i 组分的摩尔分数；

μ_i——混合液中 i 组分的黏度，$Pa \cdot s$。

(3) 对于低压下的混合气体

$$\mu=\frac{\sum y_i\mu_i M_i^{\frac{1}{2}}}{\sum y_i M_i^{\frac{1}{2}}} \tag{1-29}$$

式中　μ——混合气体的黏度，$Pa \cdot s$；

μ_i——混合气体中 i 组分的黏度，$Pa \cdot s$；

y_i——混合气体中 i 组分的摩尔分数；

M_i——混合气体中 i 组分的千摩尔质量，kg/kmol。

二、流体流动的类型

在流体阻力产生的原因及其影响因素的讨论中知道，流体的阻力与流体流动的状况有关。下面讨论流动类型和如何判定流动类型。

1. 雷诺实验

图 1-15 是雷诺实验装置的示意图。清水从恒位槽稳定地流入玻璃管，玻璃管进口中心处插有连接红墨水的针形细管，分别用阀 A、B 调节清水与红墨水的流量。雷诺实验的结果表明，当玻璃管内水的流速较小时，红墨水在管中心呈明显的细直线，沿玻璃管的轴线通过全管，如图 1-16(a) 所示。随着逐渐增大水的流速，作直线流动的红色细线开始抖动、弯曲、呈波浪形，如图 1-16(b) 所示。速度再增大，红色细线断裂、冲散，全管内水的颜色均匀一致，如图 1-16(c) 所示。

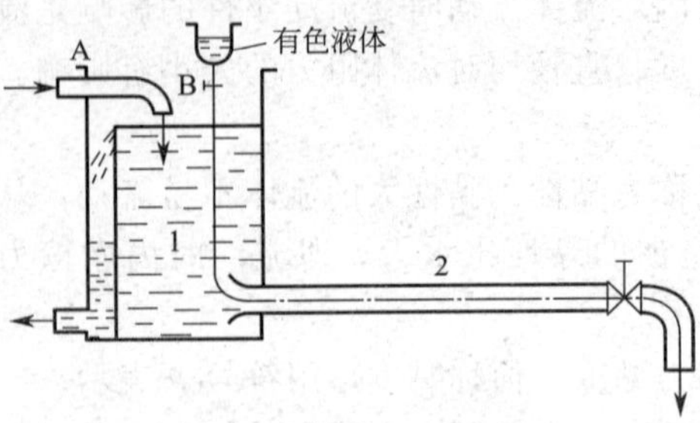

图 1-15　雷诺实验装置示意图

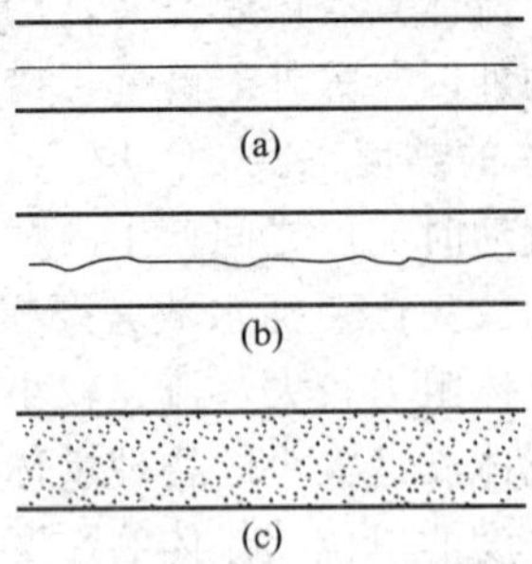

图 1-16　雷诺实验中染色线的变化情况

2. 流动类型及其判定

雷诺实验揭示了重要的流体流动机理，即流体有两种截然不同的流动类型。当流速较小时，流体质点沿管轴做规则的平行直线运动，与其周围的流体质点间互不干扰及相混，即分层流动。这种流动类型称作层流或滞流。流体流速增大到某一值时，流体质点除流动方向上的运动之外，还向其他方向做随机运动，即存在流体质点的不规则脉动，彼此混合。这种流动类型称作湍流或紊流。

雷诺进行的实验研究还表明，流体的流动状况不仅与流体的流速 u 有关，而且与流体的密度 ρ、黏度 μ 和管径 d 有关。雷诺将这些因素组合成一个数群，用以判断流体的流动类型。这一数群就称作雷诺数，用 Re 表示：

$$Re=\frac{du\rho}{\mu} \tag{1-30}$$

雷诺数是没有单位的。由几个物理量按照没有单位的条件组合的数群，称为特征数或准数。这种组合一般都是在大量实践的基础上，对影响某一现象或过程的各种因素有了一定认识之后，利用物理分析或数学推导或两者相结合的方法产生的。它既反映所包含的各物理量的内在关系，并能说明某一现象或过程的一些本质。雷诺数即是反映了上述四个因素对流体流动类型的影响，因此 Re 数值的大小，可以作为判别流体流动类型的标准。

实验证明：当 $Re<2000$ 时，流体的流动类型属于层流，称为层流区；当 $Re>4000$ 时，流体的流动类型属于湍流，称为湍流区；当 Re 数值在 2000～4000 之间时，流动状态是不稳定的，称为过渡区。这种流动受外界条件的影响，易促成湍流的发生，所以过渡区的阻力计算，应按湍流流动处理。

需要指出的是，流动虽分为层流区、湍流区和过渡区，但流动类型只有层流和湍流。在实际生产中，流体的流动类型多属于湍流。

【例题 1-18】 密度为 800kg/m^3，黏度为 $2.3\times10^{-3}\text{Pa}\cdot\text{s}$ 的液体，以 $10\text{m}^3/\text{h}$ 的流量通过内径为 25mm 的圆管路。试判断管中流体的流动类型。

解 已知 $d=25\text{mm}=0.025\text{mm}$，$\mu=2.3\times10^{-3}\text{Pa}\cdot\text{s}$，$\rho=800\text{kg/m}^3$，计算流速 $u=q_V/A=10/(0.785\times0.025^2\times3600)=5.66\text{m/s}$。把这些数值带入公式求 Re

$$Re=\frac{du\rho}{\mu}=\frac{0.025\times5.66\times800}{2.3\times10^{-3}}=49200>4000$$

所以管路中液体的流动类型为湍流。

3. 当量直径

如果管路的截面不是圆形，Re 计算式中的 d 应用当量直径 $d_{当}$ 代替。$d_{当}$ 按下式计算

$$d_{当}=\frac{4\times流通截面积}{润湿周边长度} \tag{1-31}$$

对于边长为 a 和 b 的长方形管路，则

$$d_{当}=\frac{4ab}{2(a+b)}=\frac{2ab}{a+b} \tag{1-32}$$

对于套管环隙的当量直径，若外管的内径为 $D_{内}$，内管的外径为 $d_{外}$，如图 1-17 所示，则

$$d_{当}=4\frac{\frac{\pi}{4}(D_{内}^2-d_{外}^2)}{\pi(D_{内}+d_{外})}=D_{内}-d_{外} \tag{1-33}$$

当量直径的计算方法，完全是经验性的。只能用于非圆形管路，不能把 $d_{当}$ 当作直径 d 来计算其截面积。

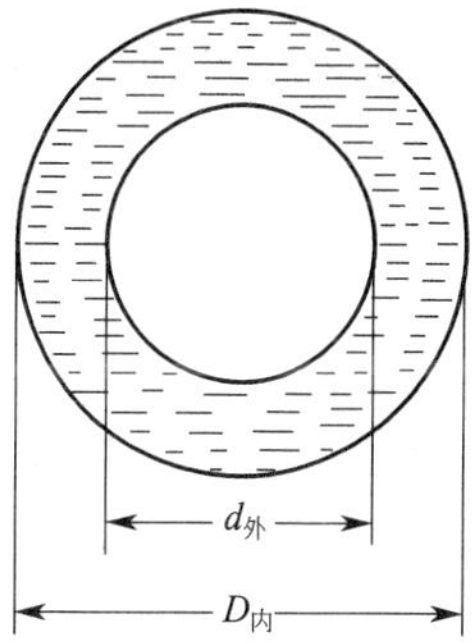

图 1-17　环形截面

三、圆管内流体的速度分布

由于流体流动时，流体质点之间和流体与管壁之间都有摩擦阻力。因此，靠近管壁附近处的流层流速较小，附在管壁上的流层流速为零，离管壁越远流速越大，在管中心线上流速最大。在流量方程式中流体的流速是指平均流速。但层流与湍流时在管道截面上的流速分布并不一样，所以流体的平均流速与最大流速的关系也不相同，见图 1-18。

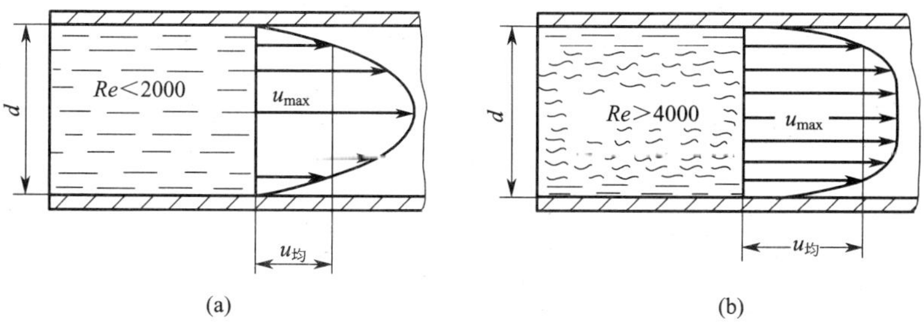

图 1-18　速度分布曲线

1. 层流时的速度分布

$$u=\frac{1}{2}u_{max} \tag{1-34}$$

2. 湍流时的速度分布

$$u\approx 0.82u_{max} \tag{1-35}$$

应当指出，在湍流时无论流体主体湍动的程度如何剧烈，在靠近管壁处总黏附着一层作层流流动的流体薄层，称为流体边界层。其厚度虽然很小，但对流体传热、传质等方面影响很大。层流边界层的厚度与 Re 有关，Re 值越大，厚度越小；反之越大。

四、流体阻力的计算

流体在管路中流动时的阻力可分为直管阻力（或称沿程阻力）和局部阻力两部分。

直管阻力：流体流经一定管径的直管时，由于流体的内摩擦而产生的阻力。

局部阻力：流体流经管路中的管件、阀门或突然扩大与缩小等局部障碍所引起的阻力。

流体阻力除用损失能量 $\sum h_{损}$ 表示外；也经常用损失压头 $H_{损}$ 表示；有时还用相当的压力降 $\Delta p=\sum h_{损}\ \rho=H_{损}\ \rho g$ 表示。

1. 直管阻力的计算

由实验可知，流体在圆形直管中流动时的损失能量 $h_直$ 可按下式进行计算。

$$h_直=\lambda \frac{l}{d}\frac{u^2}{2} \tag{1-36}$$

式中 $h_直$——流体在圆形直管中流动时的损失能量，J/kg；

l——管长，m；

d——管内径，m；

$\frac{u^2}{2}$——动能，J/kg；

λ——摩擦系数，无单位。

摩擦系数 λ 与管内流体流动时的雷诺数 Re 有关，也与管道内壁的粗糙程度有关，这种关系随流体流动的类型不同而不同。

(1) 层流时的摩擦系数 λ　流体作层流流动时，摩擦系数 λ 只与雷诺数 Re 有关，而与管壁的粗糙程度无关。通过理论推导，可以得出 λ 与 Re 的关系。

$$\lambda=\frac{64}{Re} \tag{1-37}$$

(2) 湍流时的摩擦系数 λ　当流体呈湍流时，摩擦系数 λ 与雷诺数 Re 及管壁粗糙程度都有关。由于湍流时质点运动的复杂性，现在还不能从理论上推算 λ 值，通常是通过实验，将 λ 与 Re 的函数关系标绘在双对数坐标系中，如图 1-19 所示。图中所指的光滑管一般是玻璃管、有色金属管、塑料管等；粗糙管是指铸铁管、钢管、水泥管等。这样粗略地划分光滑管与粗糙管为应用图 1-19 提供了方便。

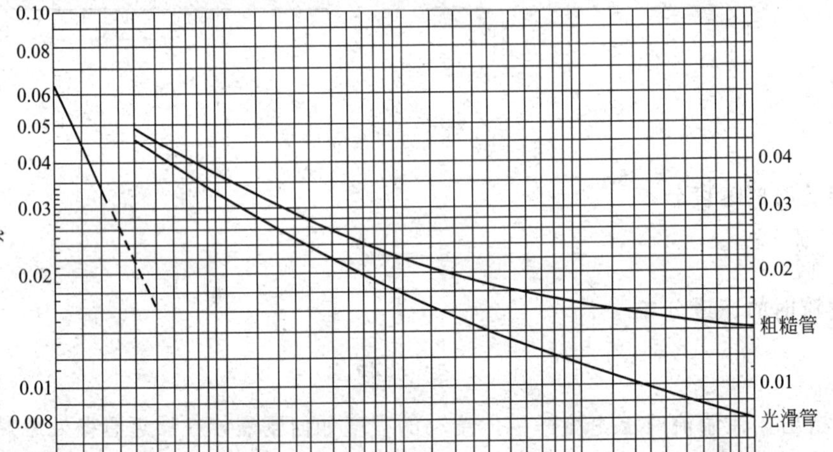

图 1-19　摩擦系数 λ 与雷诺数 Re 的关系

过渡流时，管内流动随外界条件的影响而出现不同的类型，摩擦系数 λ 也因之出现波动。工程计算中一般按湍流处理，将相应湍流时的曲线延伸，以便查取 λ 值。

(3) 非圆形管的直管阻力　当流体流经非圆形管路时，仍可用式(1-36) 计算直管阻力。但式中的 d 项及 Re 中的 d 值，均应以当量直径 $d_当$ 代替。

【例题 1-19】 分别计算在下列情况时，流体流过 100m 直管的损失能量和压力降。

① 20℃98%的硫酸在内径为 50mm 的铅管内流动，流速 $u=0.5$m/s，硫酸密度为 $\rho=$

1830kg/m³，黏度为 23mN·s/m²。

② 20℃的水在内径为 68mm 的钢管中流动，流速 u=m/s。

解 ① 题设：20℃ 98%的硫酸，$\rho=1830\text{kg/m}^3$，$\mu=23\text{mN}\cdot\text{s/m}^2=0.023\text{N}\cdot\text{s/m}^2$，$u=0.5\text{m/s}$，$d=50\text{mm}=0.05\text{m}$。带入雷诺数 Re 计算式

$$Re=\frac{du\rho}{\mu}=\frac{0.05\times0.5\times1830}{0.023}=1990<2000 \qquad (\text{属层流})$$

$$\lambda=64/Re=64/1990=0.032$$

直管阻力为 $$h_{直}=\lambda\frac{l}{d}\frac{u^2}{2}=0.032\times\frac{100}{0.05}\times\frac{0.5^2}{2}=8\text{J/kg}$$

压力降 $$\Delta p-h_{直}\rho=8\times1830=14640\text{N/m}^2=14.64\text{kN/m}^2$$

② 题设：20℃的水，$\rho=1000\text{kg/m}^3$，$\mu=1.005\text{mN}\cdot\text{s/m}^2=1.005\times10^{-3}\text{N}\cdot\text{s/m}^2$，$u=2\text{m/s}$，$d=68\text{mm}=0.068\text{m}$。带入雷诺数 Re 计算式

$$Re=\frac{du\rho}{\mu}=\frac{0.068\times2\times1000}{1.005\times10^{-3}}=135000>4000 \qquad (\text{湍流})$$

即水在管内的流动为湍流。钢管为粗糙管，查图 1-18 得：$\lambda=0.021$

直管阻力为 $$h_{直}=\lambda\frac{l}{d}\frac{u^2}{2}=0.021\times\frac{100}{0.068}\times\frac{2^2}{2}=61.8\text{J/kg}$$

压力降 $$\Delta p=h_{直}\rho=61.8\times1000=61800\text{N/m}^2=61.8\text{kN/m}^2$$

2. 局部阻力的计算

局部阻力的计算，通常采用两种方法：当量长度法和阻力系数法。

（1）当量长度法 将某一局部阻力折合成相当于同直径一定长度直管所产生的阻力，此折合的直管长度称为当量长度，用符号 $l_{当}$ 表示。即

$$h_{局}=\lambda\frac{l_{当}}{d}\frac{u^2}{2} \tag{1-38}$$

$l_{当}$值由实验测定，列于表 1-2、图 1-20。例如，45°标准弯头的 $l_{当}/d$ 值为 15，如这种弯头配置在 ϕ108mm×4mm 的管路上，则它的当量直径 $l_{当}=15\times(108\quad2\times4)-1500\text{mm}=1.5\text{m}$。

（2）阻力系数法 阻力系数法近似地认为局部阻力损失服从速度平方定律，即

$$h_{局}=\xi\frac{u^2}{2} \tag{1-39}$$

式中 ξ——局部阻力系数，简称阻力系数。其值由实验测定，列于表 1-3。

表 1-2 各种管件、阀门及流量计等以管径计的当量长度

名 称	$\frac{l_{当}}{d}$	名 称	$\frac{l_{当}}{d}$
45°标准弯头	15	截止阀(标准式)(全开)	300
90°标准弯头	30～40	角阀(标准式)(全开)	145
90°方形弯头	60	闸阀(全开)	7
180°弯头	50～75	闸阀(3/4 开)	40
止回阀(旋启式)(全开)	135	闸阀(1/2 开)	200
蝶阀(6″以上)(全开)	20	闸阀(1/4 开)	800
盘式流量计(水表)	400	带有滤水器的底阀(全开)	420
文氏流量计	12	由容器入管口	20
转子流量计	200～300		

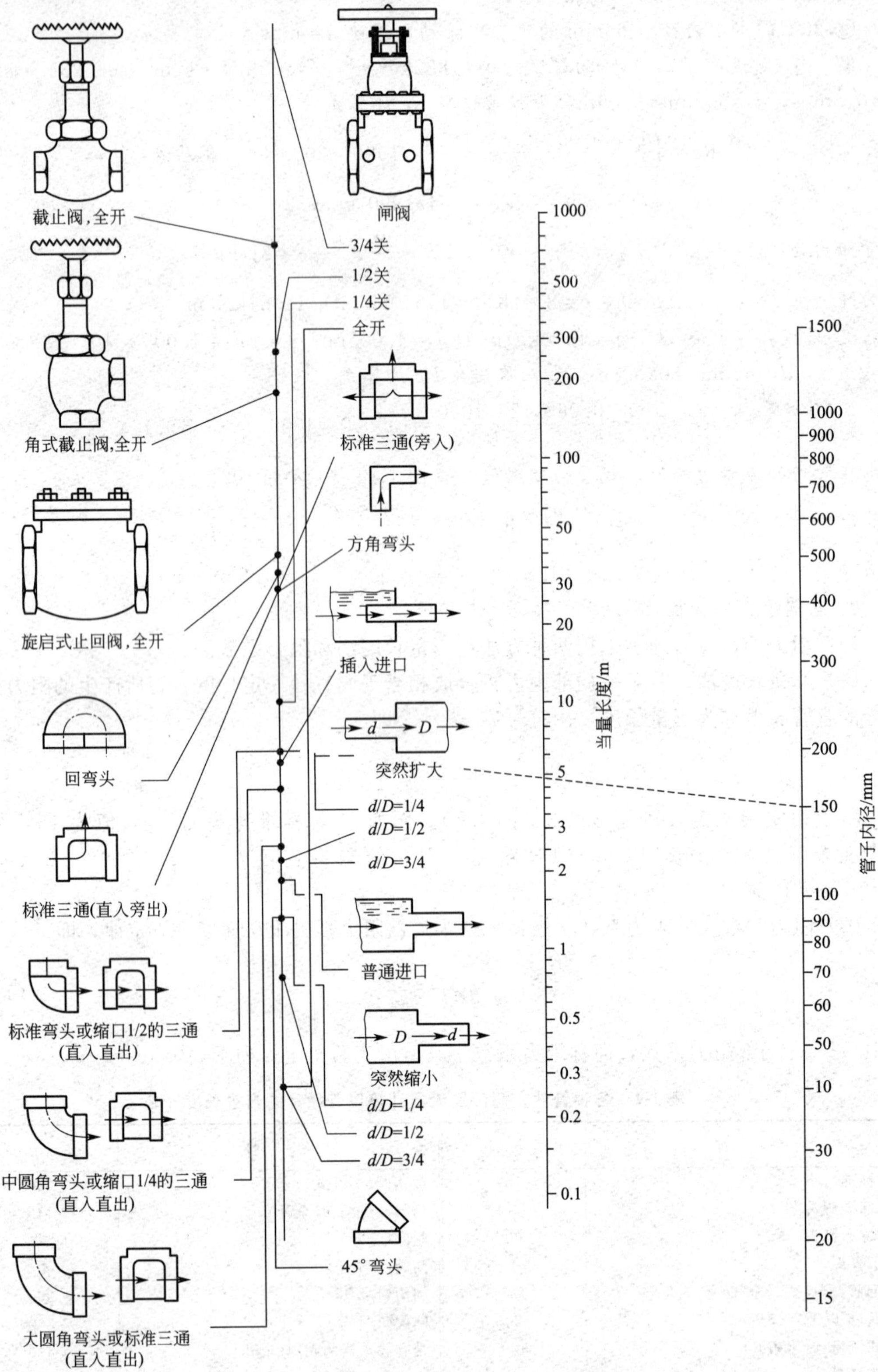

图 1-20　管件与阀门的当量长度共线图

3. 管路总阻力的计算

管路系统的总阻力包括了所取两截面间的全部直管阻力和所有局部阻力之和，即伯努利方程中的$\sum h_{损}$ 项。

$$\sum h_{损}=h_{直}+h_{局} \tag{1-40}$$

式(1-38) 适用于等径管路的总阻力计算。对于不同直径的管段组成的管路，需分段进行计算。

【例题 1-20】 以 $36m^3/h$ 流量的常温水在 ϕ108mm×4mm 的钢管中流过，管路上装有90°标准弯头两个，闸阀（全开）一个，直管长度为 30m。试计算水流过该管路的总阻力损失。

解 取常温下水的密度 $\rho=1000kg/m^3$，黏度 $\mu=1mN\cdot s/m^2=1\times10^{-3}N\cdot s/m^2$。

管子内径 $d=108-4\times2=100mm=0.1m$

水在管内的流速 $u=\dfrac{q_V}{0.785\times d^2}=\dfrac{36}{0.785\times0.1^2\times3600}=1.27m/s$

水在管内流动时的雷诺数 Re

$$Re=\frac{du\rho}{\mu}=\frac{0.1\times1.27\times1000}{1\times10^{-3}}=127000 \quad >4000 \quad (湍流)$$

即水在管内的流动为湍流。钢管为粗糙管，查图 1-19 得：$\lambda=0.022$

直管阻力为 $h_{直}=\lambda\dfrac{l}{d}\dfrac{u^2}{2}=0.022\times\dfrac{30}{0.1}\times\dfrac{1.27^2}{2}=5.32J/kg$

局部阻力为 ① 用当量长度法计算

查表 1-2，90°标准弯头的 $l_{当}/d$ 值为 30；闸阀（全开）$l_{当}/d$ 值为 7。所以

$$h_{局}=\lambda\frac{l_{当}}{d}\frac{u^2}{2}=0.022\times\frac{(30\times2+7)\times0.1}{0.1}\times\frac{1.27^2}{2}=1.19J/kg$$

② 用阻力系数法计算

查表 1-3，90°标准弯头的 ξ 值为 0.75；闸阀（全开）的 ξ 值为 0.17。所以

$$h_{局}=\xi\frac{u^2}{2}=(0.75\times2+0.17)\times\frac{1.27^2}{2}=1.35J/kg$$

总阻力计算 ① $\sum h_{损}=h_{直}+h_{局}=5.32+1.19=6.51J/kg$

② $\sum h_{损}=h_{直}+h_{局}=5.32+1.35=6.67J/kg$

用两种局部阻力计算方法的计算结果有差异，这在工程计算中是允许的。

表 1-3 部分管件和阀件的局部阻力系数 ξ 值

管件和阀件名称	ξ值			
标准弯头	45°，ξ=0.35		90°，ξ=0.75	
90°方形弯头	1.3			
180°回弯头	1.5			
闸阀	全开	3/4 开	1/2 开	1/4 开
	0.17	0.9	4.5	24

第五节　流量的测量与调节

在化工生产中，测定流速和流量是控制生产操作的需要。测量装置的类型很多，下面仅介绍利用流体能量转换原理设计的流量、流速计。

一、孔板流量计

如图 1-21 所示，中央开有锐角圆孔的一薄圆片（孔板）插入水平直管中，当管内流动的流体通过孔口时，因流通截面积突然减小，流速骤增，随着流体动能的增加，势必造成静压能的下降，由于静压能下降的程度随流量的大小而变化，所以测定压力差则可以知道流量。根据此原理测定流量的装置称为孔板流量计。因流体惯性的作用，流道截面积最小处是比孔板稍微偏下的下游位置，该处的流道截面积比圆孔的截面积更小，这个最小的流道截面积称为缩脉。缩脉处位置随 Re 而变化。

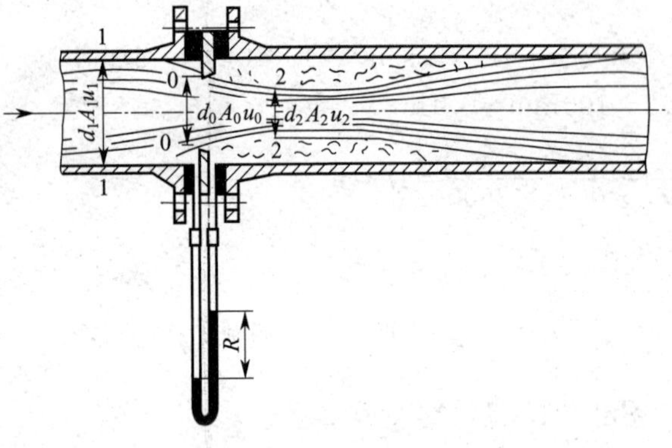

图 1-21　孔板流量计

若不考虑通过孔板的阻力损失，在水平管截面 1-1 和截面 2-2 之间列出伯努利方程，则

$$\frac{p_1}{\rho}+\frac{u_1^2}{2}=\frac{p_2}{\rho}+\frac{u_2^2}{2}$$

整理得
$$\sqrt{u_2^2-u_1^2}=\sqrt{\frac{2(p_1-p_2)}{\rho}}$$

在孔板流量计上安装 U 形管液柱压差计，是为了求得式中的压差 p_1-p_2。但测压口并不是开在 1-1 和 2-2 截面处，而一般都在紧靠孔口的前后，所以实际测得的压差并非 p_1-p_2。以孔口前后的压差代替式中的 p_1-p_2 时，上式必须校正。设 U 形管液柱压差计的读数为 R，指示液的密度为 $\rho_{指}$，管中流体的密度为 ρ，则孔口前后的压差为 $R(\rho_{指}-\rho)g$。同时，由于缩脉处的截面积 A_2 难以知道，而小孔的截面积 A_0 是可以计算的，所以可用小孔处的流速 u_0 来代替 u_2。此外，流体流经孔板时还产生一定的损失能量。综合考虑上述三方面的影响，引入校正系数 C，将 u_0、实测压差带入

$$\sqrt{u_0^2-u_1^2}=C\sqrt{\frac{2R(\rho_{指}-\rho)g}{\rho}}$$

根据连续性方程式
$$u_1=u_0\left(\frac{d_0}{d_1}\right)^2$$

带入上式，整理得
$$u_0=\frac{C}{\sqrt{1-\left(\frac{d_0}{d_1}\right)^4}}\sqrt{\frac{2R(\rho_{指}-\rho)g}{\rho}}$$

并令 $$\frac{C}{\sqrt{1-\left(\frac{d_0}{d_1}\right)^4}}=C_0 \quad \text{称为孔流系数}$$

则得
$$u_0=C_0\sqrt{\frac{2gR(\rho_{指}-\rho)}{\rho}} \tag{1-41}$$

管道中的流量 q_V 为

$$q_V=C_0A_0\sqrt{\frac{2gR(\rho_{指}-\rho)}{\rho}} \tag{1-42}$$

孔流系数 C_0 的数值一般由实验测定。当 Re 超过某个限定值之后，C_0 亦趋于定值。流量计所测定的流量范围一般应取在 C_0 为定值的区域，其值约为 0.6～0.7。

孔板流量计因构造简单，准确度高，在工业生产中被广泛使用。其缺点是流体流经孔口时的能量损失较大，大部分的压降无法恢复而损失掉。

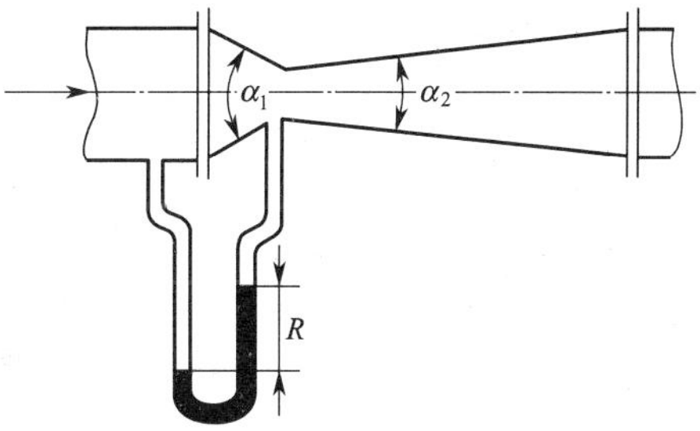

图 1-22 文氏管流量计

二、文氏管流量计

孔板流量计由于锐孔结构将引起过多的能量消耗。为了减少能量的损失，把锐孔结构改制成渐缩减扩管，这样构成的流量计，称为文氏管流量计。其构造如图 1-22 所示。一般收缩角 $\alpha_1=15°\sim25°$，扩大角 $\alpha_2=5°\sim7°$。

利用文氏管流量计测定管路流量仍可采用式(1-42)，而以文氏管的孔流系数 $C_{文}$ 代替 C_0，因而管道中的流量为

$$q_V=C_{文}A_0\sqrt{\frac{2gR(\rho_{指}-\rho)}{\rho}} \tag{1-43}$$

式中，$C_{文}$ 值一般为 0.98～0.99；A_0 为喉颈处的截面积，m^2。

文氏管流量计的阻力较小，大多数用于低压气体输送中的测量。但文氏管流量计加工精度要求高，造价较高。

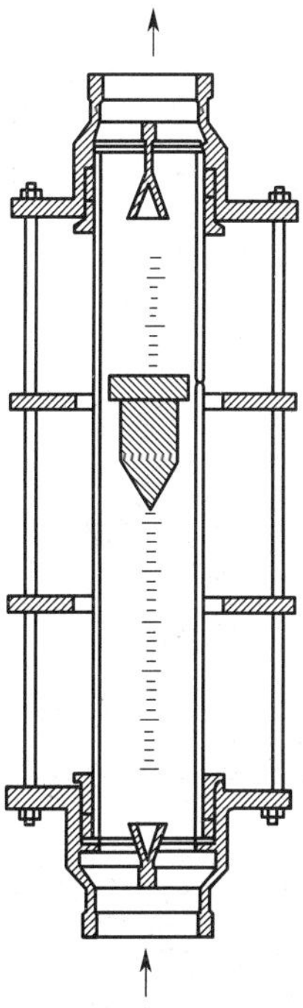
图 1-23 转子流量计

三、转子流量计

孔板流量计是利用截面积一定的孔口产生节流，由孔板前后的压力差测定流量的流量计。转子流量计是流体流经节流部分的前后压力差保持恒定，通过变动节流部分的截面积来测定流量的流量计。图 1-23 是表示转子流量计构造的示意图。

转子流量计是在自下而上逐渐扩大的垂直玻璃管内装有转子或称浮子，当流体自下而上流过时，转子向上浮动直到作用于转子的重力与浮力之差正好与转子上下的压力差相等时，转子处于平衡状态，即停留在一定的位置上。这时读取转子停留位置玻璃管上的刻度，则可得知流量。有些转子顶部边缘刻有若干个斜槽，这是为了使转子不上下左右的摆动，边稳定旋转，边停留在稳定位置上。转子流量计的转子位置与流量的关系需要预先校正。

转子流量计主要用于低压下小流量的测定，因其测定方法简单，测量精度较高，阻力损失较小，广泛应用于制药、化工生产中。

*阅读材料

第六节 管 路

管路是化工厂中流体流动的道路。在化工生产过程中，生产是否正常与管路是否畅通有很大关系。管路包括管子、管件和阀件；附属于管路的辅件还有管架、管沟、管卡、管撑和管路保温层等。下面仅简单的介绍管子、管件和阀件。

一、管子

管子是管路的主件，分为金属管和非金属管两大类。化工生产中常用的有铸铁管、无缝钢管、有缝钢管、有色金属管、玻璃管、塑料管、胶管和陶瓷管等。现分别介绍如下。

1. 铸铁管

铸铁管常用于埋在地下的低压给水总管、煤气管和污水管等。其特点是价格低廉，耐腐蚀性比钢管强。但铸铁管性脆，管壁厚而笨重，不可用在压力下输送易爆炸气体和高温蒸汽。

2. 无缝钢管

流体输送用无缝钢管按制造方法分热轧和冷拔（冷轧）普通碳素钢、优质碳素钢、低合金钢和普通合金结构无缝钢管。无缝钢管的质量均匀，强度高，管壁薄。可分为高压用、中低压用、石油裂化用、化肥用、锅炉用和耐腐蚀等各种类型的钢管，分别适用于用作输送各种流体的管路。

3. 有缝钢管

有缝钢管常用于水、污水、燃气、空气和采暖蒸汽等低压流体的输送。根据承受压力的大小，又分为普通管（<1MPa 表压）和加厚管（<1.6MPa 表压），一般使用温度为 0～140℃（随使用温度增高，极限工作压力将随之下降）。水煤气管中镀有锌的称为白铁管，不镀锌的称为黑铁管。用于生活用水的水管即为镀锌管。

4. 有色金属管

有色金属管包括紫铜管、黄铜管、铝管和铅管，适用于特殊的操作条件。

（1）铜管 导热性能好，耐弯曲，适宜做某些特殊用途的换热器用管。细铜管常用来输送有压力的液体（但不能作为氨的输送管），如用于机械设备的润滑系统和油压系统的油管；有些仪表管也采用铜管。

（2）铝管 质轻且耐部分酸的腐蚀，导热性能好，但不耐碱及盐水、盐酸等含氯离子的化合物，广泛用于输送浓硝酸、醋酸等物料，亦可用来制造换热器。

（3）铅管 用于制药及其他工业部门作耐酸材料的管路，如输送 15%～65%的硫酸、干的或湿的二氧化硫、60%的氢氟酸、小于 80%的乙酸。铅管的最高使用温度为 200℃，温度高于 140℃时不易在压力下使用。硝酸、次氯酸盐及高锰酸盐类等介质，不可采用铅管。

铅管笨重且机械强度低，在需要机械强度高又耐硫酸腐蚀时，往往在无缝钢管的表面挂上一层铅，称为搪铅管。

5. 玻璃管

玻璃管耐酸碱腐蚀性能好，表面光滑，耐磨，管路阻力小，价格便宜。制药工业应用较多。很多有强腐蚀性的物料采用不锈钢、铅管、塑料管效果均不好时，采用玻璃管后解决了抗腐蚀问题。玻璃管的缺点是性脆、不耐冲击与振动，热稳定性差，不耐高压。为了克服这些缺点，采取了在钢管内搪玻璃的搪玻璃管。

另外，因玻璃管表面光滑且耐腐蚀，也被用来风送颗粒状固体物料。

6. 塑料管

塑料管包括有机玻璃管、聚氯乙烯管、酚醛塑料管等。塑料管具有很多优良性能，其特点是耐腐蚀性能较好，质轻、加工成型方便。但性脆、易裂强度差；耐热性也差。有机玻璃管多用于实验装置，以便于观察管内流体流动的情况。聚氯乙烯管和酚醛塑料管用于输送常温常压或低压的腐蚀性物料。

7. 橡胶管

橡胶管为软管，可以任意弯曲，质轻，耐温性、抗冲击性能较好。多用来做临时性管路。橡胶管按性能和用途的不同又分为纯胶管、夹布输水胶管、夹布耐热胶管、夹布风压胶管、夹布耐油胶管、夹布耐酸胶管和吸引胶管。吸引胶管除在胶管内夹布外，还在胶管内层设有螺旋状钢丝，以使胶管在真空下不致被吸瘪。在一些需要严格控制物料内金属离子的生产中，还用内衬橡胶管来输送软化水和其他常温物料，以避免管壁上的金属离子进入物料中。

8. 陶瓷管

陶瓷管耐酸碱腐蚀，具有优越的耐腐蚀性能，成本低廉，可节省大量的钢材。但陶瓷管性脆、强度低、不耐压，不宜输送剧毒及易燃易爆的介质，多用于排除腐蚀性污水。

9. 水泥管

水泥管价廉但笨重，多用于下水道的污水管。

二、管件

把管子连接成管路时，需要接上各种配件，使管路能够相接，附属于管子的各种配件统称为管件。管件的种类很多，常用的有以下几种。

1. 改变管路方向的管件

有45°弯头、90°弯头和180°回弯头，弯头的作用是改变管路的方向，如图1-24。

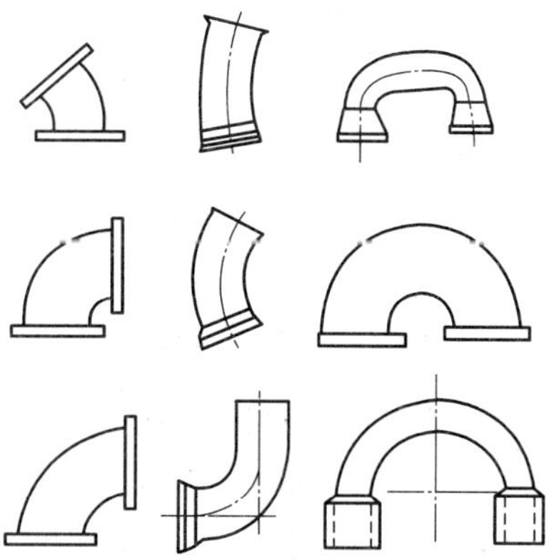

图1-24 弯头

2. 连接两管的管件

其作用是连接两根管子，如内螺纹管接头（俗称"内牙管"、"管箍"、"束节"等）、外螺纹管接头（俗称"外牙管"、"对丝"等）、活接头（俗称"由壬"等）、法兰等，如图1-25。

3. 连接管路支路的管件

其作用是连接管路支路，如各种三通、斜三通、四通等，如图1-26。

4. 改变管路直径的管件

其作用是连接不同直径的管子，改变管路的直径，如异径管（俗称"大小头"）、内外螺纹管接头（俗称"内外丝"、"补心"等）、异径肘管等，如图1-27。

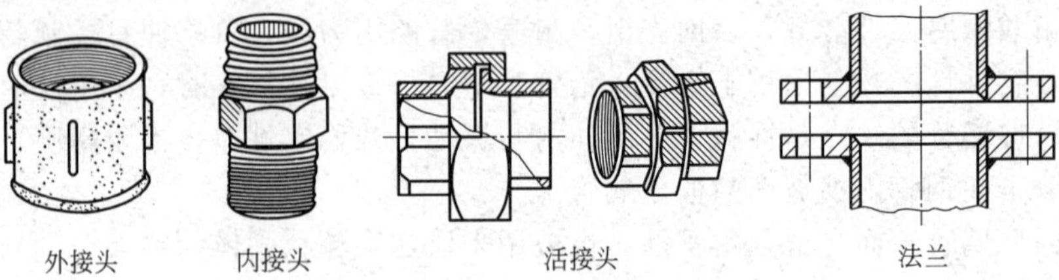

图 1-25　接头和法兰

图 1-26　三通、四通及 Y 形管

5. 堵塞管路的管件

其作用是堵塞管路，必要时打开清理或接临时管，如管帽（俗称“闷头”等）、管塞（俗称“丝堵”、“堵头”等），如图 1-28。

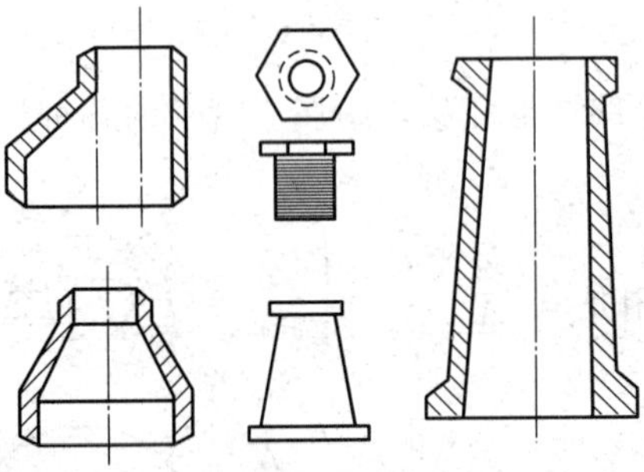

图 1-27　异径管和内外螺纹管接头

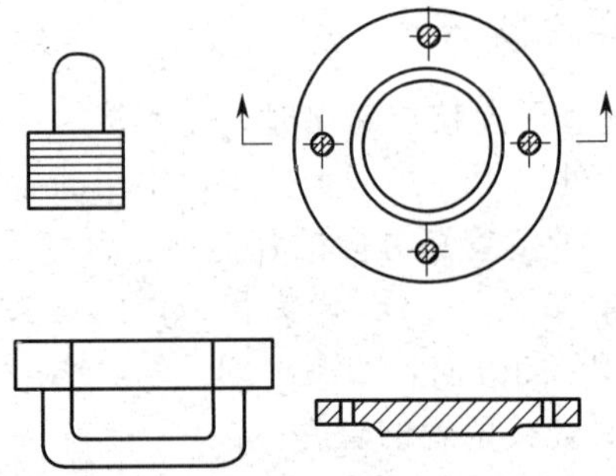

图 1-28　管帽、丝堵和法兰盖

6. 连接固定钢管和临时胶管

其作用是连接固定钢管和临时胶管，用来进行短时间临时操作，称为吹扫接头。

除以上六件管件外，化工生产厂中能遇到的管件还有温度计套管、管路窥视镜、玻璃视盅、波纹阻火计和管路过滤器等。

三、阀件

阀件是安装在管路上用来调节流体流量、控制流体压力、切断流体流动等作用的装置。按照阀件的构造和作用可分为以下几类。

1. 旋塞阀

旋塞阀也称为考克。其结构为在阀件中心处有一可旋转的圆形塞子，塞子上有孔道。当转动旋塞，使孔道与管子相通，流体即由管路通过。将旋塞再旋转某一角度，管路则部分打开，将其旋转90°时，管路即被切断。

旋塞阀的结构简单，开关迅速，操作方便，流体阻力小，零部件少，质量轻。适用于直径在80mm以下，温度不超过100℃的管路和设备上，适宜于输送黏度较大的介质和要求开关迅速的部位，一般不适用于蒸汽和温度较高的介质。

2. 闸阀

闸阀也称为闸板阀。阀体内有一个闸板，通过阀杆和手轮相连。转动手轮可使闸板上下活动，闸板降至最下方，即切断管路，闸板部分上升时，流体可部分通过，闸板提到最高位置时，管路全部打开。

闸板阀根据阀芯结构的形式可分为楔式、平行式。楔式闸板的密封面与垂直中心成一角度，并大多制成单闸板；平行式闸阀的密封面与垂直中心平行，并多制成双闸板。闸阀又可按阀杆上螺纹位置分为明杆式和暗杆式。一般情况下，明杆式适用于腐蚀性介质及室内管路上；暗杆式适用于非腐蚀性介质及安装操作位置受限制的地方。

闸阀的特点是密封性能较好，流体阻力小，启闭较省劲，易调节流量。缺点是结构比较复杂，密封面易磨损，不易修理。

闸阀一般用在输送清洁介质的大管径管路上，不适用于输送含有固体杂质的流体。

3. 截止阀

截止阀体的中部有一圆形阀座，阀盘通过阀杆与手轮相连。转动手轮使阀杆下降，阀盘就落在阀座上，将管路切断。

截止阀与闸阀相比，其调节性能好，结构简单，制造维修方便。但流体阻力大，密封性能差。适用于蒸汽、压缩空气与真空管路，也用于料液管路。但不宜用于有沉淀物或易于析出结晶的料液管路，因固体颗粒会堵塞通道、磨损阀盘或沉积在阀座上。

4. 节流阀

节流阀属于截止阀的一种，由于阀盘的形状为针形或圆锥形，可以较好地调节流量或进行节流调节压力。

节流阀的特点是外形尺寸小，质量轻，制造精度要求高。由于流速较大，易冲蚀密封面。适用于温度较低、压力较高的介质，不适用于黏度大和含有固体颗粒的介质。不宜作隔断阀。

5. 止回阀

止回阀也称为止逆阀或单向阀，是借助于流体的流动而自动开启或关闭的阀门，其用途为防止流体向反方向流动。止回阀体内有一阀盖或摇板，当流体顺流时阀盖或摇板即升起或掀开，当流体倒流时阀盖或摇板即自动关闭。止回阀分为升降式和旋启式两种，升降式的阀芯垂直做升降运动，旋启式的摇板作旋转运动。专用于泵的进口管端的止回阀称为底阀。

止回阀一般适用于清净介质，不宜用于含固体颗粒和黏度较大的介质。升降式的密封性较旋启式的好，而旋启式的流体阻力比升降式的小。一般旋启式止回阀多用于大口径管路上。

6. 球阀

球阀是一种以中间开孔的球体做阀芯，靠旋转球体来控制阀的开启和关闭。球阀的特点是结构简单，体积小，开关迅速，操作方便，流体阻力小。但球阀的制作精度要求高，由于密封结构和材料的限制，这种阀不宜用于高温介质中。

7. 减压阀

减压阀是降低气体压力的装置。这种阀主要由滑瓣、活塞、弹簧、连杆、手轮等构成。转动手轮限制活塞与滑瓣的行程，然后靠弹簧、活塞等敏感元件改变阀瓣与阀座的间隙使气流自动减压到某一数值。

减压阀只适用于蒸汽、洁净的空气与气体物料，不能用于液体的减压，也不允许气流内有固体颗粒。不同型号的减压阀有不同的减压范围，应按照规定性能使用。

8. 安全阀

安全阀是一种截断装置，多装在中、高压设备上，当设备内压力在超过规定的最大工作压力时可以自动放压，起保护设备的作用。常用的安全阀有杠杆式和弹簧式两种。

杠杆式安全阀的杠杆安置在菱形支撑上，杠杆上附有重锤，在最大工作压力下，流体加于阀门上的压力与杠杆的重力平衡，当超过了规定的最大工作压力时，阀芯便离开了阀座使器内流体与外界相通，即用变动重锤位置的方法来调整阀芯开启时的压力。杠杆式安全阀体积庞大，用在周围空间开阔的受压容器上。

弹簧式安全阀靠弹簧弹力压紧阀芯使阀密合。当压力超过弹簧弹力时阀芯上升，安全阀放压。弹簧弹力的大小用螺纹衬套来调整。弹簧式安全阀分为封闭式和不封闭式。封闭式用于易燃、易爆和有毒介质；不封闭式用于蒸汽或惰性气体。

弹簧式安全阀不如杠杆式安全阀可靠，为了保证安全生产，弹簧式安全阀必须定期检查。但弹簧式安全阀具有结构紧凑、体积小、安装方便等优点。

工艺流程图中，阀件与管件表示如表 1-4 所示。管件中的一般连接件，如法兰、三通、弯头等，如无特殊需要可以不画。

表 1-4　阀门符号

阀件名称	代表符号	阀件名称	代表符号
截止阀	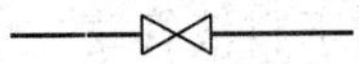	四通旋塞	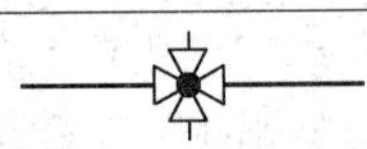
闸阀		高压截止阀	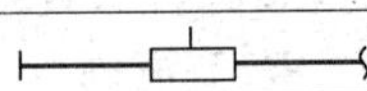
球阀	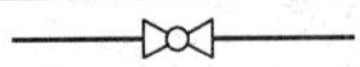	高压直通调节阀	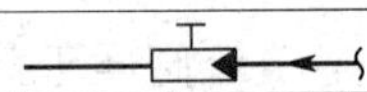
角阀		高压角形调节阀	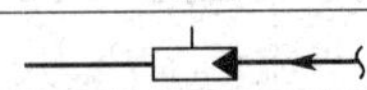
直通旋塞	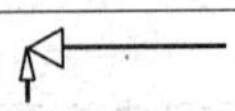	高压球阀	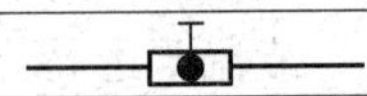
三通旋塞		柱塞阀	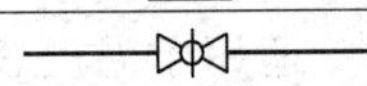
浮球阀	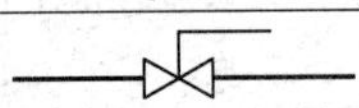	杠杆转动调节阀	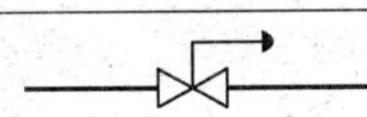
碟阀	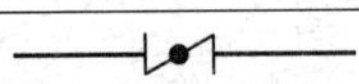	活塞操纵阀	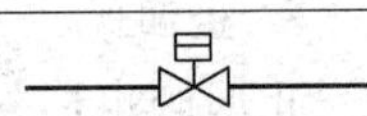
止回阀		电磁阀	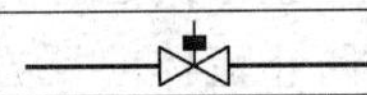
减压阀	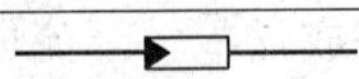	电动阀	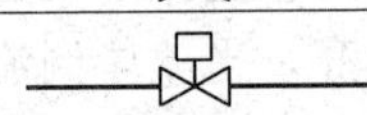
疏水阀		气开式气动薄膜调节阀	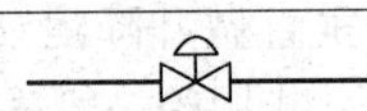
底阀		气关式气动薄膜调节阀	
弹簧安全阀	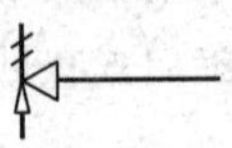	安装在操作盘上的阀门	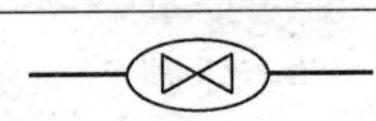
拉杆式安全阀	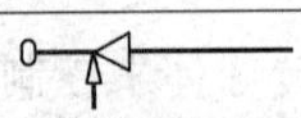	隔膜阀	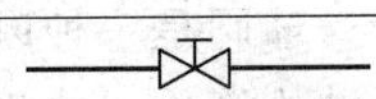
水压安全挡板	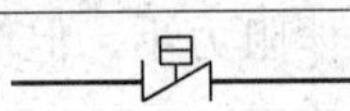	节流阀	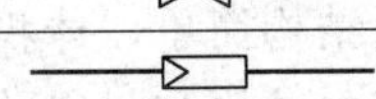

四、管路的连接

管子和管子之间，管子和管件、阀件之间的连接方法常见的有四类，如图 1-29 所示。

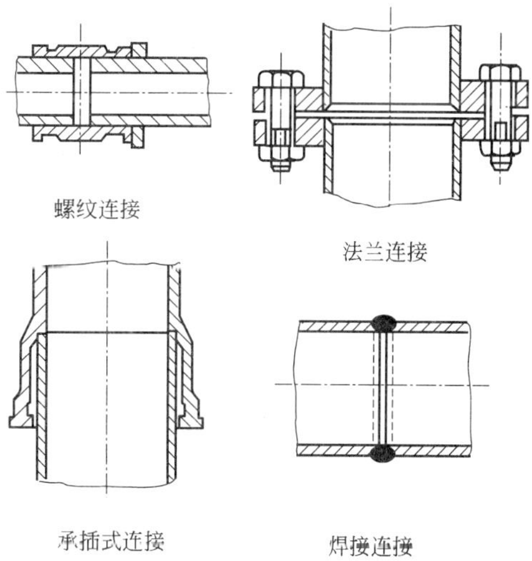

图 1-29 管子的连接方法

1. 螺纹连接

螺纹连接是一种可拆卸连接，适用于管径小于 2in 以下的水管、水煤气管、压缩空气管及低压蒸汽管。将需要连接的管子管端用管子铰板铰制成外螺纹，然后与具有内螺纹的管件或阀件连接起来。为了保证螺纹连接处密封良好，先在管端螺纹处缠上麻丝和铅油，其缠绕方向应与螺纹方向一致，线头压紧然后拧上。

用内、外螺纹管接头连接管子时，结构简单，但不容易装卸。活接头构造复杂，但易装卸，且密封性能好，管内流体不宜漏出。

2. 法兰连接

法兰连接适用于大管径、密封性能要求高的管子连接。法兰与管端用丝扣或焊接固定在一起，管路的连接由两个法兰盘用螺栓连接起来，中间以垫片密封。法兰连接密封得好坏，与选用的垫片材料有关。应根据介质的性质与工作条件选用适宜的垫片材料，以保证不发生泄漏。

法兰连接也是可拆卸连接，拆装方便，密封可靠。使用的温度、压力、管径范围很大，因而广泛用于各种金属管、塑料管、玻璃管的连接，还适用于管子与阀件、设备之间的连接。

3. 焊接

管路焊接连接较上述连接法要便宜、方便、严密，所有压力管道如煤气、蒸汽、空气、真空及物料管路都应尽量采用焊接。焊接适用于钢管、有色金属管和聚氯乙烯管。且特别适宜长管路，但需要经常拆卸的管段不能用焊接法连接。考虑到检修的需要，在连续生产的防爆车间（如有易燃、易爆溶媒的车间）内，物料管线也不应完全焊接，应在适当长度的管线上用法兰连接，以便在管线泄漏时拆到厂房外检修。

4. 承插式连接

承插式连接常用于管端不易加工的铸铁管、陶瓷管和水泥管等的连接。连接时是将一端插入另一管端的插套内，再在连接处的环状空隙内先填塞麻丝或石棉绳，然后塞入胶合剂，以达密封目的。

承插式连接的特点是适用于不宜用其他方法连接的材料，安装较方便，允许各管段中心线有少许偏差，管道稍有扭曲时仍能维持不漏。其缺点是难以拆卸，不耐高压。多用于地下给排水管路的连接。

五、管路的热补偿

当管路输送温度较高的介质时，管路的工作温度往往与安装温度相差较大，管路受热膨胀，长度伸长。如果管路不可以自由伸长，管材中则会有热应力产生，过大的热应力将造成管路的弯曲或破裂。通常，钢管温度在 80℃ 以上时，就应当考虑对这一伸长量给予补偿。

较短的管路可由弯管自行补偿，较长的管路则需在管路中安装补偿器。常用的热补偿器有Ⅱ形、Ω形、波形和填料函式补偿器，如图1-30所示。在化工厂常采用的是Ⅱ形和Ω形两种。

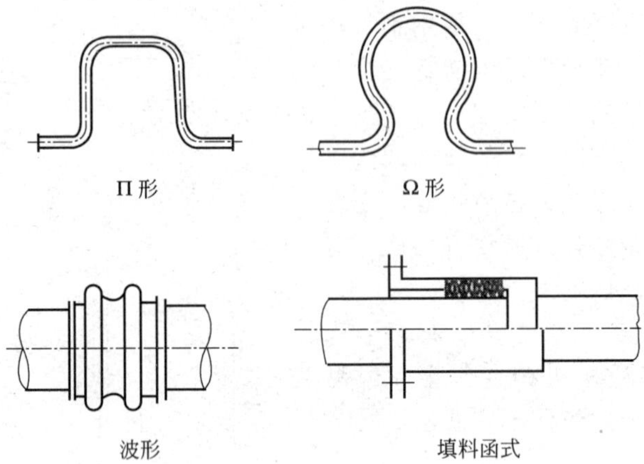

图1-30　补偿器

六、管路的保温和涂色

1. 管路的保温

管路保温的目的是尽量减少管内介质在输送过程中与管外环境进行热交换。化工厂内一般而言，只要温度在50℃以上就要保温。对于冷冻盐水为了防止冷量损失，也需保冷（又称隔热）。保温和保冷，又统称为绝热。保温材料和保冷材料统称为绝热材料。按热量运动的形态来看，保温和保冷是有区别的，但人们往往又不严格区分，习惯上统称为保温。

管路保温施工一般过程如下：管路试压不漏后，清理管路上的灰尘和铁锈，然后涂以防腐层，待防腐漆彻底干燥后，包以保温材料，保温材料采用导热性能差的材料，保温材料的厚度由传热计算确定，在保温施工中，要保证保温材料均匀牢固，保温材料的外表必须采用保护层（护壳），保护层一般采用抹面层与金属护壳，或同时采用抹面层、防潮层与金属护壳的复合保护层。金属护壳一般采用镀锌铁皮、铝合金皮或内涂防腐树脂，外喷铝粉的薄铁皮等。

2. 管路的涂色

为了保护管路外壁和鉴别管路内介质的种类，在化工厂常将管路外壁涂上各种规定颜色的涂料或在管路上图几道色环，这对检修管路和处理某些紧急情况带来方便条件。

管路的涂色标志在行业中已经统一，如表1-5所示。涂刷的方法可在管路全长都涂，或在管路上涂宽150mm的色环，不用漆也可用识别色胶带缠绕150mm的色环，色环间距视管径大小，一般为5～40m。

表1-5　管路的涂色与注字

序号	介质名称	涂色	管路注字名称	注字颜色
1	工业水	—	上水	白
2	井水	绿	井水	白
3	生活水	绿	生活水	白
4	循环上水	绿	循环上水	白

续表

序号	介质名称	涂色	管路注字名称	注字颜色
5	循环下水	绿	循环下水	白
6	消防水	绿	消防水	红
7	冷冻水(上)	淡绿	冷冻水	红
8	冷冻回水	淡绿	冷冻回水	红
9	冷冻盐水(上)	淡绿	冷冻盐水(上)	红
10	冷冻盐水(回)	淡绿	冷冻盐水(回)	红
11	低压水蒸气	红	低压蒸汽	白
12	蒸汽回水冷凝液	暗红	蒸汽冷凝液(回)	绿
13	压缩空气	深蓝	压缩空气	白
14	仪表用空气	深蓝	仪表空气	白
15	氧气	天蓝	氧气	黑
16	氢气	深绿	氢气	红
17	氮气	黄	氮气	黑
18	二氧化碳	黑	二氧化碳	黄
19	真空	白	真空	天蓝
20	氨气	黄	氨气	黑
21	氯气	草绿	氯气	白
22	烧碱	深蓝	烧碱	白
23	硫酸	红	硫酸	白
24	硝酸	管本色	硝酸	蓝
25	煤气等可燃气体	紫	煤气(可燃气体)	白
26	可燃液体(油类)	银白	油类(可燃液体)	黑
27	物料管路	红	按介质注字	黄

复习题

一、问答题

1. 密度、相对密度、比体积、黏度、流量、流速的定义及法定单位是什么？
2. 压力的法定单位是什么？工程上常用的压力单位是什么？换算关系是什么？
3. 绝对压、表压和真空度与大气压的关系是什么？
4. 静止流体内部压力的变化规律是什么？如何判断等压面？
5. 流体的稳定流动与非稳定流动有什么区别？
6. 流量方程与连续性方程如何表示？
7. 管路中水的适宜流速大致是多少？气体的适宜流速大致是多少？
8. 流体流动具有哪些机械能？说明伯努利方程式的意义及各项的物理意义。
9. 层流或湍流有什么不同？如何判断？
10. 什么是层流边界层？层流边界层的厚度随 Re 如何变化？
11. 什么是当量直径？它用在什么地方？

12. 什么是流体流动阻力的内部原因和外部原因？

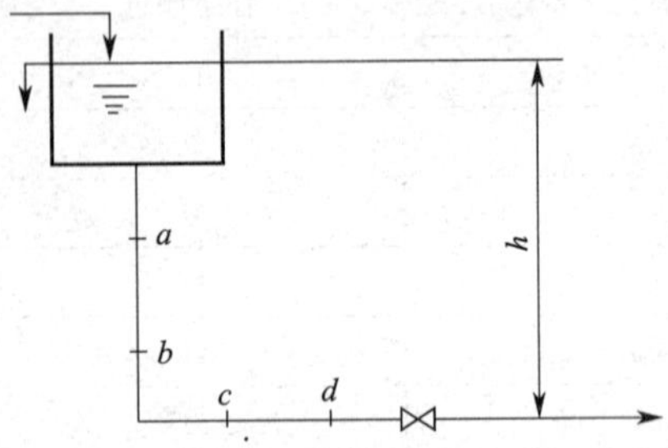

复习题 14 附图

13. 流体阻力包括哪几种？如何计算？

14. 本题附图中所示的高位槽液面维持恒定，管路中 ab 和 cd 两段的长度、直径及材质均相同。某液体以一定流量流过管路，流体在流动过程中温度可视为不变。问：

(1) 液体通过 ab 和 cd 两管段的能量损失是否相等？

(2) 此两管段的压力差是否相等？

15. 试述孔板流量计、文氏管流量计的工作原理。

16. 为什么流量计的应用范围都应处于流量系数为常数的区域？它们的安装各有什么基本要求？

二、填空题

1. 在静止的同一种连续流体的内部，各截面上________与________之和为常数。

2. 实际流体在直管内流过时，各截面上的总机械能________守恒，因实际流体流动时有________。

3. 孔板流量计属于________型流量计，是用________来反映流量的。转子流量计属于________型流量计，是通过________来反映流量的。

4. 写出流体在一段装有若干个管件的直管中流过的总能量损失的通式________，它的单位为________。

5. 流体在变径管路中流过时，流速与管直径的关系为________。

三、选择题

1. 在静止流体内部各点的静压强相等的必要条件是（　　）。

A. 同一种流体内部　　B. 连通着的两种流体

C. 同一种连续流体　　D. 同一水平面上，同一种连续的流体

2. 在一水平变径管路上，细管截面 A 及粗管截面 B 与 U 形管压差计相连，当流体流过时，压差计测量的是（　　）。

A. A、B 两截面间的总能量损失　　B. A、B 两截面间的动能差

C. A、B 两截面间的局部阻力　　D. A、B 两截面间的压强差

3. 直径为 ϕ57mm×3.5mm 的细管逐渐扩大到 ϕ108mm×4mm 的粗管，若流体在细管内的流速为 4m/s，则在粗管内的流速为（　　）。

A. 2m/s　　B. 1m/s　　C. 0.5m/s　　D. 0.25m/s

4. 层流和湍流的本质区别是（　　）。

A. 湍流的速度大于层流的　　B. 湍流的 Re 值大于层流的

C. 层流无径向脉动，湍流有径向脉动　　D. 湍流时边界层较薄

5. 孔板流量计是属于定节流面积的流量计，是利用（　　）来反映流量的。

A. 变动的压强差　　B. 动能差　　C. 速度差　　D. 摩擦阻力

习　题

1-1　在车间测得某溶液的相对密度为 1.84，求 10Mg 该溶液的密度及体积。

［答：ρ=1840kg/m^3；V=5.43m^3］

1-2　试计算氨在2.55MPa（表压）和16℃下的密度。已知当地大气压强为100kPa。

［答：18.75kg/m^3］

1-3　苯和甲苯的混合液，苯的质量分数为0.4，求混合液在20℃时的密度。

［答：871.8kg/m^3］

1-4　试计算空气在当地大气压强为100kPa和20℃下的密度。

［答：1.19kg/m^3］

1-5　把下列压力换算为kPa：(1) 640mmHg；(2) 8.5mH_2O；(3) 2kgf/cm^2。

［答：85.3kPa；83.4kPa；196.2kPa］

1-6　根据车间测定的数据，求绝对压，以kPa表示：(1) 540mmHg（真空度）；(2) 4kgf/cm^2（表压）；当地的大气压力为640mmHg。

［答：13.33kPa；477.7kPa］

1-7　根据现场测定数据，求设备两点处的绝对压力差（p_1-p_2），以kPa表示：(1) p_1=10kgf/cm^2（表压），p_2=7kgf/cm^2（表压）；　(2) p_1=600mmHg（表压），p_2=300mmHg（真空度）；p_1=6kgf/cm^2（表压），p_2=735.6mmHg（真空度）。

［答：294.3kPa；120kPa；687kPa］

1-8　用普通U形管压差计测量原油通过孔板时的压降，指示液为汞，原油的密度为860kg/m^3，压差计上的读数为18.7cm。计算原油通过孔板时的压力降，以kPa表示。已知汞的密度为13600kg/m^3。

［答：23.4kPa］

1-9　乙炔发生炉水封槽的水面高出水封管口1.2m，求炉内乙炔的最大压力（绝对压），以kPa表示。已知当地大气压力为750mmHg。

［答：111.8kPa］

1-10　如附图所示，用连续液体分离器分离互不相溶的混合液。混合液由中心管进入，依靠两液体的密度差在器内分层，密度为860kg/m^{3}的有机液体通过上液面溢流口流出，密度为1050kg/m^{3}的水溶液通过U形水封管排出。若要求维持两液层分界面离溢流口的距离为2m，问液封高度Z_0为多少？（忽略液体的流动阻力）

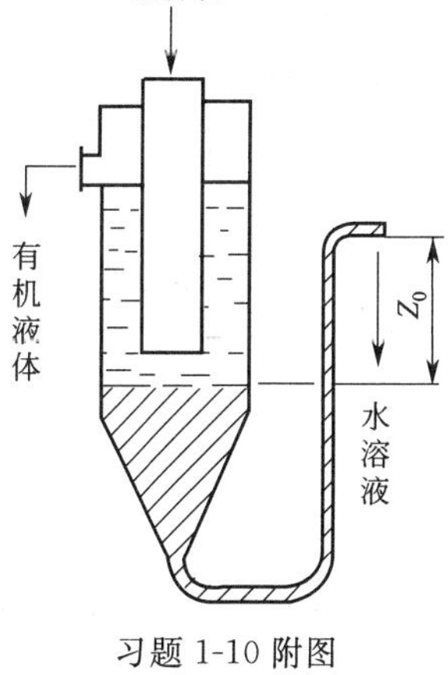

习题1-10附图

［答：1.64m］

1-11　一异径串联管路，小管内径为50mm，大管内径为100mm。水由小管流向大管，其体积流量为15m^3/h。试分别求出水在小管和大管中的：(1) 质量流量，kg/h；(2) 平均流速，m/s；(3) 质量流速，kg/(m^2·s)。

［答：小管中：15000kg/h；2.12m/s；2123kg/(m^2·s) 大管中：15000kg/h；0.53m/s；530.8kg/(m^2·s)］

1-12　管子的内直径为100mm，当4℃水的流速为2m/s时，求水的体积流量，m^3/h；质量流量，kg/s。

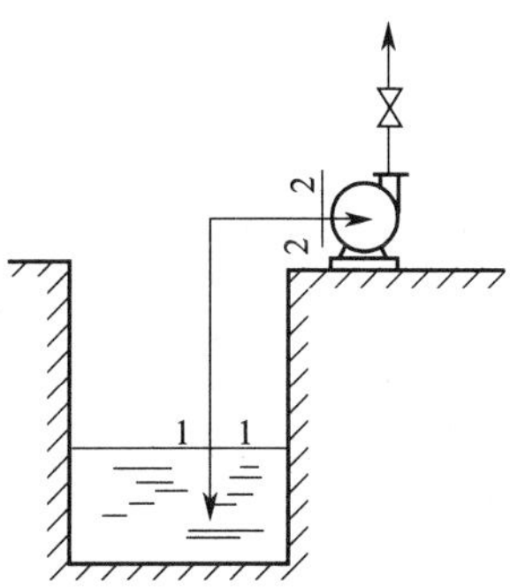

习题1-14附图

［答：56.52m^3/h；15.7kg/s］

1-13　N_2流过内径为150mm的管路，温度为27℃，入口处绝对压为150kPa，出口处绝对压为 120kPa，流速为 20m/s，求：(1) 质量流速，kg/(m^2·s)；(2) 入口处的流速。

[答：26.94kg/(m^2·s)；16m/s]

1-14　某离心泵安装在水井水面上 4.5m，泵流量为 20m^3/h，吸水管为 ϕ108mm×4mm 钢管，吸水管路中损失能量为 24.5J/kg，求泵入口处的压力，当地的大气压力为 100kPa。

[答：31.1kPa (绝压)]

1-15　某水塔塔内水的深度保持 3m，塔底与一内径为 100mm 的钢管连接，今欲使流量为 90m^3/h，塔底与管出口的垂直距离应为多少？设损失能量为 196.2J/kg。

[答；17.52m]

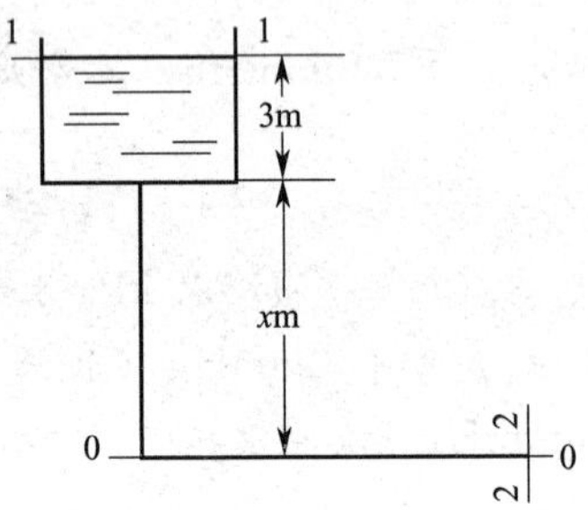

习题 1-15 附图

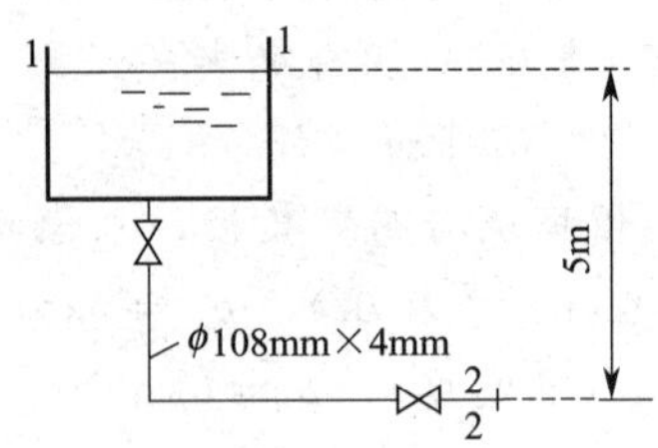

习题 1-16 附图

1-16　如附图所示，高位槽水面保持稳定，水面距水管出口为 5m，所用管路为 ϕ108mm×4mm 钢管，若管路损失压头为 4.5m 水柱，求该系统每小时的送水量。

[答：88.5m^3/h]

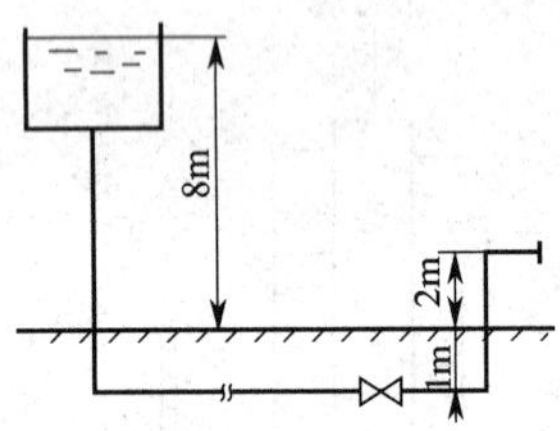

习题 1-17 附图

1-17　有一输水系统，高位槽水面高于地面 8m，输送管为普通管 ϕ108mm×4mm，埋于地面以下 1m 处，出口管管口高出地面 2m。已知水流动时的阻力损失可用下式计算：$h_{损}=45\left(\frac{u^2}{2}\right)$，式中 u 为管内流速。试求：(1) 输水管中水的流量，m^3/h；(2) 欲使水量增加 10%，应将高位槽液面增高多少米？(设在两种情况下高位槽液面均恒定。)

[答：45.2m^3/h；1.26m]

1-18　附图所示为洗涤塔的供水系统。贮槽液面压力为 100kPa (绝压)，塔内水管与喷头连接处的压力为 320kPa (绝压)，塔内水管出口处高于贮槽内水面 20m，管路为 ϕ57mm×2.5mm 钢管，送水量为 14m^3/h，系统能量损失 4.3m 水柱，求水泵所需的外加压头。

[答：46.9m 水柱]

1-19　有一用水吸收混合气中氨的常压逆流吸收塔，如附图所示。水由水池用离心泵送至塔顶经喷头喷出，泵入口管为 ϕ108mm×4mm 无缝钢管，管中流量为 40m^3/h，出口管为 ϕ89mm×3.5mm 无缝钢管。池内水深为 2m，池底至塔顶喷头入口处的垂直距离为 20m。管路的总阻力损失为 40J/kg，喷头入口处的压力为 120kPa (表压)。设泵的效率为 65%，试求泵所需的功率，kW。

[答：5.79kW]

1-20　20℃的水在 ϕ76mm×3mm 的无缝钢管中流动，流量为 30m^3/h。试判断其流动类型；如要保证管内流体做层流流动，则管内最大的平均流速应为多少？

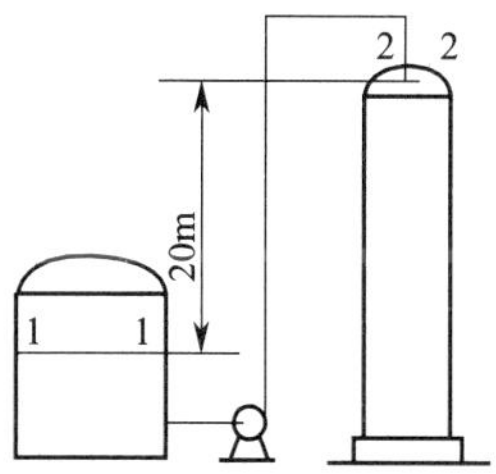

习题 1-18 附图

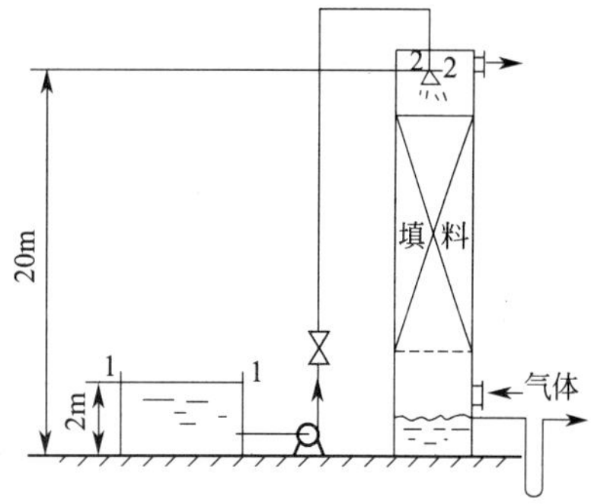

习题 1-19 附图

［答：$Re=1.5\times10^5$，为湍流；0.0287m/s］

1-21 套管换热器由无缝钢管 $\phi25mm\times2.5mm$ 和 $\phi76mm\times3mm$ 组成，今有 50℃，流量为 2000kg/h 的水在套管环隙中流过，试判断水的流动类型。

［答：$Re=1.37\times10^4$，为湍流］

1-22 水以 $2.7\times10^{-3}m^3/s$ 的流量流过内径为 50mm 的铸铁管。操作条件下水的黏度为 1.09mPa·s，密度为 1000kg/m³，求水通过 75m 水平管段的阻力损失，J/kg。

［答：65.7J/kg］

1-23 10℃的水在内径为 25mm 的钢管中流动，流速为 1m/s。试计算在 100m 长的直管中的损失压头。

［答：6.12m］

1-24 如附图示用泵将贮槽中的某油品以 40m³/h 的流量输送到高位槽。两槽的液面差为 20m。输送管内径为 100mm，管子总长为 450m（包括各种局部阻力的当量长度在内）。试计算泵所需的有效功率。设两槽液面恒定。油品的密度为 890 kg/m³，黏度为 0.187 Pa·s。

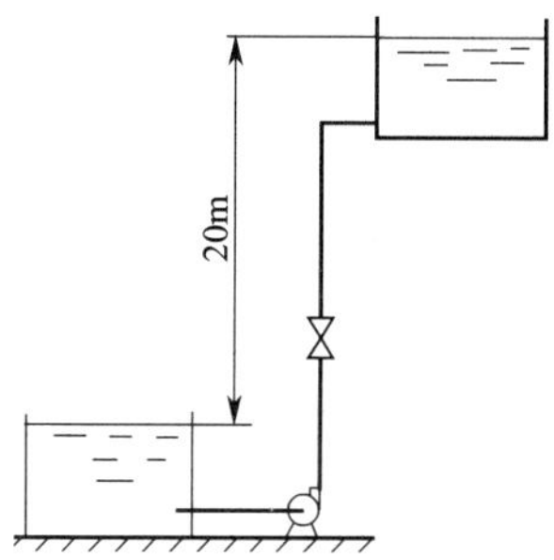

习题 1-24 附图

［答：6.17kW］

1-25 有一列管换热器，外壳内径为 800mm，内有长度为 4000mm 的 $\phi38mm\times2.5mm$ 的钢管 211 根。冷油在这些管内同时流过而被加热，流量为 300m³/h。冷油的平均黏度为 8mPa·s，相对密度为 0.8，求油通过管子的损失压头。

［答：0.071m］

1-26 密度为 1200kg/m³，黏度为 1.7mPa·s 的盐水，在内径为 75mm 钢管中的流量为 25m³/h。最初液面与最终液面的高度差为 24m，管子直管长为 112m，管上有 2 个全开的截止阀和 5 个 90°标准弯头。求泵的有效功率。

［答：2.49kW］

第二章　液体输送

学习目标

1. 熟练掌握的内容

离心泵的基本结构和工作原理、主要性能参数和特性曲线，离心泵性能的主要影响因素，离心泵工作点的确定和流量调节，离心泵的开、停车操作；正位移泵的基本结构和工作原理，正位移泵的开、停车操作及流量调节。

2. 了解的内容

离心泵的类型和选择；其他类型泵的工作原理与特性。

3. 操作技能训练

离心泵、正为移泵的开、停车操作及流量调节；高位槽输送、加压输送、真空输送、压缩空气输送化工生产中常用的输送方法。

第一节　液体输送的主要任务

在化工生产中，为了满足工艺需要，将液体物料沿着管路从一个车间输送到另一个车间，或从一个设备输送到另一个设备，是经常要进行的操作。当液体从高处向低处输送时，可利用其位能以实现自流。若是需要将液体由低处送至高处，由低压设备送至高压设备，或者克服管道阻力进行远距离的水平输送时，必须对液体做功，以提高液体的能量，完成输送任务。为输送物料提供能量的机械装置称为输送机械，输送液体的机械通称为泵。泵就是把外加压头加给液体的机械设备。

由于输送任务不同，被输送的液体是多种多样的。在操作条件如温度、压力和流量等方面也是复杂的。为适应这些情况，液体输送机械也是多种多样的。化工常用泵按照工作原理可分为四大类，如表 2-1 所示。

表 2-1　液体输送机械的类型

类　型	离心式	往复式	旋转式	流体作用式
液体输送机械名称	离心泵、旋涡泵	往复泵、柱塞泵、计量泵、隔膜泵	齿轮泵、螺杆泵	喷射泵、酸蛋、真空输送

（1）离心泵　利用在泵体内作高速旋转叶轮的离心惯性力进行工作。

（2）往复泵　利用在泵缸内作往复运动的活塞进行工作。

（3）旋转泵　利用在泵体内旋转的转子进行工作。

（4）流体作用泵　利用另一流体进行工作。

在化工用泵中，由于离心泵具有流量均匀、容易调节、操作方便等优点，在化工生产中的使用最为广泛。本章重点讲述离心泵、往复泵，对其他类型的泵作一般介绍。

第二节　离心泵操作技术

一、离心泵的工作原理与构造

1. 离心泵的工作原理

图 2-1 所示的是一台安装在管路上的单级离心泵。主要构造是蜗牛形的泵体内有一个工作叶轮，叶轮上有 6～8 片向后弯曲的叶片，叶片之间构成了液体的通道。叶轮紧固于泵壳内的泵轴上，泵壳中央的吸入口与吸入管相连。液体经底阀和吸入管进入泵内。泵壳侧旁的液体排出口与排出管连接，泵轴一般用电动机带动。

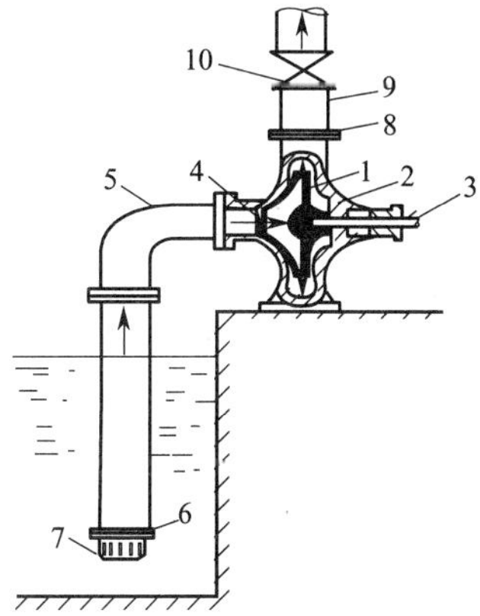

图 2-1　离心泵装置示意图

1—叶轮；2—泵壳；3—泵轴；4—吸入口；5—吸入管；6—底阀；7—滤网；8—排出口；9—排出管；10—调节阀

离心泵在启动前须向泵内灌满被输送的液体，这种操作称为灌泵。启动电动机后，泵轴带动叶轮一起旋转，充满叶片之间的液体也随着旋转，在离心惯性力的作用下，液体从叶轮中心被抛向外缘的过程中便获得了能量，使叶轮外缘液体的静压能和动能都增加，流速可达 15～25m/s。液体离开叶轮进入泵壳后，由于泵壳的流道逐渐加宽，液体的流速逐渐降低，又将一部分动能转变为静压能，使泵出口处液体的压力进一步提高，于是液体以较高的压力，从泵的排出口进入排出管路，输送到所需场所，完成泵的排液过程。

当泵内液体从叶轮中心被抛向叶轮外缘时，在叶轮中心处形成低压区，由于贮槽液面上方的压力大于泵吸入口处的压力，在压力差的作用下，液体便沿着吸入管连续不断地进入叶轮中心，以补充被排出的液体，完成离心泵的吸液过程。只要叶轮不停地运转，液体就会连续不断地被吸入和排出。

离心泵启动时，如果泵壳与吸入管内没有充满液体，则泵壳内存有空气，由于空气密度远小于液体的密度，产生的离心惯性力小，因而叶轮中心处所形成的低压不足以将贮槽内的液体吸入泵内，此时虽启动泵后而不能输送液体，这种现象称为“气缚”，说明离心泵无自吸能力。所以，离心泵启动前必须向壳体内灌满液体。若离心泵的吸入口位于吸液贮槽液面的上方，在吸入管路的进口处应装底阀（单向阀），以防启动前所灌入液体从泵内漏失，底阀下部还装有滤网，可以阻拦液体中的固体物质被吸入而引起管道或泵壳的堵塞。靠近泵出口处的排出管路上装有调节阀，以供开车、停车及调节流量时使用。

2. 离心泵的主要部件

离心泵的主要部件为叶轮、泵壳和轴封装置。

（1）叶轮　离心泵的叶轮是使液体接受外加能量的部分，是泵的主要部件，如图 2-2 所示。叶轮内有 6～8 片后弯叶片，通常有三种类型：第一种为开式叶轮，如图 2-2(a) 所示，叶片直接安装在泵轴上，叶片两侧均无盖板，适于输送含有杂质悬浮物的物料，制造简单，清洗方便。第二种为半闭式叶轮，如图 2-2(b) 所示，没有前盖板只有后盖板的叶轮，适用于输送易沉淀或含有固体粒状的物料。由于上述两种叶轮与泵体不能很好密合，液体会流回吸液侧，因而效率较低。第三种为闭式叶轮，如图 2-2(c) 所示，叶片两侧有前、后盖板的叶轮，适用于输送不含杂质的清洁液体。闭式叶轮造价虽高些，但效率高，所以一般离心泵大多采用闭式叶轮。

(a) 开式　　(b) 半闭式　　(c) 闭式

图 2-2　离心泵的叶轮

闭式或半闭式叶轮在工作时，离开叶轮的高压液体，有一部分漏入叶轮与泵壳之间的两侧空腔中去，而叶轮前侧为入口处的低压液体，由于叶轮前后两侧的压力不等，便产生轴向推力，将叶轮推向入口侧。轴向推力会使叶轮与泵壳接触而产生摩擦，严重时造成泵的振动。为了减小轴向推力，可在叶轮后盖板上钻一些称为平衡孔的小孔，如图 2-3(a) 中 1，使部分高压液体漏到低压区，以减小轴向推力，但这样也降低了泵的效率。

按吸液方式的不同，叶轮可分为单吸式和双吸式两种，如图 2-3 所示。单吸式叶轮的构造简单，液体只能从叶轮一侧被吸入。双吸式叶轮可同时从叶轮两侧对称地吸入液体。显然，双吸式叶轮具有较大的吸液能力，这种叶轮可以消除轴向推力，但叶轮本身和泵壳的结构较复杂。

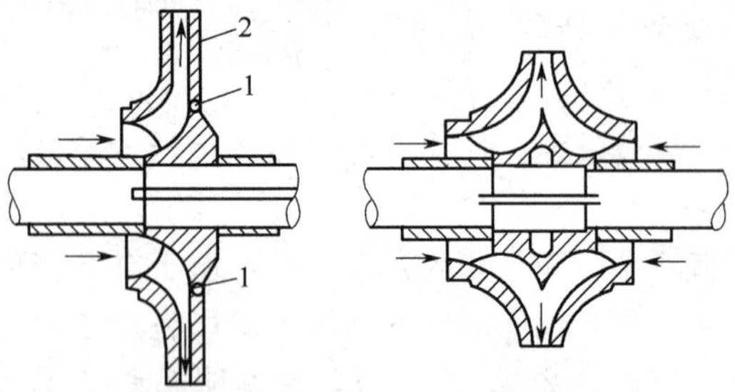

(a) 单吸式　　(b) 双吸式

图 2-3　吸液方式

1—平衡孔；2—后盖板

图 2-4　流体在泵内的流动情况

(2) 泵壳　离心泵的泵壳又称蜗壳，因壳内有一个截面逐渐扩大的蜗壳形的通道，如图 2-4 所示。叶轮在壳内顺着蜗形通道逐渐扩大的方向旋转，越接近液体出口，通道截面积越大。因此，液体从叶轮外缘以高速被抛出后，沿泵壳的蜗形通道向排出口流动，流速便逐渐降低，减少了能量损失，且使大部分动能有效地转变为静压能。一般液体离开叶轮进入泵壳的速度可达 15～25m/s 左右，而到达出口管时的流速仅为 1～3m/s 左右。所以泵壳不仅作为一个汇集由叶轮抛出液体的部件，而且本身又是一个转能装置。

对于大型离心泵，为了减少液体直接进入蜗壳时的碰撞造成的能量损失，可在叶轮与泵壳之间装有如图 2-5 中的 2 所示的导轮，导轮是一个固定在泵壳内不动的、带有前弯形叶片的圆盘，由于导轮具有很多逐渐转向的通道，使高速液体流过时均匀而缓和地将动能转变为静压能，从而减少了能量损失。

(3) 轴封装置 旋转的泵轴与固定的泵壳之间的密封称为轴封。其作用是防止高压液体从泵壳内沿轴漏出，或者外界空气以相反方向漏入泵壳内的低压区。常用的轴封装置有填料密封和机械密封两种。

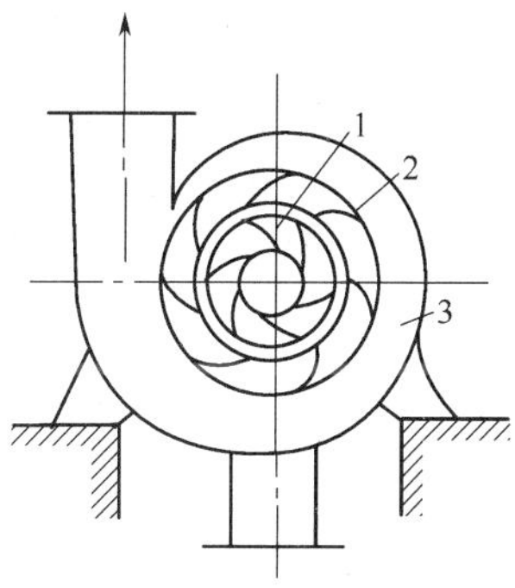

图 2-5 泵壳与导轮
1—叶轮；2—导轮；3—泵壳

① 填料密封是离心泵中最常见的密封结构，如图 2-6 所示。主要由填料函壳、软填料和填料压盖等组成。软填料一般采用浸油或涂石墨的石棉绳，将石棉绳缠绕在泵轴上，然后将压盖均匀上紧。填料密封主要靠填料压盖压紧填料，并迫使填料产生变形，来达到密封的目的，故密封程度可由压盖的松紧加以调节。填料不可压得过紧，过紧虽能制止泄漏，但机械磨损加剧，功耗增大，严重时造成发热、冒烟，甚至烧坏零件；也不可压得过松，过松则起不到密封的作用。合理的松紧为液体慢慢从填料函中呈滴状渗出为宜。

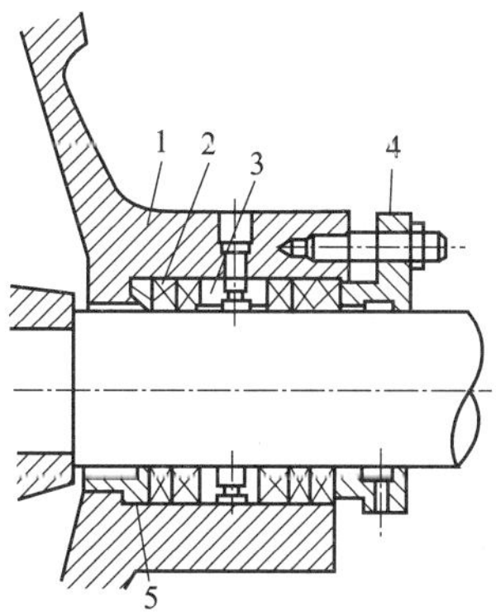

图 2-6 填料密封装置
1—填料函壳；2—软填料；3—液封圈；4—填料压盖；5—内衬套

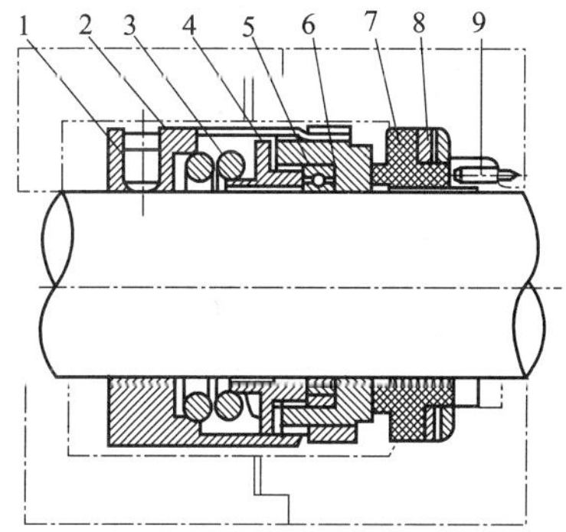

图 2-7 机械密封装置
1—螺钉；2—传动座；3—弹簧；4—推环；5—动环密封圈；6—动环；7—静环；8—静环密封圈；9—防转销

② 机械密封又称端面密封，其结构如图 2-7 所示。主要密封元件是装在轴上随轴转动的动环和固定在泵体上的静环所组成，密封是靠动环与静环端面间的紧密贴合来实现的。两端面之所以能始终紧密贴合，是借助于压紧弹簧，通过推环来达到的。动环硬度较大，常用钢、硬质合金等，静环用非金属材料，一般由浸渍石墨、酚醛塑料等制成。在正常操作时，通过调整弹簧的压力，可使动、静两环端面间形成一层薄薄的液膜，造成了很好的密封和润滑条件，在运行中几乎不漏。

二、离心泵的性能参数与特性曲线

泵的主要性能包括流量、扬程、功率和效率等，这些性能表明泵的特征。

1. 性能参数

(1) 流量（送液能力） 泵在单位时间内排出的液体体积，用符号 q_V 表示，单位为m^3/h 或 m^3/s。其大小主要取决于泵的结构、尺寸和转速等。送液能力就是泵的生产能力，也就是与泵连接的管道中液体的流量。泵的实际送液能力是由实验测定的。

(2) 扬程（泵的压头） 泵给予单位重量（1N）液体所提供的有效能量。用符号 H 表示，其单位为 m 液柱。离心泵的扬程取决于泵的结构（叶轮直径、叶片弯曲情况）、转速和流量。对于一定的泵，在指定的转速下，H 与 q_V 之间存在一定关系，由于液体在泵内的流动情况比较复杂，目前还不能从理论公式算出，H 与 q_V 关系只能用实验测定，具体测定见例题 2-1。

根据扬程的定义可知，液体在泵出口处和泵入口处的总压头差即为扬程。

（3）功率　泵在单位时间内对输出液体所做的功，称为有效功率，用符号 $p_{有}$ 表示，单位为 W 或 kW。因为离心泵排出的液体质量流量为 $q_V\rho$，所以泵的有效功率为

$$p_{有}=q_V\rho Hg \tag{2-1}$$

式中　$p_{有}$——泵的有效功率，W；

q_V——泵的实际流量，m^3/s；

ρ——液体密度，kg/m^3；

H——泵的有效压头，即单位重量的液体自泵处净获得的能量，m；

g——重力加速度，m/s^2。

由于离心泵运转时，泵内高压液体部分回流到泵入口或漏到泵外；液体在泵内流动时，要克服泵自身的摩擦阻力和局部阻力而消耗一部分能量；泵轴转动时，有机械摩擦而消耗能量。上述三方面的能量损失，使轴功率大于有效功率。

泵的轴功率即泵轴从电动机获得的功率，用符号 $p_{轴}$ 表示，单位为 W 或 kW，则 $p_{轴}$ 为

$$p_{轴}=\frac{q_V\rho Hg}{\eta} \tag{2-2}$$

若离心泵轴功率的单位用 kW 表示，则式(2-2) 变为

$$p_{轴}=\frac{q_V\rho \mathrm{H}}{102\eta} \tag{2-2a}$$

还应注意，泵铭牌上注明的轴功率是以常温 20℃的清水为测试液体，其密度 ρ 为 $1000kg/m^3$ 计算的。出厂的新泵一般都配有电机，如泵输送液体的密度较大，应看原配电机是否适用。若需要自配电机，为防止电机超负荷，常按实际工作的最大流量 q_V 计算轴功率，取 (1.1～1.2)$p_{轴}$ 作为选电机的依据。

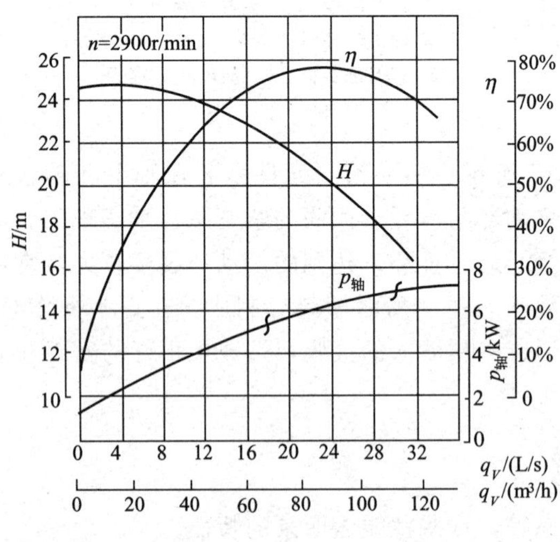

图 2-8　离心泵的特性曲线

（4）效率　泵的有效功率与轴功率之比，称为离心泵的总效率，以 η 表示，

$$\eta=\frac{p_{有}}{p_{轴}}\times 100\% \tag{2-3}$$

η 值由实验测得。离心泵效率与泵的尺寸、类型、构造、加工精度、液体流量和所输送液体性质有关，一般小型泵效率为 50%～70%，大型泵可达到 90%左右。

2. 特性曲线

离心泵的流量 q_V 与扬程 H、轴功率 $p_{轴}$ 及效率 η 之间的关系由实验测得，测出的关系曲线称为离心泵的特性曲线，如图 2-8 所示，其中以扬程和流量的关系最为重要。由于泵的特性曲线随泵转速而改变，故其数值通常是在额定转速和标准试验条件（大气压 101.325kPa，20℃清水）下测得。此曲线由泵的制造厂提供。

(1) H-q_V 曲线　表示泵的扬程和流量的关系。离心泵的扬程普遍随流量的增大而下降。

(2) $p_{轴}$-q_V 曲线　表示泵的轴功率和流量的关系。离心泵的轴功率随流量的增大而升高，流量为零时轴功率最小。所以离心泵在开车时，应关闭泵的出口阀门，造成在流量为零的状态下启动，以保护电机。待电机运转到额定转速后，再逐渐打开出口阀门。

(3) η-q_V 曲线　表示泵的效率和流量的关系。由图 2-8 看出，离心泵的效率开始随流量的增大而上升并达到一最大值，以后流量再增，效率随流量的增大而下降。说明离心泵在一定转速下有一最高效率点，称为设计点。泵在设计点相对应的流量及扬程下工作最为经济，所以与最高效率点对应的 q_V、H 和 $p_{轴}$ 称为最佳工况参数，即离心泵铭牌上标注的性能参数。根据生产任务选用离心泵时应尽可能使泵在最高效率点附近工作。

【例题 2-1】 离心泵特性曲线测定

图 2-9 为测定离心泵特性曲线的实验装置，实验中已测出如下一组数据：

流量 q_V＝0.0125m^3/s；

泵吸入口处真空表上的读数 $p_{真}$＝26.7kPa；

泵出口处压力表上的读数 $p_{表}$＝255kPa；

泵出、入口截面间垂直距离 h_0＝0.8m；

该泵的轴功率 $p_{轴}$—5.74kW；

转速 n＝2900r/min；吸入管直径 d_1＝80mm；压出管直径 d_2＝60mm；实验介质为 20℃清水。试求该泵在此流量下扬程 H、有效功率 $p_{有}$ 和总效率 η。

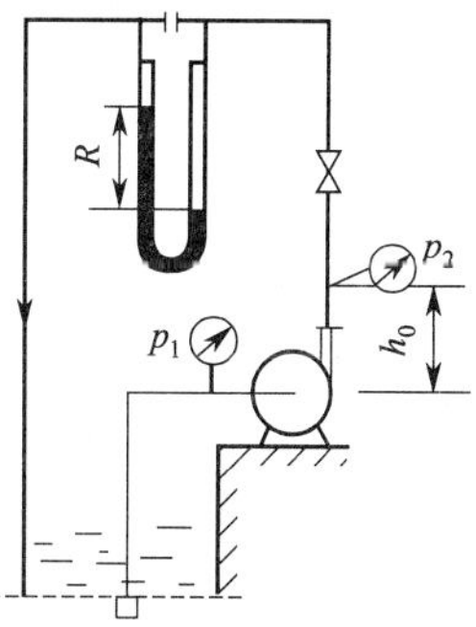

图 2-9　离心泵特性曲线测定实验装置（例题 2-1 附图）

解　查附录五得 20℃清水的密度 ρ＝998.2kg/m^3。

在泵的入、出口截面的中心水平线上分别装有真空表和压力表，选此两截面分别为 1-1 截面和 2-2 截面，并以 1-1 截面为基准水平面。由于两截面间的管路很短，因而损失压头 $H_{损}$ 值很小，可忽略不计。则

$$入口处总压头=0+\frac{p_{大}-p_{真}}{\rho g}+\frac{u_1^2}{2g}+H$$

$$出口处总压头=z_2+\frac{p_{大}+p_{表}}{\rho g}+\frac{u_2^2}{2g}$$

泵的扬程 H＝出口处总压头－入口处总压头

$$=z_2+\frac{p_{表}+p_{真}}{\rho g}+\frac{u_2^2-u_1^2}{2g}$$

已知　z_2＝0.8m，$p_{表}$＝255kPa＝255000Pa，$p_{真}$＝26.7kPa＝26700Pa，

$$u_1=\frac{4q_V}{\pi d_1^2}=\frac{4\times 0.0125}{3.14\times 0.08^2}=2.49\text{m/s}$$

$$u_2=\frac{4q_V}{\pi d_2^2}=\frac{4\times 0.0125}{3.14\times 0.06^2}=4.42\text{m/s}$$

将上述数据代入扬程计算式，得

$$H=0.8+\frac{255000+26700}{998.2\times 9.81}+\frac{4.42^2-2.49^2}{2\times 9.81}=29.5\text{m}$$

$$p_{有}=q_V\rho Hg=0.0125\times 998.2\times 29.5\times 9.81=3611\text{W}$$

$$\eta=\frac{p_{有}}{p_{轴}}=\frac{3611}{5740}=0.63=63\%$$

3. 影响离心泵特性曲线的因素

离心泵特性曲线都是在一定的转速下输送常温水时测得的。而实际生产中所输送的液体是多种多样的，即使采用同一泵输送不同的液体，由于被输送液体的物理性质（密度、黏度）不同，泵的性能亦随之发生变化。此外，若改变泵的转速和叶轮直径，泵的性能也会发生变化。因此，需要根据使用情况，对厂家提供的特性曲线进行重新换算。

(1) 密度的影响　泵送液体的密度对泵的体积流量、扬程及效率无影响。但液体密度越大，则功率越大，液体的出口压力越大。所以，当泵送液体的密度比水大时，泵的轴功率需按式(2-2) 重新计算。

(2) 黏度的影响　泵送液体的黏度越大，则液体在泵内的能量损失越大，导致泵的流量、扬程减小，效率下降，而轴功率增大，即泵的特性曲线发生变化。当输送黏度大的液体时，泵的特性曲线要进行校正。

(3) 离心泵转速的影响　离心泵的特性曲线都是在一定转速下测定的，对同一台离心泵仅转速变化，在转速变化小于 20% 时，叶轮转速对泵性能的影响，可以近似地用比例定律进行计算，即

$$\frac{q_{V_1}}{q_{V_2}}\approx\frac{n_1}{n_2}\qquad\frac{H_1}{H_2}\approx\left(\frac{n_1}{n_2}\right)^2\qquad\frac{p_{轴1}}{p_{轴2}}\approx\left(\frac{n_1}{n_2}\right)^3 \tag{2-4}$$

式中　q_{V_1}，H_1，$p_{轴1}$——转速为 n_1 时泵的流量、扬程、轴功率；

q_{V_2}，H_2，$p_{轴2}$——转速为 n_2 时泵的流量、扬程、轴功率。

(4) 叶轮直径的影响　为了扩大离心泵的使用范围，一个泵体配有几个直径不同的叶轮，以供选用。叶轮直径对泵性能的影响，可用切割定律作近似计算，即

$$\frac{q_{V_1}}{q_{V_2}}\approx\frac{d_1}{d_2}\qquad\frac{H_1}{H_2}\approx\left(\frac{d_1}{d_2}\right)^2\qquad\frac{p_{轴1}}{p_{轴2}}\approx\left(\frac{d_1}{d_2}\right)^3 \tag{2-5}$$

式中　q_{V_1}，H_1，$p_{轴1}$——叶轮直径为 d_1 时泵的流量、扬程、轴功率；

q_{V_2}，H_2，$p_{轴2}$——叶轮直径为 d_2 时泵的流量、扬程、轴功率；

d_1，d_2——原叶轮的外直径和变化后的外直径。

三、离心泵的安装高度与汽蚀现象

安装高度是指泵入口中心在吸入贮槽液面上的高度。如泵在液面之下，安装高度为负值。安装高度对泵的工作有很大影响。

1. 安装高度的限度

泵吸入液体的作用是靠贮槽液面与泵入口处的压力差。当液面压力为定值时，推动液体流动的压力差就有一个限度，不大于液面压力。所以，吸上高度有一个限度。

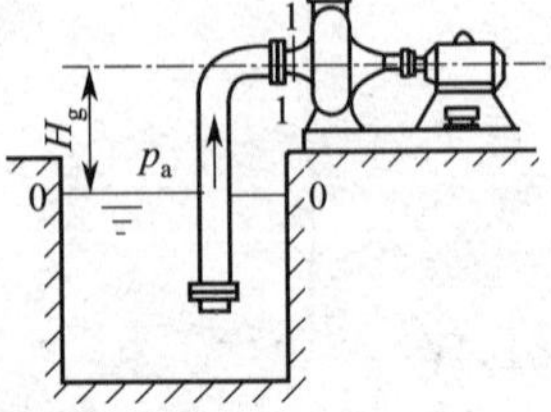

图 2-10　离心泵的安装高度

如图 2-10 所示，一台离心泵安装在贮槽液面上 H_g 处，H_g 即安装高度。设贮槽液面压力为 p_0，泵入口处压力为 p_1，吸入管路中液体的流速为 u_1，损失压头为 $H_{损0\text{-}1}$。在贮槽液面 0-0 和泵入口 1-1 截面间列伯努利方程

$$\frac{p_0}{\rho g}=H_g+\frac{p_1}{\rho g}+\frac{u_1^2}{2g}+H_{损0\text{-}1}$$

得

$$H_g=\frac{p_0}{\rho g}-\frac{p_1}{\rho g}-\frac{u_1^2}{2g}-H_{损0\text{-}1} \tag{2-6}$$

由式(2-6) 可知，当泵入口处为绝对真空，而流速 u_1 极小时，$p_1=0$，$\frac{u_1^2}{2g}$和 $H_{损0-1}$可略去不计。这样，理论安装高度 H_g 的最大值为$\frac{p_0}{\rho g}$。如贮槽是敞口的，p_0 即为当地的大气压，$\frac{p_0}{\rho g}$是以液柱高度表示的大气压强。例如，在海拔高度为零的地方送水安装高度的理论最大值为 $101.3\times10^3/(1000\times9.81)=10.33$m。即在上述理想条件下，安装高度理论最大值也不会超过 10.33m。实际吸上高度比理论最大值小。

大气压力随海拔高度的增高而降低。由于不同地区的大气压力是不同的，所以泵的吸上高度理论最大值也不同。表 2-2 列出不同海拔高度的大气压力值。

表 2-2　不同海拔高度的大气压力

海拔高度/m	0	200	400	600	800	1000	1500	2000	2500
大气压强/mH_2O	10.33	10.09	9.85	9.6	9.39	9.19	8.64	8.15	7.62

2. 汽蚀现象

当贮槽液面上的压力一定时，吸上高度 H_g 越大，则泵入口处压力 p_1 越小。若吸上高度高至某一限度，p_1 等于泵送液体温度下的饱和蒸气压时，在泵入口处液体就会沸腾而生成大量蒸气泡。当产生的蒸气泡随液体进入高压区时，又被周围的液体压碎，而重新凝结为液体。当气泡破灭后，周围的液体以高流速向气泡中心运动，这就形成了高频的水锤作用。由于液体质点互相冲击，造成很高的瞬间局部冲击压强，冲击压强可高达几万千帕，冲击频率可高达每分钟几万次。这种极大的冲击力反复进行可使叶轮或泵壳表面的金属离子脱落，表面形成斑痕和裂纹，甚至使叶轮变成海绵状或整块脱落。通常把泵内气泡的形成和破裂而使叶轮材料受到损坏的过程，称为汽蚀现象。汽蚀发生时，泵体因受冲击而发生振动和噪声，此外，因产生大量气泡，使流量、扬程下降，严重时不能正常工作。所以离心泵在操作中必须避免汽蚀现象的发生。

离心泵发生汽蚀的原因通常为：泵的安装高度过高；泵吸入管路阻力过大；所输送液体温度过高；密闭贮液池中的压力下降；泵运行工作点偏离额定流量太远等。为避免汽蚀现象的发生，我国离心泵标准中，常采用允许汽蚀余量对泵的汽蚀现象加以控制。

3. 离心泵的允许汽蚀余量

允许汽蚀余量为离心泵入口处的静压头与动压头之和必须大于输送液体在操作温度下的饱和蒸气压头某一最小允许值，用符号 Δh 表示。离心泵允许汽蚀余量亦为泵的性能，列于离心泵规格表中，其值由实验测得。

$$\Delta h=\frac{p_1}{\rho g}+\frac{u_1^2}{2g}-\frac{p_{饱}}{\rho g} \tag{2-7}$$

4. 离心泵的允许安装高度（最大安装高度）

将式(2-7) 代入式(2-6)，则得到允许安装高度 H_{gmax}的计算式。

$$H_{gmax}=\frac{p_0}{\rho g}-\frac{p_{饱}}{\rho g}-\Delta h-H_{损0-1} \tag{2-8}$$

式中　p_0——贮槽液面上方的压强，Pa（贮槽敞口时，$p_0=p_a$，p_a 为当地大气压）；

$p_{饱}$——输送液体在工作温度下的饱和蒸气压，Pa；

Δh——允许汽蚀余量，m。

为保证泵的安全运行，不发生汽蚀，通常为安全起见，离心泵的实际安装高度还应比允

许安装高度 H_{gmax} 低 0.5～1m。

【例题 2-2】 某台离心水泵，从样本上查得汽蚀余量 $\Delta h_{允}$ 为 2.5m(水柱)。现用此泵输送敞口水槽中 40℃清水，若泵吸入口距水面以上 5m 高度处，吸入管路的压头损失为 1m(水柱)，当地环境大气压力为 0.1MPa。试求：①该泵的安装高度是否合适？②若水槽改为封闭，槽内水面上压力为 30kPa，将水槽提高到距泵入口以上 5m 高处，是否可以用？

解 ① 查附录六 40℃水的饱和水蒸气压 $p_{饱}=7.377\text{kPa}$，密度 $\rho=992.2\text{kg/m}^3$

已知 $p_0=100\text{kPa}$，$H_{损}=1\text{m}$(水柱)，$\Delta h=2.5\text{m}$(水柱)

代入式(2-8) 中，可得泵的允许安装高度为

$$h_{gmax}=\frac{p_0}{\rho g}-\frac{p_{饱}}{\rho g}-\Delta h-H_{损}=\frac{(100-7.377)\times10^3}{992.2\times9.81}-2.5-1=6.01\text{m}$$

实际安装高度 $H_g=5\text{m}$，小于 6.01m，故合适。

② $$H_{gmax}=\frac{p_0}{\rho g}-\frac{p_{饱}}{\rho g}-\Delta h-H_{损}=\frac{(30-7.377)\times10^3}{992.2\times9.81}-2.5-1=-1.18\text{m}$$

以槽内水面为基准，泵的实际安装高度 $H_g=-5\text{m}$，小于 -1.18m，故合适。

四、离心泵的工作点与流量调节

离心泵的特性曲线是泵本身所固有的，但当离心泵安装在特定管路系统工作时，实际的工作流量和扬程不仅与离心泵本身的性能有关，还与管路的特性有关。即在输送液体的过程中，泵和管路是互相制约的。所以，讨论泵的工作情况之前，应了解泵所在的管路情况。

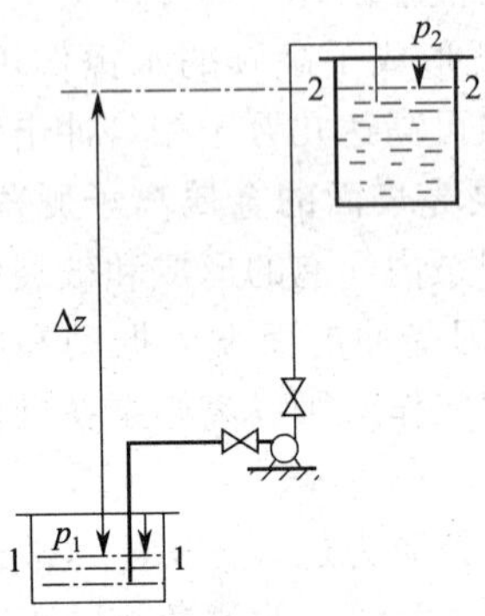

图 2-11 输送系统示意图

1. 管路的特性曲线

管路特性曲线表示流体通过某一特定管路所需要的压头与流量的关系。假定利用一台离心泵把水池的水抽送到水塔上去，如图 2-11 所示，水从吸水池流到上水池的过程中，若两液面皆维持恒定，则流体流过管路所需要的压头为

$$H_{功}=\Delta z+\frac{\Delta p}{\rho g}+\frac{\Delta u^2}{2g}+H_{损}$$

因为 $$H_{损}=\lambda\frac{l+\sum l_e}{d}\frac{u^2}{2g}=\frac{8\lambda}{\pi^2 g}\frac{l+\sum l_e}{d^5}q_V^2$$

对于固定的管路和一定的操作条件，$\Delta z+\dfrac{\Delta p}{\rho g}$ 为固定值，与管路中的流体流量无关，管径不变，$u_1=u_2$，$\Delta u^2/2g=0$，令

$$A=\Delta z+\frac{\Delta p}{\rho g}$$

$$B=\frac{8\lambda}{\pi^2 g}\frac{l+\sum l_e}{d^5}$$

所以上式可写成

$$H_e=A+Bq_V^2 \tag{2-9}$$

式(2-9) 就是管路特性曲线方程。对于特定的管路，式中 A 是固定不变的，当阀门开度一定且流动为完全湍流时，B 也可看作是常数。将式(2-9) 绘于图 2-12 得管路特性曲线。管路特性曲线的形状由管路布局与操作条件来确定，与泵的性能无关。

2. 泵的工作点

离心泵在管路系统中实际运行的工况点称为工作点，将管路特性曲线与所配用泵的特性曲线标绘在同一图上，见图 2-12 所示，两曲线相交处的 P 点，即为泵的工作点。泵的工作

点对应的流量和扬程既是泵实际工作时的流量和扬程，也是管路的流量和所需的外加压头，表明泵装配在这条管路中，只能在这一点工作。

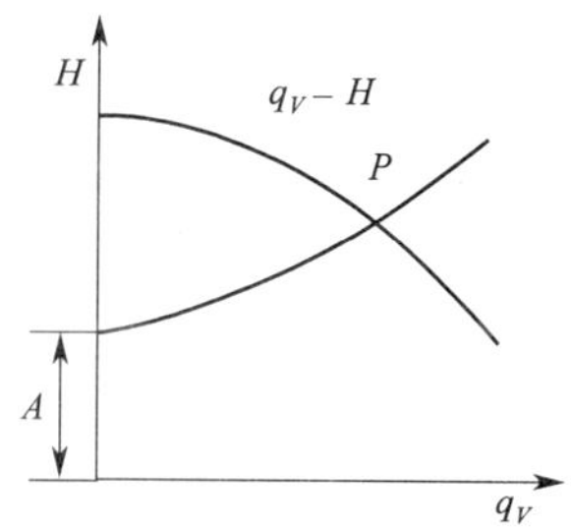

图 2-12　离心泵的工作点

3. 离心泵的流量调节

在实际操作中，管路中的液体流量需要经常调节，流量调节实质上是改变泵的工作点。泵的工作点由管路特性和泵的特性所决定，因此，改变两种特性曲线之一即可达到调节流量的目的。

(1) 改变管路特性　最简单易行的办法是在离心泵的出口管上安装调节阀，通过改变阀门的开度来调节流量。若阀门开度减小时，阻力增大，管路特性曲线变陡，如图 2-13(a) 中的曲线所示，工作点由 P 移到 P_1，相应的流量变小；当开大阀门时，则局部阻力减小，工作点移至 P_2，从而增大流量。由此可见，通过调节阀门开度可使流量在设置的最大（阀门全开）和最小值（阀门关闭）之间变动。

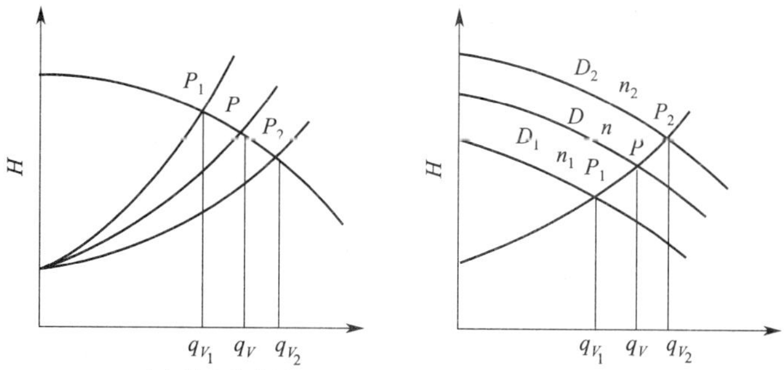

(a) 改变管路的特性曲线　(b) 改变泵的特性曲线

图 2-13　离心泵的流量调节

用阀门调节流量迅速方便，且流量可以连续变化，适合化工连续生产的特点，所以应用十分广泛。其缺点是当阀门关小时，流体阻力加大，要额外多消耗一部分动力，不很经济。

特别注意，不能用关小泵入口阀门的方法来减小流量，因为这样可能导致汽蚀现象的发生。

(2) 改变泵的特性　改变泵特性曲线的方法有两种，即改变泵的转速和叶轮的直径。图 2-13(b) 所示，当转速 n 减小到 n_1 时，工作点由 P 移到 P_1，流量就相应地减小；当转速 n 增大到 n_2 时，工作点由 P 移到 P_2，流量就相应地增大。此外，改变叶轮直径的办法，所能调节流量的范围不大，所以常用改变转速来调节流量。特别是近年来发展的变频无级调速装置，利用改变输入电机的电流频率来改变转速，调速平稳，也保证了较高的效率，这种调节也将成为一种调节方便且节能的流量调节方式。

五、离心泵的操作、运转及维护

1. 离心泵的并联和串联操作

在实际生产中，如果单台离心泵不能满足输送任务要求时，可将几台泵并联或串联成泵组进行操作。

(1) 并联操作　两台泵并联操作的流程如图 2-14(a) 所示。设两台离心泵型号相同，并且各自的吸入管路也相同，则两台泵的流量和压头必相同。因此，在同一压头下，并联泵的流量为单台泵的两倍。据此可画出两泵并联后的合成特性曲线，如图 2-14(b) 中曲线 2

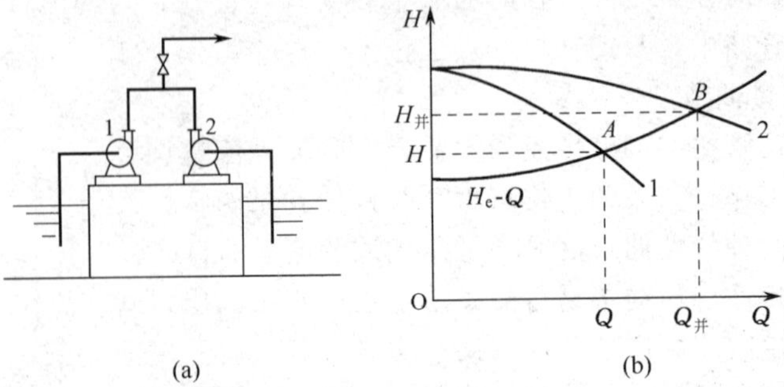

图 2-14　离心泵的并联操作

所示。

图中，单台泵的工作点为 A，并联后的工作点为 B。两泵并联后，流量与压头均有所提高，但由于受管路特性曲线制约，管路阻力增大，两台泵并联的总输送量小于原单泵输送量的两倍。

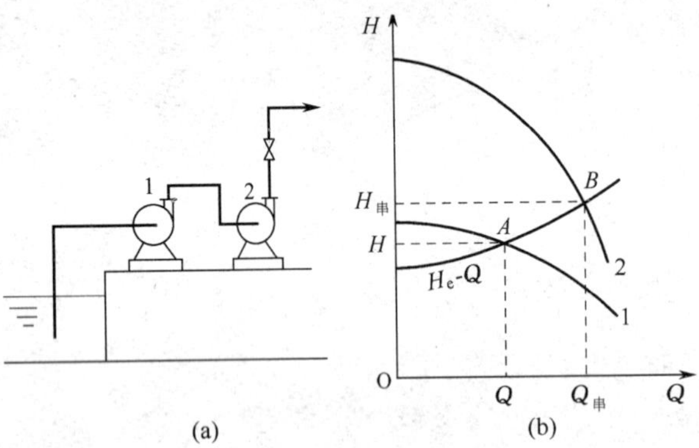

图 2-15　离心泵的串联

（2）串联操作　两台泵串联操作的流程如图 2-15(a) 所示。若两台泵型号相同，则在同一流量下，串联泵的压头应为单泵的两倍。据此可画出两泵串联后的合成特性曲线，如图 2-15(b) 中曲线 2 所示。由图可知，两泵串联后，压头与流量也会提高，但两台泵串联的总压头仍小于原单泵压头的两倍。

必须指出，泵的并联与串联操作是根据生产要求来选择的，并联操作是为了增大流量，串联操作是为了提高扬程。但一般来说，其操作要比单台泵复杂，所以通常并不随意采用。多台泵串联，相当于一台多级离心泵，而多级离心泵比多台泵串联，结构要紧凑，安装维修都更方便，故当需要时，应尽可能使用多级离心泵。双吸泵相当于两台泵的并联，也宜采用双吸泵代替两泵的并联操作。

2. 离心泵的运转及维护

① 泵启动前盘车，检查是否灵活，有无卡阻现象。

② 泵启动前要灌泵，操作时必须使泵内灌满液体，直至泵壳顶部排气孔冒液为止。

③ 启动前应关闭出口阀，使其在流量为零的情况下启动。

④ 启动后待电机运转正常后，再逐渐打开出口阀调节所需流量。

⑤ 离心泵在运转中要经常检查轴承是否过热，润滑油情况是否良好，填料或机械密封是否泄漏、发热。

⑥ 停泵时，首先要关闭出口阀再停电机，以防止出口管路中的液体因压差而使泵叶轮倒转，使叶轮受到冲击而被损坏。

⑦ 无论短期、长期停车，在严寒季节必须将泵内液体排放干净，防止冻结胀坏泵壳或叶轮。

离心泵运转时的正常维护工作，操作人员对泵运行设备应做到“三会”，即会使用，会维修保养，会排除故障。“四懂”，即懂设备结构，懂设备性能，懂设备原理，懂设备用途。

"五字巡回检查法"，即听、摸、测、看、闻。"六定"，即定路线、定人、定时、定点、定责任、定要求地进行检查。

要求操作人员定时、定点、定线路巡回检查。按照"听、摸、测、看、闻"五字检查法对设备的温度、压力、润滑及介质密封等进行检查，及时发现问题。如发现设备不正常要立即检查原因并及时反映，在紧急情况下要采取措施，立即停车，报告值班长，通知相关岗位，不查明原因，不排除故障，不得擅自开车，正在处理和未处理的问题必须写在操作记录上，并向下班交代清楚。除此之外，操作人员还要做好润滑油具的管理，按照规定及时注油。做好本岗位专责区的清洁卫生，并及时消除跑、冒、滴、漏现象。

3. 离心泵常见故障及排除方法

离心泵常见故障及排除方法见表 2-3。

表 2-3　离心泵常见故障及排除方法

故障现象	产生故障的原因	排除方法
启动后不出水，压力表及真空表的指针剧烈跳动	(1)启动前泵内灌水不足 (2)吸入管或仪表漏气 (3)吸入管浸入深度不够 (4)底阀漏水	(1)停车重新灌水 (2)检查不严密处，消除漏气现象 (3)降低吸入管，使管口浸没深度大于0.5～1m (4)修理或更换底阀
运转过程中输水量减少	(1)转速降低 (2)叶轮阻塞 (3)密封环磨损 (4)吸入空气 (5)排出管路阻力增加	(1)检查电压是否太低 (2)检查并清洗叶轮 (3)更换密封环 (4)检查吸入管路，压紧或更换填料 (5)检查所有阀门及管路中可能阻塞之处
轴功率过大	(1)泵轴弯曲，轴承磨损或损坏 (2)平衡盘与平衡环磨损过大，使叶轮盖板与中段磨损 (3)叶轮前盖板与密封环、泵体相磨 (4)填料压得过紧 (5)泵内吸进泥沙及其他杂物 (6)流量过大，超出使用范围	(1)矫直泵轴，更换轴承 (2)修理或更换平衡盘 (3)调整叶轮螺母及轴承压盖 (4)调整填料压盖 (5)拆卸清洗 (6)适当关闭出口阀
振动过大，声音不正常	(1)叶轮磨损或阻塞，造成叶轮不平衡 (2)泵轴弯曲，泵内旋转部件与静止部件有严重摩擦 (3)两联轴器不同心 (4)泵内发生汽蚀现象 (5)地脚螺栓松动	(1)清洗叶轮并进行平衡找正 (2)矫正或更换泵轴，检查摩擦原因并消除 (3)找正两联轴器的同心度 (4)降低吸液高度，消除产生汽蚀的原因 (5)拧紧地脚螺栓
轴承过热	(1)轴承损坏 (2)轴承安装不正确或间隙不适当 (3)轴承润滑不良(油质不好，油量不足) (4)泵轴弯曲或联轴器没找正	(1)更换轴承 (2)检查并进行修理 (3)更换润滑油 (4)矫直或更换泵轴，找正联轴器

六、离心泵的类型与选择

1. 离心泵的类型

离心泵种类按叶轮数目分为单级泵和多级泵；按叶轮吸液方式可分为单吸泵和双吸泵；按输送液体性质和使用条件的不同分为清水泵、油泵、耐腐蚀泵、杂质泵等。

(1) 清水泵　清水泵是化工生产中最常用的泵型，适用于输送清水以及黏度与水相近且无腐蚀性、不含固体杂质的液体。

最普通的清水泵是单级单吸式，其系列代号为"IS"，结构如图 2-16 所示。全系列流量范围为 4.5～360m³/h，扬程范围为 8～98m。以 IS100-80-125 说明泵型号中各项意义：IS—国际标准单级单吸清水离心泵；100—吸入管内径，mm；80—排出管内径，mm；125—叶轮直径，mm。

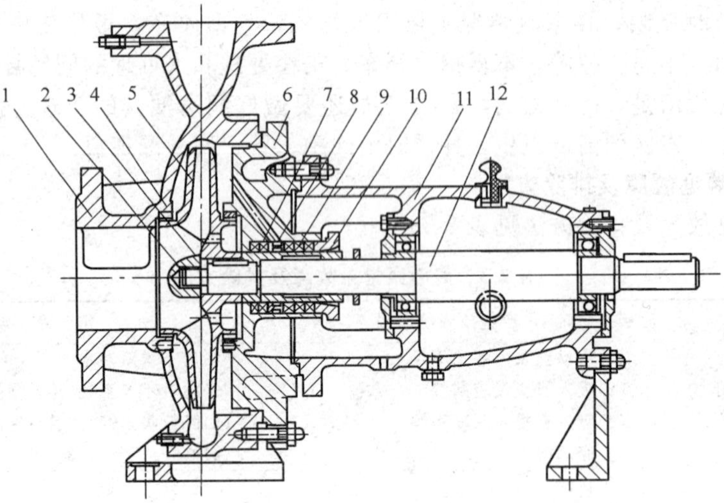

图 2-16　IS 型离心泵结构图

1—泵体；2—叶轮螺母；3—止动垫圈；4—密封环；5—叶轮；6—泵盖；7—轴盖；8—填料环；9—填料；10—填料压盖；11—悬架轴承部分；12—泵轴

如果要求的压头较高，可采用多级离心泵，其系列代号为“D”，结构如图 2-17 所示。全系列流量范围为 10.8～850m³/h，扬程范围为 14～351m。多级泵即在一根轴上串联多个叶轮，液体在几个叶轮中多次接受能量，故可达到较高的压头。

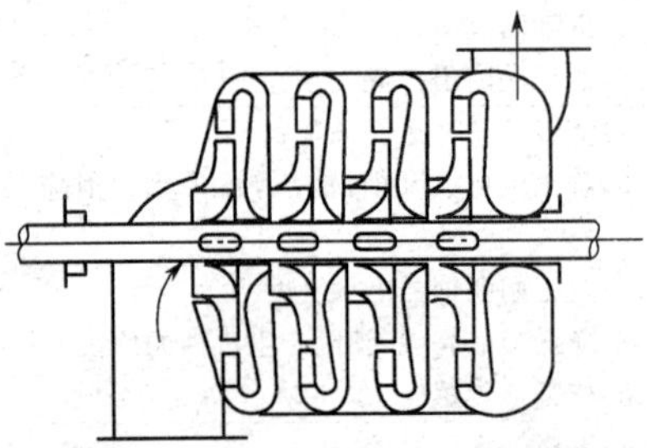

图 2-17　多级离心泵示意图

若输送液体流量较大而压头并不高时，可采用双吸式离心泵，其系列代号为“Sh”。全系列流量范围为 120～12500m³/h，扬程范围为 9～140m。双吸式叶轮的厚度较大，且有两个吸入口，故输液量较大。

（2）耐腐蚀泵　输送酸、碱等腐蚀性液体时，可选用耐腐蚀泵，其系列代号为“F”。全系列流量范围为 2～400m³/h，扬程范围为 15～105m。耐腐蚀泵中所有与腐蚀性液体接触的部件都要用耐腐蚀材料制造，在 F 后面加一个字母表示材料的代号，以示区别。

（3）油泵　油泵用于输送不含固体颗粒的石油及其制品。由于油品易燃易爆，因此对油泵的一个重要要求是密封性能良好。当输送 200℃以上的热油时，还需有冷却装置，一般在热油泵的轴封装置和轴承处均装有冷却水夹套，运转时通冷水冷却。油泵代号为“Y”，全系列流量范围为 6.25～500m³/h，扬程范围为 60～600m。

此外还有，输送悬浮液及稠厚的浆液等常用杂质泵。系列代号为 P，又细分为污水泵 PW、砂泵 PS、泥浆泵 PS 等。对这类泵的要求是：不易被杂质堵塞、耐磨、容易拆洗。所以杂质泵的特点是叶轮流道宽，叶片数目少，常采用半闭式或开式叶轮。

2. 离心泵的选择

离心泵的选择原则上可按下述步骤进行。

① 根据输送液体的性质和操作条件，确定离心泵的类型。

② 确定输送系统的流量和压头。一般液体的输送量由生产任务决定，若流量在一定范围内变化，应根据最大流量选泵，并根据输送系统管路的安排，利用伯努利方程计算最大流量下的管路所需的压头。

③ 选择泵的型号。根据输送液量和管路所要求的压头，从泵的样本或产品目录中选出合适的型号。在确定泵的型号时，所选泵所能提供的流量 q_V 和压头 H 应留有余地，即稍大于管路需要的流量和压头，并使泵在高效范围内工作。泵的型号选出后，应列出该泵的各种性能参数。

④ 核算泵的轴功率。若输送液体的密度大于水的密度，则要核算泵的轴功率，以选择合适的电机。

第三节　正位移泵操作技术

一、往复泵

往复泵是一种容积式泵，属正位移泵。它是利用往复运动的活塞或活柱将机械能以静压能的形式直接传给液体。

1. 往复泵的结构及工作原理

图 2-18 是往复泵的装置简图。它主要由泵缸、活塞、活塞杆、吸入单向阀（吸入活门）、排出单向阀（排出活门）等组成。活塞杆通过曲柄连杆机构将电机的回转运动转换成直线往复运动。工作时，活塞在外力推动下做往复运动，由此改变泵缸的容积和压强，交替地打开吸入和排出阀门，达到输送液体的目的。活塞在泵缸内移动至左右两端的顶点叫“死点”，两死点之间的活塞行程叫冲程。

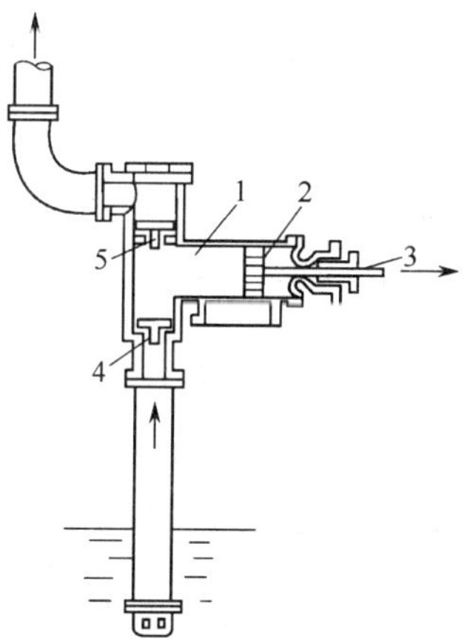

图 2-18　往复泵示意图

1—泵缸；2—活塞；3—活塞杆；4—吸入阀；5—排出阀

2. 往复泵的类型

往复泵按照作用方式的不同可分为如下几种。

（1）单动往复泵　如图 2-18，活塞往复一次，吸液和排液各完成一次。由图 2-21(a) 可以看出，单动泵在排液过程中不仅流量不均匀，而且排液间断进行。

（2）双动往复泵　其主要构造和原理如图 2-19 所示，与单动泵相似，但活塞在汽缸的两侧，活塞往复一次，吸液和排液各两次。由图 2-21(b) 可以看出，双动泵虽然排液是连续的，但是流量仍是不均匀的。

（3）三联泵　由三台单动泵并联构成。在同一根曲轴上安有三个互成 120°的曲拐，分别推动三个缸的活塞，如图 2-20 所示。当曲轴每转一周时，三个泵缸分别进行一次吸液和排液，合起来有三次排液。由图 2-21(c) 可以看出，三个缸排液时间是错开的，这样互相补充，其总排液量较为均匀。

3. 往复泵的主要性能

往复泵的主要性能参数包括流量、扬程、功率及效率等，其定义与离心泵相同。

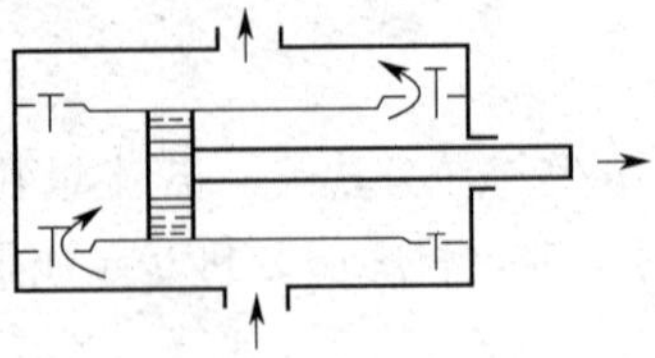

图 2-19　双动活塞泵

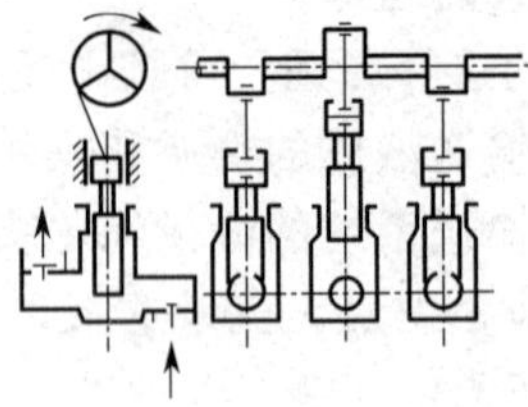

图 2-20　三联柱塞泵

(1) 流量　往复泵的理论流量 $q_{V理}$ 等于单位时间内活塞在泵缸中扫过的体积，单位为 m^3/s。

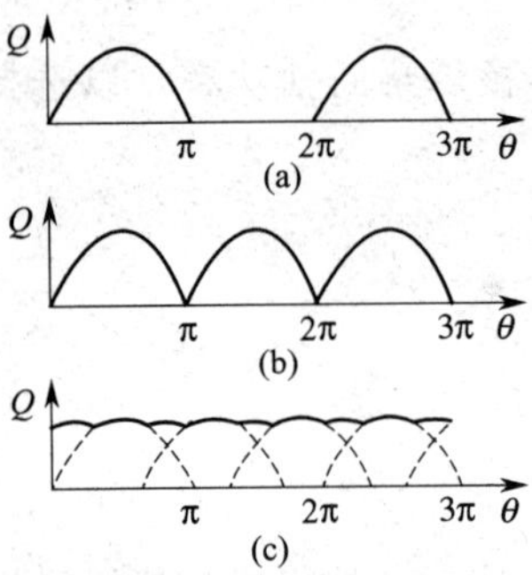

图 2-21　往复泵的流量曲线

单缸、单动往复泵　　$q_{V理}=Asn$　　(2-10)

单缸、双动往复泵　　$q_{V理}=(2A-a)sn$　　(2-11)

式中　$q_{V理}$——往复泵理论流量，m^3/min；

A——活塞截面积，m^2；

a——活塞杆截面积，m^2；

s——活塞的冲程，m；

n——活塞每分钟的往复次数，1/min。

往复泵的流量只与泵本身的几何尺寸和活塞的往复次数有关。但实际上，由于液体经过活门、活塞、填料函等处有泄漏，吸入或排出活门启闭不及时，以及泵体内存在空气等原因，往复泵的实际流量 q_V 小于理论流量 $q_{V理}$，即

$$q_V=\eta_{容}q_{V理} \tag{2-12}$$

式中　$\eta_{容}$——往复泵容积效率，由实验测定。

对一般大型泵，$\eta_{容}$ 为 0.95～0.97；对于 q_V 为 20～200m^3/h 的中型泵，$\eta_{容}$ 为 0.90～0.95；对于 $q_V<20m^3/h$ 的小型泵，$\eta_{容}$ 为 0.85～0.90。

(2) 扬程和特性曲线　往复泵的扬程与泵的几何尺寸无关，只要泵的机械强度及原动机的功率允许，输送系统要求多高的压头，往复泵就能提供多大的扬程。实际上，因泄漏往复泵的流量随压头升高而略微减小，如图 2-22 所示。

图 2-22　往复泵的特性曲线

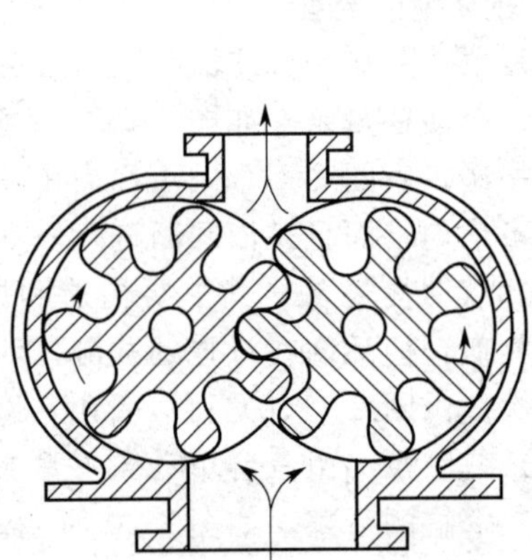

图 2-23　齿轮泵

(3) 功率与效率　往复泵功率与效率的计算与离心泵相同。往复泵效率通常在 0.72～

0.93 之间。

往复泵主要适用于低流量、高扬程的场合，输送高黏度液体时效果也较离心泵好，但不宜输送腐蚀性液体和含有固体粒子的悬浮液。

二、旋转泵

旋转泵是靠泵内一个或多个转子的旋转吸入和排出液体，又称转子泵，属容积泵类，是正位移泵的另一种类型。旋转泵的形式很多，操作原理却是大同小异，是依靠转子转动造成工作室容积改变对液体做功。最常用的有齿轮泵和螺杆泵。

1. 齿轮泵

齿轮泵的结构如图 2-23 所示，泵壳内有两个齿轮，其中一个为主动齿轮，系固定在与电动机直接相联的泵轴上；另一个为从动齿轮，安装在另一轴上，当主动齿轮启动后，它被啮合着以相反的方向旋转。两齿轮与泵体间形成吸入和排出两个空间。当齿轮按图 2-23 中所示的箭头方向旋转时，吸入空间内两轮的齿互相拨开，形成低压区而将液体吸入，然后分为两路沿壳壁被齿轮嵌住，并随齿轮转动而达到排出空间。排出空间内两轮的齿互相合拢，于是形成高压而将液体排出。

齿轮泵扬程高而流量小，流量比往复泵均匀。因为它没有活门，所以适用于输送黏稠液体和膏状物料，但不能用于输送含颗粒的混悬液。

2. 螺杆泵

螺杆泵的结构如图 2-24 所示，主要是依靠螺杆一边旋转一边啮合，液体被一个或几个螺杆上的螺旋槽带动沿着轴向排出。螺杆泵的螺杆越长，转速越高，则扬程越高。

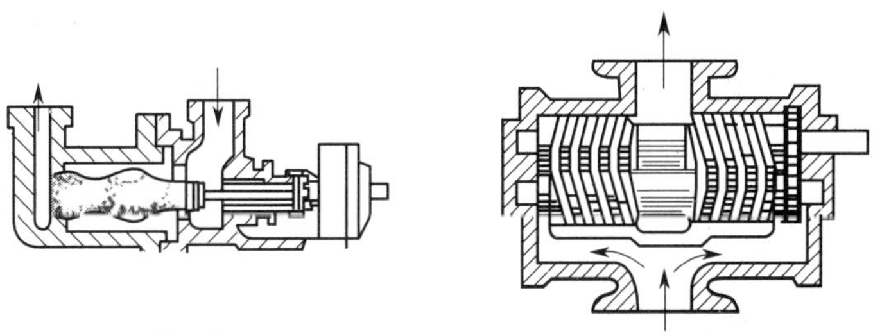

(a) 单螺杆泵　　(b) 双螺杆泵

图 2-24　螺杆泵

螺杆泵结构紧凑，效率高，被输送介质沿着轴向移动，流量连续均匀，脉冲小。自吸能力强，效率较齿轮泵高。在高压下输送高黏度液体较为适用。

三、旋涡泵

旋涡泵是一种特殊类型的离心泵，如图 2-25 所示。泵内装有叶轮，叶轮是一个圆盘，盘周边铣有许多互相分隔开的凹槽。旋涡泵工作原理与多级离心泵相似，当叶轮转动时，在离心力的作用下，在凹槽中的液体被甩出到叶轮与泵壳之间的通道中，同时在通道中的部分液体又流回到凹槽中，形成旋涡流。在此过程中液体获得动能，然后又将部分动能转变成静压能。这样，液体从入口流到出口的过程中，作了多次旋涡运动，单个叶轮就起了类似多级离心泵的作用。所以，在同样转速和叶轮大小的条件下，旋涡泵所产生的压头比离心泵高2～4倍，所以此泵适用于高扬程、小流量和低黏度的清洁液体输送。

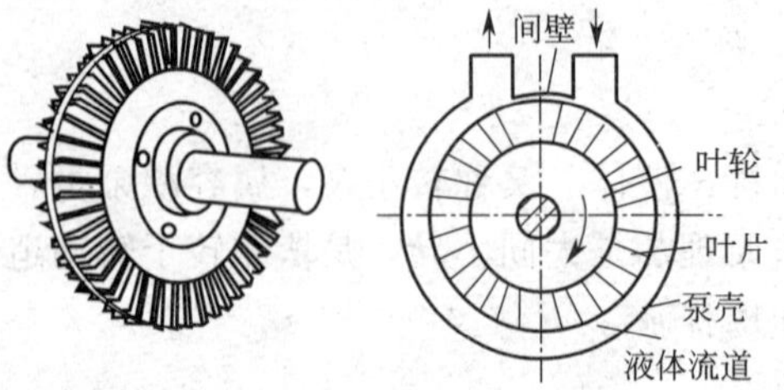

图 2-25　旋涡泵

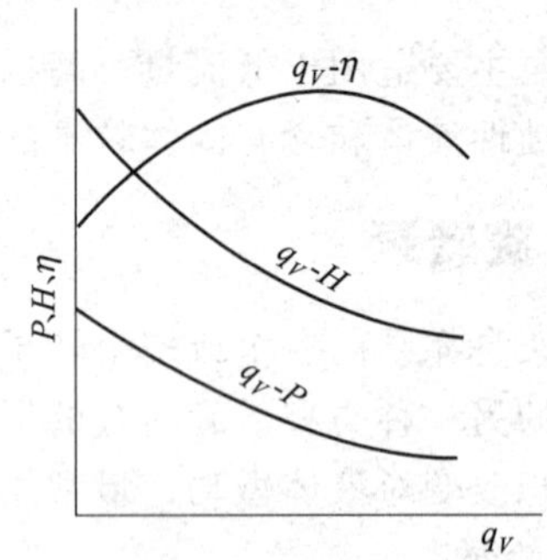

图 2-26　旋涡泵特性曲线

旋涡泵的特性曲线如图 2-26 所示。当流量减小时，扬程迅速增大，轴功率也增大，流量为零时，轴功率最大（与离心泵相反），所以在启动泵时，出口阀必须全开。由于液体在叶片与通道之间的反复迂回是靠离心力的作用，故旋涡泵启动前仍需灌泵，避免发生气缚现象。调节流量时为避免旋涡泵在太小的流量或出口阀全关的情况下运转，以保证泵和电机的安全，为此旋涡泵流量调节采用正位移泵所用的旁路调节法。由于泵内液体的旋涡流作用，液体在泵内能量损失较多，所以旋涡泵的效率较低，一般不超过 45%，通常为 30%～40% 左右。

四、正位移泵的操作、运转及维护

上述各种往复泵和旋转泵都是容积式泵或统称为正位移泵。液体在泵内不能倒流，只要活塞在单位时间内以一定往复次数运动或转子以一定转速旋转，就排出一定体积流量的液体。若把泵的出口堵死而继续运转，泵内压力便会急剧升高，造成泵体、管路和电机的损坏。因此，正位移泵就不能像离心泵那样启动时关闭出口阀门，也不能用出口阀门调节流量，必须在排出管与吸入管之间安装回流旁路（亦称支路、近路、回路），如图 2-27 所示，用旁路阀（亦称支路阀、近路阀、回路阀）配合进行流量调节。液体经进口管路上的阀门 1 进入泵内，经出口管路上的阀门 2 排出，并有一部分经旁路阀 3 流回进口管路。排出流量由阀门 2 及 3 配合调节，在泵运转中，这两个阀门至少有一个是开启的，以保证液体的输送。若下游压力超过一定限度时，安全阀 4 即自动开启，泄回一部分液体，以减轻泵和管路所承受的压力。

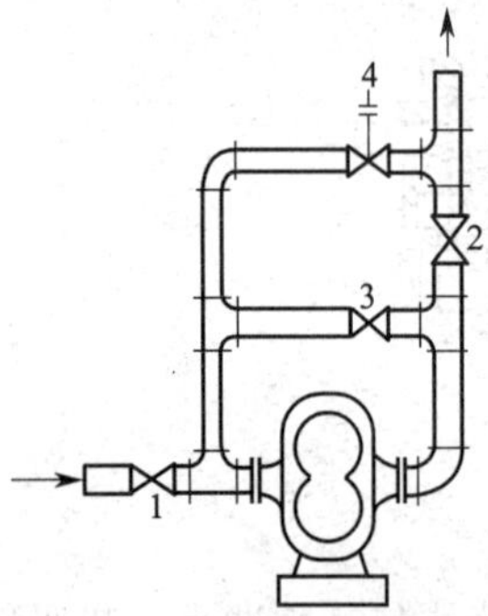

图 2-27　旁路调节流量

1—进口阀；2—出口阀；3—旁路阀；4—安全阀

1. 正位移泵的操作及运转

① 泵启动前应严格检查进、出口管路和阀门等，给泵体内加入清洁的润滑油，使泵各运动部件保持润湿。

② 正位移泵有自吸能力，但在启动泵前，最好还是先灌满泵体，排出泵内存留的空气，缩短启动时间，避免干摩擦。

③ 在启动正位移泵时，首先全打开出口管路上的出口阀门，再全打开进口管路上的进口阀门和旁路管路上的旁路阀门，最后启动电动机。当电动机的转速恒定后，缓慢地关闭旁路阀门，阀门关闭程度按生产工艺要求的流量调节。

④ 在停泵时，先全打开旁路阀门，关闭进口阀门和电动机，最后关闭出口阀门。

⑤ 泵运转中经常检查有无碰撞声，必要时立即停车，找出原因进行调整或维修。

2. 正位移泵的维护

经常清除润滑系统的油污积垢。擦拭泵体上的尘土脏物。检查出口压力和流量是否正常和填料的泄漏情况，并及时调整。泵不能在抽空、超压以及超负荷的情况下运行。在输送易结晶、易凝固的介质时，停车后应排出泵体内工作介质。长期停用时，应注意防锈。

表 2-4 为各类泵的比较。

表 2-4 各类泵的比较

类型	离心泵	往复泵	旋转泵	旋涡泵	流体作用泵
流量	均匀、量大、范围广，随管路情况而变	不均匀、恒定、范围较小，不随压头变化	比较均匀，量小，量恒定	均匀、量小，随管路情况而变	量小，间断输送
压头	不易达高压头	高压头	高压头	压头较高	压头不易高
效率	最高为70%左右，偏离设计点越远效率越低	在80%左右，不同扬程时效率仍较大	较高，扬程高时效率降低（因有泄漏）	较低（25%～50%）	仅15%～20%
结构造价	结构简单，造价低	结构复杂，振动大，体积庞大，造价高	零件少，结构紧凑，制造精确度高，造价稍高	结构简单紧凑，加工要求稍高	无活动部件，结构简单，造价低
操作	小范围调节用出口阀，简便易行；大泵大范围一次性调节可调节转速或切削叶轮直径	小范围调节用回流支路阀；大范围一次性调节可调节转速、冲程等	用回流支路阀调节	用回流支路阀调节	流量难以调节
自吸作用	没有	有	有	部分型号有	没有
启动	出口阀关闭，灌泵	出口阀全开	出口阀全开	出口阀全开	
维修	简便	麻烦	较简便	简便	简便
适用范围	适用范围广泛，除高黏度液体外，可输送各种料液	适合流量不大、压头高的输送过程	适宜于小流量、较高压头的输送任务，尤其适合高黏度液体的输送	高压头、小流量的清洁液体	适用强腐蚀性液体的输送

第四节 常见流体输送方式

流体得以流动的条件是机械能差。流体能自动地由高处流到低处，低处流体输送到高处需要机械能差。

高位槽输送、加压输送、真空输送、压缩空气输送是化工生产中常用的输送方法。

利用一种流体的作用，或利用流体在运动中通过能量的转换，使流动系统中局部的压强增高或造成真空，而达到输送另一种流体的目的，称为流体作用泵。如酸蛋、真空输送、喷射泵等，这类泵无活动部件，结构简单，且可用耐腐蚀材料制成。

一、压缩空气送料

采用压缩空气输送是化工生产中常用的方法。图 2-28 是流体作用泵中一种常见的形式，

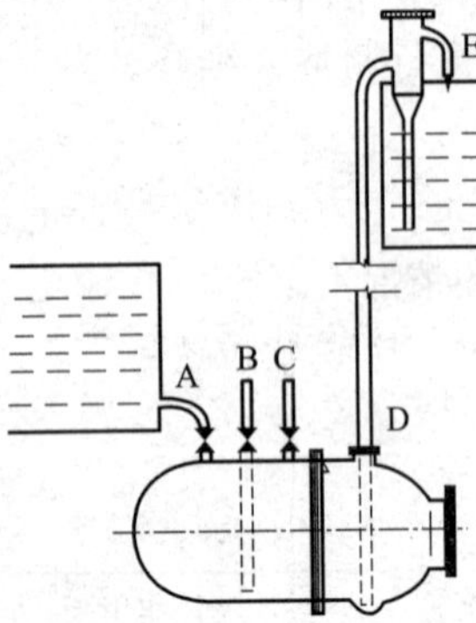

图 2-28　酸蛋

它是利用压缩空气的压力来输送液体，外形如蛋，俗称酸蛋。酸蛋的具体结构是一个可以承受一定压强的容器，容器上配以必要的管路，如料液输入管 A 和压出管 D，压缩空气管 B 等。

操作时，首先将料液通过 A 管注入容器内，然后关闭料液输入管上的阀门，然后将压缩空气管 B 上的阀门打开，通入压缩空气，以迫使料液从压出管 D 中排出。待料液压送完毕后，关闭压缩空气管上的阀门，打开放空阀 C，使容器与大气相通以降低容器中的压力，然后打开料液输入管上的阀门，再次进料，重复前述操作步骤，如此间歇地循环操作。

酸蛋经常用来输送如酸、碱一类的强腐蚀性液体，和使用耐腐蚀泵相比较费用较少，使整个生产经济合理。若输送的液体遇空气有燃烧或爆炸危险时，则使用氮气和二氧化碳之类的惰性气体。

若在酸液的进料管中增设一单向阀门，另对压缩空气阀门安装自动启闭的装置，则酸蛋的操作可以自动进行，这种酸蛋称为自动操作酸蛋。

压缩空气送料时，空气的压力必须满足输送任务对扬程的要求。压缩空气输送物料不能用于易燃和可燃液体物料的压送，因为压缩空气在压送物料时可以与液体蒸气混合形成爆炸性混合系，同时又可能产生静电积累，很容易导致系统爆炸。压缩空气送料这种方法结构简单无动件，可间歇输送腐蚀性大、不易燃易爆的流体，但流量小且不易调节，只能间歇输送流体。

二、真空输送

1. 真空输送操作

真空输送是指通过真空系统的负压来实现输送液体。如图 2-29 所示，当阀门 1 和 2 开启而阀门 3 和 4 关闭时，容器 B 与真空系统接通，此时容器 B 处于真空状态，与容器 A 之间存在一定压强差，液体在此压强差的作用下，沿管路进入容器 B 内，其液位可随时从液面计中看出。当注满后，关阀门 1 和 2，开放空阀门 3，接通大气，然后开阀门 4，液体可从容器内放出。

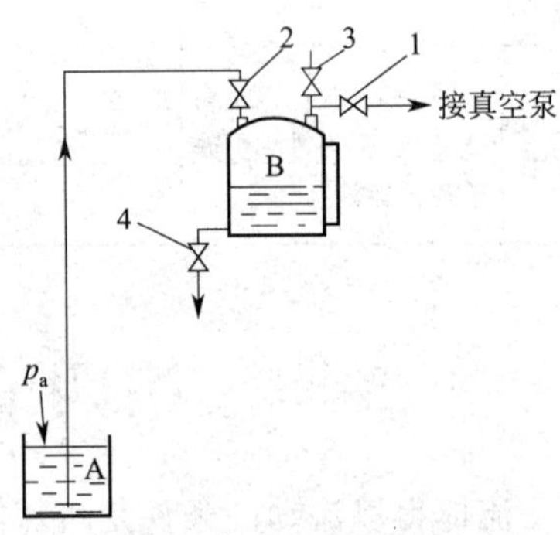

图 2-29　真空输送

真空输送也是化工生产中常用的一种流体输送方法，结构简单，操作方便，故在广泛采用。但流量调节不方便，需要真空系统，不适于输送易挥发的液体，主要用在间歇送料场合。

有机溶剂采用桶装真空抽料时，由于输送过程有可能产生静电积累，因此输送系统必须有良好的接地系统，输送系统的管线应当采用金属材料，不能用非金属管线。在连续真空抽料时，下游设备的真空度必须满足输送任务的流量要求，还要符合工艺条件对压力的要求。

真空输送如果是易燃液体，需注意输送过程的密闭性，系统和易燃蒸气形成爆炸性混合系，在点火源的作用下就会引起爆炸。另外，恢复常压时应小心，一般应待温度降低后再缓缓放进空气，以防氧化燃烧。负压操作的设备不得漏气，以免空气进入设备内部形成爆炸性混合物而增加燃烧爆炸危险。此外，设备强度应符合要求，以免抽瘪而发生事故。

2. 喷射泵

在化工生产中，喷射泵用于抽真空时，称为喷射式真空泵。喷射泵是利用流体流动时动能和静压能的相互转换来吸送流体。

喷射泵的工作流体，一般为水蒸气或高压水。前者称为水蒸气喷射泵。后者称为水喷射泵，如图 2-30 所示，为单级水喷射真空泵。在化工生产中，当要求的真空度不高时，可以用具有一定压力的水作为工作流体，称为水喷射泵。水喷射泵具有产生真空和冷凝水蒸气的双重作用，故应用甚广。

喷射泵中用以液体的吸入、排出为目的，称为喷射泵，以液体的升压、压送为目的，称为喷射器。如用于锅炉给水的水蒸气喷射器。

喷射泵的主要优点是结构简单，紧凑，制造方便，没有运动部件，无须任何基础工程和传动设备。能输送含有机械杂质流体、水蒸气、强腐蚀性及易燃易爆气体，适应性强。但效率低，工作流体耗量大，在用来造成较高真空时却比较经济。

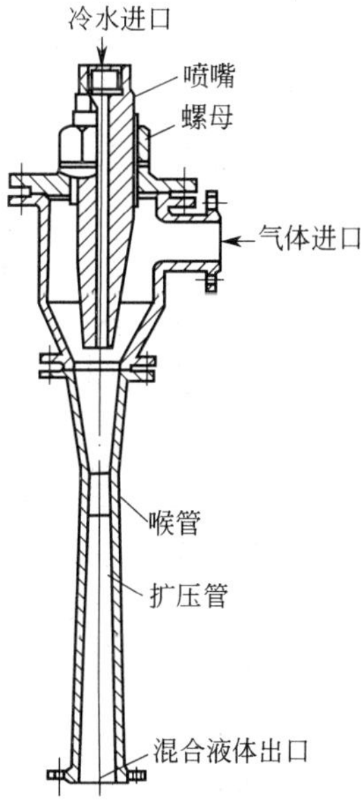

图 2-30　水喷射真空泵

三、高位槽送料

流体能自动地由高处流到低处。当工艺要求将处在高位设备内的液体输送到低位设备内时，可以通过直接将两设备用管路连接的办法实现，这就是所谓的高位槽送液。另外，在流量要求特别稳定的场合，也常常设置高位槽，以避免输送机械带来的波动。高位槽送液时，高位槽的高度必须能够保证输送任务所要求的流量。

高位槽的液体一般需通过泵压送到高位槽，在输送的过程中由于流体的摩擦，很容易在高位槽产生静电火花而引燃物料，因此，再往高位槽输送液体时，除控制流速之外，还应将液体入口管插入液下。

四、液体输送机械送料

低处流体输送到高处需要机械能差。机械能差是通过流体输送机械对流体做功而获得。由于输送机械的类型多，压头及流量的可选范围宽广且易于调节，因此该方法是化工生产中最常见的流体输送方法。

复习题

一、问答题

1. 在实际生产中液体输送机械起什么作用？
2. 简述离心泵的工作原理、主要构造及各部件的作用。
3. 离心泵的泵壳制成蜗壳状，其作用是什么？
4. 何谓离心泵的气缚、汽蚀现象？产生此现象的主要原因是什么？如何防止？
5. 扬程和升扬高度是否相同？
6. 如何确定离心泵的工作点？
7. 简述离心泵流量调节方法及各自的特点。

8. 为什么离心泵启动前要灌泵并关闭出口阀门，而旋涡泵启动前要打开出口阀门？

9. 何谓允许汽蚀余量？如何确定离心泵的安装高度？

10. 离心泵怎样进行操作？使用时可能出现哪些故障？原因是什么？

11. 什么是正位移特性？

12. 简述正位移泵流量调节方法及操作特点。

二、填空题

1. 离心泵的主要部件有________、________和________。

2. 离心泵的泵壳制成蜗壳状，其作用是________。

3. 离心泵的特性曲线包括________、________和________三条曲线。

4. 离心泵启动前需要向泵内充满被输送的液体，否则将可能发生________现象。

5. 离心泵的安装高度超过允许安装高度时，将可能发生________现象。

6. 离心泵安装在一定管路上，其工作点是指________________。

7. 离心泵通常采用________调节流量；往复泵采用________调节流量。

8. 离心泵启动前应________出口阀；旋涡泵启动前应________出口阀。

9. 往复泵的往复次数增加时，流量________、扬程________。

三、选择题

1. 离心泵（　　）灌泵，是为了防止气缚现象发生。

A. 停泵前　B. 停泵后　C. 启动前　D. 启动后

2. 离心泵吸入管路中（　　）的作用是防止启动前灌入泵内的液体流出。

A. 底阀　B. 调节阀　C. 出口阀　D. 旁路阀

3. 离心泵最常用的调节方法是（　　）。

A. 改变吸入管路中阀门开度　B. 改变排出管路中阀门开度

C. 改变旁路阀门开度　D. 车削离心泵的叶轮

4. 离心泵的工作点（　　）。

A. 由泵的特性所决定　B. 是泵的特性曲线与管路特性曲线的交点

C. 由泵铭牌上的流量和扬程所决定　D. 即泵的最高效率所对应的点

习　题

2-1　某离心泵用20℃清水进行性能试验，如图2-9所示。测得其体积流量为560m^3/h，出口压力表读数为0.3MPa，吸入口真空表读数为0.03MPa，两表间垂直距离为400mm，吸入管和压出管内径分别为340mm和300mm，试求对应此流量的泵的扬程。

[答：$H=34m$]

2-2　实验室按图2-9所示，以水为介质进行离心泵特性曲线的测定，在转速为2900r/min时测得一组数据为：流量$3.5\times10^{-3}m^3/s$，泵出口处压力表读数为100kPa，入口处真空表读数为6.8kPa。电动机的输入功率为0.85kW，泵由电动机直接传动，电动机效率为52%。已知泵吸入管路和排出管路内径相等，压力表和真空表的二测压孔间的垂直距离为0.1m，试验水温为20℃。试求该泵在上述流量下的压头、轴功率和效率。

[答：$H=11.2m$；$P_{轴}=0.442kW$；$\eta=86.8\%$]

第三章 气体的压缩与输送

学习目标

1. 熟练掌握的内容

往复式压缩机的主要构造和工作原理、性能和生产能力及多级压缩；离心通风机的构造和工作原理、离心通风机的性能参数与特性曲线。

2. 了解的内容

离心式鼓风机和压缩机、旋转式鼓风机和压缩机及真空泵的结构和工作特性。

3. 操作技能

往复式空气压缩机，离心式鼓风机的开、停车操作及流量调节；水喷射真空泵的开、停车操作。

第一节 气体压缩与输送的主要任务

气体压缩与输送在化工生产中应用十分广泛，主要用于：气体输送、产生高压气体和产生真空。

压缩和输送气体的机械统称为气体压缩机械。它的作用是对气体做功，以提高其机械能，这一点与液体输送机械极为相似。气体输送机械的基本结构和工作原理与液体输送机械的基本相同，但是，由于气体的可压缩性，当输送过程中气体压力变化时，其体积和温度随之发生变化，这对气体输送机械的结构、形状产生较大的影响。同时由于气体的密度小，相应的体积流量较大，因此一般气体输送机械的体积较大。

气体输送机械除了可按工作原理和结构的不同，分为往复式、离心式、旋转式和流体作用式外，通常按输送机械的终压（出口压力）和压缩比 ε（气体出口绝对压力与进口绝对压力的比值）来分类，见表 3-1。

表 3-1 气体输送机械按终压和压缩比分类

名　称	终压(表压)	压缩比
通风机	≤15kPa	1～1.15
鼓风机	15～300kPa	<4
压缩机	>300kPa	>4
真空泵	当时当地的大气压	由真空度决定

第二节 往复式压缩机

一、往复式压缩机的主要构造和工作原理

1. 往复式压缩机的主要构造

往复式压缩机的主要构造与往复泵类似，主要部件有气缸、活塞、吸入阀和排出阀。由

于气体可压缩，气体压缩时产生热量，温度升高，使压缩性能及其他方面受到不良影响，为了减小这种影响，压缩机中设有除热装置，一般在气缸外壁装有冷却水夹套或散热翅片。其次，在能防止活塞与气缸端盖碰撞的前提下，要尽可能减小往复压缩机的余隙，即活塞在排气过程中到达端点时，活塞与气缸端盖之间的间隙，此间隙容积称为余隙容积。往复泵的余隙容积对操作无影响，而往复式压缩机的余隙容积必须严格控制，因余隙中残留的高压气体，在气缸吸气前会膨胀而占去部分工作容积，使吸气量减小，甚至不能吸气。另外，往复式压缩机的气缸必须有润滑装置；对吸入阀和排出阀的要求更高，这也是与往复泵的不同之处。

2. 往复式压缩机的工作原理

往复式压缩机的工作原理与往复泵类似，依靠气缸内活塞的往复运动将气体吸入和压缩排出。图 3-1 为单级往复压缩机示意图，当活塞向右移动时，活塞左面的空间增大，气体压力随之下降，这一过程称为膨胀过程。当气压下降到低于吸入阀另一侧的气压时，气体就顶开吸入阀进入气缸，直到活塞移动到右端为止，这一过程称为吸气过程。吸气过程结束后，活塞向左移动，气缸内的气体被压缩，压力升高，吸入阀关闭，气体继续被压缩，随着活塞的向左移动气体体积逐渐缩小，压力逐渐增大，这一过程称为压缩过程。当压缩过程进行到气缸内的气压超过了排出阀另一端管路的压力，气缸内的气体就顶开排出阀进入管路，直到活塞运行到左端为止，这一过程称为排气过程。这样，活塞每往复一次，气缸内进行膨胀、吸气、压缩和排气四个过程，完成压缩机的一个工作循环。如图 3-2 所示，四边形 $ABCD$ 所包围的面积，为活塞在一个工作循环中对气体所做的功。

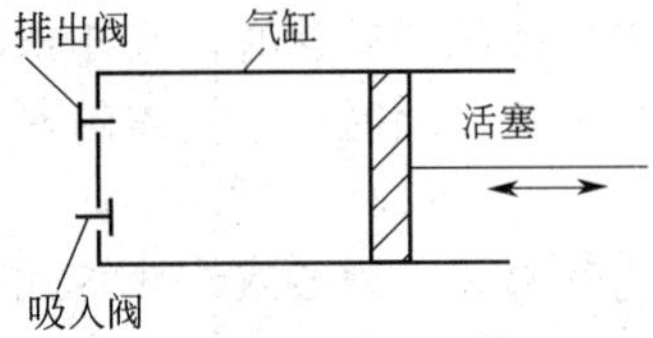

图 3-1　单级往复压缩机示意图

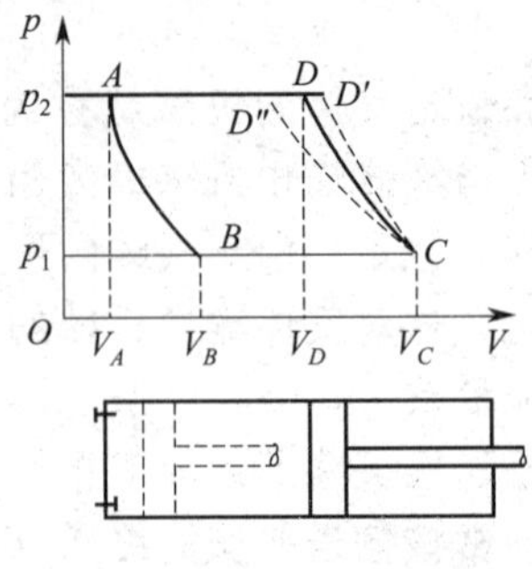

图 3-2　往复压缩机的工作过程

根据气体和外界的换热情况，压缩过程可分为等温（CD''）、绝热（CD'）和多变（CD）三种情况。由图可见，等温压缩消耗的功最小，因此压缩过程中希望能较好冷却，使其接近等温压缩。实际上，等温和绝热条件都很难做到，所以压缩过程都是介于两者之间的多变过程。

二、往复式压缩机的生产能力

往复式压缩机的生产能力就是它的送气量。将压缩机在单位时间内排出的气体体积换算成吸入状态下的数值，又称为压缩机的输气量或排气量。若没有余隙容积，往复式压缩机的理论吸气量与往复泵的类似。

1. 理论生产能力

单缸、单动往复式压缩机　　$q_V = Asn$　　(3-1)

单缸、双动往复式压缩机　　$q_V = (2A - a)sn$　　(3-2)

式中　q_V——往复式压缩机的理论吸气量，m^3/min；

A——活塞截面积，m^2；

s——活塞的冲程，m；

n——活塞每分钟的往复次数，1/min；

a——活塞杆的截面积，m^2。

2. 实际生产能力

由于气缸里有余隙，余隙气体膨胀后占据了部分气缸容积；气体通过吸入阀时有流体阻力，使气缸内的压力比吸入气体的压力稍低；气缸内的温度又高于吸入气体的温度，使吸入气缸内的气体立即膨胀，占去了一部分有效容积及压缩机的各种泄漏等因素的影响，使实际吸气量比理论吸气量低，实际生产能力为

$$q_{V实}=\lambda q_V \tag{3-3}$$

式中　λ——送气系数，由试验测得或取自经验数据，一般数值为0.7～0.9。

三、多级压缩

多级压缩是在几个串联气缸中进行的气体压缩过程。气体在一个气缸被压缩后，经中间冷却器、油水分离器，再进入另一个气缸压缩，连续地依次经过若干个气缸的压缩，即达到要求的最终压力。压缩一次称为一级，连续压缩的次数就是级数。图3-3为三级压缩的工艺流程图。

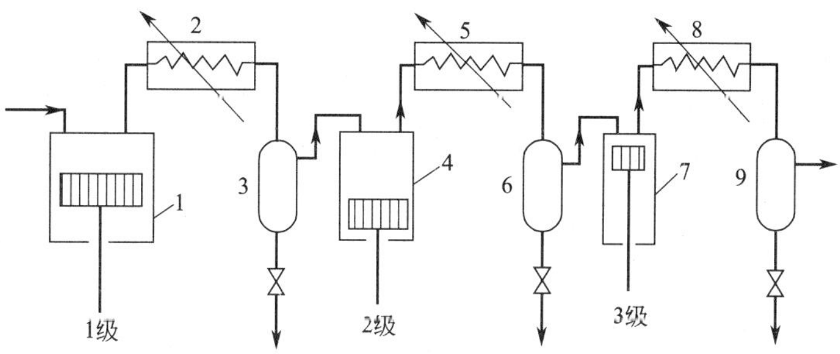

图3-3　三级压缩工艺流程示意图

1,4,7—气缸；3,6,9—油水分离器；

2,5—中间冷却器；8—出口气体冷却器

采用多级压缩的理由如下。

① 避免压缩后气体温度过高。排出气体的温度是随压缩比的增大而升高的，过高的终温会导致润滑油黏度降低，失去润滑性能，增加功耗。此外，温度过高，润滑油易分解，且油中的低沸点组分挥发并与空气混合，使油燃烧，严重的还会造成爆炸事故。因此，在实际工作中，过高的终温是不允许的。

② 减少功耗。在同样的总压缩比下，多级压缩采用了中间冷却器，消耗的总功比只用单级压缩时少，提高了压缩机的经济性。

③ 提高气缸容积利用率。气缸内总是不可避免地会有余隙空间存在，压缩比越高，气缸容积利用率越低。如为多级压缩，则随着级数增多，每级压缩比减小，气缸容积利用率亦随之得以提高。

④ 使压缩机的结构更为合理。若采用单级压缩，为了承受高终压的气体，气缸要做得很厚；为了吸入初压很低因而体积很大的气体，气缸又要做得很大。若采用多级压缩，气体

经每级压缩后，压力逐渐增大，体积逐渐减小，气缸的直径可逐渐缩小，而缸壁可逐级增厚。

多级压缩的主要缺点是级数越多，整个压缩系统结构越复杂。冷却器、油水分离器等辅助设备的数量几乎与级数成比例的增加，为了克服压缩系统各种流体阻力而消耗的能量也增加。所以过多的级数也是不合理的，必须通过经济权衡并视具体情况来确定级数。一般多级压缩，每级压缩比不大于 8。

四、往复式压缩机的操作、运转及维护

1. 往复式压缩机的正常操作及运转

压缩机在生产过程中的操作任务是：将压缩系统各部分的工艺条件维持在规定的指标范围内，及时检查和排除各部分的故障，保证各摩擦部分有良好的润滑和冷却，从而保持压缩机正常、良好的运转。压缩机装置在运行过程中巡回检查及操作要点如下。

开动往复式压缩机之前须先加好润滑油，并开动油泵，打开管路上的出口阀，打开进入气缸夹套的冷却水阀，然后开动电机使压缩机试运转，试运转正常后再打开吸入阀进气。

操作过程中应随时注意压缩机各级气缸进、出口气体的压力和温度，检查冷却后气体的温度和冷却水的温度，严格按工艺指标控制，经常检查各级进、出口阀门的工作情况，检查压缩机的润滑情况，定期加润滑油，定期排放各级中间冷却器和油水分离器中的油、水，以及所有零件接缝处的密封情况等。在检查压缩机整个装置的密封性能时，可查看是否漏油、漏气及是否有异常声音，或者根据压缩机系统内的压力是否降低来检查，此外，还应检查安全装置和测量仪表的情况。

2. 往复式压缩机排气量的调节

往复式压缩机排气量是间歇进行的，所以送气不均匀，气体出口要与缓冲罐（贮气罐）连接，使输出的气体均匀稳定。缓冲罐也能使气体中夹带的油沫和水沫沉降下来，定期排放。为了操作安全，贮气罐上要安装压力表和安全阀。压缩机的吸入口应装过滤器，以免吸入灰尘杂物，磨损活塞、气缸等部件。

往复式压缩机送气量调节的方法，有以下几种。

(1) 补充余隙调解法　此法的调节原理是在气缸余隙的附近，装置一个补充余隙容积，打开余隙调节阀时，补充余隙便与气缸余隙相同，通过改变余隙容积的方法调节排气量。这是大型压缩机常用的经济的调节方法，但结构较复杂。

(2) 旁路回流调节法　即在排气管与吸气管之间安装一旁路阀，通过调节旁路阀调节送气量。

(3) 顶开吸入阀调节阀　即在吸入阀处安装一顶开阀门装置，在排气过程中强行顶开吸入阀，使部分或全部气体返回吸入管道，以减小送气量。

(4) 降低吸入压力调解法　部分关闭吸入管路的阀门，达到调节的目的。

(5) 改变转速调解法。

(6) 改变操作台数调解法。

第三节　离心式气体输送机械

离心式（透平式）气体输送机械依靠高速旋转的叶轮吸入气体，利用离心力对气体加压，是和离心泵遵循同一原理的设备。根据叶轮的形状和风压的大小，可分类为：离心式通

风机，离心式鼓风机，离心式压缩机。离心式气体输送设备送气均匀，排出气体中不夹带油雾，因体积小而所需底座面积小，可连续运转且安全可靠，维修方便等，使用范围非常广泛。

一、离心式通风机

离心式通风机是一种广泛应用的低压气体的输送设备。离心式通风机按产生的风压不同，可分为以下三类。

① 低压离心式通风机，出口风压低于 1×10^3 Pa(表压)；

② 中压离心式通风机，出口风压低于 $1\times10^3\sim3\times10^3$ Pa(表压)；

③ 高压离心式通风机，出口风压低于 $3\times10^3\sim15\times10^3$ Pa(表压)。

1. 离心式通风机的构造和工作原理

离心式通风机的结构和工作原理与单级离心泵大致相同。主要是由蜗形机壳和多叶片的叶轮组成。图 3-4 所示为低压离心式通风机的示意图。低压通风机的叶片是平直的，中、高压通风机的叶片多是向后弯的，高压通风机的叶片也有向前弯的，但其效率较低。机壳流道的断面多为方形，高压风机多为圆形流道。所以，高压通风机的外形与结构与单级离心泵更相似。

中低压离心式通风机主要作为车间通风换气用，高压离心式通风机主要用于气体的输送。

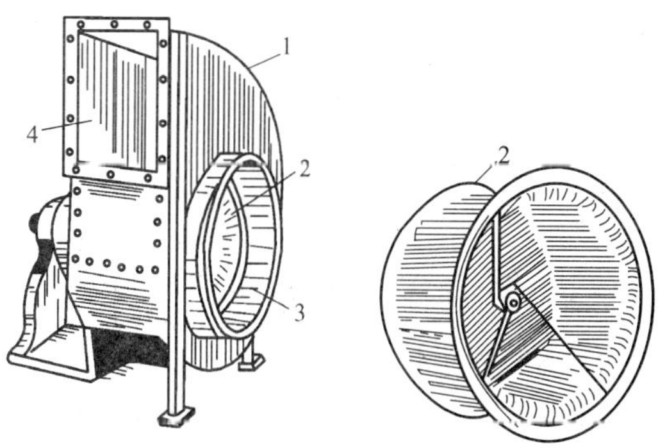

图 3-4　低压离心式通风机

1—机壳；2—叶轮；3—吸入口；4—排出口

2. 离心式通风机的性能参数与特性曲线

(1) 离心式通风机的性能参数

① 风量 q_V　是单位时间内从风机出口排出的气体体积，并按风机进口处的气体状态计，单位为 m^3/s 或 m^3/h。通风机铭牌上的风量是用压力为 101.3kPa、温度为 20℃、密度为 $1.2kg/m^3$ 的空气标定。

② 风压 p_t　是指单位体积的气体通过风机时所获得的能量，单位为 Pa。由于 p_t 的单位与压力单位相同，故称为风压。

离心式通风机的风压取决于风机的结构、叶轮尺寸、转速与进入风机的气体密度。风压一般由实验测定。离心式通风机对气体所提供的有效能量，常以 $1m^3$ 气体为基准。设风机进口为截面 1-1，风机出口为截面 2-2，根据伯努利方程，单位体积气体通过通风机所获得的能量为

$$p_t=p_2-p_1+\frac{u_2^2}{2}\rho=p_s+p_k \tag{3-4}$$

式中　p_2-p_1——静风压 p_s；

$u_2^2\rho/2$——动风压 p_k。

通风机性能表上所列出的风压为全风压 p_t。

通风机铭牌上的风压 p_{t0} 是用空气测定的，如果操作条件与标定条件不同，则操作条件下的风压 p'_t 可用下式换算

$$\frac{p'_t}{p_{t0}}=\frac{\rho'}{1.2} \tag{3-5}$$

③ 轴功率和效率　离心式通风机的轴功率用下式计算

$$p_{轴}=\frac{p_t q_V}{1000\eta} \tag{3-6}$$

式中　$p_{轴}$——离心式通风机的轴功率，kW；

q_V——离心式通风机的风量，m^3/s；

p_t——离心式通风机的全风压，Pa；

η——全压效率。

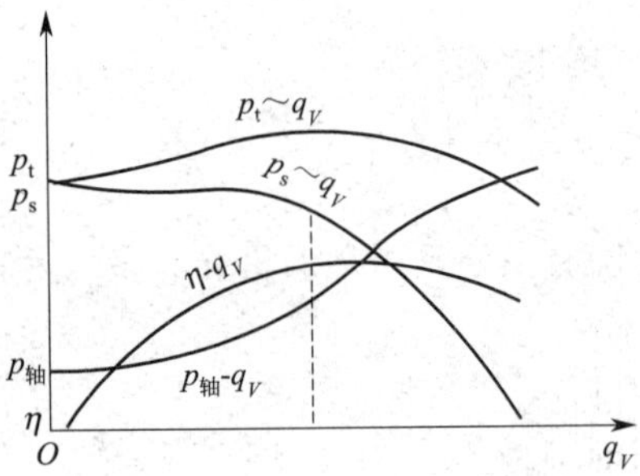

图 3-5　离心式通风机的特性曲线

效率反映了风机中能量的损失程度。一般来讲，在设计风量下风机的效率最高。通风机的效率一般在70%～90%。

（2）离心式通风机的特性曲线　一般离心式通风机在出厂前需用空气在压力 101.3kPa，温度 20℃，密度为 $1.2kg/m^3$ 实验条件下测定特性曲线和性能参数，即离心式通风机铭牌上的风量、全风压、轴功率和效率等。如图 3-5 是离心式通风机的特性曲线示意图。图中显示了在一定转速下，风量 q_V、全风压 p_t、轴功率 $p_{轴}$ 和效率 η 的关系。

二、离心式鼓风机和压缩机

1. 离心式鼓风机

离心式鼓风机又称透平鼓风机，其结构类似于多级离心泵。离心式鼓风机一般由 3～5 个叶轮串联而成，如图 3-6 是五级离心式鼓风机示意图。各级叶轮的直径大致相同，每级叶轮之间都有导轮，其工作原理和离心式通风机相同。气体由吸入口进入后，依次通过各级的叶轮和导轮，最后由排出口排出。

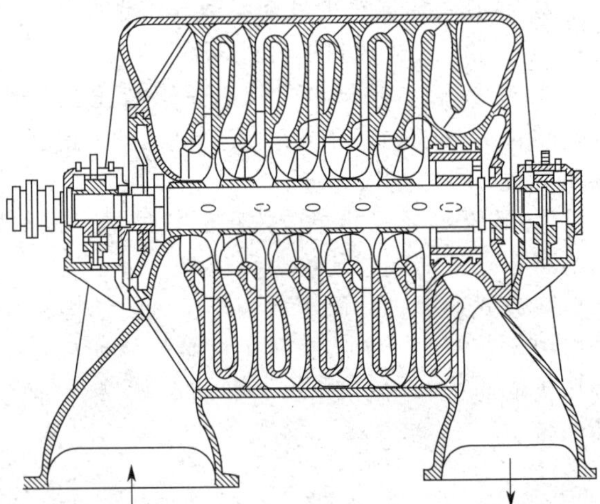

图 3-6　五级离心式鼓风机示意图

一般离心式鼓风机的风量较大，但风压不太高，终压小于 300kPa（表压），压缩比不高，所以级间不需冷却装置。

2. 离心式压缩机

（1）离心式压缩机的主要结构与工作原理　离心式压缩机又称透平压缩机，其主要构造和工作原理都与离心式鼓风机相似。只是叶轮的级数更多，可以在 10 级以上，转速也高于离心鼓风机的转速，可达到 3500～8000r/min，故能产生较高的压力，其压力范围为 0.4～10MPa。由于气体的压缩比较高，气体体积变化就比较大，温度升高较为显著。因此，离心式压缩机常分成几段，每段包括若干级。叶轮直径与宽度逐段缩小，段与段之间设冷却器，以免气体温度过高。

（2）离心式压缩机的特性曲线与流量调节　离心式压缩机的特性曲线由实验测得。图 3-7 所示为离心式压缩机典型的特性曲线，它与离心泵的特性曲线很相像，但其最小流量不等于零，而等于某一定值。由特性曲线可看出，流量 q_V 增加时，压缩比ε（或出口压力）下降，功率 P 增大，效率 η 开始随流量 q_V 的增大而上升，达到最高点后，流量 q_V 增大反而下降。效率最高点称为设计点，对应的流量为设计流量。

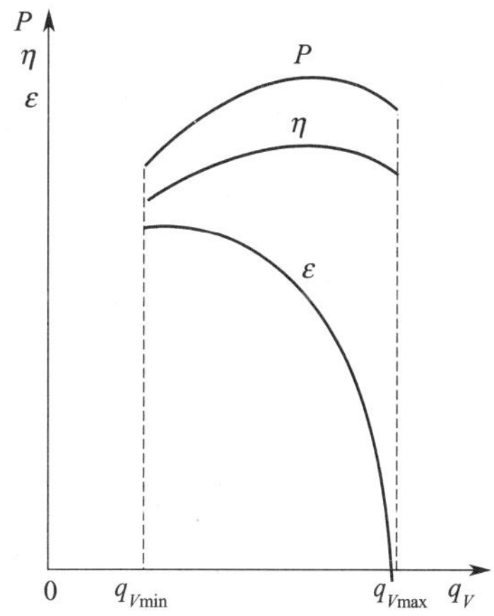

图 3-7　离心式压缩机特性曲线

特性曲线上标明最小流量 $q_{V_{\min}}$ 和最大流量 $q_{V_{\max}}$。它是实际操作的流量 q_V 的范围，在此范围内操作效率较高，是离心式压缩机稳定工况区。当流量小于 $q_{V_{\min}}$ 时，压缩机将出现不稳定的工作状态，称为“喘振”。喘振现象开始时，由于压缩机的出口压力突然下降，不能送气，出口管内压力较高的气体就会倒流入压缩机，使压缩机内的气量增大，当超过最小流量 $q_{V_{\min}}$ 时，压缩机恢复正常排气。恢复排气后机内气量减少，当减少至最小流量 $q_{V_{\min}}$ 时压力又突然下降，压缩机出口外压力较高的气体重新倒流入压缩机内，重复出现上述现象。这样，周而复始地进行气体的倒流与排出。在喘振发生过程中，压缩机和排气管系统产生一种低频率高振幅的压力脉冲，以致引起叶轮的应力增加，噪声严重，整个机器强烈振动，从而无法正常工作。当离心式压缩机实际流量大于最大流量 $q_{V_{\max}}$ 时，叶轮对气体所做的功几乎全部用来克服气体流动阻力，气体的压力无法再升高，该最大流量 $q_{V_{\max}}$ 称为滞止（阻塞）流量。因此，实际流量只能在最大流量 $q_{V_{\max}}$ 与最小流量 $q_{V_{\min}}$ 之间进行调节。

离心式压缩机流量调节方法如下。

① 调节出口阀开度。此法简便，但增加了出口阻力，功率消耗大。

② 调节出口阀开度。此法也很简便，操作稳定，调节气量范围广，消耗的功率较调节出口阀开度小，用电动机驱动的离心式压缩机，一般用此法调节。

③调节转速。改变叶轮的转速，这是最经济的方法。用蒸汽机驱动的离心式压缩机，一般用此法调节。

④ 回流支路或放空调节。将一部分出口气体由回流支路回到入口或放空，达到调节流量的目的，但这种方法功耗大，一般只用于防喘振回路。

第四节　旋转式气体输送机械

旋转式气体输送机械与旋转泵相似，机壳中有一个或两个旋转的转子，没有活塞和阀门等装置。旋转式风机的特点是，结构简单、紧凑、体积小，排气连续均匀，使用于压力不大而流量较大的场合。

一、罗茨鼓风机

罗茨鼓风机的构造与工作原理和齿轮泵相似，结构如图 3-8 所示。主要由机壳和两个腰形的转子所组成，运转时依靠两个转子的不断旋转，使机壳内形成两个空间，即低压区和高压区。气体由低压区进入，从高压区排出。在转子之间、转子与机壳之间均留有很小的缝隙（转子之间约为 0.4～0.5mm，转子与机壳之间约为 0.2～0.3mm），使转子能无障碍旋转而无过多的泄漏。如改变转子的旋转方向，吸入口和排出口互换。因此，在开车前必须详细检查是否倒转，然后才能正式开车。

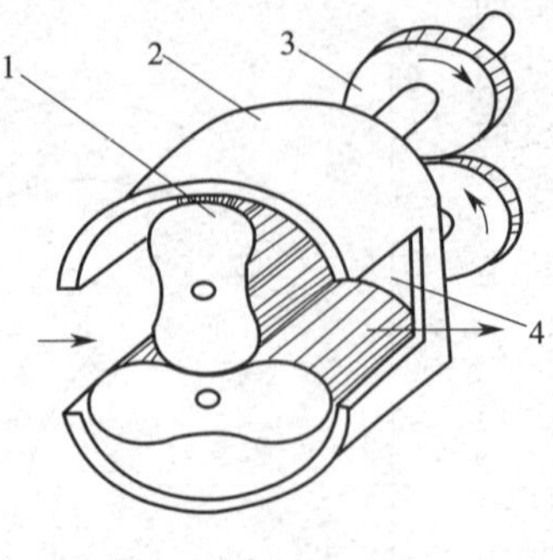

图 3-8　罗茨鼓风机

1—转子；2—机体（气缸）；
3—同步齿轮；4—端板

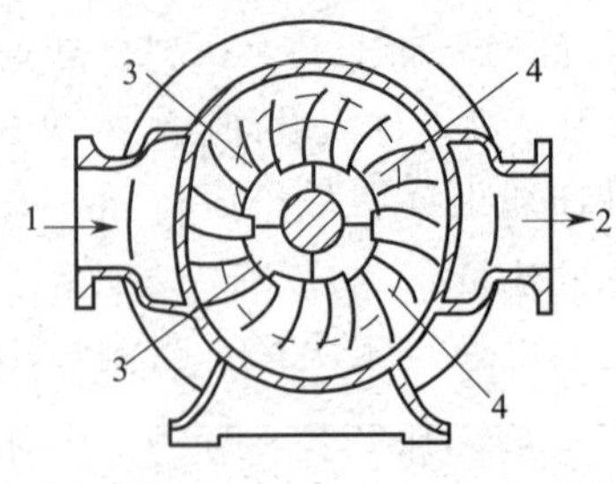

图 3-9　液环压缩机

1—进口；2—出口；
3—吸气口；4—排气口

由于罗茨鼓风机风量与转速成正比，当转速一定时，其风量不变。因此，罗茨鼓风机也称为定容式鼓风机。气体进入鼓风机之前，应尽可能将尘屑油污等除去。风机的出口应安装稳压气罐与安全阀。流量调节用旁路方法（正位移泵操作技术），出口阀门不能关闭。罗茨鼓风机操作时的温度不能超过 85℃，否则转子受热膨胀而碰撞。罗茨鼓风机的输气量为 2～500m^3/min，出口表压不超过 80kPa，而以 40kPa 附近效率较高。

二、液环压缩机

图 3-9 所示的液环压缩机亦称纳氏泵。是由一个椭圆形外壳和旋转叶轮（轮上有很多爪形叶片）所组成。壳内装有适量的液体。纳氏泵是利用液体与叶片之间的空间体积变化，进行吸气、压缩、排气。

当叶轮旋转时，在离心力的作用下，液体被抛到泵壳内壁形成液环，液环起液封作用。适量的工作液体使椭圆的短轴处充满液体，并使长轴处液体不满而形成两个月牙形空间。液环在月牙形空间内旋转时，液体在叶片间交替地离开机壳中心和接近机壳中心，其作用很像往复泵的活塞。叶轮旋转时，由于液环的活塞作用，月牙形空间逐渐变大和逐渐变小各两次，将气体由月牙形的两尖端处吸入和排出。

由于泵内液体被气体夹带逐渐减少，需要经常从气体入口处补充液体。因为纳氏泵工作时形成液封，泵内气体不会泄漏。故适用于气液混合物、腐蚀性和爆炸性气体的压缩与输送。

第五节　真　空　泵

真空是指压力低于大气压的物理环境，根据国家标准规定，真空被划分为低真空、中真空、高真空、超高真空四个区域，各区域的真空范围如表 3-2 所示。

表 3-2　真空区域的划分

名称	真空范围/Pa	名称	真空范围/Pa
低真空	10^5～10^3	高真空	10^{-1}～10^{-6}
中真空	10^3～10^{-1}	超高真空	10^{-6}～10^{-10}

低真空获得的压力差可以提升和运输物料、吸尘、过滤；中真空可以排除物料中吸留或溶解的气体或所含水分，如真空除气、真空浸渍、真空浓缩、真空干燥、真空脱水和冷冻干

燥等；高真空可以用于热绝缘，如真空保温容器；超高真空可以用作空间模拟研究表面特性，如摩擦和黏附等。生产中，有许多操作过程是在真空设备中进行的，如物料的真空过滤和真空蒸发，物料的真空干燥，物料的输送等。设备中的真空环境是由真空泵提供的，从设备中抽吸低压气体并送到大气中去的机械称为真空泵。

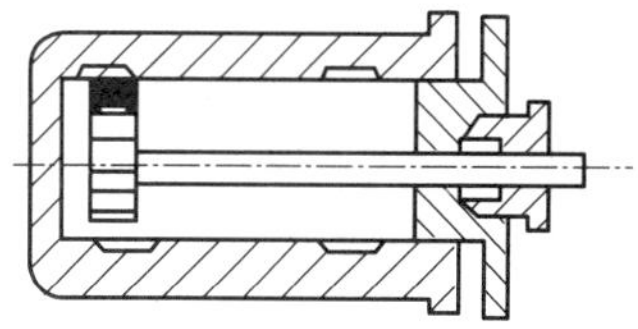

图 3-10　平衡气道

真空泵可分为干式和湿式两大类。干式真空泵只能从容器中抽出干燥气体，其真空度可达 96%～99%。湿式真空泵在抽吸气体时允许带有较多的液体，产生的真空度为 85%～90%。在结构上，真空泵与压缩机类似，有往复式、液环式和喷射式等。

一、往复式真空泵

往复式真空泵的构造和原理与往复式压缩机基本相同，只是其吸入阀、排出阀要求更加轻巧，启闭更灵敏。真空泵的压缩比一般比往复式压缩机的压缩比大得多，例如，要得到 95%的真空度，其压缩比将达 20 以上。因此，余隙中残留气体的影响尤显重要。真空泵需有降低余隙影响的装置，即气缸两端设置平衡气道，如图 3-10 所示。平衡气道结构非常简单，是在活塞终点时的气缸壁上加工出一个凹槽，当活塞排气终了时，平衡气道连通活塞两侧，余隙气体的一部分经过平衡气道流到活塞的另一侧，降低余隙气体的压力，以提高生产能力。

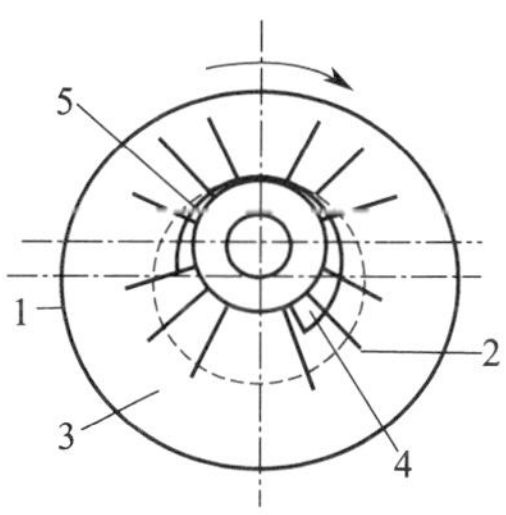

图 3-11　水环真空泵

1—外壳；2—叶片；3—水环；4—吸入口；5—排出口

二、水环真空泵

水环真空泵属于旋转式真空泵，结构如图 3-11 所示。在圆形壳内偏心地装有叶轮，叶轮上有辐射状的叶片。泵内装有约一半容积的水，当转子旋转时形成水环。其工作原理与纳氏泵相似。水环与叶片之间形成许多大小不等的密封小室。当小室逐渐增大时，气体从吸入口吸入。当小室逐渐缩小时，气体由排气口排出。

此类真空泵的结构简单、紧凑，没有阀门，易于制造与维修。由于旋转部分没有机械摩擦，使用寿命长，操作可靠。适用于抽吸含有液体的气体，尤其是有腐蚀性或爆炸性气体。属湿式真空泵，真空度可达 86kPa，但效率只有 30%～50%。所能产生的真空度受泵体中水的温度所限制。当被抽吸的气体不宜与水接触时，泵内可充以其他液体，所以又称为液环真空泵。

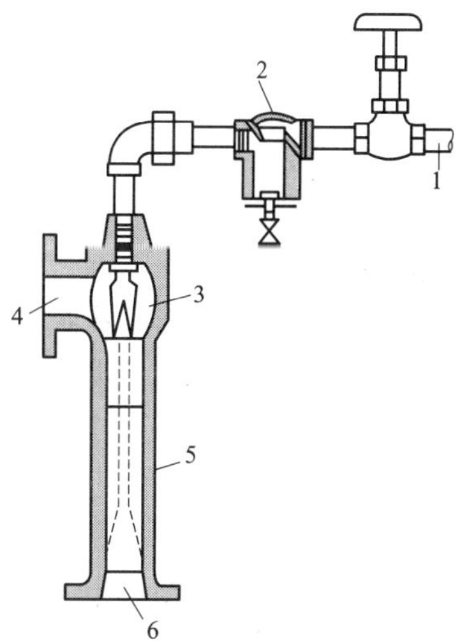

图 3-12　蒸汽喷射泵

1—工作蒸汽入口；2—过滤器；3—喷嘴；4—吸入口；5—扩散管；6—压出口

三、真空喷射泵

前面介绍过的喷射泵不仅仅只用于液体，也适用于气体的抽吸，特别是水蒸气为工作流体的蒸汽喷射泵作为真空泵而被广泛使用。水蒸气在高压下以 1000～1400m/s 的速度从喷嘴喷出，在喷射过程中，水蒸气的静压能转变为动能产生低压将气体吸入。吸入的气体与水蒸气混合后进入扩散管，速度逐渐降低，压力随之升高，而后从压出口排出。如图 3-12 所示为单级蒸汽喷射泵。单级蒸汽喷射泵仅能达到 90% 的真空，为了达到更高的真空度，就需采取将几个水蒸气喷射泵串联起来操作，可获得更大的真空度。

复习题

一、问答题

1. 试述往复压缩机的结构和工作循环。
2. 简述往复压缩机的余隙容积大小对吸气量的影响。
3. 采用多级压缩有何好处？实现多级压缩的关键条件是什么？
4. 简述离心通风机的构造和工作原理。
5. 离心通风机有哪些性能参数？包括哪几条特性曲线？
6. 离心通风机调节流量的方法有几种？各有什么局限性？
7. 简述离心式压缩机的“喘振”现象。
8. 简述常用的几种真空泵的结构和原理；各有何特点？适用于哪些情况？
9. 简述往复式压缩机排气量调节方法及各自的特点。
10. 简述离心式压缩机排气量调节方法及各自的特点。

二、填空题

1. 往复式压缩机的主要结构与往复泵相同之处为________、________、________和________排除阀。不同之处为________和________。

2. 往复式压缩机一个实际工作循环，由________、________、________、________所组成。

3. 多级压缩气缸的体积随级数增多而逐级________，气缸的壁厚随级数增多而逐级________。

4. 实现多级压缩的关键是________。

5. 离心式通风机的风压与进入风机气体的密度有关。风机性能表上的风压是在________、常压下以空气为介质测得的，该条件下气体的密度为________，若实际条件与实验条件不同，则应按下式换算________。

6. 罗茨鼓风机的风量与转速________，当转速一定时，流量与风机的出口压强________，风量可保持基本________。罗茨鼓风机的流量调节采用________。

三、选择题

1. 下列风机采用正位移操作及使用旁路调节流量的设备是（　　）。

A. 离心式通风机　　B. 离心式鼓风机　　C. 离心式压缩机　　D. 罗茨鼓风机

2. 单位体积的气体通过风机时所获得的能量，称为（　　）。

A. 全风压　　B. 风量　　C. 静风压　　D. 动风压

3. 下列（　　）类设备属于透平压缩机。

A. 往复式压缩机　　B. 液环压缩机　　C. 离心式压缩机　　D. 喷射泵

4. 下列（　　）类真空泵运行时，泵内没有活动部件。

A. 喷射泵　　B. 往复真空泵　　C. 水环真空泵

第四章　非均相物系的分离

学习目标

1. 熟练掌握的内容

过滤操作的基本概念和所用设备的基本结构；重力沉降与离心沉降的基本公式；降尘室、连续沉降槽的结构及生产能力；离心分离和旋风分离器的结构及工作原理。

2. 了解的内容

其他分离设备的构造与操作特点；过滤与沉降的各种影响因素；滤饼的可压缩性等。

3. 操作技能训练

板框压滤机的操作；三足式离心机的操作。

第一节　非均相物系分离的主要任务

在化工生产中常常需要将一些混合物进行分离，混合物可分为均相物系（均相混合物）和非均相物系（非均相混合物）两大类。均相混合物在物系内部不存在相界面，各处物料性质均匀一致。如能相互溶解的液体组成的各种溶液、不同组分的气体组成的气体混合物等。非均相混合物在物系内有相界面存在，且相界面两侧物料是截然不同的，如含尘气体（气相-固相）、雾（气相-液相）、悬浮液（液相-固相）、泡沫液（液相-气相）和乳浊液（液相-液相）等。

非均相混合物中，有一相处于分散状态，称为分散相或分散物质。另一相以连续状态存在，包围在分散物质周围的物质，称为连续相或连续介质。根据连续相的状态，非均相物系分为两类：气态非均相物系，如含尘气体、含雾气体等；液态非均相物系，如悬浮液、乳浊液及泡沫液等。由于非均相物系中的连续相与分散相具有不同的物理性质（如密度），工业上一般采用机械方法将非均相混合物进行分离，即造成分散相和连续相之间的相对运动而实现两相的分离。本章介绍通过机械方法分离非均相物系的单元操作。

一、非均相混合物的分离在工业中的应用

1. 收集分散相

从气流干燥器或喷雾干燥器等设备出来的气体以及从结晶器出来的晶浆中都带有大量的固体颗粒，必须收集这些悬浮的颗粒产品；从催化反应器出来的气体中，夹带的催化剂颗粒，必须将这些有价值的颗粒加以回收，循环应用等。

2. 净化连续相

除去药液中无用的悬浮颗粒以便得到澄清药液；除去空气中的尘粒以便得到洁净空气；除去催化反应原料气中的杂质，以保证催化剂的活性等。

3. 环境保护和安全生产

近年来，利用机械分离的方法处理工厂排出的废气、废液，使其浓度符合规定的排放标准，以保护环境；另一方面，很多含碳物质及金属细粉与空气形成爆炸物，必须除去这些物

质以消除爆炸的隐患，确保安全生产。

二、非均相混合物的分离方法

利用机械方法分离非均相物系，按其所涉及的流动方式不同，大致可分为过滤和沉降两种操作。此外对于含尘气体的分离还有过滤净制、湿法净制、电净制及音波除尘和热除尘等方法。表 4-1 为非均相物系分离过程及典型设备。

表 4-1　非均相物系分离过程及典型设备

主要推动力	非均相物系	过　程	设　备
重力	气体-固体 液体-固体	沉降 澄清	降尘室 沉降器
压力差	液体-固体	过滤	过滤机
离心力	气体-固体 液体-固体 液体-固体	沉降 沉降 过滤或沉降	旋风分离器 悬液分离器 过滤式离心机、沉降式离心机
电场力	气体-固体	沉降	电除尘器
声场力	气体-固体	沉降	超声波强音雾笛等

第二节　过　　滤

过滤是分离悬浮液最普遍和最有效的单元操作之一。通过过滤操作可获得清洁的液体或固体产品。过滤与沉降分离相比，过滤操作可使悬浮液分离得更迅速、更彻底。在某些场合下，过滤是沉降的后续操作。

一、过滤的基本概念

1. 过滤及过滤推动力

过滤是以某种多孔物质作为介质来处理悬浮液的操作。在外力的作用下，悬浮液中的液体通过介质的孔道而固体颗粒被截留下来，从而实现固、液分离。过滤操作所处理的悬浮液称为滤浆或料浆，所用的多孔物质称为过滤介质，通过介质孔道的液体称为滤液，被截留的固体颗粒称为滤饼。图 4-1 为过滤操作示意图。

实现过滤操作的外力可以是重力、压力差或惯性离心力，因此，过滤操作又分为重力（常压）过滤、加压过滤、真空过滤和离心过滤。而工业上应用最多的是压力差，压力差产生的方式有：①滤液自身重力；②抽真空；③用液体泵增压。过滤介质两侧的压力差是过滤过程的推动力。

2. 过滤介质

过滤过程所用的多孔性介质称为过滤介质。过滤介质是滤饼的支承物，它应具有足够的机械强度和尽可能小的流过阻力，同时，还应具有相应的耐腐蚀性和耐热性。

工业上常用的过滤介质主要有：织物介质、堆积介质和多孔性固体介质。用于膜过滤的介质则为各种无机材料膜和有机高分子膜。

（1）织物介质　用天然纤维（棉、毛、丝、麻等）或合成纤维、金属丝等编织而成。用金属丝编的称为滤网。用各种纤维织成的称为滤布。织物介质在工业上应用最广。

（2）堆积介质　用细砂、木炭、石棉、硅藻土等颗粒状的物质或非编织纤维（玻璃棉等）堆积成层，借颗粒间的微细孔道将固体颗粒截留，而让滤液通过。适用于深层过滤，常用于过滤含固体颗粒较少的悬浮液，如用于自来水厂的滤池中，也称滤床。

（3）多孔性固体介质　用多孔陶瓷、多孔金属、多孔玻璃、多孔塑料等制成板或管，称滤板或滤器。此类介质多耐腐蚀，且孔道细微，适用于处理只含少量细小颗粒的腐蚀性悬浮液及其他特殊场合。

（4）微孔滤膜，是由高分子材料制成的薄膜状多孔介质。适用于精滤，可截留粒径 0.01μm 以上的微粒，尤其适用于滤除 0.02～10μm 的混悬微粒。

3. 过滤方式

工业上的过滤操作分为两大类，即饼层过滤和深层（或深床）过滤，如图 4-1(a)、图 4-2 所示。

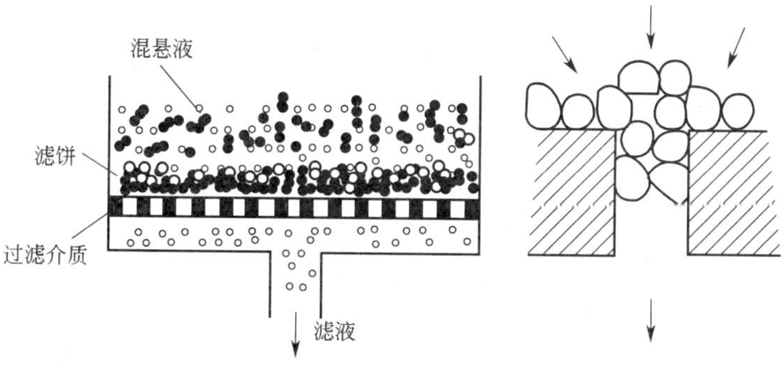

(a) 滤饼过滤　　(b) 架桥现象

图 4-1　饼层过滤示意图

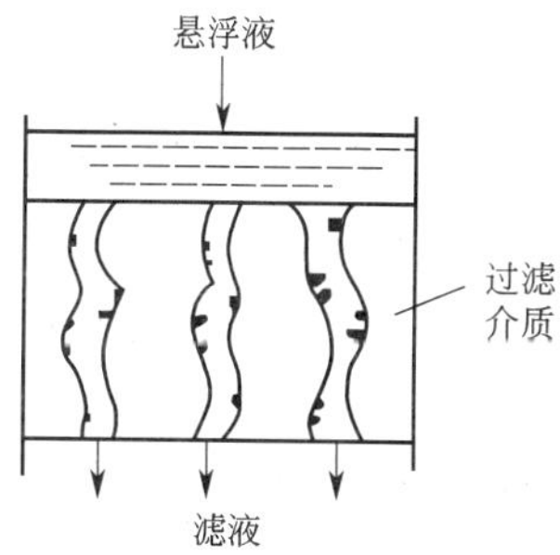

图 4-2　深层过滤

（1）饼层过滤　饼层过滤是指固体物质沉积于过滤介质表面而形成滤饼层的操作。当发生如图 4-1(b) 所示的“架桥”现象后，真正发挥截留颗粒作用的主要是滤饼层而不是过滤介质。滤饼层是有效过滤层，随着操作的进行其厚度逐渐增加。饼层过滤适用于处理固体含量较高（固相体积分数约在 1%以上）的悬浮液。

（2）深层过滤　深层过滤是指固体颗粒并不形成滤饼，而是沉积在较厚的粒状过滤介质床层内部的过滤操作。深层过滤适用于生产量大而悬浮液中颗粒小、含量甚微（固相体积分数约在 0.1%以下）或是黏软的絮状物。如自来水厂的饮水净化、合成纤维纺丝液中除去固体物质、中药生产中药液的澄清过滤等。

另外，近年来膜过滤（包括超滤和微孔过滤）作为一种精密分离技术，得到飞速发展，并应用于许多行业生产中。

工业生产中悬浮液固相含量一般较高，故本节只讨论滤饼过滤。

4. 滤饼的压缩性和助滤剂

（1）滤饼的压缩性　滤饼是由被截留下来的颗粒堆积而成的固定床层。随着操作的进行，滤饼的厚度和流动阻力都逐渐增加。

构成滤饼的颗粒若是不易变形的坚硬固体（如硅藻土、碳酸钙等），则当滤饼两侧压力差增大时，单位厚度床层的流动阻力可认为恒定，即颗粒形状和颗粒间空隙不发生明显变化，这类滤饼称为不可压缩滤饼；反之，有的悬浮颗粒比较软，所形成的滤饼受压容易变形，当滤饼两侧压力差增大时，单位厚度床层的流动阻力增大，颗粒的形状和颗粒间的空隙有明显改变，这类滤饼称为可压缩滤饼。

（2）助滤剂　为了减小可压缩滤饼的流动阻力，可将某种质点坚硬而能形成疏松饼层的另一种固体颗粒混入悬浮液或预涂于过滤介质上，以形成疏松饼层，使滤液得以畅流。这种预涂或预混的粒状物质称为助滤剂。助滤剂是质点坚硬且不可压缩的固体颗粒。常用的有硅藻土、活性炭、纤维粉、珍珠岩粉等。助滤剂应具有化学稳定性，不与悬浮液发生化学反应，也不溶于液相中。

助滤剂的使用方法有预涂法和掺滤法两种。预涂是把助滤剂单独配成悬浮液先行过滤，在过滤介质表面形成助滤剂预涂层，然后再过滤滤浆。掺滤是把助滤剂按一定比例直接分散在待过滤的悬浮液中，一起过滤，其加入量约为料浆的0.1%～0.5%（质量分数）。由于助滤剂混在滤饼中不易分离，所以当滤饼是产品时一般不使用助滤剂。只有以获得清净滤液为目的时，采用助滤剂才是合适的。

二、过滤操作过程

工业上过滤操作过程一般是由过滤、洗涤、去湿和卸料四个阶段组成的。

1. 过滤

悬浮液通过过滤介质成为澄清液的操作过程。由于过滤介质中微细孔道的直径一般稍大于一部分悬浮颗粒的直径，所以过滤之处会有一些细小颗粒穿过介质而使滤液浑浊。因此饼层形成前得到的浑浊初滤液，待滤饼形成后应返回滤浆槽重新过滤，饼层形成后收集的滤液为符合要求的滤液。即有效的过滤操作是在滤饼层形成后开始的。

2. 洗涤

滤饼随过滤的进行会越积越厚，滤液通过时阻力增大，过滤速度逐渐降低。当滤饼增到一定厚度时，继续下去是不经济的，应清除滤饼，重新开始。在去除滤饼之前，颗粒间隙中总会残留一定量的滤液。为了回收（或去掉）这部分滤液，通常要用水（或其他溶剂）进行滤饼的洗涤，以回收滤液或除去滤饼中可溶性杂质，以净化固体产品。

洗涤时，水均匀而平稳地流过滤饼中的毛细孔道，由于毛细孔道很小，所以开始时，清水并不与滤液混合，而只是将孔道中的滤液置换出来。当滤液大部分被置换之后，滤液才逐渐被冲稀而排除。洗涤后得到的液体称为洗涤液或洗液。

3. 去湿

洗涤之后，需将滤饼孔道中残存的洗液除掉。常用的去湿操作是用压缩空气吹干，或用减压吸干滤饼中的湿分。

4. 卸料

卸料是将去湿后的滤饼从滤布卸下来的操作。卸料要力求彻底干净，卸料后的滤布要进行清洗，以便再次使用，此操作称为滤布的再生。

三、过滤设备

过滤悬浮液的设备称为过滤机。按照操作方式可分为间歇过滤机和连续过滤机；根据过滤推动力产生的方式可分为压滤式、吸滤式和离心式。工业上应用较为广泛的板框机、叶滤机为压滤式间歇过滤机，转筒真空过滤机为吸滤式连续过滤机。

1. 板框压滤机

板框压滤机是一种既古老又在目前普遍使用着的过滤设备，间歇操作，其过滤推动力为外加压力，是一种结构简单的压滤机。

板框压滤机如图4-3所示，是由若干块交替排列的过滤板、滤框和洗涤板所组成，共同被支承在两侧的横梁上，并用压紧装置压紧（过滤、洗涤状态）或拉开（卸料状态）。滤板

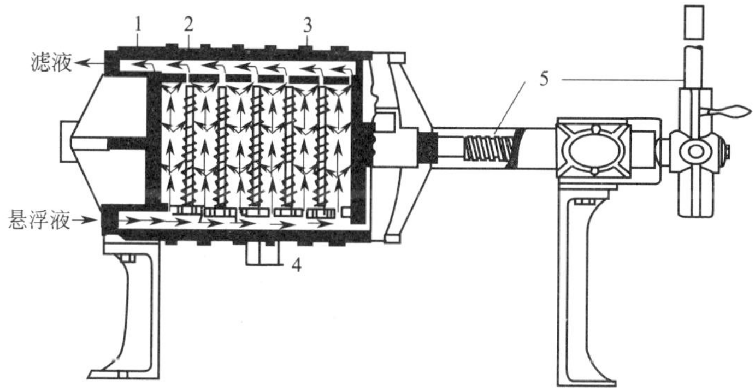

图 4-3　板框压滤机

1—固定头；2—滤板；3—滤框；4—滤布；5—压紧装置

和滤框的个数在机座长度范围内可自行调节，一般为 10～60 块不等，过滤面积为 2～80m^2。

滤板和滤框的构造如图 4-4 所示，外形多为正方形，板和框的两个上角均开有圆孔（框的右上角有一暗孔，通进料通道；洗涤板的左上角有一暗孔，通洗涤水通道），过滤板和洗涤板的下角都有排放滤液和洗涤液的出口旋塞。装合、压紧后即构成供滤浆、滤液和洗涤液流动的通道。滤框两侧覆以滤布，空框和滤布围成了容纳滤浆及滤饼的空间。滤板的作用为支撑滤布和提供滤液流出的通道。为此，板面上制成各种凹凸纹路，凸者起支撑滤布作用，凹者形成滤液通道。为组装时便于识别，常在板、框外侧铸有小钮或其他标志。通常，过滤板为一钮，框为二钮，洗涤板为三钮（如图 4-4 所示）。装合时即按钮数 1-2-3-2-1-2-3-2-1……的顺序排列板和框。压紧装置的驱动可用手动、电动或液压传动等方式。

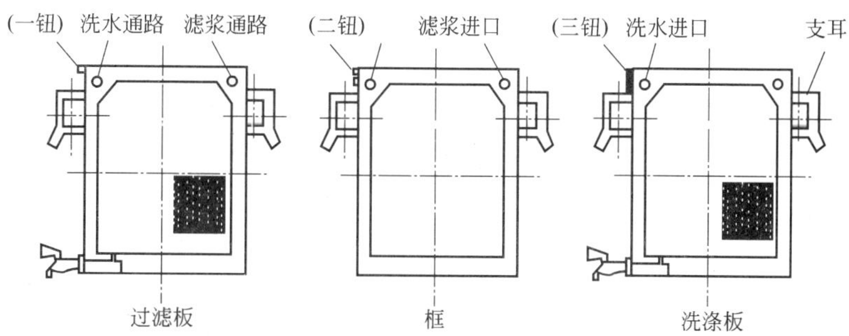

图 4-4　滤板和滤框

板框压滤机为间歇操作，每个操作周期由装配、压紧、过滤、洗涤、拆开、卸料、处理等操作组成，板框装合完毕，开始过滤。过滤时，悬浮液在指定的压力下经滤浆通道，由滤框角端的暗孔进入框内，滤液分别穿过两侧滤布，再沿滤板板面流至滤液出口排走，固体则被截留于框内。待滤饼充满滤框后，即停止过滤。

若需要洗涤滤饼，则将洗涤水压入洗涤水通道，经洗涤板角端的暗孔进入板面与滤布之间。此时，应关闭洗涤板下部的滤液出口，洗涤水便在压力差推动下穿过一层滤布及整个滤框厚度的滤饼后，再穿另一层滤布，最后由过滤板下部的滤液出口排出，这种操作方式称为横穿洗涤法，其作用在于提高洗涤效果。

洗涤结束后，旋开压紧装置并将板框拉开，卸出滤饼，清洗滤布，整理板、框，重新装合，进行另一个操作循环。

板框压滤机优点是构造简单，制造方便，附属设备少，过滤面积大，可根据需要增减滤板以调节过滤能力，推动力大，对不同性质的滤浆适应性好。缺点是装卸、清洗皆为手工操作，劳动强度大，滤布损耗较大。近年来，发展的半自动和自动板框压滤机，在减轻人工劳动强度上有所改善。

2. 转筒真空过滤机

转筒真空过滤机为连续式真空过滤设备，依靠真空系统形成的转筒内外压差进行过滤，如图 4-5 所示。设备的主体是一个能转动的水平圆筒，称为转筒，转筒表面有一层金属物，网上覆盖滤布，筒的下部浸入滤浆中，圆筒沿径向分隔成若干扇形格，每格都有单独的孔道通至分配头上，如图 4-6 所示。

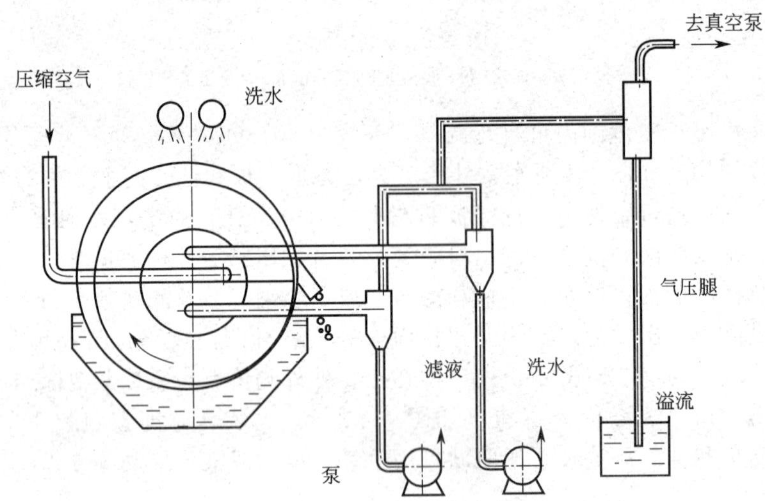

图 4-5 转筒真空过滤机示意图

分配头由紧密贴合的转动盘和固定盘构成。转动盘与转筒连成一体随着转筒旋转，固定盘固定在机架上。固定盘内侧面开有若干长度不等的弧形凹槽，各弧形凹槽分别与滤液、洗涤水及压缩空气的管道相连。转筒转动时，借分配头的作用使扇形格的孔道依次与几个不同的管道相通。当转筒上的扇形格浸入滤浆中时，转动盘上相应的小孔便于固定盘上的凹槽 7 相通，从而与真空管道连通，吸走滤液，滤布外侧形成滤饼，此扇形格所处的位置称为过滤区。该部分扇形格转出滤浆槽，但仍与凹槽 7 相通，继续吸干残留在滤饼中的滤液，此位置称为吸干区。扇形格转到与凹槽 8 相通的位置时，该格上方的洗涤水喷淋到滤饼上，经与凹槽 8 相通的真空管道吸走洗涤水，此位置称为洗涤区。当转到与凹槽 9 相通时，压缩空气将由内向外吹松滤饼，使滤饼与滤布分离，随后由刮刀将滤饼刮下，压缩空气吹落滤布上的颗粒，疏通滤布空隙，使滤布复原。如此连续旋转，整个转筒表面上便构成了连续的过滤操作。

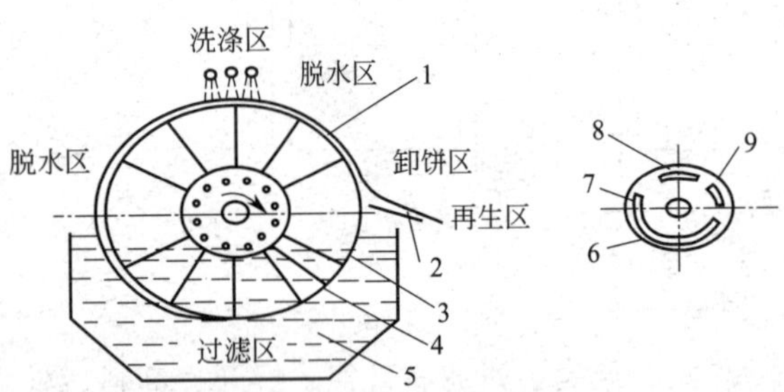

图 4-6 转筒真空过滤机操作及分配头的结构

1—滤饼；2—刮刀；3—转鼓；4—转动盘；5—滤浆槽；6—固定盘；7—滤液出口凹槽；8—洗涤水出口凹槽；9—压缩空气进口凹槽

转筒真空过滤机的操作关键在于分配头。转筒转动时，借分配头的作用使这些扇形格依次与真空管及压缩空气管相通，从而在旋转一周的过程中，使每一个扇形格都可依次进行过滤、吸干、洗涤、吹松、卸料五个步骤的循环操作。

转筒真空过滤机的转筒直径为0.3～4.5m，长度为0.3～6m，转筒的表面积一般为5～40m^2，浸没部分占总面积的30%～40%，转速约为0.1～3r/min，操作真空度为33～86kPa（250～650mmHg），滤饼含水量为30%左右，滤饼厚度一般保持在40mm以内

转筒真空过滤机的优点是连续操作，生产能力大，适于处理量大而容易过滤的滤浆，对于难过滤的细、黏物料，采用助滤剂预涂的方式也比较方便，此时可将卸料刮刀稍微离开转筒表面一固定距离，可使助滤剂涂层不被刮下，而在较长时间内发挥助滤作用。它的缺点是附属设备较多，投资费用高，滤饼含液量高，由于是真空操作，因而过滤推动力有限，尤其不能过滤温度较高（饱和蒸气压高）的滤浆，滤饼的洗涤也不充分。

近年来，新型过滤设备和新技术不断涌现，如预涂层转筒真空过滤机、真空带式过滤机、节省能源的压榨机及采用动态过滤技术的叶滤机等在大型生产中都取得很好的效益。

四、影响过滤操作的因素

过滤操作要求有尽可能高的过滤速率。过滤速率是单位时间内得到的滤液体积。过滤过程中影响过滤操作的因素很多，主要表现在以下几个方面。

1. 悬浮液的性质

悬浮液中液相的黏度会影响过滤速率，悬浮液的温度越高，黏度越小，对过滤有利，故一般料液趁热过滤。但在真空过滤时，提高温度会使真空度下降，从而降低了过滤速率。

2. 过滤的推动力

过滤以重力为推动力的操作，过滤速率不快，一般仅用于处理固体含量少而易于过滤的悬浮液。真空过滤的速率比较高，但受到溶液沸点和大气压强的限制。加压过滤可以在较高的压强差下操作，提高了过滤速率。但对设备的强度、严密性要求较高，此外还受到滤布强度，滤饼的可压缩性，以及滤液澄清程度等的限制。

3. 过滤介质与滤饼的性质

过滤介质的影响主要表现在过滤阻力和澄清程度上，因此，要根据悬浮液中颗粒的大小来选择合适的过滤介质。另外，滤饼颗粒的形状、大小、结构特性等对过滤操作也有影响，若是不可压缩滤饼，提高过滤的推动力可加快过滤进行，而对可压缩滤饼，提高过滤的推动力反而会使过滤速率变慢。

第三节　沉　　降

沉降操作是依靠外力的作用，利用分散相与连续相之间的密度差异，使之发生相对运动而实现分离的过程。实现沉降操作的作用力可以是重力或是惯性离心力。因此，沉降过程有重力沉降和离心沉降两种方式。

一、重力沉降

在重力作用下使流体与颗粒之间发生相对运动而得以分离的操作，称为重力沉降。重力沉降既可分离含尘气体，也可分离悬浮液，是广泛应用于化工生产过程的除尘技术。

1. 自由沉降和沉降速率

根据颗粒在沉降过程中是否受到其他颗粒的干扰及器壁的影响，而将沉降过程分为自由

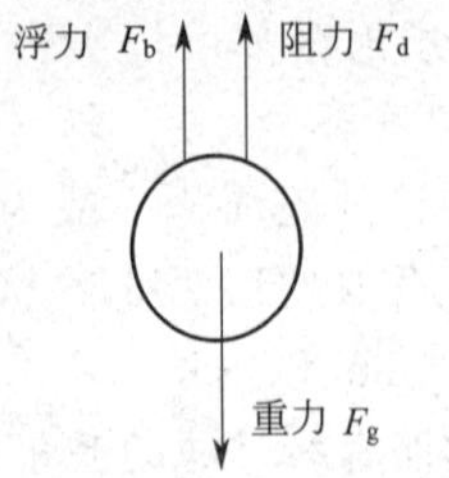

图 4-7　静止流体中颗粒受力示意图

沉降和干扰沉降。颗粒在沉降过程中不受周围颗粒、流体及器壁影响的沉降称为自由沉降，反之称为干扰沉降。较稀的混悬液或气态非均相物系中颗粒的沉降可视为自由沉降，液相非均相物系中当分散相浓度较高时往往发生干扰沉降。本节主要讨论自由沉降。

(1) 球形颗粒的自由沉降速率

① 沉降颗粒的受力分析　一个表面光滑的刚性球形颗粒置于静止连续相流体中，若颗粒的密度大于流体密度时，颗粒将在流体中降落。在自由沉降过程中，球形颗粒受到重力 F_g（方向向下)、浮力 F_b（方向向上）和阻力 F_d（方向向上）三个力的作用，如图 4-7 所示。

设球形颗粒的直径为 d_s，颗粒密度为 ρ_s，流体的密度为 ρ，则

重力
$$F_g=\frac{\pi}{6}d_s^3\rho_s g \tag{4-1}$$

浮力
$$F_b=\frac{\pi}{6}d_s^3\rho g \tag{4-2}$$

阻力
$$F_d=\zeta A\frac{\rho u^2}{2} \tag{4-3}$$

式中　A——沉降颗粒沿沉降方向的最大投影面积，对于球形颗粒，$A=\frac{\pi}{4}d_s^2$，m^2；

u——颗粒相对于流体的沉降速率，m/s；

ζ——沉降阻力系数。

对于一定的颗粒与流体，重力与浮力的大小一定，而阻力随沉降速率而变。

根据牛顿第二定律可知，此三力的代数和应等于颗粒的质量 m 与其加速度 a 的乘积，即

$$F_g-F_b-F_d=ma \tag{4-4}$$

② 颗粒运动的两个阶段　颗粒开始沉降的瞬间，$u=0$，因而阻力 $F_d=0$，故加速度 a 具有最大值，此过程为加速阶段。随后 u 不断增加，直到速度增大到某一数值 u_t 时，净重力（重力-浮力）与阻力达到平衡，加速度为零，于是颗粒开始做匀速沉降运动，此过程为等速阶段。

由于工业上沉降操作所处理的颗粒往往甚小，小颗粒具有很大的比表面积，因而颗粒与流体间的接触表面很大，使得阻力增加很快，可在很短时间内便于颗粒的净重力相等，故颗粒经历的加速阶段可以忽略不计。

③ 沉降速率　等速阶段颗粒相对于流体的运动速率，用 u_t 表示，单位为 m/s。即

$$F_g-F_b-F_d=0 \tag{4-5}$$

将式(4-1)～式(4-3) 代入式(4-5) 整理得

$$u_t=\sqrt{\frac{4d_s g(\rho_s-\rho)}{3\rho\zeta}} \tag{4-6}$$

(2) 阻力系数的确定　用式(4-6) 计算沉降速率 u_t 时，必须确定沉降阻力系数 ζ。对于球形颗粒，阻力系数 ζ 是颗粒与流体相对运动时雷诺数 $Re_t=d_s u_t\rho/\mu$ 的函数，一般由实验测定。图 4-8 为通过实验测定并综合绘制的 ζ-Re_t 关系曲线。图中曲线大致可分为三个区域，各区域中 ζ 与 Re_t 的函数关

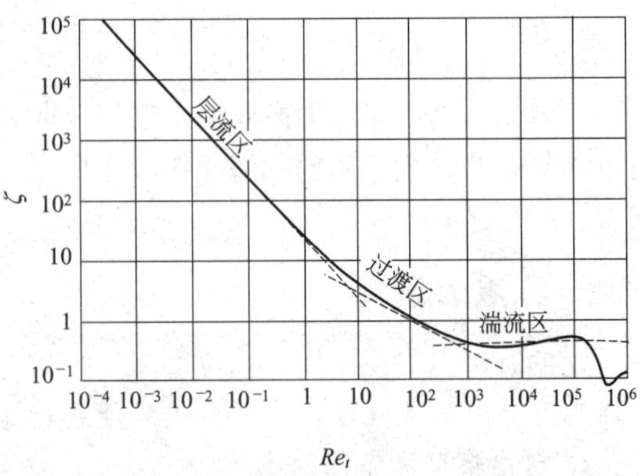

图 4-8　球形颗粒自由沉降的 ζ-Re_t 关系曲线

系可分别表示为

层流区或斯托克斯定律区（$10^{-4}<Re_t<1$）

$$\zeta=\frac{24}{Re_t} \tag{4-7}$$

过渡区或艾仑定律区（$1<Re_t<10^3$）

$$\zeta=\frac{18.5}{Re_t^{0.6}} \tag{4-8}$$

湍流区或牛顿定律区（$10^3<Re_t<2\times10^5$）

$$\zeta=0.44 \tag{4-9}$$

（3）沉降速率的计算　将式(4-7)～式(4-9) 分别代入式(4-6)，可得各区域的沉降速率公式为

层流区 $10^{-4}<Re_t<1$

$$u_t=\frac{d_s^2 g(\rho_s-\rho)}{18\mu} \tag{4-10}$$

过渡区 $1<Re_t<10^3$

$$u_t=0.27\sqrt{\frac{d_s(\rho_s-\rho)g}{\rho}Re_t^{0.6}} \tag{4-11}$$

湍流区　$10^3<Re_t<2\times10^5$

$$u_t=1.74\sqrt{\frac{d_s(\rho_s-\rho)g}{\rho}} \tag{4-12}$$

式(4-10)、式(4-11)、式(4-12) 分别称为斯托克斯公式、艾仑公式及牛顿公式。

由此三式可看出，在整个区域内，d_s 及 $\rho_s-\rho$ 越大则沉降速率 u_t 越大；在层流区由于流体黏性引起的表面摩擦阻力占主要地位，因此层流区的沉降速率与流体黏度 μ 成反比。当颗粒在液相中沉降时，升温使液体黏度下降，可提高沉降速率。对气体，升高温度，黏度增大，不利于沉降。固体颗粒直径和密度越大，液体流速越慢，则颗粒沉降的速率越快；液体的密度和黏度越大，流速越快，则固体颗粒的沉降速率越慢。

在沉降操作中，常常加入少量助沉剂（凝聚剂和絮凝剂）的办法来提高沉降速率。凝聚（是将一种无机物电解质即凝聚剂加入到悬浮液中，通过电荷中和的作用，使微细颗粒互相黏附，成为较大的粒子）和絮凝（是将一种高分子聚合物电解质即絮凝剂加入到悬浮液中，通过高分子聚合物长链的作用，使微细颗粒凝结成较大的絮状凝块）都是使悬浮液中的微细粒子变成较大粒子的过程。常用凝聚剂有硫酸铝、明矾等；常用絮凝剂有纤维素、动物胶及聚丙烯酸钠等。

需要指出，对气体介质，式(4-10)～式(4-12) 中 $\rho_s-\rho\approx\rho_s$，故三式可以进一步简化。对于非球形颗粒，其形状及其投影面积均影响沉降速率。通常，相同密度的颗粒，非球形颗粒比同体积的球形颗粒沉降速率要慢一些。

2. 重力沉降设备及其生产能力

（1）降尘室　是利用重力沉降从含尘气体中分离出尘粒的设备，其结构如图 4-9 所示。

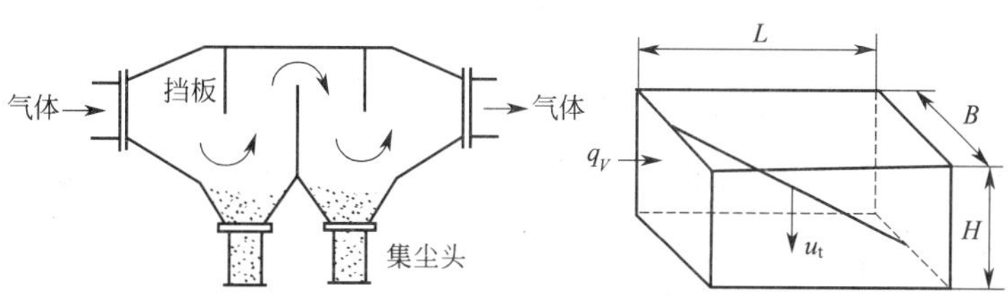

图 4-9　降尘室

含尘气体进入降尘室后，因流道截面积扩大而速率减慢，只要颗粒能够在气体通过降尘室的时间内沉到室底，便可从气流中除去。为了提高分离效率，可在气道中加设若干块折流塔板，即延长了气流在气道中的路程，又增加了气流在降尘室的停留时间。折流挡板的加设，还可以促使颗粒在运动时与器壁的碰撞。

为满足除尘要求，气体在降尘室内的停留时间 t_r（L/u）必须大于或等于最小颗粒沉降至底部所用时间 t_s（H/u_t）。

$$\frac{L}{u} \geqslant \frac{H}{u_t} \tag{4-13}$$

式中　u——气体在降尘室内的平均流速，m/s；

L——降尘室的长度，m；

H——降尘室的高度，m。

根据尘粒从气体中分离出来的必要条件，令 q_V 为降尘室所处理的含尘气体的体积流量，即降尘室的生产能力为

$$q_V = BHu \quad 则 \quad u = \frac{q_V}{BH}$$

式中　B——降尘室的宽度，m。

将 u 计算式代入式(4-13) 可得

$$q_V \leqslant BLu_t \tag{4-14}$$

可见，降尘室的生产能力只与其降尘室的底面积 BL 及颗粒的沉降速率 u_t 有关，而与降尘室高度 H 无关。因此，降尘室多为扁平形，也可将降尘室做成多层，如图 4-10 所示，称为多层沉降室。室内以水平隔板均匀分成若干层，隔板间距为 40～100mm。

降尘室操作时，气流速率 u 不能过高，以免干扰颗粒的沉降或把已经沉降下来的颗粒重新扬起。为此，应保证气体流动的雷诺数处于层流范围以内。

降尘室结构简单，流体阻力小，但设备庞大，分离效率低，只适用于分离粗颗粒（一般指直径 75μm 以上的颗粒），或作为预除尘使用。多层沉降室虽能分离较细颗粒且节省地面，但出灰不便。

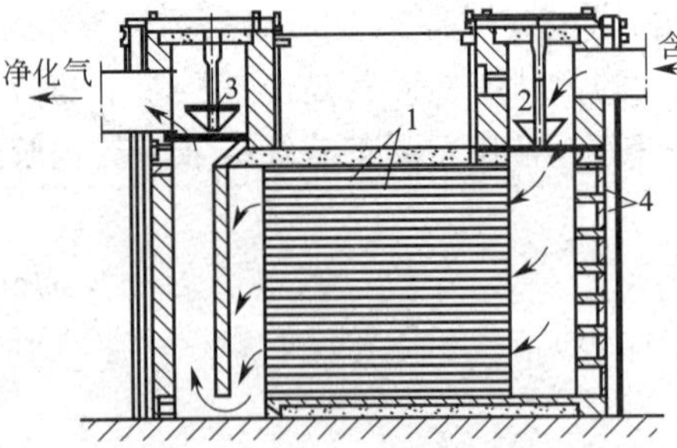

图 4-10　多层隔板降尘室

1—隔板；2,3—调节阀门；4—除灰口

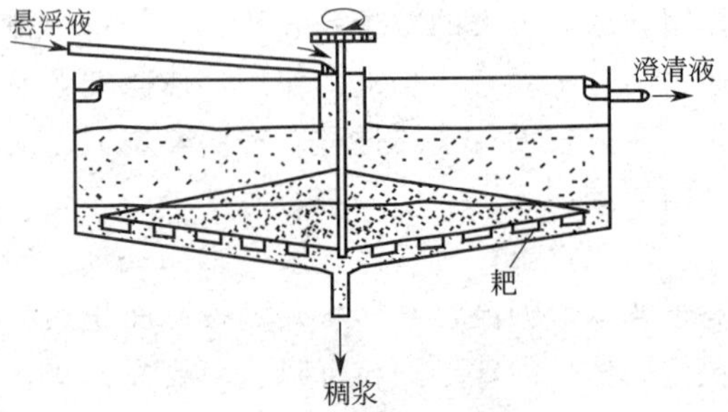

图 4-11　连续沉降槽

（2）沉降槽　也称沉降器或增浓器（澄清器），是用来提高悬浮液浓度并同时得到澄清液的重力沉降设备。沉降槽可间歇操作或连续操作。

间歇沉降槽通常为带有锥底的圆槽，需要处理的悬浮料浆在槽内静置足够时间以后，增浓的沉渣由槽底排出，澄清液则由上部排出管抽出。

连续沉降槽如图 4-11 所示，是底部略呈锥状的大直径浅槽。需处理的料浆自中央进料口缓慢送入液面以下 0.3～1.0m 处，以减少进料对槽内沉聚过程的扰动。料液进槽后，清

液上浮，经由槽顶部四周的溢流堰连续流出，称为溢流；颗粒下沉，槽底有缓慢转动的耙将沉渣聚拢到底部排渣口连续排出，排出的稠浆称底流。

连续沉降槽适于处理量大而颗粒较粗，低浓度的悬浮料液。连续沉降槽的直径可达10～100m、深2.5～4m。小直径的多用金属制造，大直径的则用砖混结构砌成。底耙转速为0.1～1r/min不等。由沉降槽得到的底流中还含有大约50%的液体。

二、离心沉降

在惯性离心力场中进行的沉降称为离心沉降。与重力沉降相比，由于固体颗粒在做旋转运动时，所获得的离心力要比重力大得多。因此，对于两相密度差较小，颗粒粒度较细的非均相物系，利用离心沉降容易实现分离。根据设备在操作时是否转动，将离心沉降设备分为两类：一类是设备静止不动，悬浮物系作旋转运动的离心沉降设备，如旋风分离器和旋液分离器；另一类是设备本身旋转的离心沉降设备，称为离心机。

1. 离心沉降速率和离心分离因数

（1）离心沉降速率　和重力沉降相比，颗粒在惯性离心力场中的径向上也受到三个力的作用，即惯性离心力（$\frac{\pi}{6}d^3\rho_s\frac{u_T^2}{R}$）、向心力（$\frac{\pi}{6}d^3\rho\frac{u_T^2}{R}$）及阻力（$\zeta\frac{\pi}{4}d^2\frac{\rho u_r^2}{2}$）。向心力和阻力均是沿半径方向指向旋转中心，与颗粒径向运动方向相反。把重力沉降速率诸式中重力加速度 g 改为离心加速度 u_T^2/R，便可得到相应的离心沉降速率。

令球形颗粒的直径为 d_s、密度为 ρ_s，流体密度为 ρ，颗粒与中心轴的距离为 R，切向速度为 u_T，则其离心沉降速率 u_r 的通式为

$$u_r=\sqrt{\frac{4d_s(\rho_s-\rho)}{3\rho\zeta}\times\frac{u_T^2}{R}} \tag{4-15}$$

离心沉降若颗粒处于层流区，则阻力系数 ζ 也符合斯托克斯定律。将 $\zeta=24/Re_t$ 代入式（4-15）得

$$u_r=\frac{d_s^2(\rho_s-\rho)u_T^2}{18\mu R} \tag{4-16}$$

式中　u_T——含尘气体的进口气速，m/s；

R——颗粒的旋转半径，m。

可见，离心沉降速率和重力沉降速率有相似的关系式，只是将重力场强度 g 改为惯性离心力场强度 u_T^2/R，且沉降的方向不是向下，而是沿半径向外。再者，因惯性离心力随旋转半径而变化，致使离心沉降速率 u_r 也随颗粒的位置而变，所以颗粒的离心沉降速率 u_r 本身就不是一个恒定的数值，而重力沉降速率 u_t 则是不变的。

（2）离心分离因数　离心沉降速率 u_r 与重力沉降速率 u_t 之比为

$$\frac{u_r}{u_t}=\frac{u_T^2}{Rg}=k_c \tag{4-17}$$

这个比值等于惯性离心力与重力之比，k_c 称为离心分离因数。

离心分离因数是离心分离设备的重要性能指标。旋风分离器和旋液分离器的分离因数一般在5～2500之间，某些高速离心机的 k_c 可高达数十万。若旋转半径为0.4m，切线速度 u_T 为20m/s，则分离因数为

$$k_c=\frac{20^2}{0.4\times9.81}=102$$

这表明，颗粒在上述条件下的离心沉降速率比重力沉降速率大102倍。足见离心沉降设

备的分离效果远较重力沉降设备高。对于粒径 5～75μm 的颗粒可获得满意的除尘效果。

2. 旋风分离器

通常，气-固非均相物系的离心分离在旋风分离器中进行；液-固非均相物系的分离在旋液分离器和沉降离心机中进行。

标准型旋风分离器的基本结构如图 4-12 所示。主体的上部为圆筒形，下部为圆锥形，各部件的尺寸均与圆筒直径成比例，如图中所标注。含尘气体以 10～25m/s 气速由圆筒上部进气管切向进入，按螺旋形路线向器底旋转（下行的螺旋形气流称为外旋流），颗粒在随气流旋转过程中被抛向器壁，与气流分离，沿器壁落至锥底的排灰口。由于操作时旋风分离器底部处于密封状态，所以，净化后的气体在中心轴附近由下向上螺旋上行（上行的螺旋形气流称为内旋流或气芯），最后由顶部排气管排出。内、外旋流气体的旋转方向相同。外旋流上部为主要除尘区。

旋风分离器构造简单，没有运动部件，操作不受温度、压强的限制，分离效率较高，是目前最常采用的除尘分离设备。对于 5～75μm 的颗粒可获得满意的除尘效果。但不适用于处理黏度较大、湿含量较高及腐蚀性较大的粉尘。

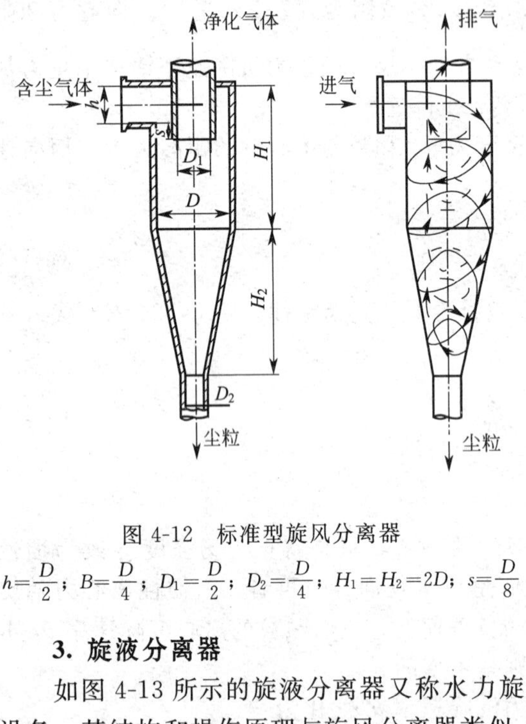

图 4-12　标准型旋风分离器

$h=\frac{D}{2}$；$B=\frac{D}{4}$；$D_1=\frac{D}{2}$；$D_2=\frac{D}{4}$；$H_1=H_2=2D$；$s=\frac{D}{8}$

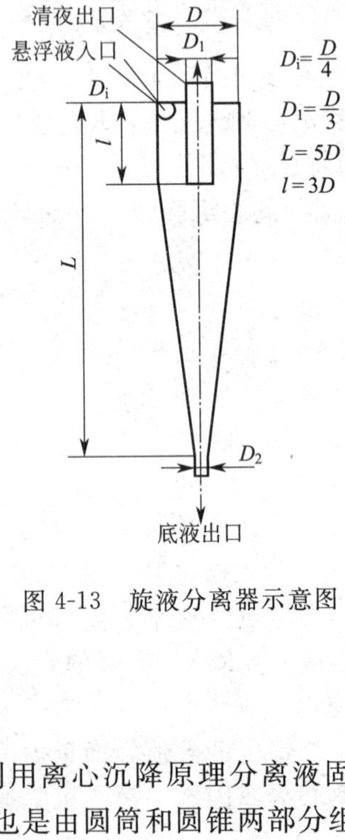

图 4-13　旋液分离器示意图

3. 旋液分离器

如图 4-13 所示的旋液分离器又称水力旋流器，是利用离心沉降原理分离液固混合物的设备，其结构和操作原理与旋风分离器类似。设备主体也是由圆筒和圆锥两部分组成，其结构特点是直径小而圆锥部分长。圆筒的直径越小，惯性离心力越大，可提高沉降速率；锥形部分加长，延长了悬浮液在器内的停留时间。

操作时，悬浮液由入口管切向进入圆筒，呈螺旋形旋转向下，形成一次旋流。此时，大部分固体颗粒随旋流下沉到锥底，与少量液体一起从底部排出口排出，称为底流；清液或含有微细颗粒的液体则形成二次旋流，从顶部中心管排出，称为溢流。内旋流中心还有一个处于负压的气柱，气柱的存在有利于提高分离效果。

旋液分离器可用于悬浮液的增稠，也可用于悬浮液中固体粒子的分级，即由底流中获得尺寸较大或密度较大的颗粒，而由溢流中获得尺寸较小或密度较小的颗粒。通过调节底流量与溢流量比例，控制两流股中颗粒大小的差别，这种操作称为分级。

三、其他气体净制设备

气体的净制是化工生产过程中较为常见的分离操作。实现气体的净制除可用重力沉降、离心沉降方法外，还可用过滤净制、湿法净制、电净制等分离方法。

1. 袋滤器

袋滤器是利用含尘气体穿过做成袋状而骨架支撑起来的滤布，以滤除气体中尘粒的设备。袋滤器也称布袋除尘器，可除去 1μm 以下的微尘，常用在旋风分离器后作为最后一级的除尘设备。

袋滤器的形式有多种，含尘气体可以由滤袋外向内过滤，也可以由内向外过滤，图 4-14 为某种形式袋滤器的结构示意图。工作时，含尘气体自下部进风管进入袋滤器，气体由外向内穿过支撑于骨架上的滤袋，洁净气体汇集于上部由出风管排出，气体中的固体颗粒被截留在滤袋外表面。清灰操作时，开启压缩空气由内向外脉冲式反吹系统，使袋外表面的尘粒落入灰斗，通过排灰阀排出。

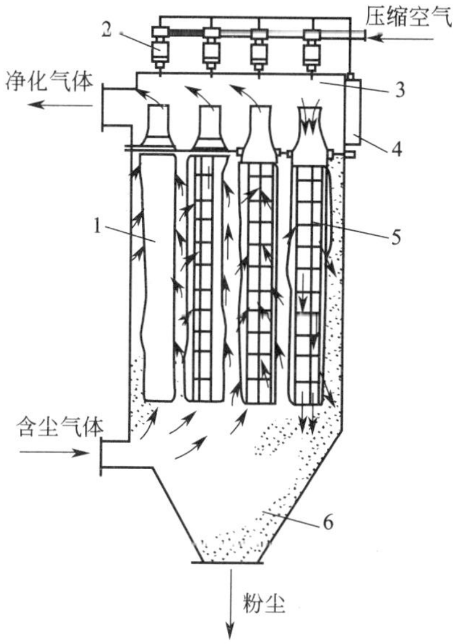

图 4-14　脉冲式袋滤器

1—滤袋；2—电磁阀；3—喷嘴；4—自控器；5—骨架；6—灰斗

袋滤器除尘效率高，适应性强，连续操作，处理量大，袋滤器和旋风分离器配合对药物粉末的收集具有很好的效果。但不适于处理含湿量过高的气体。

2. 湿法净制

气体的湿法净制是用水与含尘气体充分接触，将气体浸湿，将气体中粉尘转移到液体中的除尘方法。故湿法净制不适用于固体尘粒为有用物料的回收工艺。

(1) 文丘里除尘器　又称文丘里洗涤器，图 4-15 为文丘里管和旋风分离器组成的除尘器。文丘里管由收缩管、喉管、扩散管三部分组成，喉管四周均匀地开有若干小孔。操作时，含尘气体进入收缩管，其流速逐渐增加，到达喉管处时，气速可达 50～100m/s。水由喉管四周均布的小孔引入喉管内，被高速气流喷成很细的雾沫，造成尘粒润湿并聚结变大，随后引入旋风分离器进行分离。

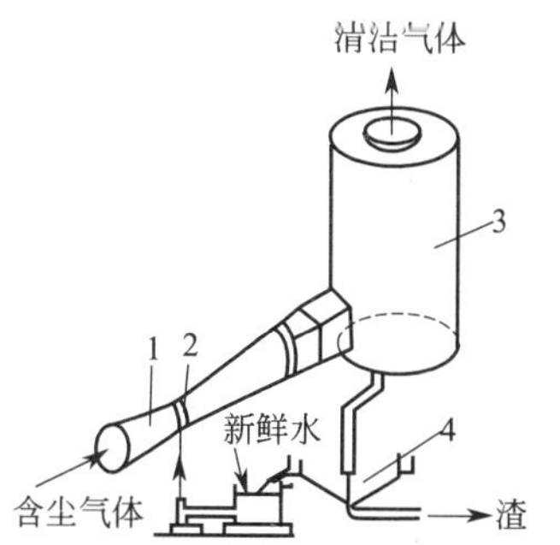

图 4-15　文丘里除尘器

1—洗涤管；2—有孔的喉管；3—旋风分离器；4—沉降槽

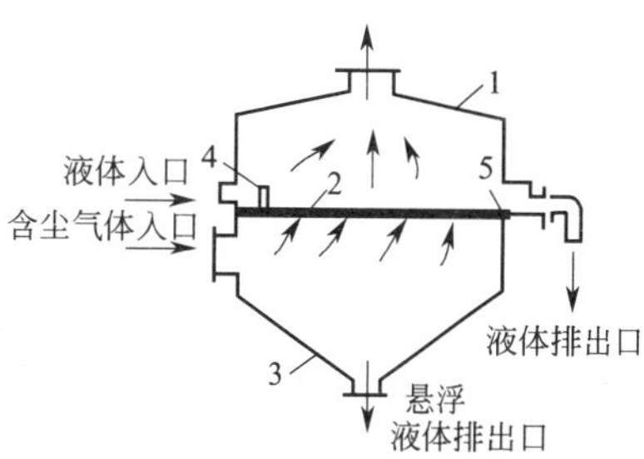

图 4-16　泡沫塔

1—外壳；2—筛板；3—锥形底；4—进液室；5—液流挡板

文丘里除尘器结构简单，操作方便，除尘效率高。但压力降较大，一般为 2000～5000Pa，需与其他分离设备联合使用。

(2) 泡沫除尘器　又称泡沫塔，塔内装有水平筛板将除尘器分为上下两室，如图 4-16 所示。液体由上室的一侧靠近筛板处进入，并水平流过筛板。含尘气体由下室进入，穿过筛孔与板上液体接触，在筛板上形成泡沫层，较大的尘粒被从筛板泄漏下来的液体冲走，微小尘粒则在通过筛板后被泡沫层截留，并随泡沫液经溢流板流出。净化后的气体由上室顶部的气体出口排出。

泡沫除尘具有分离效果高、结构简单、阻力较小等优点，但对设备的安装要求严格，特别是筛板的水平度对操作的影响很大。

3. 静电除尘法

利用高压电场使气体发生电离，含尘气体中的粉尘带电，带电尘粒被带相反电荷的电极板吸附，将尘粒从气体中分离出来，使气体得以净制的方法称为气体电净制。用于气体电净制的设备称为静电除尘器。静电除尘器能有效地捕集 0.1μm 甚至更小的尘粒或雾滴，分离效率可高达 99.99%。气流在通过静电除尘器时阻力较小，气体处理量可以很大。缺点是设备费和操作费较高，安装、维护、管理要求严格。因此，只有在确实需要时才用此法。

第四节　离 心 分 离

一、离心分离的概念

离心分离是在离心力的作用下分离液态非均相混合物（悬浮液、乳浊液）的操作。利用设备（转鼓）本身旋转产生的惯性离心力来分离液态非均相混合物的机械称为离心机。由于在离心机中可产生非常大的惯性离心力，可实现在重力场中或旋液分离器中不能有效分离的操作，如非常微细颗粒悬浮液的分离和十分稳定乳浊液的分离。根据分离方式或功能，离心机可分为三种基本类型。

1. 过滤式离心机

离心机转鼓壁上有小孔，鼓内壁面上覆以滤布，悬浮液加入转鼓内并随之高速旋转，液体受离心力作用通过滤布和转鼓上小孔被抛出，而颗粒被滤布截留鼓内。

2. 沉降式离心机

离心机转鼓壁上无开孔，故只能用以增浓悬浮液，使密度较大的颗粒沉积于转鼓内壁，清液集于中央并不断引出。

3. 离心分离机

离心机转鼓壁上也无开孔，用以分离乳浊液。在转鼓内液体按轻重分层，重者在外，轻者在内，各自从径向的适宜位置引出。

如前所述，离心分离因数 k_c 是离心分离设备的重要性能参数，设备的离心分离因数越大，则分离性能越好。根据离心分离因数的大小，又可将离心机分为以下三类：常速离心机 $k_c<3000$（一般为 600～1200）；高速离心机 $k_c=3000\sim50000$；超速离心机 $k_c>50000$。分离因数的极限值取决于转动部件的材料强度，提高分离因数的基本途径是增加转鼓转速。最新式的离心机，其分离因数可高达 500000 以上，常用来分离胶体颗粒及破坏乳浊液等。

离心机还可按操作方式分为间歇式和连续式，或根据转鼓轴线的方向分为立式和卧式。

二、离心机的结构与操作

工业上用于过滤的离心机有三足式、刮刀卸料式；用于悬浮液增浓或乳浊液分离的离心机有管式高速离心机、碟片式高速离心机等。

1. 三足式离心机

图 4-17 是一种常用的人工卸料的间歇式离心机。其主要部件是一篮式转鼓，壁面钻有许多小孔，内壁覆以滤布。整个机座和外罩借三根拉杆弹簧悬挂于三足支柱上，以减轻运转时的振动。操作时，先将料液加入转鼓内，然后启动，滤液穿过滤布和转鼓于机座下部排出，滤渣沉积于转鼓内壁，待一批料液过滤完毕，或转鼓内的滤渣量达到设备允许的最大值时，可停止加料并继续运转一段时间以沥干滤液。必要时，也可于滤饼表面洒以清水进行洗涤，然后停车人工卸料，清洗设备。

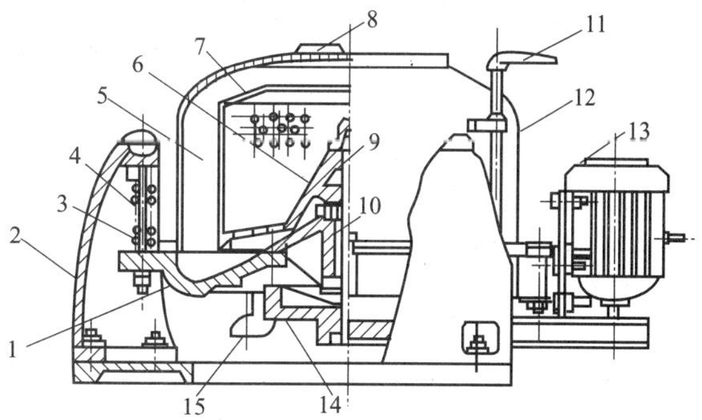

图 4-17 三足式离心机示意图

1—底盘；2—支柱；3—缓冲弹簧；4—摆杆；5—鼓壁；6—转鼓底；7—拦液板；8—机盖；9—主轴；10—轴承座；11—制动器手柄；12—外壳；13—电动机；14—制动轮；15—滤液出口

三足式离心机具有构造简单、运转平稳、适应性强、滤渣颗粒不易破损、运转周期可灵活掌握等优点，适用于处理量不大、要求滤渣含液量较低的场合。尤其适用于各种盐类结晶的过滤和脱水，其缺点是卸料时的劳动强度较大，转动部件位于机座下部，维护、检修不方便。

2. 卧式刮刀卸料离心机

这种离心机的特点是在转鼓连续全速运转的情况下，能依次循环，间歇地进行进料、分离、洗涤滤渣、甩干、卸料、洗网等工序的操作。各工序的操作时间可在一定范围内根据实际需要进行调整，且全部自动控制。

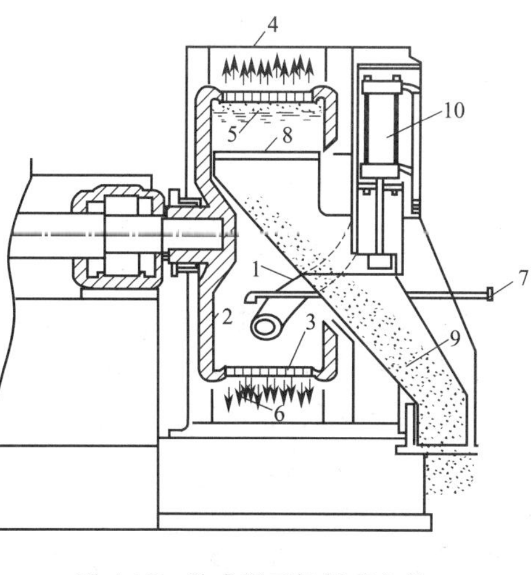

图 4-18 卧式刮刀卸料离心机

1—进料管；2—转鼓；3—滤网；4—外壳；5—滤饼；6—滤液；7—冲洗管；8—刮刀；9—溜槽；10—液压缸

其结构及操作示意于图 4-18。操作时，进料阀自动定时开启，悬浮液由进料管进入连续运转的转鼓内，液相经滤网和转鼓壁上小孔被甩到鼓外，由机壳的排液口流出。固相留在鼓内，借耙齿将其均匀地分布在滤网上。当滤饼达到允许厚度时，进料阀自动关闭。随后冲洗阀自动开启，洗涤水喷淋在滤饼上，按设定时间进行洗涤、甩干。甩干结束后，装有长刮刀的刮刀架自动上升，将滤饼刮下经倾斜的溜槽卸出机外。刮刀架升到极限位置后，随即退下，同时冲洗阀又自动开启，对滤网进行冲洗。即完成一个操作循环，又重新开始进料。

此离心机操作简便，生产能力大，适用于大规模连续生产的场合。由于刮刀卸料，颗粒破碎严重，对于必须保持晶粒完整的物料不宜采用。

3. 管式高速离心机

管式高速离心机是沉降式离心机，广泛用于分离乳浊液及含微细颗粒的稀悬浮液。它的转鼓（无孔）旋转速度为8000～50000r/min左右，其分离因数 k_c 约为15000～60000。为了减小转鼓所受的应力，采用较小的鼓径，因而在一定的进料量下，悬浮液沿转鼓轴向运动的速度较大。为此应增大转鼓的长度，以保证物料在鼓内有足够的沉降时间，于是导致转鼓成为直径小而长度大的管状结构，如图4-19所示。

操作时，乳浊液或悬浮液由底部进料管送入转鼓，在管内自下而上迅速旋转。如处理乳浊液，则液体因密度不同而分成内外两个同心层。外层为重液层，内层为轻液层。到达顶部后，分别自轻液溢流口与重液溢流口送出管外；如处理悬浮液时，则可只用一个轻液出口，而固体颗粒附着于鼓壁上，经一定时间沉积较厚时，可停车取出加以清除。

管式高速离心机生产能力小，但能分离普通离心机难以处理的物料。

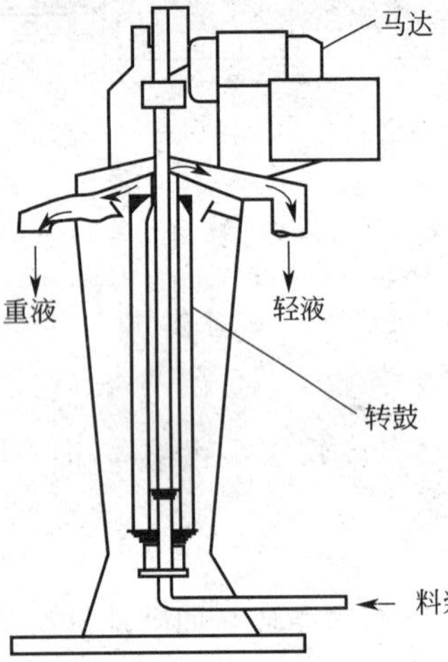

图4-19 管式高速离心机

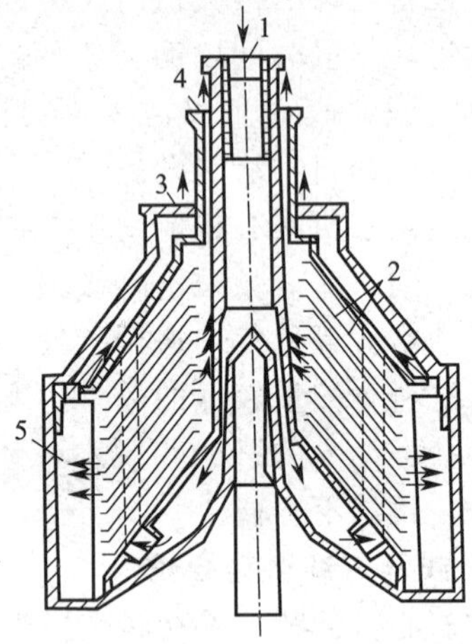

图4-20 碟片式高速离心机

1—悬浮液入口；2—倒锥体盘；3—重液出口；4—轻液出口；5—隔板

4. 碟片式高速离心机

碟片式高速离心机用来分离乳浊液，也可以用来澄清液体。如图4-20所示，机壳内有高速旋转的倒锥形金属碟片若干（碟片数从几十片到上百片），各碟片上开有若干孔，各孔位置相同，碟片相互重叠可形成若干通道。

操作时，将乳浊液从中心管顶部送入碟片组的下部，经碟片上的孔道上升之时，在倒锥形碟片间分布成若干薄液层。由于离心力的作用，重液流向碟片的外沿，由重液出口流出；而轻液则沿碟片向上流向中央，由轻液出口流出。为了使转鼓旋转时液体能随着旋转，鼓内设置若干块隔板，而各碟片的外沿具有突出边缘，这样既可以带动液体旋转，还可以使各碟片间保持一定距离。碟片上各孔的位置与被分离的乳浊液性质有关。若回收的是轻液，则开孔位置靠近中央，这样，可延长重液达于外沿的路程，使其中所夹带的轻液析出得更充分。

碟片式高速离心机具有较高的分离效率，转鼓容量较大。但结构复杂，不易用耐腐蚀材料制造，不适用分离腐蚀性的液体。

复习题

一、问答题

1. 什么叫滤浆、滤饼、过滤介质、滤液和助滤剂?

2. 过滤速率与哪些因素有关?

3. 本书所介绍的过滤设备，其构造和特点如何?

4. 沉降可分哪几类? 其基本原理是什么?

5. 何谓沉降速率?

6. 沉降分离设备所必须满足的基本条件是什么? 温度变化对颗粒在气体中的沉降和在液体中的沉降各有什么影响?

7. 离心沉降的基本原理是什么? 什么叫分离因数?

8. 旋液分离器与沉降式离心机的主要区别是什么?

9. 说明旋风分离器的原理，并指出要分出细颗粒时应考虑的因素。

10. 现有两个降尘室，其底面积相等而高度相差一倍，若处理含尘情况相同、流量相等的气体，问哪一个降尘室的生产能力大。

11. 离心沉降、离心过滤、离心分离有什么不同?

12. 应采取何种措施，才能有效提高离心机所产生的惯性离心力?

二、填空题

1. 球形颗粒从静止开始降落，经历________和________两个阶段。沉降速率是指________阶段颗粒相对于流体的运动速度。

2. 在斯托克斯沉降区，颗粒的沉降速率与其直径的________次方成正比；而在牛顿区，与其直径的________次方成正比。

3. 降尘室内，颗粒可被分离的必要条件是____________________。

4. 降尘室操作时，气体的流动应控制在________流型。

5. 在规定的沉降速率 u_t 条件下，降尘室的生产能力只取决于________而与其________无关。

6. 除去气流中尘粒的设备类型有________、________等。

7. 饼层过滤是指________；深床过滤是指________。

8. 根据操作目的(或离心机功能)，离心机分为________、________和________三种类型。

9. 根据分离因数大小，离心机分为________、________和________。

三、选择题

1. 在重力场中，固体颗粒的沉降速率与下列因素无关的是(　　)。

A. 粒子几何形状　　B. 粒子几何尺寸　　C. 粒子与流体密度　　D. 流体的流速

2. 含尘气体通过长 4m、宽 3m、高 1m 的降尘室，已知颗粒的沉降速率为 0.25m/s，则降尘室的生产能力为(　　)。

A. $3m^3/s$　　B. $1m^3/s$　　C. $0.75m^3/s$　　D. $5m^3/s$

3. 某粒径的颗粒在降尘室中沉降，若沉降室的高度增加 1 倍，则该降尘室的生产能力将(　　)。

A. 增加 1 倍　　B. 为原来的 1/2　　C. 不变　　D. 不确定

4. 粒径分别为 16μm 和 8μm 的两种颗粒在同一旋风分离器中沉降，则两种颗粒的离心沉降速率之比为（　　）（沉降在斯托克斯区）。

A. 2　　B. 1　　C. 4　　D. 1/2

5. 固体颗粒直径和密度（　　），液体流速越慢，则颗粒沉降的速率越快。

A. 越大　　B. 越小　　C. 越快　　D. 越慢

6. 液体的密度和黏度越大，流速（　　），则固体颗粒的沉降速率越慢。

A. 越大　　B. 越小　　C. 越快　　D. 越慢

第五章　传　　热

学习目标

1. 熟练掌握的内容

传热的三种方式及其特点；间壁式换热器的传热过程；传热推动力与热阻的概念；热传导的基本定律；对流传热基本原理；传热速率方程；热量衡算方程；平均温度差的计算；传热系数的计算；传热面积的计算。

2. 了解的内容

换热器冷、热流体的热量交换方式；影响对流传热的因素及各特征数的意义；相变流体对流传热的特点；列管式换热器的结构、特点；其他类型换热器的结构和特点。

3. 操作技能训练

列管式换热器开、停车及正常运行与调节；传热系统常见故障分析与处理。

第一节　传热的主要任务

一、传热在化工生产中的应用

传热即热量传递，是自然界和工程技术领域中极普遍的一种传递过程。由热力学第二定律可知，凡是有温度差存在的地方，就必然有热量传递。化工生产中，大多数的化学反应都伴随着反应热的释放或吸收，为了在适宜的温度下进行反应，则需要在反应流体的外部进行冷却或加热。此外，蒸发、蒸馏、干燥等单元操作中也离不开热量的输入和输出。所以，与传热有关的基础知识对于从事化工生产人员是极其重要的。

二、传热的基本方式

热量传递是由于物体内或系统内的两部分之间的温度差而引起的，热量传递方向总是由高温处自动地向低温处移动。温度差越大，热能的传递越快，温度趋向一致，就停止传热。所以，传热过程的推动力是温度差。

根据传热机理的不同，热量传递的基本方式有三种，即热传导、热对流和热辐射。

1. 热传导

热传导简称导热。物体中温度较高部分的分子因振动而与相邻分子相碰撞，将热能传给温度较低部分的传热方式。在热传导中，物体中的分子不发生相对位移。

如果把一根铁棒的一端放在火中加热，另一端会逐渐变热，这就是热传导的缘故。固体、液体和气体都能以这种方式传热。

2. 热对流

热对流是指流体中质点发生相对位移而引起的热量传递过程。热对流可分为自然对流和强制对流。强制对流传热状况比自然对流好。热对流这种传热方式仅发生在液体和气体中。

3. 热辐射

热辐射是以电磁波的形式发射的一种辐射能，当此辐射能遇到另一物体时，可被其全部或部分的吸收而变为热能。因此辐射传热，不仅是能量的传递，还同时伴随有能量形式的转化。另外，辐射传热不需要任何介质作媒介，它可以在真空中传播。这是辐射传热与热传导及对流传热的根本区别。

实际上，以上三种传热方式很少单独存在，一般都是两种或三种方式同时出现。在一般换热器内，辐射传热量很小，往往可以忽略不计，只需考虑热传导和对流两种传热方式。本章将重点讨论后面两种传热方式。

三、工业生产上的换热方法

参与传热的流体称为载热体。在传热过程中，温度较高而放出热能的载热体称为热载热体或加热剂；温度较低而得到热能的载热体称为冷载热体或冷却剂、冷凝剂。

冷、热两种流体在换热器内进行热交换，实现热交换的方式有以下三种。

1. 直接接触式换热

直接接触式换热的特点是冷、热两流体在换热器中直接接触，如图 5-1 所示。在混合过程中进行传热，故也称为混合式换热。

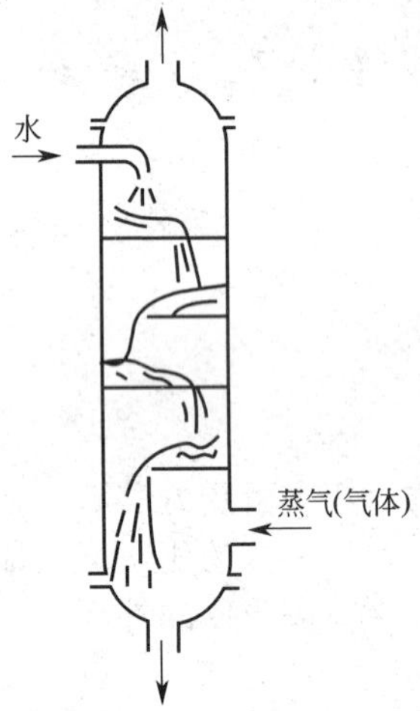

图 5-1 直接接触式换热器

混合式换热器适用于用水来冷凝水蒸气等允许两股流体直接接触混合的场合。

2. 蓄热式换热

蓄热式换热器是由热容量较大的蓄热室构成，室内装有耐火砖等固体填充物，如图 5-2 所示。操作时冷、热流体交替地流过蓄热室，利用固体填充物来积蓄和释放热量而达到换热的目的。

由于这类换热设备的操作是间歇交替进行的，并且难免在交替时发生两股流体的混合，所以这类设备在化工生产中使用得不太多。

3. 间壁式换热

这是生产中使用最广泛的一种形式。间壁式换热器的特点是冷、热流体被一固体壁面隔开，分别在壁面的两侧流动，不相混合。传热时热流体将热量传给固体壁面，再由壁面传给冷流体。

间壁式换热器适用于两股流体间需要进行热量交换而又不允许直接相混的场合。

化工生产中最常遇到的换热过程是间壁式换热，本章重点讨论间壁式换热器。

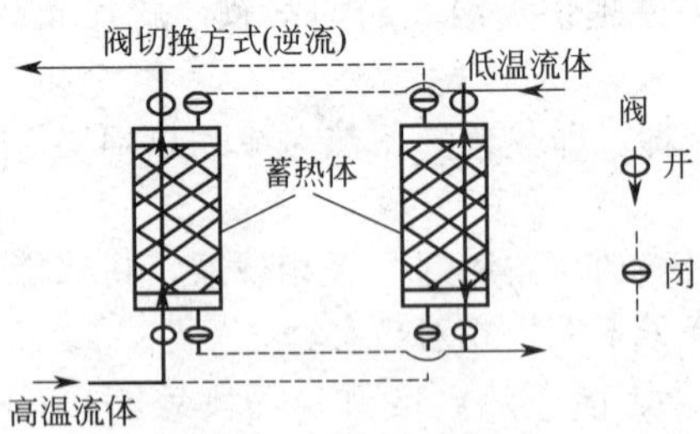

图 5-2 蓄热式换热器

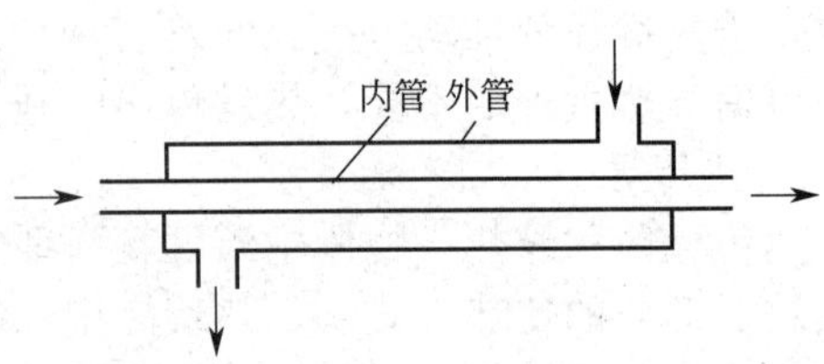

图 5-3 套管式换热器

四、间壁式换热器简介

用来实现冷、热流体之间热量交换的设备都可称为热交换器或换热器。在换热器内可以是单纯地进行物料的加热或冷却；也可以进行有相变化的沸腾和冷凝等过程。

间壁式换热器的种类很多，下面仅介绍典型的套管式、列管式换热器。

1. 套管式换热器

图 5-3 所示为简单的套管式换热器。它是由直径不同的两根管子同心套在一起组成的。冷、热流体分别流经内管和环隙，通过内管壁而进行热的交换。

2. 列管式换热器

列管式换热器主要有壳体、管束、管板（花板）和封头等部件组成。一种流体由封头处的进口管进入分配室空间（封头与管板之间的空间）分配至各管内（称为管程），通过管束后，从另一封头的出口管流出换热器。另一种流体则由壳体的进口管流入，在壳体与管束间的空隙流过（称为壳程），从壳体的另一端出口管流出。图 5-4 所示为流体在换热器管束内只通过一次，称为单管程列管式换热器。

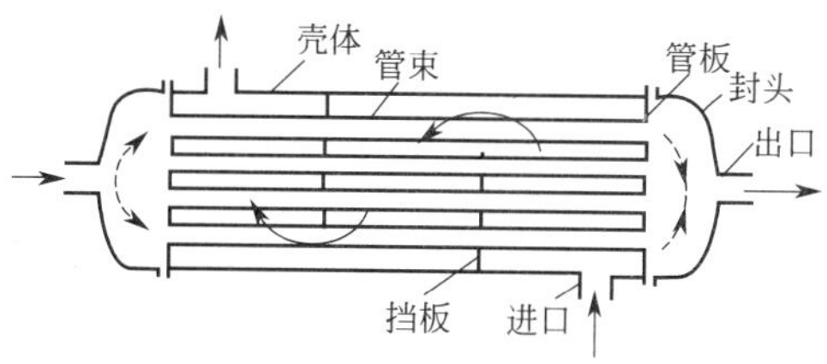

图 5-4 单管程列管式换热器

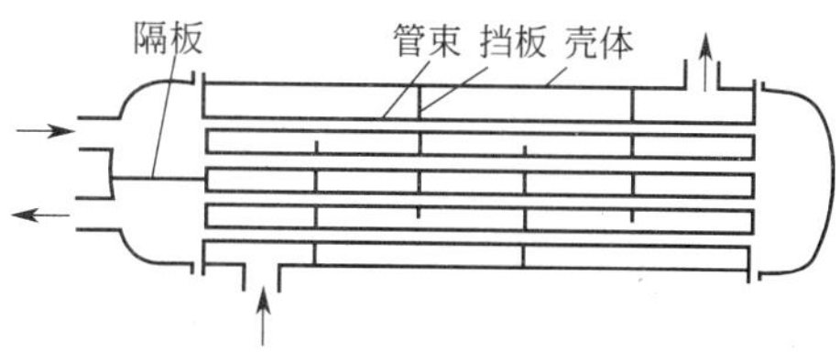

图 5-5 双管程列管式换热器

若在换热器的分配室空间设置隔板，将管束的全部管子平均分成若干组，流体每次只通过一组管子，然后折回进入另一组管子，如此反复多次，最后从封头处的出口管流出换热器。这种换热器称为多管程列管式换热器。图 5-5 所示为双管程列管式换热器。

五、稳定传热与不稳定传热

在传热系统中温度分布不随时间而改变的传热过程称为稳定传热。连续生产过程中的传热多为稳定传热。

若传热系统中温度分布随时间变化的传热过程称为不稳定传热。工业生产上间歇操作的换热设备和连续生产时设备的启动和停车过程，都为不稳定的传热过程。

化工生产过程中的传热多为稳定传热，本章只讨论稳定传热。

第二节 传热计算

一、传热速率方程

在换热器中传热的快慢用传热速率表示。传热速率 Q 是指单位时间内通过传热面的热量，单位为 W。在间壁式换热器中，热量是通过两股流体间的壁面传递的，这个壁面称为传热面 A，单位是 m^2。两股流体间所以能有热量交换，是因为它们有温度差。如果以 T 表示热流体的温度，t 表示冷流体的温度，那么温度差（$T-t$）就是热量传递的推动力，用 Δt 表示，单位为 K 或℃。实践证明：两股流体单位时间所交换的热量 Q 与传热面积 A 成正比，与温度差 Δt 成正比，即

$$Q \propto A\Delta t$$

把上述比例式改写成等式，以 K 表示比例常数，则得

$$Q=KA\Delta t \tag{5-1}$$

式(5-1) 称为传热速率方程式。式中 K 称为传热系数，其单位可由式(5-1) 移项推导得

$$K=\frac{Q}{A\Delta t} \quad W/(m^2 \cdot K) \text{ 或 } W/(m^2 \cdot ℃)$$

从 K 的单位可以看出，传热系数的意义是：当温度差为1K时，在单位时间内通过单位面积所传递的热量。显然，K 值的大小是衡量换热器性能的一个重要指标，K 值越大，表明在单位传热面积上在单位时间内传递的热量越多。

将式(5-1) 改写为

$$\frac{Q}{A}=\frac{\Delta t(\text{传热推动力})}{\frac{1}{K}(\text{传热总阻力})} \tag{5-2}$$

式中 $1/K$ 表示传热过程的总阻力，简称热阻，用 R 表示。即

$$R=\frac{1}{K}$$

由式(5-2) 可知，单位传热面积上的传热速率与传热推动力成正比，与热阻成反比。因此，提高换热器传热速率的途径为提高传热推动力和降低传热阻力。

下面以传热速率方程式为中心来阐述有关传热的各种问题。

二、热负荷和载热体用量的计算

1. 热负荷的计算

根据能量守恒定律，在换热器保温良好，无热损失的情况下，单位时间内热流体放出的热量 $Q_{热}$ 等于冷流体吸收的热量 $Q_{冷}$。即 $Q_{热}=Q_{冷}=Q$，称为热量衡算式。

生产上的换热器内，冷、热两股流体间每单位时间所交换的热量是根据生产上换热任务的需要提出的，热流体的放热量或冷流体的吸热量，称为换热器的热负荷。热负荷是要求换热器具有的换热能力。

一个能满足生产换热要求的换热器，必须使其传热速率等于（或略大于）热负荷。所以，通过计算热负荷，便可确定换热器的传热速率。

必须注意，传热速率和热负荷虽然在数值上一般看作相等，但其含义却不同。热负荷是由工艺条件决定的，是对换热器的要求；传热速率是换热器本身的换热能力，是设备的特征。

热负荷的计算有以下三种方法。

（1）焓差法　利用流体换热前、后焓值的变化计算热负荷的计算式如下

$$Q=q_{m热}(H_1-H_2) \quad \text{或} \quad Q=q_{m冷}(h_2-h_1) \tag{5-3}$$

式中　Q——热负荷，W；

$q_{m热}$，$q_{m冷}$——热、冷流体的质量流量，kg/s；

H_1，H_2——热流体进、出口的焓，J/kg；

h_1，h_2——冷流体进、出口的焓，J/kg。

焓的数值决定于流体的物态和温度。通常取0℃为计算基准，规定液体和蒸汽的焓均取0℃液态的焓为0J/kg，而气体则取0℃气态的焓为0J/kg。

（2）显热法　此法用于流体在换热过程中无相变化的情况。计算式如下

$$Q=q_{m热}c_{热}(T_1-T_2) \quad \text{或} \quad Q=q_{m冷}c_{冷}(t_2-t_1) \tag{5-4}$$

式中　$c_{热}$，$c_{冷}$——热、冷流体的平均定压比热容，J/(kg·℃)；

T_1，T_2——热流体进、出口温度，℃；

t_1，t_2——冷流体进、出口温度，℃。

（3）潜热法　此法用于流体在换热过程中仅发生相变化（如冷凝或汽化）的场合。

$$Q=q_{m热}r_{热} \quad 或 \quad Q=q_{m冷}r_{冷} \tag{5-5}$$

式中 $r_{热}$，$r_{冷}$——热流体和冷流体的相变热（蒸发潜热），J/kg。

2. 载热体消耗量

换热器中当物料需要冷却时，它所放出的热量由冷流体带走；当物料需要加热时，必须由热流体供给热量。当确定了换热器的热负荷以后，载热体的流量可根据热量衡算确定。

【例题 5-1】 将 0.5kg/s，80℃的硝基苯通过换热器用冷却水将其冷却到 40℃。冷却水初温为 30℃，终温不超过 35℃。已知水的比热容为 4.19kJ/(kg·℃)，试求换热器的热负荷及冷却水用量。

解 由附录查得硝基苯 $T_{定}=\dfrac{80+40}{2}=60$℃时的比热容为 1.58kJ/(kg·℃)

由式(5-4) 计算热负荷

$$\begin{aligned} Q_{硝} &= q_{m硝}c_{硝}(T_1-T_2) \\ &= 0.5\times 1.58\times 10^3\times(80-40) \\ &= 31600\text{W} \\ &= 31.6\text{kW} \end{aligned}$$

冷却水用量为

$$\begin{aligned} q_{m水} &= \frac{Q_{水}}{c_{水}(t_2-t_1)}=\frac{Q_{硝}}{c_{水}(t_2-t_1)} \\ &= \frac{31600}{4.19\times 10^3\times(35-30)}=1.51\text{kg/s} \end{aligned}$$

3. 载热体的选用

在化工生产中，若要加热一种冷流体，同时又要冷却另一种热流体，只要两者温度变化的要求能够达到，就应尽可能让这两股流体进行换热。利用生产过程中流体自身的热交换，充分回收热能，对于降低生产成本和节约能源都具有十分重要的意义。但是当工艺换热条件不能满足要求时，就需要采用外来的载热体与工艺流体进行热交换。载热体有许多种，应根据工艺流体温度的要求，选择一种合适的载热体。载热体的选择可参考下列几个原则：①载热体温度必须满足工艺要求；②载热体的温度调节应方便；③载热体应具有化学稳定性，不分解；④载热体的毒性小，对设备腐蚀性小；⑤载热体不易燃、不易爆；⑥载热体价廉易得。

目前生产中使用最广泛的载热体是饱和水蒸气和水。

(1) 饱和水蒸气 由于饱和水蒸气冷凝时放出大量的热，加热均匀，不会有局部过热的现象，依据饱和温度与蒸汽压力的对应关系，通过调节压力能很方便、准确地控制加热温度。饱和水蒸气加热的缺点是加热温度不太高，因为水蒸气的饱和蒸气压随温度升高而增大，对锅炉、管路和设备的耐压、密闭要求也大大提高，带来许多困难。所以，一般水蒸气加热的温度范围在 120～180℃，绝对压在 200 ～1000kPa。这一温度范围能满足大部分化工工业的需要，蒸发、干燥等单元操作大多也在此温度范围内进行。

水蒸气加热分为直接和间接两种。直接法是将蒸汽用管子直接通入被加热的液体中，蒸汽所含热量可以完全利用，但液体被稀释，这往往是工艺条件不允许的；间接法是在换热器中进行，加热时必须注意以下两点。

① 要经常排除不凝性气体，否则会降低蒸汽的传热效果。不凝性气体的来源为溶于原来水中的空气，另外是管路或换热器连接处不严密而漏入。排除方法可在加热室的上端装一放空阀门，借蒸汽的压强将混入的不凝性气体间歇排除。

② 要不断排除冷凝水，否则冷凝水积聚于换热器内占据了一部分传热面积，使传热效果降低。排除的方法是在冷凝水排出管上安装冷凝水排出器（也称疏水器），它的作用是在排除冷凝水的同时阻止蒸汽逸出。

(2) 水　是广泛使用的冷却剂。水的初温由气候条件所决定，一般为 4～25℃，因此水的用量主要决定于经过换热器之后的出口温度；其次水中含有一定量的污垢杂质，当沉积在换热器壁面上时就会降低换热器的传热效果。所以冷却水温的确定主要从温度和流速两个方面考虑：

① 水与被冷却的流体之间一般应有 5～35℃的温度差；

② 冷却水的温度不能超过 40～50℃，以避免溶解在水中的各种盐类析出，在传热壁面上形成污垢；

③ 水的流速不应小于 0.5m/s，否则在传热面上易产生污垢。

如果需要把物料加热到 180℃以上，就不用饱和水蒸气而需要用其他的载热体，这类载热体工业上称为高温载热体；如果把物料冷却到 5～10℃或更低的温度，就必须采用低温冷却剂。现把工业上常用的载热体列于表 5-1。

表 5-1　工业上常用的载热体

载热体		适用温度范围/℃	说　明
加热剂	热水	40～100	利用水蒸气冷凝水或废热水的余热
	饱和水蒸气	100～180	180℃水蒸气压力为 1.0MPa，再高压力不经济，温度易调节，冷凝相变热大，对流传热系数大
	矿物油	<250	价廉易得，黏度大，对流传热系数小，温度过高易分解，易燃
	联苯混合物 如道生油含联苯 26.5%，二苯醚 73.5%	液体 15～255 蒸气 255～380	适用温度范围宽，用蒸气加热时温度易调节，黏度比矿物油小
	熔盐 $NaNO_3$ 7% $NaNO_2$ 40% KNO_3 53%	142～530	温度高，加热均匀，热容小
	烟道气	500～1000	温度高，热容小，对流传热系数小
冷却剂	冷水（有河水、井水、水厂给水、循环水）	15～35	来源广，价格便宜，冷却效果好，调节方便，水温受季节和气温影响，冷却水出口温度宜≤50℃，以免结垢
	空气	<35	缺乏水资源地区可用空气，对流传热系数小，温度受季节和气候的影响
	冷冻盐水（氯化钙溶液）	0～-15	用于低温冷却，成本高

三、平均温度差

用传热速率方程式计算换热器的传热速率时，因传热面各部位的传热温度差不同，必须算出平均传热温度差 $\Delta t_{均}$ 代替 Δt，即

$$Q=KA\Delta t_{均}$$

$\Delta t_{均}$ 的数值与流体流动情况有关。

1. 恒温传热时的平均温度差

参与传热的冷、热两种流体在换热器内的任一位置、任一时间，都保持其各自的温度不变，此传热过程称为恒温传热。例如用水蒸气加热沸腾的液体，器壁两侧的冷、热流体因自身发生相变化而温度都不变，恒温传热时的平均温度差等于

$$\Delta t_{均}=T-t \tag{5-6}$$

流体的流动方向对 Δt 无影响。

2. 变温传热时的平均温度差

工业上最常见的是变温传热，即参与传热的两种流体（或其中之一）有温度变化。在变温传热时，换热器各处的传热温度差随流体温度的变化而不同，计算时必须取其平均值 $\Delta t_{均}$。

（1）单侧变温时的平均温度差　图 5-6 所示为一侧流体温度有变化，另一侧流体的温度无变化的传热。图 5-6(a) 为热流体温度无变化，而冷流体温度发生变化。例如在生产中用饱和水蒸气加热某冷流体，水蒸气在换热过程中由汽变液放出热量，其温度是恒定的，但被加热的冷流体温度从 t_1 升至 t_2，此时沿着传热面的传热温度差 Δt 是变化的。图 5-6(b) 为冷流体温度无变化，而热流体的温度发生变化。例如生产中的废热锅炉用高温流体加热恒定温度下沸腾的水，高温流体的温度从 T_1 降至 T_2，而沸腾的水温始终保持为沸点，此时的传热温度差也是变化的。其温度差的平均值 $\Delta t_{均}$ 可取其对数平均值，即按下式计算

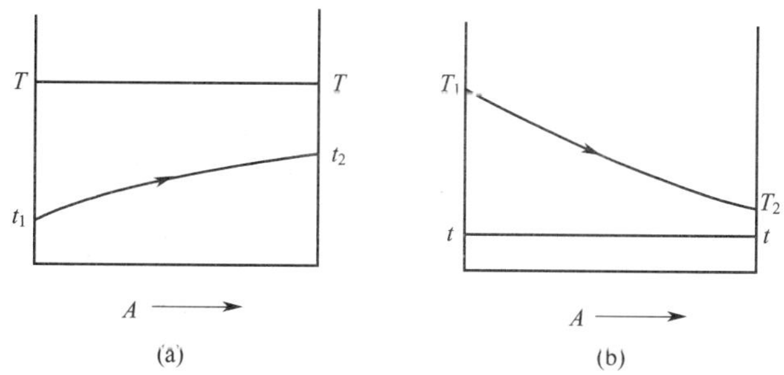

图 5-6　一侧流体变温时的温差变化

$$\Delta t_{均}=\frac{\Delta t_1-\Delta t_2}{\ln\dfrac{\Delta t_1}{\Delta t_2}} \tag{5-7}$$

式中取 $\Delta t_1>\Delta t_2$。Δt_1 和 Δt_2 为传热过程中最初、最终的两流体之间温度差。

在工程计算中，当 $\dfrac{\Delta t_1}{\Delta t_2}\leqslant 2$ 时，可近似地采用算术平均值，即

$$\Delta t_{均}=\frac{\Delta t_1+\Delta t_2}{2} \tag{5-8}$$

算术平均温度差与对数平均温度差相比较，在 $\Delta t_1/\Delta t_2<2$ 时，其误差<4%。

【例题 5-2】 有一废热锅炉，管外为沸腾的水，压力为 1.1MPa（绝压）。管内走合成转化气，温度由 570℃下降到 470℃。试求平均温度差。

解　由附录查得在 1.1MPa（绝压）下，水的饱和温度为 180℃，属单边变温传热

热流体	570→470		热流体	570→470	
冷流体	180←180		冷流体	180→180	
Δt	390	290	Δt	390	290

$\Delta t_1/\Delta t_2=390/290=1.34<2$

所以
$$\Delta t_{均}=\frac{\Delta t_1+\Delta t_2}{2}=\frac{390+290}{2}=340℃$$

由上例可知，单边变温传热时流体的流动方向对 Δt 无影响。

（2）双侧变温时的平均温度差　工厂中常用的冷却器和预热器等，在换热过程中间壁的一侧为热流体，另一侧为冷流体，热流体沿间壁的一侧流动，温度逐渐下降，而冷流体沿间壁的另一侧流动，温度逐渐升高。这种情况下，换热器各点的 Δt 也是不同的，属双侧变温传热。在此种变温传热中，参与热交换的两种流体的流向大致有四种类型，如图 5-7 所示。

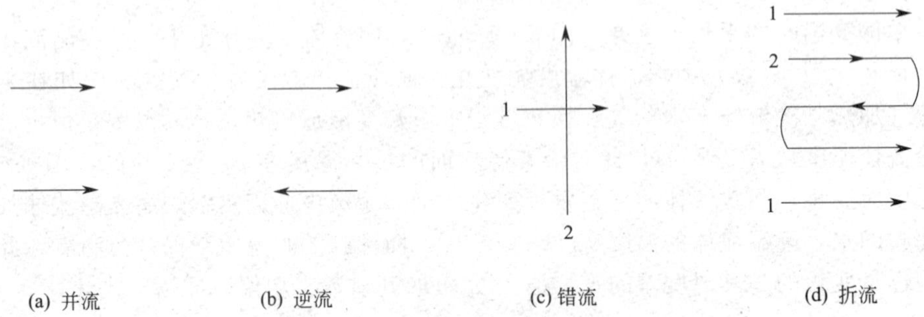

图 5-7　流体的流动类型示意图

两者平行而同向的流动，称为并流；两者平行而反向的流动，称为逆流；垂直交叉的流动，称为错流；一流体只沿一个方向流动，而另一流体反复折流，称为折流。变温传热时，其平均温度差的计算方法因流向的不同而异。

① 并流和逆流时的平均温度差　并流与逆流两种流向的平均温度差计算式与式(5-7)完全一样，即

$$\Delta t_{均}=\frac{\Delta t_1-\Delta t_2}{\ln\frac{\Delta t_1}{\Delta t_2}}$$

应当注意，在计算时取冷、热流体在换热器两端温度差大的作为 Δt_1，小的为 Δt_2，以使式(5-7) 中的分子与分母都是正数。如遇 $\Delta t_1/\Delta t_2<2$ 时，仍可用算术平均值计算，即

$$\Delta t_{均}=\frac{\Delta t_1+\Delta t_2}{2}$$

不难看出，当一侧流体变温而另一侧流体恒温时，并流和逆流的平均温度差是相等的；当两侧流体都变温时，由于流动方向的不同，两端的温度差也不相同，因此并流和逆流时的 $\Delta t_{均}$ 是不相等的。例如：在并流和逆流时，热流体的温度都是由 245℃冷却到 175℃，冷流体都是由 120℃加热到 160℃，即

逆流时：

热流体　245→175

冷流体　160←120

Δt　　85　55

$$\Delta t_{逆}=\frac{85-55}{\ln\frac{85}{55}}=69℃$$

并流时：

热流体　245→175

冷流体　120→160

Δt　125　15

$$\Delta t_{并}=\frac{125-15}{\ln\frac{125}{15}}=52℃$$

由上例可知，并流和逆流时，虽然两流体的进、出口温度分别相同，但逆流时的平均温度差 $\Delta t_{均}$ 比并流时的大。因此，在换热器的传热量 Q 及传热系数 K 值相同的条件下，采用逆流操作可节省传热面积。

逆流的另一优点是可以节省加热剂或冷却剂的用量。例如，若要求将一定流量的冷流体

从 120℃加热到 160℃，而热流体的进口温度为 245℃，出口温度不作规定。此时若采用逆流，热流体的出口温度可以降至接近于 120℃，而采用并流时，则只能降至接近于 160℃。这样，逆流时的加热剂用量就较并流时为少。

由以上分析可知，逆流优于并流，因而工业生产中换热器多采用逆流操作。但是在某些生产工艺有特殊要求时，如要求冷流体被加热时不能超过某一温度，或热流体被冷却时不能低于某一温度，则宜采用并流操作。

② 错流和折流时的平均温度差　为了强化传热，列管式换热器的管程或壳程常常为多程，流体经过两次或多次折流后再流出换热器，这使换热器内流体流动的形式偏离纯粹的逆流和并流，因而使平均温度差的计算更为复杂。错流或折流时的平均温度差是先按逆流计算对数平均温度差 $\Delta t_{逆}$，再乘以温度差修正系数 $\varphi_{\Delta t}$，即

$$\Delta t_{均}=\varphi_{\Delta t}\Delta t_{逆} \tag{5-9}$$

各种流动情况下的温度差修正系数 $\varphi_{\Delta t}$，可以根据 R 和 P 两个参数查图

$$R=\frac{T_1-T_2}{t_2-t_1}=\frac{\text{热流体的温降}}{\text{冷流体的温升}}$$

$$P=\frac{t_2-t_1}{T_1-t_1}=\frac{\text{冷流体的温升}}{\text{两流体的最初温差}}$$

$\varphi_{\Delta t}$的值可根据换热器的类型，由图 5-8 查取。由于 $\varphi_{\Delta t}$的值小于 1，故折流和错流时的平均温度差总小于逆流。采用折流和其他复杂流动的目的是为了提高传热系数，其代价是使平均温度差相应减小。综合利弊，一般在设计时最好使 $\varphi_{\Delta t}>0.9$，至少也不应低于 0.8，否则经济上不合理。

【例题 5-3】 在一单壳程、四管程的列管换热器中，用水冷却油。冷水在壳程流动，进口温度为 15℃，出口温度为 32℃。油的进口温度为 100℃，出口为 40℃。试求两流体间的平均温度差。

解　此题为求简单折流时的平均温度差，先按逆流计算，即

热流体　100→40

冷流体　32←15

Δt　68　25

$$\Delta t_{均}=\frac{\Delta t_1-\Delta t_2}{\ln\dfrac{\Delta t_1}{\Delta t_2}}=\frac{68-25}{\ln\dfrac{68}{25}}=43℃$$

$$R=\frac{T_1-T_2}{t_2-t_1}=\frac{100-40}{32-15}=3.53$$

$$P=\frac{t_2-t_1}{T_1-t_1}=\frac{32-15}{100-15}=0.20$$

查图 5-8(a) 得

$$\varphi_{\Delta t}=0.9$$

所以

$$\Delta t_{均}=\varphi_{\Delta t}\Delta t_{逆}=0.9\times43=38.7℃$$

四、传热系数的测定和经验值

传热系数 K 值的来源有以下三个方面。

1. 现场实测

根据传热速率方程可知，只需从现场测得换热器的传热面积 A，平均温度差 $\Delta t_{均}$ 及热

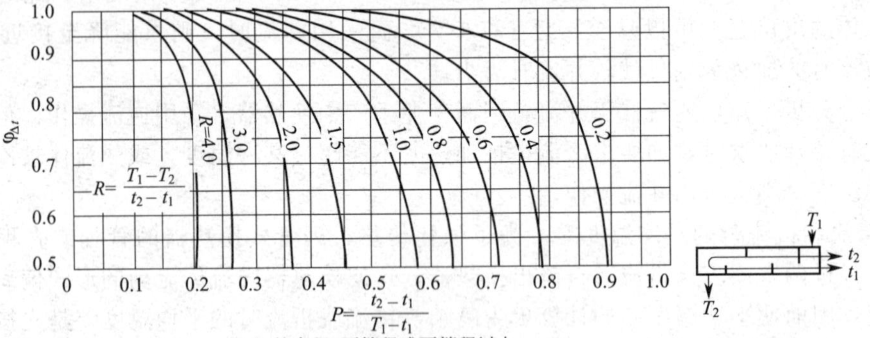

(a) 单壳程，两管程或两管程以上

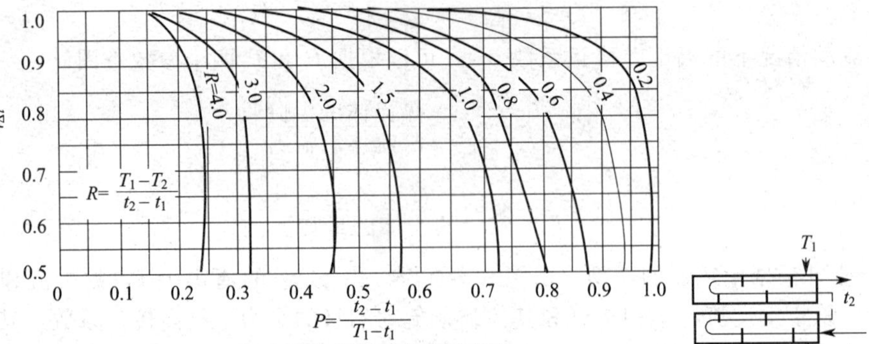

(b) 双壳程，四管程或四管程以上

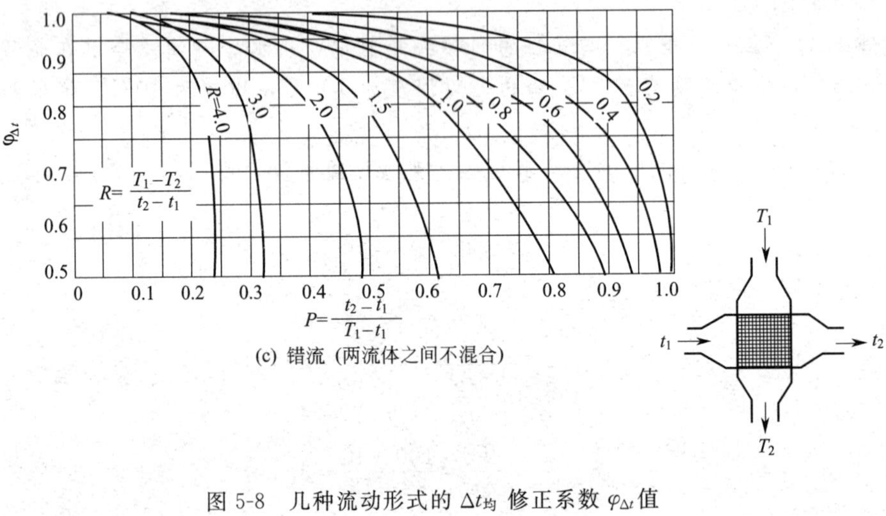

(c) 错流（两流体之间不混合）

图 5-8　几种流动形式的 $\Delta t_{均}$ 修正系数 $\varphi_{\Delta t}$ 值

负荷 Q 后，传热系数 K 就很容易计算出来。其中传热面积 A 可由设备结构尺寸算出，$\Delta t_{均}$ 可从现场测定两股流体的进出口温度及它们的流动方式而求得，热负荷 Q 可由现场测得流体的流量，由流体在换热器进出口的状态变化而求得。

制成新型换热器后，为了检验其传热性能，也需通过实验，测定其 K 值。

【例题 5-4】 某热交换器厂试制一台新型热交换器，制成后对其传热性能进行实验。为了测定该换热器的传热系数 K，用热水与冷水进行热交换。

现场测得：热水流量 5.28kg/s，进口温度 63℃，出口温度 50℃。冷水进口温度 19℃，出口温度 30℃。逆流。传热面积 $4.2m^2$。

解 由传热速率方程得

$$K=\frac{Q}{A\Delta t_{均}}$$

① 热负荷 Q

$$Q=q_{m热}c_{热}(T_1-T_2)=5.28\times4.187\times10^3\times(63-50)=287500\text{W}$$

② 平均温度差 $\Delta t_{均}$ 逆流 热流体 63→50

冷流体 30←19

Δt 33 31

$$\Delta t_1/\Delta t_2=33/31=1.06<2$$

所以
$$\Delta t_{均}=\frac{\Delta t_1+\Delta t_2}{2}=\frac{33+31}{2}=32℃$$

③ 传热面积 A 已知 $A=4.2\text{m}^2$

④ 传热系数 K
$$K=\frac{287500}{4.2\times32}=2140\text{W}/(\text{m}^2\cdot℃)$$

2. 采用经验数据

在进行换热器的传热计算时，常需要先估计传热系数。表 5-2 列出了常见的列管式换热器的传热系数 K 经验值的大致范围。

表 5-2 列管式换热器中传热系数 K 的经验值

冷流体	热流体	传热系数 K /[W/(m² · ℃)]	冷流体	热流体	传热系数 K /[W/(m² · ℃)]
水	水	850～1700	气体	水蒸气冷凝	30～300
水	气体	17～280	水	低沸点烃类冷凝	455～1140
水	有机溶剂	280～850	水	高沸点烃类冷凝	60～170
水	轻油	340～910	水沸腾	水蒸气冷凝	2000～4250
水	重油	60～280	轻油沸腾	水蒸气冷凝	455～1020
有机溶剂	有机溶剂	115～340	重油沸腾	水蒸气冷凝	140～425
水	水蒸气冷凝	1420～4250			

由表可见，K 值变化范围很大，化工技术人员应对不同类型流体间换热时的 K 值有一数量级概念。

3. 计算法

传热系数 K 的计算公式可利用串联热阻叠加原则导出。对于间壁式换热器，如图 5-9 所示，两流体通过间壁的传热包括以下过程：

① 热流体在流动过程中把热量传给间壁的对流传热；

② 通过间壁的热传导；

③ 热量由间壁另一侧传给冷流体的对流传热。

显然，传热过程的总阻力应等于两个对流传热阻力与一个导热阻力之和。前已述及，K 是传热总阻力 R 的倒数，故可通过串联热阻的方法计算总阻力，进而计算 K 值。

以下分别讨论热传导和对流传热的规律及其热阻的计算。

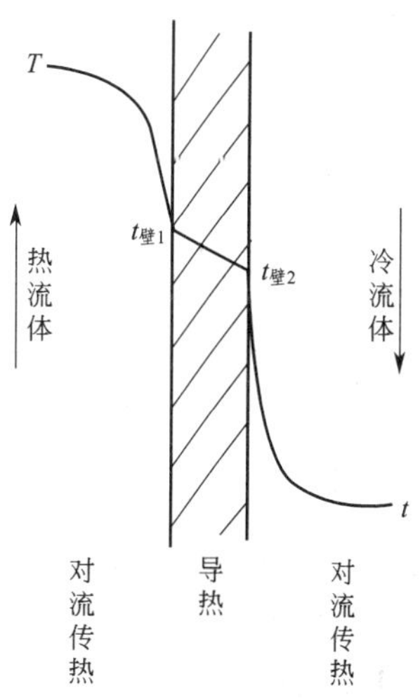

图 5-9 间壁两侧流体的热交换

第三节 热 传 导

一、导热基本方程和热导率

1. 热传导方程

在一个均匀固体物质组成的平壁如图 5-10 所示，面积为 A，单位是 m^2。壁厚为 δ，单位是 m。平壁两侧壁面温度分别为 t_1 和 t_2，单位为 K 或℃。且 $t_1 > t_2$ 热量以热传导方式沿着与壁面垂直的方向，从高温壁面 t_1 传递到低温壁面 t_2。实践证明：单位时间内物体以热传导方式传递的热量 Q 与传热面积 A 成正比，与壁面两侧的温度差（$t_1 - t_2$）成正比，而与壁面厚度 δ 成反比，即：

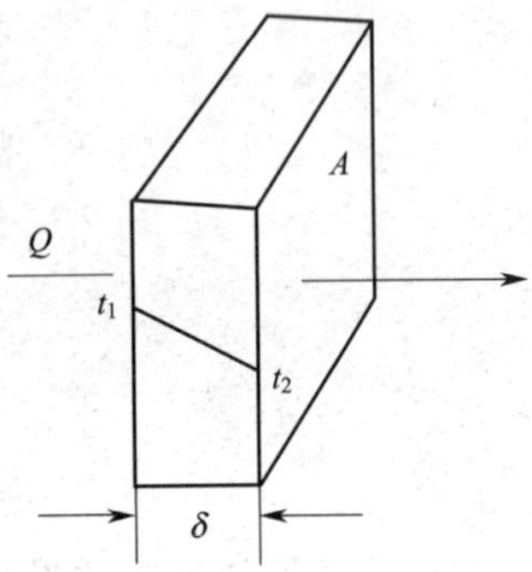

图 5-10 单层平壁热传导

$$Q \propto \frac{A}{\delta}(t_1 - t_2)$$

把上述比例式改写成等式，以 λ 表示比例系数，则得

$$Q = \lambda \frac{A}{\delta}(t_1 - t_2) \tag{5-10}$$

式(5-10) 称为热传导方程式，或称为傅里叶定律。

2. 热导率（导热系数）

比例系数 λ 称为热导率（又称导热系数），式(5-10) 可改写成：

$$\lambda = \frac{Q\delta}{A(t_1 - t_2)} \quad \mathrm{W/(m \cdot K)} \text{ 或 } \mathrm{W/(m \cdot ^\circ C)}$$

从 λ 的单位可以看出，热导率的意义是：当间壁的面积为 $1m^2$，厚度为 1m，壁面两侧的温度差为 1K 时，在单位时间内以热传导方式所传递的热量。显然，热导率 λ 值越大，则物质的导热能力越强。所以热导率 λ 是物质导热能力的标志，为物质的物理性质之一。通常，需要提高导热速率时，可选用热导率大的材料；反之，要降低导热速率时，应选用热导率小的材料。

各种物质的热导率通常用实验方法测定。热导率数值的变化范围很大，一般来说，金属的热导率最大，非金属固体次之，液体的较小，而气体的最小。各类物质热导率的数值范围大致为

金属	$10^1 \sim 10^2$	W/(m・K)或 W/(m・℃)
建筑材料	$10^{-1} \sim 10^0$	W/(m・K)或 W/(m・℃)
绝热材料	$10^{-2} \sim 10^{-1}$	W/(m・K)或 W/(m・℃)
液体	10^{-1}	W/(m・K)或 W/(m・℃)
气体	$10^{-2} \sim 10^{-1}$	W/(m・K)或 W/(m・℃)

工程中常见物质的热导率可从有关手册中查得。表 5-3～表 5-5 中列出某些物质的热导率，供查用。下面对固体、液体和气体的热导率分别进行讨论。

（1）固体的热导率　表 5-3 为常用固体材料的热导率。金属是良导电体，也是良好的导热体。纯金属的热导率一般随温度的升高而降低，金属的纯度对热导率影响很大，合金的热导率一般比纯金属要低。

非金属建筑材料或绝热材料（又称保温材料）的热导率与物质的组成、结构的致密程度及温度有关。通常 λ 值随密度的增加而增大，也随温度的升高而增大。

表 5-3 常用固体材料的热导率

固体	温度/℃	热导率 λ /[W/(m·℃)]	固体	温度/℃	热导率 λ /[W/(m·℃)]	固体	温度/℃	热导率 λ /[W/(m·℃)]
铝	300	230	熟铁	18	61	棉毛	30	0.050
镉	18	94	铸铁	53	48	玻璃	30	1.09
铜	100	377	石棉板	50	0.17	云母	50	0.43
铅	100	33	石棉	0	0.16	硬橡皮	0	0.15
镍	100	57	石棉	100	0.19	锯屑	20	0.052
银	100	412	石棉	200	0.21	软木	30	0.043
钢(1%C)	18	45	高铝砖	430	3.1	玻璃毛		0.041
青铜		189	建筑砖	20	0.69	85%氧化镁		0.070
不锈钢	20	16	镁砂	200	3.8			

（2）液体的热导率　表 5-4 列出了几种液体的热导率。非金属液体以水的热导率最大。除水和甘油外，绝大多数液体的热导率随温度升高而略有减小。一般，纯液体的热导率比其溶液的热导率大。

表 5-4 液体的热导率

液体	温度/℃	热导率 λ /[W/(m·℃)]	液体	温度/℃	热导率 λ /[W/(m·℃)]	液体	温度/℃	热导率 λ /[W/(m·℃)]
乙酸(50%)	20	0.35	甘油(60%)	20	0.38	硫酸(90%)	30	0.36
丙酮	30	0.17	甘油(40%)	20	0.45	硫酸(60%)	30	0.43
苯胺	0～20	0.17	正庚烷	30	0.14	氯化钙盐水30%	30	0.55
苯	30	0.16	水银	28	8.36			
乙醇(80%)	20	0.24	水	30	0.62			

（3）气体的热导率　表 5-5 列出了几种气体的热导率。气体的热导率很小，对导热不利，但有利于绝热和保温。工业上所用的保温材料，如软木、玻璃棉等的热导率之所以很小，就是因为在其空隙中存在大量空气的缘故。气体的热导率随温度的升高而增大，这是由于温度升高，气体分子热运动增强。但在相当大的压力范围内，压力对热导率无明显影响。

表 5-5 气体的热导率

气体	温度/℃	热导率 λ /[W/(m·℃)]	气体	温度/℃	热导率 λ /[W/(m·℃)]	气体	温度/℃	热导率 λ /[W/(m·℃)]
氢	0	0.17	甲烷	0	0.029	乙烯	0	0.17
二氧化碳	0	0.015	水蒸气	100	0.025	乙烷	0	0.18
空气	0	0.024	氮	0	0.024			
空气	100	0.031	氧	0	0.024			

应予指出，在热传导过程中，物质内不同位置的温度各不相同，因而热导率也随之而异，在工程计算中常取热导率的平均值。

二、通过平壁的稳定热传导

1. 单层平壁的热传导

单层平壁的热传导方程式与式(5-10) 完全一样，即

$$Q=\lambda \frac{A}{\delta}(t_1-t_2)$$

把上式改写成下面的形式

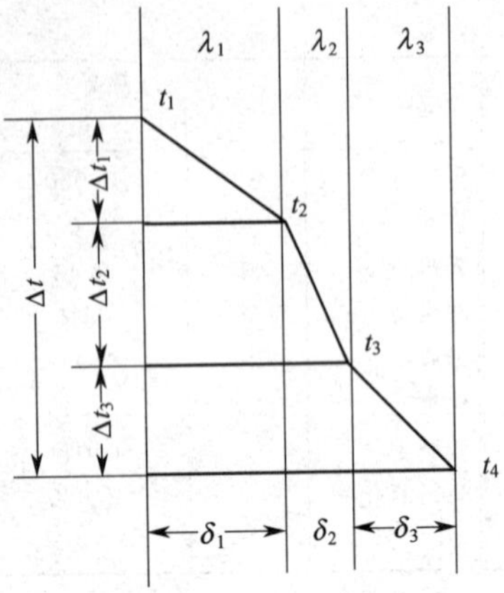

图 5-11　多层平壁的热传导

$$\frac{Q}{A}=\frac{t_1-t_2}{\frac{\delta}{\lambda}}=\frac{\Delta t}{R_{导}} \tag{5-11}$$

式(5-11) 与导电的欧姆定律相似，式中温度差 $\Delta t=t_1-t_2$，是导热过程的推动力，而 $R_{导}=\frac{\delta}{\lambda}$，为单层平壁的导热热阻。

2. 多层平壁的热传导

工业上常遇到由多种不同材料组成的平壁，称为多层平壁。如锅炉墙壁是由耐火砖、保温砖和普通砖组成。以三层壁为例，如图 5-11 所示。

由三种不同材质构成的多层平壁截面积为 A，各层的厚度为 δ_1、δ_2 和 δ_3，各层的热导率为 λ_1、λ_2 和 λ_3，若各层的温度差分别为 Δt_1、Δt_2 和 Δt_3，则三层的总温度差 $\Delta t=\Delta t_1+\Delta t_2+\Delta t_3$。因是稳定传热，式(5-11) 对于各层的传热速率均适用。而且，各层的传热速率也都相等，下式的关系成立

$$\frac{Q}{A}=\frac{\Delta t_1}{\frac{\delta_1}{\lambda_1}}=\frac{\Delta t_2}{\frac{\delta_2}{\lambda_2}}=\frac{\Delta t_3}{\frac{\delta_3}{\lambda_3}}=\frac{\Delta t_1+\Delta t_2+\Delta t_3}{\frac{\delta_1}{\lambda_1}+\frac{\delta_2}{\lambda_2}+\frac{\delta_3}{\lambda_3}}=\frac{\Delta t}{R_{导1}+R_{导2}+R_{导3}}=\frac{\Delta t}{\sum R_{导}} \tag{5-12}$$

即多层平壁的传热速率由推动力总温度差与各层的热阻之和的比值求得。式(5-12) 与串联热阻时的导电公式同形，该式还可变形为下式

$$\Delta t_1=\frac{Q}{A}R_{导1}=R_{导1}\frac{\Delta t}{\sum R_{导}},\quad \Delta t_2=\frac{Q}{A}R_{导2}=R_{导2}\frac{\Delta t}{\sum R_{导}},\quad \Delta t_3=\frac{Q}{A}R_{导3}=R_{导3}\frac{\Delta t}{\sum R_{导}} \tag{5-13}$$

由式(5-13) 可以看出，利用总温度差和各层的热阻值，可以较为简便地求出各层的温度差。在多层平壁中，温度差大的壁层，则热阻也大。

【例题 5-5】 锅炉钢板壁厚 $\delta_1=20\text{mm}$，其热导率 $\lambda_1=58.2\text{W/(m·℃)}$。若黏附在锅炉内壁的水垢层厚度 $\delta_2=1\text{mm}$，其热导率 $\lambda_2=1.162\text{W/(m·℃)}$。已知锅炉钢板外表面温度 $t_1=260℃$，水垢表面温度 $t_3=200℃$。试求锅炉单位面积的传热速率和两层界面间的温度 t_2。

解　根据式(5-12) 单位面积的热传导方程为

$$\frac{Q}{A}=\frac{\Delta t}{\frac{\delta_1}{\lambda_1}+\frac{\delta_2}{\lambda_2}}=\frac{260-200}{\frac{0.02}{58.2}+\frac{0.001}{1.162}}=49800\text{W/m}^2$$

$$\Delta t_1=\frac{Q}{A}\times\frac{\delta_1}{\lambda_1}=49800\times\frac{0.02}{58.2}=17.1℃$$

$$t_2=t_1-\Delta t=260-17.1=242.9℃$$

三、通过圆筒壁的稳定热传导

1. 单层圆筒壁的热传导

在化工生产的热交换器中，常采用金属管道作为筒壁，以隔开冷、热两种载热体进行传热，如图 5-12 所示。此时，热流的方向是从筒内到筒外（t_1-t_2），而与热流方向垂直的圆筒面积（传热面积）$A=2\pi rL$（r 为圆筒半径，L 为圆筒长度）。可见，传热面积 A 不再是固定不变的常量，而是随半径而变，同时温度也随半径而变。这就是圆筒壁热传导与平壁热传导的不同之处。但传热速率在稳定时依然是常量。

圆筒壁的热传导也可仿照平壁的热传导来处理，可将圆筒壁的热传导方程式写成与平壁

热传导方程相类似的形式，不过其中的传热面积 A 应采用平均值。即

$$Q=\lambda\frac{A_{均}}{\delta}(t_1-t_2) \tag{5-14}$$

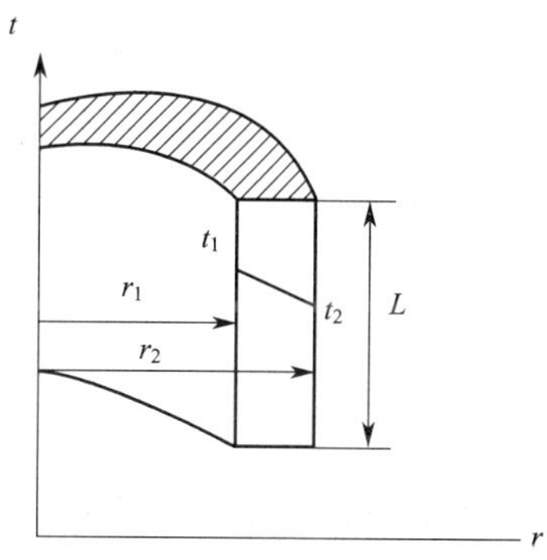

图 5-12　单层圆筒壁的热传导

式中　$A_{均}=2\pi r_{均}L$，带入上式得

$$Q=\lambda\frac{2\pi r_{均}L(t_1-t_2)}{r_2-r_1} \tag{5-15}$$

式中　r_1——圆筒内壁半径，m；

r_2——圆筒外壁半径，m；

$r_{均}$——圆筒壁的平均半径，m；

L——圆筒长度，m。

式中 $r_{均}$ 在工程计算中，采用对数平均值

$$r_{均}=\frac{r_2-r_1}{\ln\frac{r_2}{r_1}} \tag{5-16}$$

当 $r_2/r_1=2$ 时，使用算术平均值代替对数平均值的误差仅为 4%，在工程计算上是允许的。因此，当 $r_2/r_1\leqslant 2$ 时，可用算术平均值代替对数平均值。算术平均值为

$$r_{均}=\frac{r_1+r_2}{2} \tag{5-17}$$

由式(5-14) 可以得出单层圆筒壁的导热热阻为

$$R_{导}=\frac{\delta}{\lambda}=\frac{r_2-r_1}{\lambda} \tag{5-18}$$

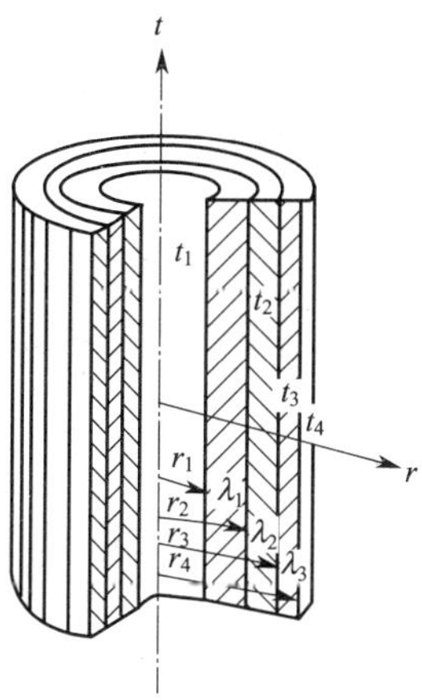

图 5-13　多层圆筒壁的热传导

2. 多层圆筒壁的热传导

由不同材质构成的多层圆筒壁的热传导也可按多层平壁的热传导处理，由式(5-12) 计算传热速率。但是，作为计算各层热阻的传热面积不再相等，而应采用各层的对数平均面积。

对于图 5-13 所示的三层圆筒壁，其公式为

$$Q=\frac{\Delta t_1+\Delta t_2+\Delta t_3}{\frac{\delta_1}{\lambda_1 A_{均1}}+\frac{\delta_2}{\lambda_2 A_{均2}}+\frac{\delta_3}{\lambda_3 A_{均3}}}=\frac{t_1-t_4}{\frac{r_2-r_1}{\lambda_1 A_{均1}}+\frac{r_3-r_2}{\lambda_2 A_{均2}}+\frac{r_4-r_3}{\lambda_3 A_{均3}}}$$

$$=\frac{2\pi L(t_1-t_4)}{\frac{1}{\lambda_1}\ln\frac{r_2}{r_1}+\frac{1}{\lambda_2}\ln\frac{r_3}{r_2}+\frac{1}{\lambda_3}\ln\frac{r_4}{r_3}} \tag{5-19}$$

【例题 5-6】 在一 ϕ108mm×4mm 钢管 [$\lambda=45$W/(m·℃)] 内流过温度为 120℃ 的水蒸气。钢管外包扎两层保温材料，里层为 50mm 的氧化镁粉，$\lambda=0.07$W/(m·℃)，外层为 80mm 的软木，$\lambda=0.043$W/(m·℃)，水蒸气管的内表面温度为 120℃，软木的外表面温度为 35℃。试求每米管长的热损失及两保温材料层界面的温度。

解　每米管长的热损失

已知　$r_1=0.1/2=0.05$m，$r_2=0.05+0.004=0.054$m，$r_3=0.054+0.05=0.104$m，$r_4=0.104+0.080=0.184$m

$$\frac{Q}{L}=\frac{2\pi(t_1-t_4)}{\frac{1}{\lambda_1}\ln\frac{r_2}{r_1}+\frac{1}{\lambda_2}\ln\frac{r_3}{r_2}+\frac{1}{\lambda_3}\ln\frac{r_4}{4_3}}=\frac{2\times3.14\times(120-35)}{\frac{1}{45}\ln\frac{0.054}{0.05}+\frac{1}{0.07}\ln\frac{0.104}{0.054}+\frac{1}{0.043}\ln\frac{0.184}{0.104}}=23.59\text{W/m}$$

保温层界面温度 t_3

$$\frac{Q}{L}=\frac{2\pi(t_1-t_3)}{\frac{1}{\lambda_1}\ln\frac{r_2}{r_1}+\frac{1}{\lambda_2}\ln\frac{r_3}{r_2}}=\frac{2\times3.14\times(120-t_3)}{\frac{1}{45}\ln\frac{0.054}{0.05}+\frac{1}{0.07}\ln\frac{0.104}{0.054}}=23.59\text{W/m}$$

$t_3=84.8℃$

第四节 对流传热

一、对流传热方程

1. 对流传热分析

冷热两个流体通过金属壁面进行热量交换时，由流体将热量传给壁面或者由壁面将热量传给流体的过程称为对流传热（或给热）。对流传热是层流内层的导热和湍流主体对流传热的统称。

在第一章中已知，流体沿固体壁面流动时，无论流动主体湍动得多么激烈，靠近管壁处总存在着一层层流内层。由于在层流内层中不产生与固体壁面成垂直方向的流体对流混合，所以固体壁面与流体间进行传热时，热量只能以热传导方式通过层流内层。虽然层流内层的厚度很薄，但导热的热阻值却很大，因此层流内层产生较大的温度差。另一方面，在湍流主体中，由于对流使流体混合剧烈，热量十分迅速地传递，因此湍流主体中的温度差极小。

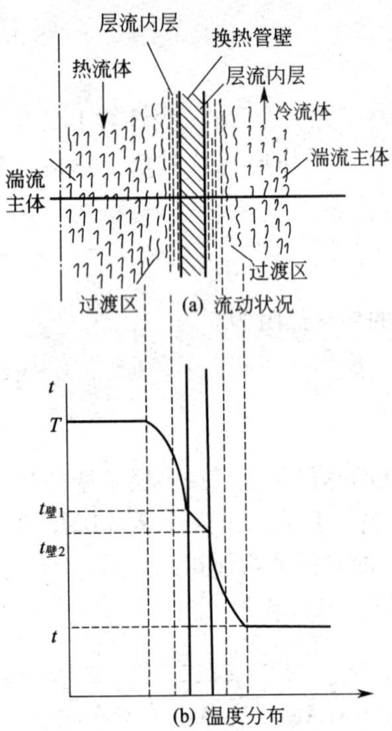

图 5-14 换热管壁两侧流体流动状况及温度分布

图 5-14 是表示对流传热的温度分布示意图，由于层流内层的导热热阻大，所需要的推动力温度差就比较大，温度曲线较陡，几乎成直线下降；在湍流主体，流体温度几乎为一恒定值。一般将流动流体中存在温度梯度的区域称为温度边界层，亦称热边界层。

2. 对流传热方程

大量实践证明：在单位时间内，以对流传热过程传递的热量与固体壁面的大小、壁面温度和流体主体平均温度二者间的差成正比。即

$$Q\propto A(t_{壁}-t)$$

式中 Q——单位时间内以对流传热方式传递的热量，W；

A——固体壁面积，m^2；

$t_{壁}$——壁面的温度，℃；

t——流体主体的平均温度，℃。

引入比例系数 α，则上式可写成

$$Q=\alpha A(t_{壁}-t) \tag{5-20}$$

α 称为对流传热系数（或给热系数），其单位为 $W/(m^2\cdot℃)$。α 的物理意义是，流体与壁面温度差为1℃时，在单位时间内通过每平方米传递的热量。所以 α 值表示对流传热的强度。

式(5-20) 称为对流传热方程式，也称为牛顿冷却定律。牛顿冷却定律以很简单的形式描述了复杂的对流传热过程的速率关系，其中的对流传热系数 α 包括了所有影响对流传热过程的复杂因素。

将式(5-20) 改写成下面的形式

$$\frac{Q}{A}=\frac{t_{壁}-t}{\frac{1}{\alpha}}=\frac{一侧对流传热推动力}{一侧对流传热热阻}$$

则对流传热过程的热阻 $R_{对}$ 为

$$R_{对}=\frac{1}{\alpha} \tag{5-21}$$

二、对流传热系数

1. 影响对流传热系数的因素

影响对流传热系数 α 的因素是很多的，凡是影响边界层导热和边界层外对流的条件都和 α 有关，实验表明，影响 α 的因素主要有：

① 流体的种类，如液体、气体和蒸汽；

② 流体的物理性质，如密度、黏度、热导率和比热容等；

③ 流体的相态变化，在传热过程中有相变发生时的 α 值比没有相变发生时的 α 值大得多；

④ 流体对流的状况，强制对流时 α 值大，自然对流时 α 值小；

⑤ 流体的运动状况，湍流时 α 值大，层流时 α 值小；

⑥ 传热壁面的形状、位置、大小、管或板、水平或垂直、直径、长度和高度等。

由上所述，如何确定不同情况下的对流传热系数，是对流传热的中心问题。

2. 对流传热系数

由于影响对流传热系数 α 的因素太多，要建立一个通式来求各种条件下的 α 是很困难的。目前工程计算中采用理论分析与实验相结合的方法建立起来的经验关联式，即特征数关联式。常用的特征数及物理意义列于表 5-6 中。

表 5-6 特征数的名称、符号和含义

特征数名称	符号	含义
努赛尔特数	$Nu=\frac{\alpha l}{\lambda}$	表示对流传热的特征数
雷诺数	$Re=\frac{lu\rho}{\mu}$	反映流体的流动类型和湍动程度
普朗特数	$Pr=\frac{c\mu}{\lambda}$	反映与传热有关的流体物性
格拉斯霍夫数	$Gr=\frac{l^3\rho^2 g\beta\Delta t}{\mu^2}$	反映由于温度差而引起的自然对流强度

特征数关联式是一种经验公式，所以应用这种关联式求解 α 时就不能超出实验条件的范围，使用时就必须注意它的适用条件。具体说来，主要指下面三个方面。

① 应用范围，指关联式中 Re、Pr 等特征数可适用的数值范围。

② 特征尺寸，关联式中 Nu、Re 等特征数中的特征尺寸 l 应如何取定。

③ 定性温度，关联式中各特征数中流体的物性应按什么温度查定。

关于对流传热系数 α 前人进行了许多实验研究工作，对于各种传热情况分别提出了进行计算的关联式，下面仅介绍常用的对流传热系数关联式来说明关联式的应用。

(1) 流体在圆形直管内强制湍流无相变发生时　适用于气体或低黏度（小于 2 倍常温水的黏度）液体

$$Nu=0.023Re^{0.8}Pr^{n}$$

或

$$\alpha=0.023\frac{\lambda}{d_{内}}\left(\frac{d_{内}u\rho}{\mu}\right)^{0.8}\left(\frac{\mu c}{\lambda}\right)^{n} \tag{5-22}$$

当流体被加热时，式中 $n=0.4$；当流体被冷却时，$n=0.3$。

应用范围：$Re>10^4$，$0.7<Pr<120$，管长与管径之比 $L/d_{内}\geqslant 60$，若 $L/d_{内}<60$ 的短管，则需进行修正，可将式(5-22) 求得的 α 值乘以大于 1 的短管修正系数 φ，即

$$\varphi=1+(d_{内}/L)^{0.7} \tag{5-23}$$

特征尺寸：管内径 $d_{内}$。

定性温度：取流体进、出口温度的算术平均值。

【例题 5-7】 有一列管式换热器，由 60 根 ϕ25mm×2.5mm 的钢管组成。流量为 13kg/s 的苯在管内流动，由 20℃被加热至 80℃，管外用水蒸气加热。试求苯在管内的对流传热系数。

解　苯的平均温度　$t=\frac{1}{2}(20+80)℃=50℃$。

查得苯的物性数据如下：

$\rho=860\text{kg/m}^3$，$c=1.80\text{kJ/(kg}\cdot℃)$，$\mu=0.45\times10^{-3}\text{Pa}\cdot\text{s}$，$\lambda=0.14\text{W/(m}\cdot℃)$

管内苯的流速为

$$u=\frac{q_m}{\rho\frac{\pi}{4}d_{内}^2 n}=\frac{13}{860\times0.785\times0.02^2\times60}=0.8\text{m/s}$$

$$Re=\frac{d_{内}u\rho}{\mu}=\frac{0.02\times0.8\times860}{0.45\times10^{-3}}=3.06\times10^4 \text{（湍流）}$$

$$Pr=\frac{\mu c}{\lambda}=\frac{0.45\times10^{-3}\times1.80\times10^3}{0.14}=5.79$$

Re 和 Pr 均在式(5-22) 的应用范围内。苯被加热，$n=0.4$。管长虽未知，但一般列管式换热器 $L/d_{内}$ 均大于 60，故可用此式计算 α

$$\alpha=0.023\frac{\lambda}{d_{内}}Re^{0.8}Pr^{0.4}=0.023\times\frac{0.14}{0.02}\times(3.06\times10^4)^{0.8}\times5.79^{0.4}=1260\text{W/(m}^2\cdot℃)$$

(2) 流体有相变化时的对流传热系数　流体在换热器内发生相变化的情况有冷凝和沸腾两种。现分别将两种有相变化的传热进行介绍。

① 蒸汽的冷凝　当饱和蒸汽与温度较低的固体壁面接触时，蒸汽将放出大量的潜热，并在壁面上冷凝成液体。蒸汽冷凝有膜状冷凝和珠状冷凝两种方式，膜状冷凝时，冷凝液容易润湿冷却面，珠状冷凝时，冷凝液不容易润湿冷却面。

在膜状冷凝过程中，壁面上形成一层完整的液膜，蒸汽的冷凝只能在液膜的表面进行。而珠状冷凝过程，冷凝液在壁面上形成珠状，液滴自壁面滚转而滴落，蒸汽与重新露出的壁面直接接触，因而珠状冷凝的传热系数比膜状冷凝的传热系数大得多。

在工业生产中，一般换热设备中的冷凝可按膜状冷凝考虑。冷凝的传热系数一般都很大，如水蒸气作膜状冷凝时的传热系数 α 通常为 5000～15000W/(m²·℃)。因而传热壁的另一侧热阻相对地大，是传热过程的主要矛盾。

当蒸汽中有空气或其他不凝性气体存在时，则将在壁面上生成一层气膜。由于气体热导率很小，使传热系数明显下降。例如，当蒸汽中不凝性气体的含量为1%时，α 可降低60%左右。因此冷凝器应装有放气阀，以便及时排除不凝性气体。

② 液体的沸腾 高温加热面与沸腾液体间的传热在工业生产中是十分重要的。由于液体沸腾的对流传热是一个复杂的过程，影响液体沸腾的因素很多，最重要的是传热壁与液体的温度差 Δt。现以常压下水沸腾的情况为例，说明对流传热的情况。

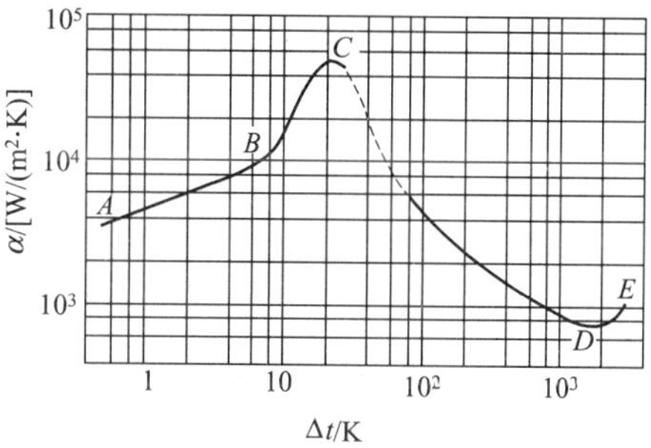

图5-15 常压下水沸腾时 α 与 Δt 的关系曲线

图5-15所示是常压下水在铂电热丝表面上沸腾时 α 与 Δt 的关系曲线。当温度差 Δt 较小，为5K以下时，传热主要以自然对流方式进行，如图中 AB 线段所示，α 随 Δt 的增大而略有增大。此阶段称为自然对流区。

当 Δt 逐渐升高越过 B 点时，在加热面上产生许多蒸汽泡，由于这些蒸汽泡的产生、脱离和上升使液体受到剧烈的扰动，使 α 随 Δt 的增大而迅速增大，在 C 点处达到最大值。此阶段称为核状沸腾。C 点的温度差称为临界温度差。水的临界温度差约为25K。

当 Δt 超过 C 点继续增大时，加热面逐渐被气泡覆盖，由于传热过程中的热阻大，α 开始减小，到达 D 点时为最小值。此时，若再继续增加 Δt，加热面完全被蒸汽泡层所覆盖，通过该蒸汽泡层的热量传递是以导热和热辐射方式进行。此阶段称为膜状沸腾。

一般的传热设备通常总是控制在核状沸腾下操作，很少发生膜状沸腾。由于液体沸腾时要产生气泡，所以一切影响气泡生成、长大和脱离壁面的因素对沸腾对流传热都有重要影响。如此复杂的影响因素使液体沸腾的传热系数计算式至今都不完善，误差较大。但液体沸腾时的 α 值一般都比流体不相变的 α 值大，例如，水沸腾时 α 值一般在1500～30000W/(m² · ℃)。如果与沸腾液体换热的另一股流体没有相变化，传热过程的阻力主要是无相变流体的热阻，在这种情况下，α 值不一定要详细计算，例如，水的沸腾 α 值常取5000W/(m² · ℃)。

表5-7 工业用换热器中 α 值的大致范围

对流传热的类型	α 值的范围/[W/(m² · ℃)]	对流传热的类型	α 值的范围/[W/(m² · ℃)]
水蒸气的滴状冷凝	46000～140000	水的加热或冷却	230～11000
水蒸气的膜状冷凝	4600～17000	油的加热或冷却	58～1700
有机蒸气的冷凝	580～2300	过热蒸气的加热或冷凝	23～110
水的沸腾	580～52000	空气的加热或冷却	1～58

综上所述，由于影响对流传热系数 α 的因素很多，所以 α 的数值范围很大。表5-7中介绍了常用流体 α 值的大致范围。由此表可看出，流体在传热过程中有相变化时的 α 值比较大；在没有相变化时，水的 α 值最大，油类次之，气体和过热蒸气最小。

三、设备热损失计算

许多化工设备的外壁温度常高于周围空气的温度，必然会有热量散失于周围环境中。这部分散失的热量，除有对流传热方式进行外，还有辐射传热的方式。所以，设备损失的热量应等于对流传热和辐射传热两部分之和。

所以，总的热量损失 $Q_{损}$ 为：

$$Q_{损}=\alpha_{总}A(t_{壁}-t) \tag{5-24}$$

式中 $\alpha_{总}$——联合膜系数，$W/(m^2 \cdot ℃)$；

A——设备壁面面积，m^2；

$t_{壁}$——壁温，℃；

t——周围介质的温度，℃。

对于有保温层的设备、管道等，其外壁对周围环境散热的联合膜系数 $\alpha_{总}$，可用下列各式进行估算。

(1) 空气自然对流时，当 $t_{壁}<150℃$

在平壁保温层外 $\alpha_{总}=9.8+0.07(t_{壁}-t)$ (5-25)

在管或圆筒壁保温层外 $\alpha_{总}=9.4+0.052(t_{壁}-t)$ (5-26)

(2) 空气沿粗糙壁面强制对流时

空气流速 $u\leqslant 5m/s$ 时 $\alpha_{总}=6.2+4.2u$ (5-27)

空气流速 $u>5m/s$ 时 $\alpha_{总}=7.8u^{0.78}$ (5-28)

为了减少热量（或冷量）的损失和改善劳动条件等，许多温度较高（或较低）的设备和管道都必须进行隔热保温。保温材料的种类很多，应视具体情况加以选用。保温层厚度一般可查有关手册，依经验选用。

第五节 传热系数

一、传热系数的计算

如第二节所述，传热过程是热量从热流体通过固体壁面传递到冷流体的过程。此热量的传递包括三个连续的过程，即器壁两侧的对流传热和通过壁面的热传导。这三个过程都有热阻，传热的总热阻是热阻串联的结果。而传热系数 K 与总热阻成反比关系，即利用串联热阻叠加原则求算 K 值。

当热流体通过传热壁面将热量传给冷流体时的传热过程可用图 5-9 来说明，在热流体一边温度从 T 变化到 $t_{壁1}$，经过壁厚 δ 后温度降到 $t_{壁2}$，而在冷流体一边温度从 $t_{壁2}$ 变化到 t。

设 α_1 和 α_2 分别表示从热流体传给壁面以及从壁面传给冷流体的对流传热系数，而固体壁面的热导率为 λ。

1. 传热面为平壁

$$R=R_1+R_{导}+R_2=\frac{1}{K}=\frac{1}{\alpha_1}+\frac{\delta}{\lambda}+\frac{1}{\alpha_2} \tag{5-29}$$

则

$$K=\frac{1}{\dfrac{1}{\alpha_1}+\dfrac{\delta}{\lambda}+\dfrac{1}{\alpha_2}} \tag{5-30}$$

现根据式(5-30) 进一步说明以下几个问题。

① 多层平壁 式(5-30) 分母中的$\frac{\delta}{\lambda}$一项可以写成$\sum\frac{\delta}{\lambda}=\frac{\delta_1}{\lambda_1}+\frac{\delta_2}{\lambda_2}+\cdots+\frac{\delta_n}{\lambda_n}$，则式(5-30) 还可写成

$$K=\frac{1}{\frac{1}{\alpha_1}+\sum\frac{\delta}{\lambda}+\frac{1}{\alpha_2}} \tag{5-30a}$$

② 若固体壁面为金属材料，固体金属的热导率大，而壁厚又薄，$\frac{\delta}{\lambda}$一项与$\frac{1}{\alpha_1}$和$\frac{1}{\alpha_2}$相比可略去不计，则式(5-30) 还可写成

$$K=\frac{1}{\frac{1}{\alpha_1}+\frac{1}{\alpha_2}}=\frac{\alpha_1\alpha_2}{\alpha_1+\alpha_2} \tag{5-30b}$$

③ 当 $\alpha_1 \gg \alpha_2$ 时，K 值接近于热阻较大一项的 α_2 值。

当两个 α 值相差很悬殊时，则 K 值与小的 α 值很接近，如果 $\alpha_1 \gg \alpha_2$，则 $K \approx \alpha_2$；$\alpha_1 \ll \alpha_2$，则 $K \approx \alpha_1$，下面的例子可以充分说明这一结论。

【例题 5-8】 换热器壁面的一侧为水蒸气冷凝，其对流传热系数为 10000W/(m^2·℃)；壁面的另一侧为被加热的冷空气，其对流传热系数为 10W/(m^2·℃)，壁厚 2mm，其热导率为 45W/(m·℃)。求传热系数。

解
$$K=\frac{1}{\frac{1}{\alpha_1}+\frac{\delta}{\lambda}+\frac{1}{\alpha_2}}=\frac{1}{\frac{1}{10000}+\frac{0.002}{45}+\frac{1}{10}}=9.98\text{W/(m}^2\cdot℃)$$

【例题 5-9】 器壁一侧为沸腾液体 α_1 为 5000W/(m^2·℃)，器壁另一侧为热流体 α_2 为 50W/(m^2·℃)，壁厚为 4mm，λ 为 40W/(m·℃)。求传热系数 K 值。

为了提高 K 值，在其他条件不变的情况下，设法提高对流传热系数，即

①将 α_1 提高一倍；②将 α_2 提高一倍。

解

$$K=\frac{1}{\frac{1}{\alpha_1}+\frac{\delta}{\lambda}+\frac{1}{\alpha_2}}=\frac{1}{\frac{1}{5000}+\frac{0.004}{40}+\frac{1}{50}}=\frac{1}{0.0002+0.0001+0.02}=49.26\text{W/(m}^2\cdot℃)$$

① 其他条件不变，$\alpha_1-2\times5000-10000$W/(m^2·℃)，带入计算式

$$K=\frac{1}{\frac{1}{10000}+\frac{0.004}{40}+\frac{1}{50}}=\frac{1}{0.0001+0.0001+0.02}=49.5\text{W/(m}^2\cdot℃)$$

② 其他条件不变，$\alpha_2=2\times50=100$W/(m^2·℃)，带入计算式

$$K=\frac{1}{\frac{1}{5000}+\frac{0.004}{40}+\frac{1}{100}}=\frac{1}{0.0002+0.0001+0.01}=97.1\text{W/(m}^2\cdot℃)$$

上述计算结果说明，当两个 α 值相差较大时，提高大的 α 值对传热系数 K 值的提高影响甚微；而将值小的 α 值增大一倍时，K 值几乎也增加了一倍。由此可见，传热系数 K 总是接近于值小的 α 值，或者说由最大热阻所控制。因此，在传热过程中要提高 K 值，必须对影响 K 的各项进行具体分析，设法提高最大热阻中的 α 值，才会有显著的效果。

④ 壁面的温度　稳定传热过程中热流体对壁面的对流传热量及壁面对冷流体的对流传热量均相等，即

$$\frac{Q}{A}=\alpha_1(T-t_{壁1})=\alpha_2(t_{壁2}-t)$$

由上式可以看出，对流传热系数 α 值大的那一侧，其壁温与流体温度之差就小。换句话说，壁温总是比较接近 α 值大的那一侧流体的温度。这一结论对设计换热器是很重要的。

2. 传热面为圆筒壁

当传热面为圆筒壁时，两侧的传热面积不相等。在换热器系列化标准中传热面积均指换热管的外表面积 $A_外$，若以 $A_内$ 表示换热管的内表面积，$A_均$表示换热管的平均面积，则

$$K_外=\frac{1}{\frac{A_外}{\alpha_1 A_内}+\frac{\delta A_外}{\lambda A_均}+\frac{1}{\alpha_2}} \tag{5-31a}$$

式(5-31a) 中 $K_外$称为以外表面积为基准的传热系数，$A_外=\pi d_外 L$。同理可得

$$K_内=\frac{1}{\frac{1}{\alpha_1}+\frac{\delta A_内}{\lambda A_均}+\frac{A_内}{\alpha_2 A_外}} \tag{5-31b}$$

式(5-31b) 中 $K_内$ 称为以内表面积为基准的传热系数，$A_内=\pi d_内 L$。同理还可得

$$K_均=\frac{1}{\frac{A_均}{\alpha_1 A_内}+\frac{\delta}{\lambda}+\frac{A_均}{\alpha_2 A_外}} \tag{5-31c}$$

式(5-31c) 中 $K_均$称为以平均面积为基准的传热系数，$A_均=\pi d_均 L$。

由此可见，对于圆管沿热流方向传热面积变化的换热器，其传热系数必须注明是以哪个传热面为基准。由于计算圆筒壁公式复杂，故一般在管壁较薄时，即 $d_外/d_内<2$ 可取近似值：$A_内\approx A_均\approx A_外$，则式(5-31a)、式(5-31b) 和式(5-31c) 可以简化为使用平壁计算式(5-30)，因此，平壁 K 计算式应用很广泛。

二、污垢热阻

实际生产中的换热设备，因长期使用在固体壁面上常有污垢积存，对传热产生附加热阻，使传热系数 K 降低。因此，在设计换热器时，应预先考虑污垢热阻问题，由于污垢层厚度及其热导率难以测定，通常只能根据污垢热阻的经验值作为参考来计算传热系数 K。某些常见流体的污垢热阻的经验值可查表 5-8。

表 5-8 常见流体的污垢热阻

流　　体	污垢热阻 R /($m^2\cdot$℃/kW)	流　　体	污垢热阻 R /($m^2\cdot$℃/kW)
水(1m/s,$t>50$℃)		水蒸气	
蒸馏水	0.09	优质——不含油	0.052
海水	0.09	劣质——不含油	0.09
清净的河水	0.21	往复机排除	0.176
未处理的凉水塔用水	0.58	液体	
已处理的凉水塔用水	0.26	处理过的盐水	0.264
已处理的锅炉用水	0.26	有机物	0.176
硬水、井水	0.58	燃料油	1.056
气体		焦油	1.76
空气	0.26～0.53		
溶剂蒸气	0.14		

若管壁内、外侧表面上的污垢热阻分别为 $R_内$ 和 $R_外$，根据串联热阻叠加原则，式(5-30) 可变为

$$K=\frac{1}{\frac{1}{\alpha_内}+R_内+\frac{\delta}{\lambda}+R_外+\frac{1}{\alpha_外}} \tag{5-32}$$

式(5-32) 表明，间壁两侧流体间传热总热阻等于两侧流体的对流传热热阻、污垢热阻及管壁热阻之和。

一般垢层的热导率都比较小，即使是很薄的一层也会形成比较大的热阻。在生产上应尽量防止和减少污垢的形成：如提高流体的流速，使所带悬浮物不致沉积下来；控制冷却水的加热程度，以防止有水垢析出；对有垢层形成的设备必须定期清洗除垢，以维持较高的传热系数。表 5-2 列出常见列管式换热器中传热系数经验值的大致范围。

由表可见，K 值变化范围很大，生产技术人员应对不同类型流体间换热时的 K 值有一数量级概念。

【例题 5-10】 一换热器用外径 20mm，厚 2mm 的铜管制成传热面。管内走某种气体，其流量为 400kg/h，由 50℃冷却到 20℃，平均比热容为 830J/(kg·℃)。管外冷却水与管内气体逆流流动，流量为 100kg/h，其初温为 10℃。已知热流体一侧的对流传热系数 α_1 为 60W/(m²·℃)，管壁对水的对流传热系数 α_2 为 1150W/(m²·℃)。若忽略污垢热阻，不计热损失。求：①冷却水的终温；②传热系数 K；③换热器的传热面积；④所需铜管的长度。

解　按题意为薄壁圆管的变温传热

① 冷却水的出口温度 t_2 由热量衡算得

$$Q=q_{m热}c_{热}(T_1-T_2)=q_{m冷}c_{冷}(t_2-t_1)=\frac{400}{3600}\times830\times(50-20)=\frac{100}{3600}\times4190\times(t_2-10)$$

$$t_2=33.8℃$$

② 传热系数 K　因管壁很薄，可按平壁公式计算。又铜壁的热阻很小，可以忽略不计

$$K=\frac{1}{\dfrac{1}{\alpha_1}+\dfrac{1}{\alpha_2}}=\frac{\alpha_1\alpha_2}{\alpha_1+\alpha_2}=\frac{60\times1150}{60+1150}=57\mathrm{W/(m^2\cdot℃)}$$

③ 换热器的传热面积 A　由传热速率方程得

$$Q=\frac{400}{3600}\times830\times(50-20)=2767\mathrm{W}$$

逆流	热流体	50→20
	冷流体	33.8←10
	Δt	16.2　10

$$\Delta t_{均}=\frac{\Delta t_1-\Delta t_2}{\ln\dfrac{\Delta t_1}{\Delta t_2}}=\frac{16.2-10}{\ln\dfrac{16.2}{10}}=12.9℃$$

$$A=\frac{Q}{K\Delta t_{均}}=\frac{2767}{57\times12.9}=3.76\mathrm{m^2}$$

④ 所需铜管的长度 L

$$L=\frac{A}{\pi d_{外}}=\frac{3.76}{3.14\times0.02}=59.9\mathrm{m}$$

第六节　换　热　器

换热器是制药、化工等其他许多工程领域中的通用设备，在生产中占有很重要的地位。按照传热的用途可分为加热器、预热器、冷却器、冷凝器、再沸器和蒸发器等。虽然换热器的名称不同，但设备的构造与形式却大多完全相同。下面对具有代表性的间壁式换热器的特

征和构造进行简略说明。

一、间壁式换热器的类型

按照换热面的形式，间壁式换热器主要有管式、板式和特殊形式三种类型。

1. 管式换热器

（1）蛇管式换热器　蛇管式换热器的构造很简单，可以用管件将直管连接成排管形；也可根据容器的形状盘成各种不同的形状，如图 5-16(b) 所示。为防止蛇管变形，通常将蛇管固定在支架上。在高压操作时，也可以将蛇管铸在或焊在容器壁上。

蛇管换热器又可分为沉浸式和喷淋式两种。

① 沉浸式换热器　如图 5-16(a) 所示，是将蛇管沉浸在容器内，盘管内通入热流体，管外通过冷却水进行冷却或冷凝；或者用于加热或蒸发容器内的流体。

沉浸式换热器的优点是结构简单，能承受高压，可用耐腐蚀材料制造，适用于传热量不太大的场合；其缺点是管外对流传热系数小。为了提高其传热性能，可在容器内安装搅拌器，使器内液体作强制对流。

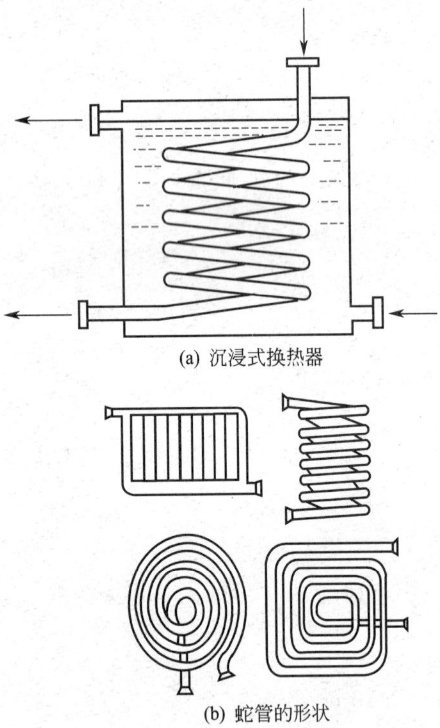

(a) 沉浸式换热器

(b) 蛇管的形状

图 5-16　沉浸式蛇管换热器

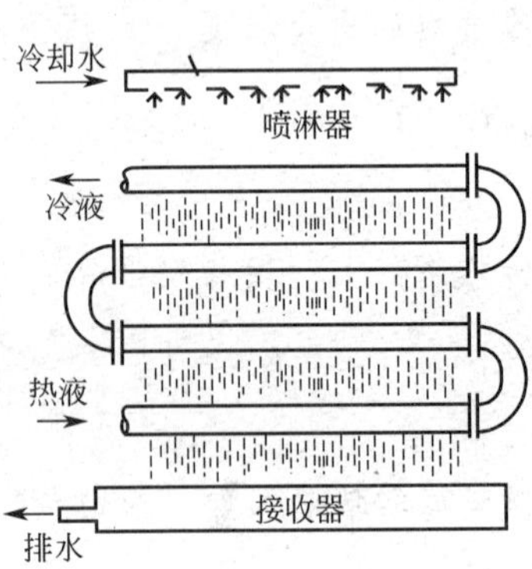

图 5-17　喷淋式蛇管换热器

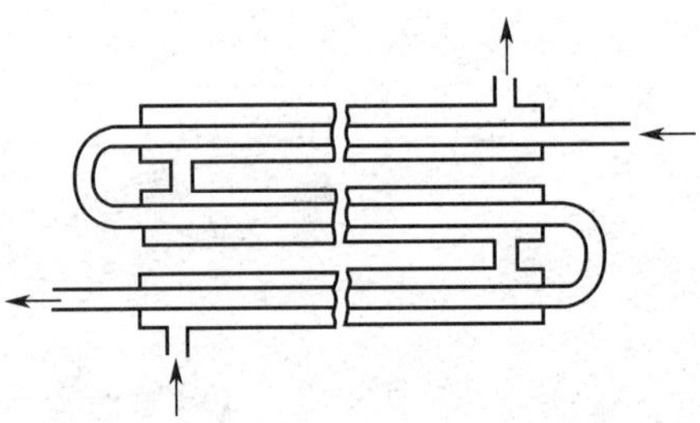

图 5-18　套管式换热器

② 喷淋式换热器　这种换热器一般作成排管状，如图 5-17 所示，整个排管固定在钢架上。主要用作冷却器。被冷却的流体自下而上在管内流动，冷却水由管子上方的喷淋装置中均匀淋下，喷洒在下层蛇管表面，并沿其两侧逐排流经下面的管子表面，冷却水最后汇集在底盘中。该装置通常放置在室外空气流通处，冷却水在空气中汽化时可带走部分热量，以提高冷却效率。因此，和沉浸式相比，喷淋式换热器的传热效果要好得多。同时它还具有便于检修和清洗等优点，其缺点是喷洒不易均匀，体积庞大，占地面积大。

（2）套管式换热器　对于流体流量较小或高压流体的场合大多使用如图 5-18 所示的套

管式换热器。该换热器是一种流体在套管的内管中流动，另一种流体在外管与内管之间的环状通道中流动，从而进行热量交换的设备。内管的壁面为传热面。套管换热器以适宜长度（4～6m）的套管为单位，通过增减套管的连接数目能够改变传热面积。套管内的冷、热流体可以同方向流动，即并流流动；但一般采用两流体相反方向的逆流流动。流体中通常选择 α 值较大的流体走套管环隙。如果由于操作条件限制或其他的理由，必须使 α 值较小的流体走套管环隙时，为了增大内管外侧的传热面积，也可使用如图 5-19 所示的翅片管作为传热管。

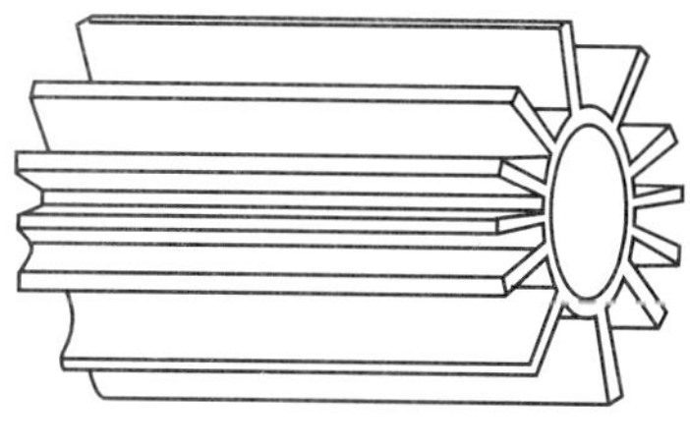

图 5-19 翅片管（纵翅）

（3）列管式换热器 列管式或管壳式换热器，是在圆形外壳内装入由许多根传热管组成的管束构成的设备。其构造主要由管束、管板（花板）、壳体和封头三部分组成。管束两端固定在管板上，管子在管板上的固定方法一般采用焊接法或胀管法。两块管板分别焊于壳体的两端，封头与壳体用螺栓固定。这样形成了管内和管外两个空间，封头与管板之间的分配室空间。管束的表面积就是传热面积。

冷、热两流体间进行热交换时，一种流体走管内，另一种流体在管束和壳体之间的空隙内流动。由于列管式换热器体积较小，造价较低，作为代表性的传热设备是目前应用最广泛的传热设备。图 5-20～图 5-22 所示是三种不同结构的列管式换热器。

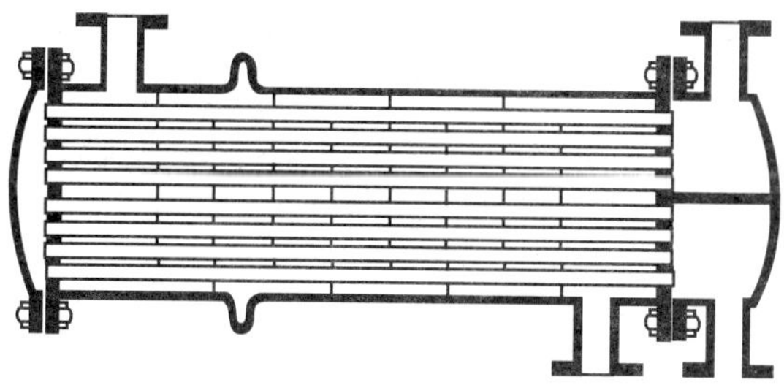

图 5-20 具有补偿圈的固定管板式换热器

① 固定管板式 固定管板式换热器如图 5-20 所示，是结构上最简单的换热设备。所谓固定管板是将安装着管束的两块管板直接固定在外壳上，由于结构所致，壳方管的外表面不易清洗。一般来说，传热管与壳体的材质不同，在换热过程中由于两流体的温度不同，使管束和壳体的温度也不同，因此它们的热膨胀程度也有差别。若两流体的温度差较大，就可能由于过大的热应力而引起设备的变形，甚至弯曲或破裂。因此，当两流体的温度差超过 50℃时，就应采取热补偿的措施。在固定管板式设备中，如图 5-20 所示在外壳的适当部位焊上一个补偿圈（或称膨胀节），当外壳和管束热膨胀不同时，补偿圈发生弹性变形（拉伸或收缩），以适应外壳和管束不同的热膨胀。这种补偿方法简单，但不宜应用于两流体温度差较大和壳程压力较高的场合。

② U 形管式换热器 如图 5-21 所示，由于管子弯成 U 形，U 形传热管的两端固定在一块管板上，因此每根管子都可以自由伸缩。而且整个管束可以拉出壳外进行清洗，但管内的清洗比较困难，只适用于洁净而不易结垢的流体，如高压气体的换热。

③ 浮头式换热器 图 5-22 是浮头式换热器，由于一端管板不与壳体固定，是浮头结构，当管子受热或冷却时，管束连同浮头可以自由伸缩。而且管束还可以从壳体中抽出，不仅管外可以清洗，管内也可以清洗。浮头式换热器的构造较为复杂，与其他形式的换热器相比造价较高，但目前仍是应用最广泛的换热器。

列管的排列方式有如图 5-23 所示的各种方式。一般多采用三角形排列。三角形排列的特点是传热系数大，相同的壳径内可排列更多的管子。其缺点是与正方形排列相比流动阻力较大，管外表面的清洗较困难。

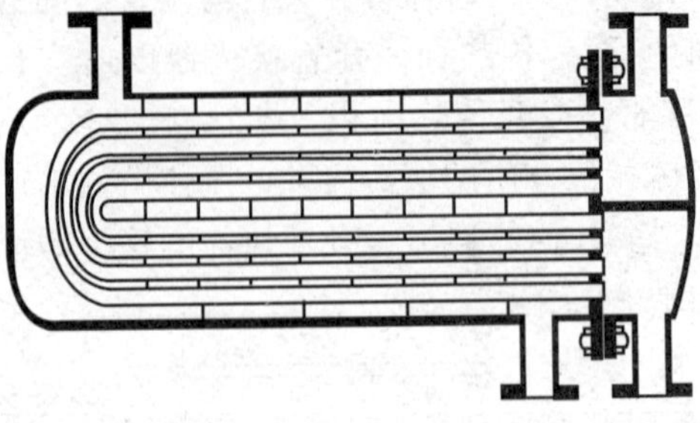

图 5-21　U 形管式换热器

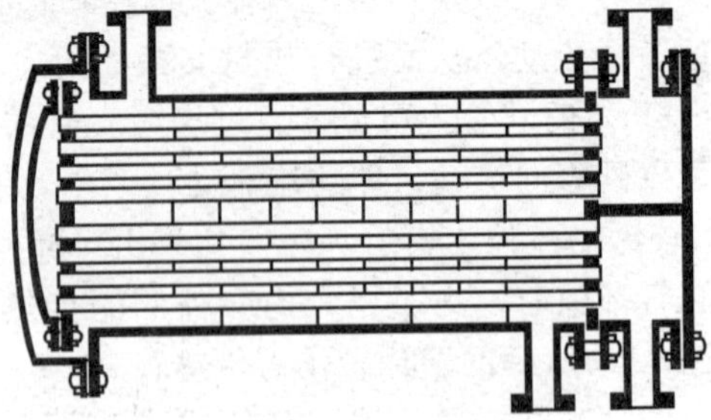

图 5-22　浮头式换热器

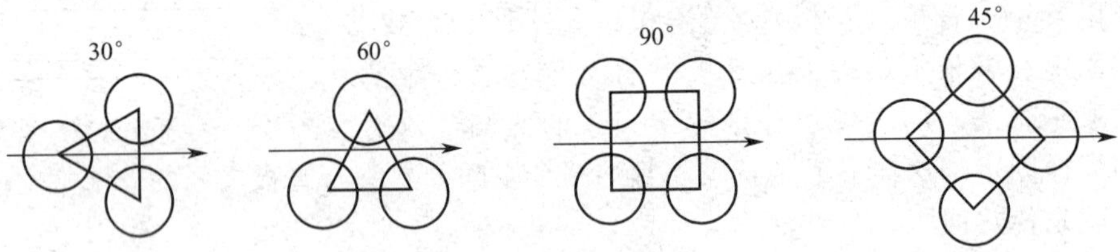

(a) 正三角形　(b) 转角正三角形　(c) 正方形　(d) 转角正方形

图 5-23　管子的排列

在图 5-20 换热器中壳内管束被分配室内设置的隔板分为上下两部分，管方流体在换热器内能通过两次。隔板是为了提高管内流体的流速从而增大对流传热系数而设置的，这样将管束分为若干组，管内流体在换热器内往返数次进行流动，这种结构的换热器称为多程列管换热器。

为了提高壳方流体的流速，从而增大壳方对流传热系数，可以在壳体内与管束平行地插入挡板，把壳体隔成多程；或垂直于管束在壳体设置挡板。图 5-24 所示为垂直于管束的挡板种类，其中以圆缺型挡板最为常用。

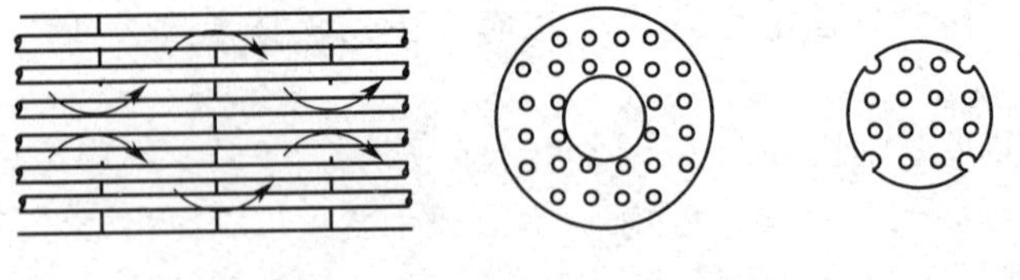

(a) 圆缺型

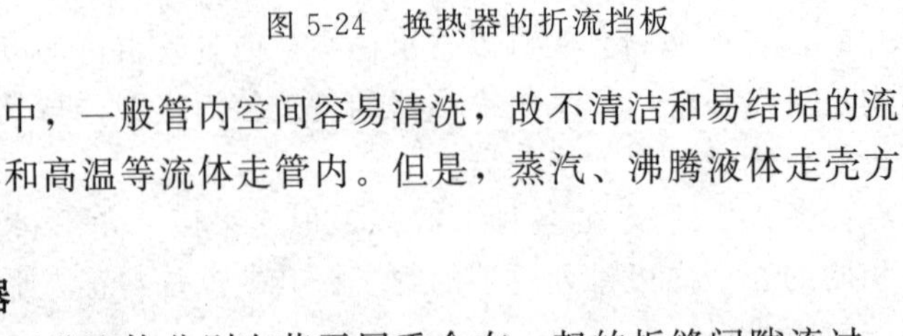

(b) 盘环型

图 5-24　换热器的折流挡板

列管式换热器中，一般管内空间容易清洗，故不清洁和易结垢的流体走管内，还有腐蚀性流体、高压流体和高温等流体走管内。但是，蒸汽、沸腾液体走壳方，对于这种场合壳方不需要挡板。

2. 板式换热器

进行热交换的两种流体分别在若干层重合在一起的板缝间隙流过，并通过板面交换热量的换热器。板式换热器可以紧密排列，因此各种板式换热器都具有结构紧凑、材料消耗低、传热系数大的特点。这类换热器一般不能承受高压和高温，但对于压力较低、温度不高或腐蚀性强而需用贵重材料的场合，各种板式换热器都显示出更大的优越性。

（1）夹套式换热器　夹套式换热器是最简单的板式换热器，如图 5-25 所示。它是在容器外壁安装夹套制成，夹套与器壁之间形成的空间为载热体的通道。这种换热器主要用于反应过程的加热和冷却。在用蒸汽进行加热时，为了便于排除冷凝水，蒸汽由上部接管进入夹套，冷凝水由下部接管流出。在加热蒸汽进口处应安装压力表以便观察蒸汽的压力和温度，在夹套上方应留有不凝性气体排除口。对于直径较大的夹套式换热器，加热蒸汽应从不同方向的几个入口引入，如果只从一个口进入，蒸汽易走短路，使传热不均匀，增多蒸汽入口，可提高传热效果。作为冷却器时，当夹套内通入的是冷却介质（如冷却水、冷冻盐水），为了便于排除夹套中的空气以及使冷却剂充满夹套，通常入口在底部，而出口在夹套上方。

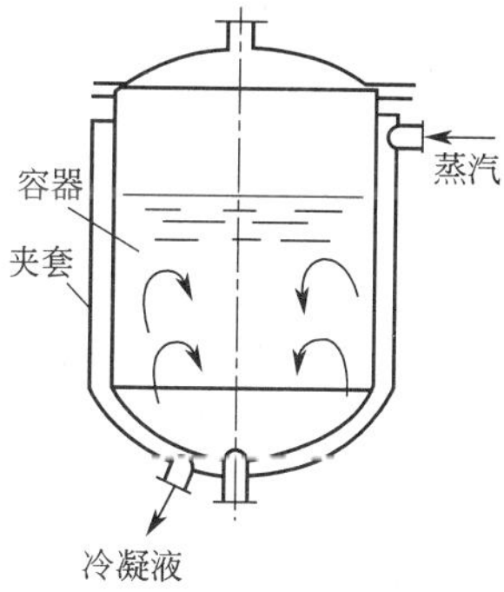

图 5-25　夹套式加热器

夹套式换热器构造简单，内壁易搪瓷，在生产中常用作反应器、贮液槽和结晶器等，在化工生产中应用很广。但其加热面受容器壁面的限制，且传热系数也不高。为了提高传热系数，可在器内安装搅拌器，为了补充传热面的不足，也可在器内安装蛇管。

（2）螺旋板式换热器　图 5-26 所示，螺旋板式换热器是由两张金属薄板卷成螺旋状而构成传热壁面，在其内部形成一对同心的螺旋形通道。换热器中央设有隔板，将两个螺旋形通道隔开。两板之间焊有定距柱以维持通道间距，在螺旋板两侧焊有盖板。冷、热流体分别由两螺旋形通道流过，通过薄板进行换热。

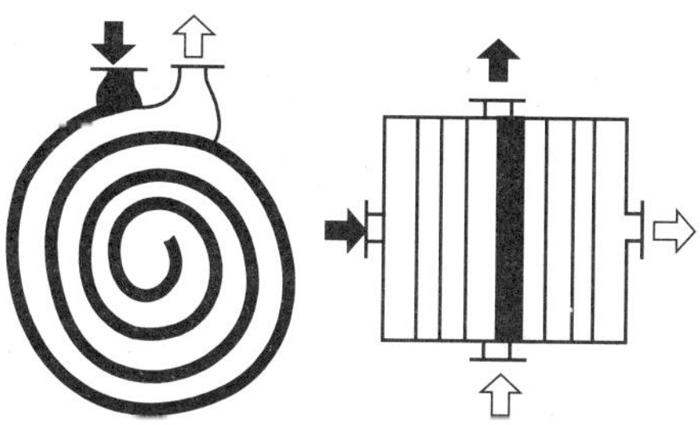
图 5-26　螺旋板式换热器

螺旋板换热器优点是传热系数大，水对水换热时 K 值可达 2000～3000W/(m^2·℃)，而管壳式换热器一般为 1000～2000W/(m^2·℃)；结构紧凑，单位体积的传热面约为列管式的 3 倍；冷、热流体间为纯逆流流动，传热推动力大；由于流速较高以及离心力的作用，在较低的 Re 下即可达湍流，使流体对器壁有冲刷作用而不宜结垢和堵塞。其缺点为制造复杂，焊接质量要求高；因整个换热器焊成一体，一旦损坏不易修复；操作压力和温度不能太高，一般压力不超过 2MPa，温度不超过 300～400℃。

3. 特殊形式的换热器

（1）翅片式换热器　在传热面上加装翅片的措施不仅增大了传热面积，而且增强了流体的扰动程度，从而使传热过程强化。翅片式换热器有翅片管式换热器和板翅式换热器两类。

① 翅片管式换热器　翅片管式换热器又称管翅式换热器，如图 5-27 所示。其结构特点是在换热管的外表面或内表面装有许多翅片，常用的翅片有纵向和横向两类，图 5-28 所示是工业上广泛应用的几种翅片形式。

管翅式换热器通常是用来加热空气或其他气体。因为用饱和蒸汽加热空气时，气体的对流传热系数 α 值很小，而饱和蒸汽的对流传热系数 α 值很大。所以，这一传热过程的主要热阻便集中在气体一侧，要提高传热速率，就必须设法降低气体一侧的热阻。当气体在管外流动时，在管外增设翅片，既可以增加传热面积，又可以强化气体的湍动程度，使气体的对流传热系数提高。

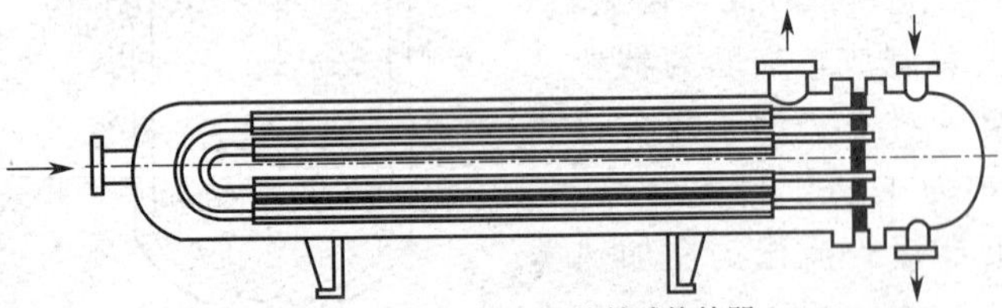

(a) 翅片管式换热器

(b) 翅片管断面

图 5-27 翅片管式换热器

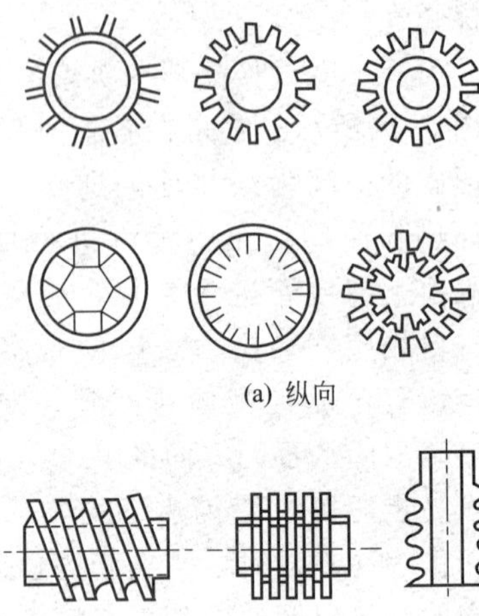

(a) 纵向

(b) 横向

图 5-28 常见的翅片形式

在化工生产中，常采用气流干燥和沸腾干燥来干燥物料。干燥时使用的热空气多是用风机使空气通过管翅式换热器用蒸汽加热得到。

对于管翅式换热器另一重要应用是空气冷却器（简称空冷器），它是利用空气在翅管外流过时冷却或冷凝管内通过的流体。近年来用翅片管制成的空冷器在工业生产中应用很广。用空冷代替水冷，不仅在缺水地区适用，对水源充足的地方，采用空冷也可取得较大的经济效益。

② 板翅式换热器　板翅式换热器是一种更为高效紧凑的换热器，板翅式换热器的结构形式很多，但其基本结构元件相同，即在两块平行的薄金属板之间，加入波纹状或其他形状的金属片，将两侧面封死，即成为一个换热基本元件。将各基本元件进行不同的叠积和适当的排列，并用钎焊固定，制成常用的逆流或错流板翅式换热器的板束，如图 5-29 所示。把板束焊在带有流体进、出口的集流箱（外壳）上，就成为板翅式换热器。我国目前常用的翅片形式有光直型翅片、锯齿型翅片和多孔型翅片 3 种，如图 5-30 所示。

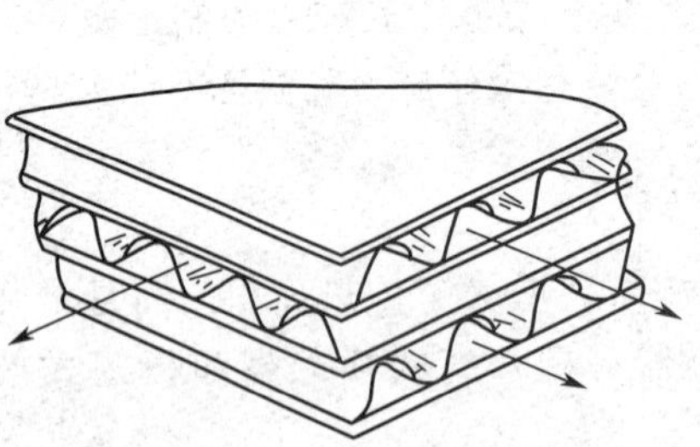

图 5-29 板翅式换热器的板束

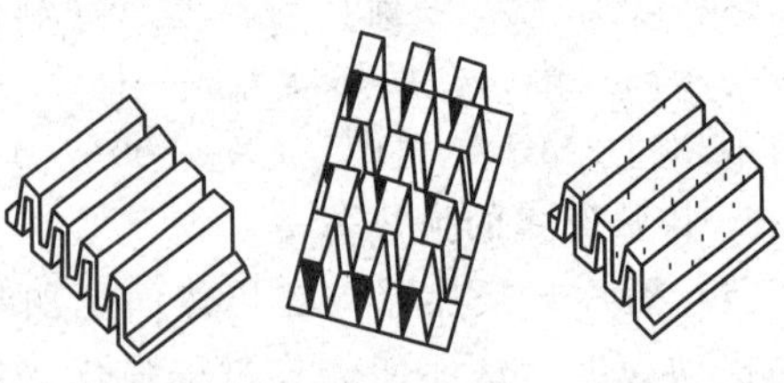

(a) 光直翅片　(b) 锯齿翅片　(c) 多孔翅片

图 5-30 板翅式换热器的翅片形式

板翅式换热器的结构高度紧凑，单位体积设备所提供的传热面高达 $2500\sim4370m^2/m^3$。所用翅片的形状可促进流体的湍动，故其传热系数也很高。因翅片对隔板有支撑作用，板翅式换热器允许操作压力也比较高，可达 5MPa。其缺点是设备流道很小，容易产生堵塞并增大压力降，一旦结垢清洗很困难，因此只能处理清洁的物料。另外对焊接要求质量高，发生内漏很难修复。

（2）热管换热器　热管是一种新型换热元件。最简单的热管是在抽出不凝气体的金属管内充以某种工作液体，然后将两端封闭。如图 5-31 所示，管子的内表面覆盖一层由毛细结构材料做成的芯网，由于毛细管力作用，液体可渗透到芯网中去。当加热段受热时，工作液体受热沸腾，产生的蒸气流至冷却段时凝结放出潜热。冷凝液沿着吸液芯网回流至加热段再次沸腾。如此过程反复循环，热量则不断由热流体传入热管的蒸发段，再由冷凝段将热量传向冷流体。

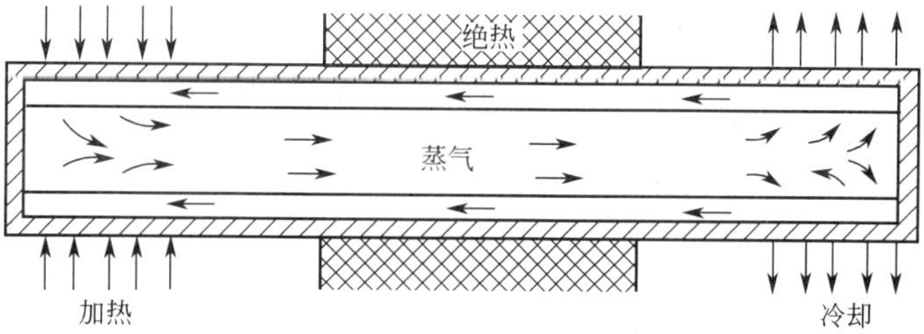

图 5-31　热管

用热管制成的换热器，对强化壁两侧对流传热系数皆很小的气-气传热过程特别有效。近年来，热管换热器广泛地应用于回收锅炉排除的废热以预热燃烧所需空气，取得很大的经济效益。

热管的材质可用不锈钢、铜、铝等，按操作温度要求，工作液体可选用液氮、液氨、甲醇、水和液态金属等，温度在－200～2000℃之间都可应用。这种新型的换热装置传热能力大，构造简单，应用广泛。

为了保证换热器正常运转，必须正确操作和维护、保养换热器。

二、换热器的运行操作

① 换热器开车前应检查压力表、温度计、液位计以及相关阀门是否正常。

② 输送加热蒸汽前，先打开冷凝水排放阀门，排出积水和污垢；打开放空阀，排出空气及其他不凝性气体。

③ 换热器开车时，要先通入冷流体，缓慢或数次通入热流体，做到先预热、后加热，切忌骤冷骤热。开、停换热器时，不要将阀门开得太猛，否则容易造成管子和壳体受到冲击，以及局部骤然胀缩，产生热应力，使局部焊缝开裂或管子连接口松动、脱落。

④ 若进入换热器的流体不清洁，需提前过滤、清除，防止堵塞通道。

⑤ 换热器使用期间，需要巡回检查冷、热流体的进、出口温度和压力，控制在正常工艺指标内。

⑥ 定期分析流体的成分，以确定换热器有无内漏，以便及时处理。

⑦ 巡回检查换热器的阀门、封头、法兰连接处有无渗漏，以便及时处理。

⑧ 换热器定期进行除垢、清洗。

三、换热器常见故障与处理方法

列管式换热器的常见故障及其处理方法见表 5-9。

表 5-9 列管式换热器的常见故障及其处理方法

故障	产生原因	处理方法
传热效率下降	(1)列管结垢 (2)壳体内不凝汽或冷凝液增多 (3)列管、管路或阀门堵塞	(1)清洗管子 (2)排放不凝汽和冷凝液 (3)检查清理
振动	(1)壳程介质流动过快 (2)管路振动所致 (3)管束与折流板的结构不合理 (4)机座刚度不够	(1)调节流量 (2)加固管路 (3)改进设计 (4)加固机座
管板与壳体连接处开裂	(1)焊接质量不好 (2)外壳歪斜，连接管线拉力或推力过大 (3)腐蚀严重、外壳壁厚减薄	(1)清除补焊 (2)重新调整找正 (3)鉴定后修补
管束、胀口渗漏	(1)管子被折流板磨破 (2)壳体和管束温差过大 (3)管口腐蚀或胀(焊)接质量差	(1)堵管或换管 (2)补胀或焊接 (3)换管或补胀(焊)

板式换热器的常见故障及其处理方法见表 5-10。

表 5-10 板式换热器的常见故障及其处理方法

故障	产生原因	处理方法
密封处渗漏	(1)胶垫未放正或扭曲 (2)螺栓紧固力不均匀或紧固不够 (3)胶垫老化或有损伤	(1)重新组装 (2)高速螺栓紧固度 (3)更换新垫
内部介质渗漏	(1)板片有裂缝 (2)进出口胶垫不严密 (3)侧面压板腐蚀	(1)检查更新 (2)检查修理 (3)补焊、加工
传热效率下降	(1)板片结垢严重 (2)过滤器或管路堵塞	(1)解体清理 (2)清理

四、传热过程的强化途径

所谓强化传热过程，就是指提高冷、热流体间的传热速率。从传热方程 $Q=KA\Delta t_{均}$ 可以看出，提高 K、A、$\Delta t_{均}$ 中任何一个均可强化传热。但究竟哪一个因素对提高传热速率起着决定作用，则需作具体分析。

1. 增大传热面积 A

增大传热面积是强化传热的有效途径之一，但不能靠增大换热器体积来实现，而是要从设备的结构入手，提高单位体积的传热面积。当间壁两侧 α 相差很大时，增加 α 值小的那一侧的传热面积，会大大提高换热器的传热速率。如采用小直径管，用螺旋管、波纹管代替光滑管，采用翅片式换热器都是增大传热面积的有效方法。

2. 增大平均温度差 $\Delta t_{均}$

传热温度差是传热过程的推动力。平均温度差的大小主要取决于两流体的温度条件。一般来说流体的温度为生产工艺条件所规定，可变动的范围是有限的。当换热器中两侧流体都变温时，应尽可能从结构上采用逆流或接近逆流的流向以得到较大的传热温度差。

3. 增大传热系数 K

增大 K 值是在强化传热过程中应该着重考虑的方面。提高传热系数是提高传热效率的最有效途径。已知传热系数的计算公式为

$$K=\frac{1}{\frac{1}{\alpha_{内}}+R_{内}+\frac{\delta}{\lambda}+R_{外}+\frac{1}{\alpha_{外}}}$$

由上式可知，欲提高 K 值，就必须减小对流传热热阻、污垢热阻和管壁热阻。由于各项热阻所占比重不同，故应设法减小其中起控制作用的热阻。即设法增加 α 值较小的一方。但当两个 α 值相近时，应同时予以提高。根据对流传热过程分析，对流传热的热阻主要集中在靠近管壁的层流边界层上，减小层流边界层的厚度是减小对流传热热阻的主要途径，通常采用的措施如下。

① 提高流速，流速增大 Re 随之增大，层流边界层随之减薄。例如增加列管式换热器中的管程数和壳体中的挡板数，可提高流体在管程的流速，加大流体在壳程的扰动。

② 增强流体的人工扰动，强化流体的湍动程度。如管内装有麻花铁、螺旋圈等添加物，它们能增大壁面附近流体的扰动程度，减小层流边界层的厚度，增大 α 值。

③ 防止结垢和及时清除垢层，以减小污垢热阻。例如，增大流速可减轻垢层的形成和增厚；让易结垢的流体在管内流动，以便于清洗；采用机械或化学的方法清除垢层，也可采用可拆卸结构的换热器，以便于垢层的清除。

强化传热要权衡得失，综合考虑。如通过提高流速，增加流体的湍动程度以强化传热的同时，都伴随着流体阻力的增加。因此在采取强化传热措施的时候，要对设备结构、制造费用、动力消耗、检修操作等全面考虑，加以权衡，得到经济而合理的方案。

五、列管式换热器设计或选用时应考虑的问题

1. 流体流经管程或壳程的选择原则

① 不清洁或易结垢的流体，宜走容易清洗的一侧。对于直管管束宜走管程；对于 U 形管束宜走壳程。

② 腐蚀性流体宜走管程，以免壳体和管束同时被腐蚀。

③ 压力高的流体宜走管程，以避免制造耐高压的壳体。

④ 饱和蒸汽宜走壳程，以便于排出冷凝液。

⑤ 对流传热系数明显小的流体宜走管内，以便于提高流速，增大 α 值。

⑥ 被冷却的流体宜走壳程，便于散热，增强冷却效果。

⑦ 有毒流体宜走管程，使向环境泄漏机会减少。

⑧ 黏度大的液体或流量小的流体宜走壳程，因有折流挡板的作用，流速和流向不断改变，在低 Re（$Re<100$）下即可达到湍流。

⑨ 两流体温度差较大时，对于固定管板式换热器，宜将对流传热系数大的流体走壳程，以减小管壁与壳体的温度差，减小温度应力。

2. 流体流速的选择

流体流速的选择涉及传热系数、流体阻力及换热器结构等方面。增大流速，不仅对流传热系数增大，也可减少杂质沉淀或结垢，但流体阻力也相应增大。故应选择适宜的流速，通常根据经验选取。表 5-11～表 5-13 列出工业上常用的流速范围。选择流速时，应尽量避免在层流下流动。

表 5-11 列管式换热器中常用的流速范围

流体的种类		一般流体	易结垢液体	气体
流速/(m/s)	管程	0.5～3.0	＞1.0	5.0～30
	壳程	0.2～1.5	＞0.5	3.0～15

表 5-12 列管式换热器中不同黏度液体的常用流速

液体黏度/mPa·s	>1500	1500～500	500～100	100～35	35～1	<1
最大流速/(m/s)	0.6	0.75	1.1	1.5	1.8	2.4

表 5-13 列管式换热器中易燃、易爆液体的安全允许速度

液体名称	乙醚、二硫化碳、苯	甲醇、乙醇、汽油	丙酮
安全允许速度/(m/s)	<1	<2～3	<10

3. 流体进、出口温度的确定

换热器内两股流体进、出口温度，常由生产过程的工艺条件所决定，但在某些情况下则应在设计时加以确定。如用冷却水冷却某种热流体，冷却水进口温度往往由水源及当地气温条件所决定的，但冷却水出口温度则需要在设计换热器时确定。为了节约用水，可使水的出口温度高些，但所需传热面积加大；反之，为减小传热面积，则可增加水量，降低出口温度。据一般的经验，冷却水的温度差可取 5～10℃。缺水地区可选用较大温度差，水源丰富地区可选用较小的温度差。若用加热介质加热冷流体，可按同样的原则选择加热介质的出口温度。

4. 提高管内膜系数的方法——多程

当流体流量较小而所需传热面积较大，即管数多，管内流速较低时，为了提高流速，增大管程对流传热系数，可采用多程，即在换热器封头内装置隔板。但程数多时，隔板占去了布管面积，使管板上能利用的面积减少，导致管程流体阻力增加，平均温度差下降。设计时应综合考虑这些问题。列管式换热器系列标准中管程数有 1、2、4、6 四种。采用多程时，通常应使每程的管子数相等。

管程数 N_P 可按下式计算，即

$$N_P=\frac{u}{u_0} \tag{5-33}$$

式中 u——管程内流体的适宜速度，m/s；

u_0——单管程内流体的实际速度，m/s。

程数计算结果应圆整为整数，当程数是偶数时，管内流体的进、出口在同一封头，程数为奇数时，进、出口分别在两端的封头上。就制造、检修、安装、清洗等方面来说，偶数程只要卸去一端封头即可，所以一般都采用偶数多程。

5. 提高管外膜系数的方法——装置挡板

安装挡板的目的是为了加大壳程流体的速度，使湍动程度加剧，提高壳程流体的对流传热系数。常用的方式有下面两种。

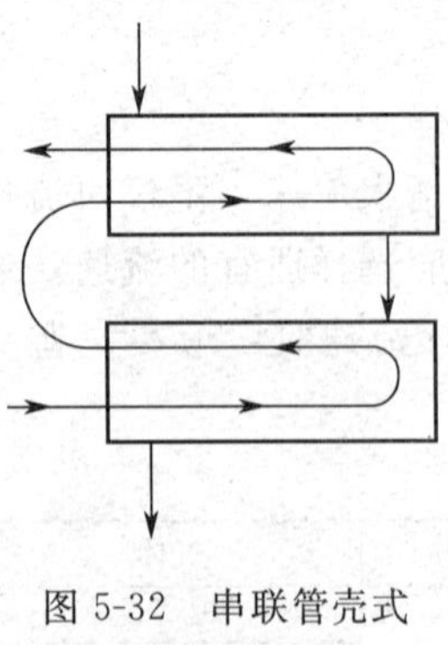

图 5-32 串联管壳式换热器的示意图

(1) 装置纵向挡板　当温度差较正系数 $\varphi_{\Delta t}<0.8$ 时，应采用壳方多程。壳方多程可通过安装于管束平行的纵向隔板来实现。流体在壳内经过的次数称壳程数。但由于壳程纵向挡板在制造、安装和检修方面都很困难，故一般不宜采用。常用的方法是将几个换热器串联使用，以代替壳方多程，如图 5-32 所示。

(2) 装置横向挡板　这是提高壳程流体对流传热系数最常用的方法，即在垂直于管束的方向上装置挡板。挡板有弓形（圆缺形）、圆盘形（盘环形）等形式，挡板的形式和间距对壳程流体的流动和传热有重要影响。其中以弓形挡板应用最多，弓形挡板的弓形缺口

过大或过小都不利于传热，还会增加流体阻力。通常切去的弓形高度为20%～25%壳内径，板间距常在0.2～1倍壳内径左右。图5-33表示挡板切口和板间距对流动的影响。总的说来，弓形过高及板间距过大，将起不到改善壳程流体对流传热的效果；弓形过低及板间距过小，壳程流体阻力将不合理的增加。

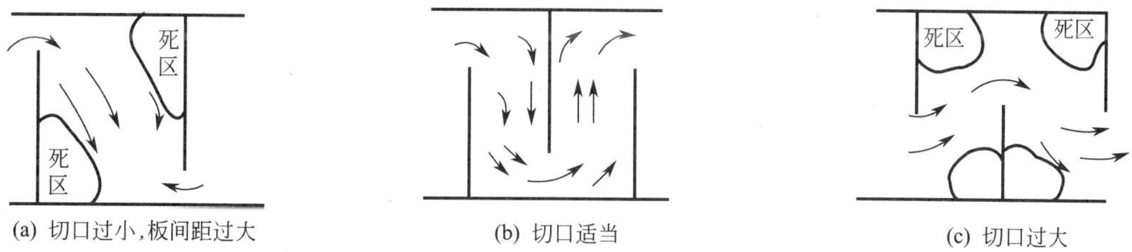

图5-33 挡板切口和板间距对流动的影响

6. 管子的规格和管间距

（1）管子规格 管子规格的选择包括管长和管径。管长的选择要考虑清洗方便和合理使用管材。我国生产的标准钢管长度为6m，故系列标准中管长有1.5m、2m、3m和6m四种。此外管长L和壳径D的比例应适当，一般L/D为4～6。目前我国试用的管壳式换热器系列只采用ϕ25mm×2.5mm及ϕ19mm×2mm两种规格的换热管。对于洁净的流体，可选择小管径；对于易结垢或不清洁的流体，可选择大管径。

（2）管间距 管子的中心距t称为管间距。管间距随管束与管板的连接方法而不同。通常胀管法$t=(1.3\sim1.5)d_{外}$，且相邻两管外壁间距不应小于6mm，即$t \geqslant d_{外}+6$mm。焊接法$t=1.25d_{外}$。

复习题

一、问答题

1. 传热的推动力是什么？什么叫做稳定传热和不稳定传热？
2. 传热的基本方式有哪些？有何特点？
3. 热传导方程的应用条件是什么？热导率λ的物理意义和单位是什么？
4. 对流传热方程的应用条件是什么？对流传热系数α的物理意义和单位是什么？
5. 传热速率方程的应用条件是什么？传热系数K的物理意义和单位是什么？
6. 什么叫做热阻？最大热阻在传热过程中起何作用？
7. 在传热过程中，两种流体间的相互流向有几种？各有何特点？为什么变温传热时，大多采用逆流传热？
8. 为什么蒸气冷凝对流传热时，要定期排放其中的不凝性气体？
9. 在列管式换热器中，用饱和水蒸气走管外加热空气，试问：①传热系数K接近哪种流体的对流传热系数α？②壁温接近哪种流体的温度？
10. 换热器是如何分类的？工业上常用的换热器有哪些类型，各有何特点？
11. 列管式换热器为何常采用多管程，分程的作用是什么？
12. 试述列管式换热器热补偿的作用及方法。
13. 试分析强化传热的途径。

二、填空题

1. 传热的基本方式有______、______和______三种。

2. 各种物体的热导率大小顺序为____________。

3. 当流体在管内湍流流过时，对流传热热阻主要集中在______，为了减小热阻以提高 α 值，可采用的措施是____________________。

4. 总传热系数的倒数 $1/K$ 代表________，提高 K 值的关键是________________。

5. 在卧式管壳式换热器中，用饱和水蒸气冷凝加热原油，则原油宜在________程流动，总传热系数 K 值接近于________的对流传热系数。

6. 水蒸气在套管换热器的环隙中冷凝加热走管内的空气，则总传热系数 K 值接近于________的对流传热系数；管壁的温度接近于________的温度。

三、选择题

1. 双层平壁稳定热传导，两层厚度相同，各层的热导率分别为 λ_1 和 λ_2，其对应的温度差为 Δt_1 和 Δt_2，则 λ_1 和 λ_2 的关系为（　　）。

A. $\lambda_1>\lambda_2$　　B. $\lambda_1<\lambda_2$　　C. $\lambda_1=\lambda_2$　　D. 无法确定

2. 空气、水、金属固体的热导率分别为 λ_1、λ_2 和 λ_3，其大小顺序为（　　）。

A. $\lambda_1>\lambda_2>\lambda_3$　　B. $\lambda_1<\lambda_2<\lambda_3$　　C. $\lambda_2>\lambda_3>\lambda_1$　　D. $\lambda_2<\lambda_3<\lambda_1$

3. 在管壳式换热器中，用饱和水蒸气冷凝加热空气，下面两项判断为（　　）。

① 传热管壁温度接近加热蒸汽温度。

② 总传热系数接近于空气侧对流传热系数。

A. ①、②均合理　　B. ①、②均不合理　　C. ①合理、②不合理　D. ①不合理、②合理

4. 对流传热速率＝系数×推动力，其中推动力是（　　）。

A. 两流体的温度差　　B. 流体温度与壁面温度差

C. 同一流体的温度差　　D. 两流体的速度差

5. 某一间壁式换热器中，热流体一侧恒温，冷流体一侧变温。比较逆流和并流 $\Delta t_{逆}$（　　）。

A. $\Delta t_{逆}>\Delta t_{并}$　　B. $\Delta t_{逆}<\Delta t_{并}$　　C. $\Delta t_{逆}=\Delta t_{并}$　　D. 无法确定

6. 工业生产中，沸腾传热应设法保持在（　　）。

A. 自然对流区　　B. 膜状沸腾区　　C. 核状沸腾区　　D. 过渡区

习　题

5-1　流体的质量流量为 1000kg/h，试计算以下各过程中流体放出或得到的热量。

(1) 常压下将 20℃的空气加热至 160℃；

(2) 煤油自 120℃降温至 40℃，取煤油比热容为 2.09kJ/(kg·℃)；

(3) 绝对压为 120kPa 的饱和蒸汽冷凝并冷却成 60℃的水。

[答：(1) 39.2kW；(2) 46.4kW；(3) 675.9kW]

5-2　用水将 1500kg/h 的硝基苯由 80℃冷却至 30℃，冷却水的初温为 20℃终温为 30℃，求冷却水的流量。

[答：2864kg/h]

5-3　上题中如将冷却水的流量增加到 $5m^3/h$，则冷却水的终温为多少摄氏度？

[答：$t_2=25.7$℃]

5-4　常压下 65℃的甲醇蒸气在冷凝器中冷凝，然后送到冷却器中冷却到 30℃（逆流操作），冷却水温都是由 20℃升至 30℃。试计算冷凝器及冷却器的平均温度差各是多少。

[答：冷凝器 $\Delta t=39.8$℃；冷却器 $\Delta t=20$℃]

5-5　在一套管换热器中，内管为 ϕ57mm×3.5mm 的钢管，流量为 2500kg/h，平均比热容为 2.0kJ/(kg·℃) 的热流体在内管中从 90℃冷却至 50℃，环隙中冷水从 20℃被加热至 40℃，已知传热系数 K 值为 200W/(m^2·℃)，试求：(1) 冷却水用量，kg/h；(2) 并流流动时的平均温度差及所需的套管长度，m；(3) 逆流流动时的平均温度差及所需的套管长度，m。

[答：(1) 2386kg/h；(2) $\Delta t_{并}$=30.8℃，$l_{并}$=50.4m；(3) $\Delta t_{逆}$=39.2℃，$l_{逆}$=39.7m]

5-6　在列管式换热器中用冷水将 90℃的热水冷却至 70℃。热水走管外，单程流动，其流量为 2.0kg/s。冷水走管内，双程流动，流量为 2.5kg/s，其入口温度为 30℃。换热器的传热系数可取 2000W/(m^2·℃)。试计算所需传热面积。

[答：2.06m^2]

5-7　某厂用 0.2MPa（表压）的饱和蒸汽将某水溶液由 105℃加热到 115℃，已知溶液的流量为 200m^3/h，其密度为 1080kg/m^3，定压比热容为 2.93kJ/(kg·℃)。试求水蒸气消耗量。设所用换热器的传热系数为 700W/(m^2·℃)，试求所需传热面积（当地大气压为 100kPa)。

[答：0.811kg/s，109.6m^2]

5-8　为了测定套管式苯冷却器的传热系数 K，测得实验数据如下：冷却器传热面积为 2m^2，苯的流量为 2000kg/h，从 74℃冷却到 45℃，冷却水从 25℃升至 40℃，逆流流动。求其传热系数。

[答：576W/(m^2·℃)]

5-9　房屋的砖壁厚 650mm，室内空气为 18℃，室外空气为−5℃。如果室内空气至壁面与室外壁面至空气的对流传热系数分别为 8.12W/(m^2·℃) 和 11.6W/(m^2·℃)，试求每平方米砖壁的热损失和砖壁内、外壁面的温度。砖的热导率为 0.75W/(m·K)。

[答：21.4W/m^2；$t_{壁1}$=15.5℃；$t_{壁2}$=−3.2℃]

5-10　ϕ76mm×3mm 的钢管外包一层厚 30mm 的软木后，又包一层厚 30mm 的石棉，已知软木热导率为 0.04W/(m·K)，石棉热导率为 0.16W/(m·K)。管内壁温度 110℃，最外侧温度 10℃。试求：(1) 每米管道所损失的冷量；(2) 在其他条件不变的情况下，将题中保温材料交换位置，求每米管道所损失的冷量。说明何种材料放在里面较好。

[答：(1) 44.8W/m；(2) 59.0W/m]

5-11　蒸汽管的内直径和外直径各为 160mm 和 170mm，管的外面包着两层绝热材料。第一层绝热材料的厚度为 20mm，第二层绝热材料的厚度为 40mm。管壁和两层绝热材料的热导率分别为：λ_1 为 58.3W/(m·K)，λ_2 为 0.175W/(m·K)，λ_3 为 0.0932W/(m·K)。蒸汽管的内表面温度为 300℃，第二层绝热材料的外表温度为 50℃。试求每米长蒸汽管的热损失。

[答：336W/m]

5-12　在 4mm 厚的钢板一侧为热流体，其对流传热系数 α_1 为 5000W/(m^2·℃)，钢板另一侧为冷却水，其对流传热系数 α_2 为 4000W/(m^2·℃)。忽略污垢热阻，求传热系数。

[答：1852W/(m^2·℃)]

5-13　一列管式换热器，由 ϕ25mm×2.5mm 钢管制成。管内走流量为 10kg/s 的热流体，定压比热容为 0.93kJ/(kg·℃)，温度由 50℃冷却到 40℃。流量为 3.70kg/s 的冷却水走管外与热流体逆流流动，冷却水进口温度为 30℃。已知管内热流体的 α_1=50W/(m^2·℃)，$R_{垢1}$=0.5×10^{-3}(m^2·℃)/W，管外水侧 α_2=5000W/(m^2·℃)，$R_{垢2}$=0.2×10^{-3}(m^2·℃)/W。

试求：(1) 传热系数 K（可按平壁面计算）；(2) 传热面积 A；(3) 忽略管壁及污垢热阻，α_1 提高一倍，α_2 不变，求传热系数；(4) 忽略管壁及污垢热阻，α_2 提高一倍，α_1 不变，求传热系数。

［答：(1) 47.7W/(m^2·℃)；(2) 163.8m^2；(3) 98W/(m^2·℃)；(4) 49.8W/(m^2·℃)］

5-14 一传热面积为 15m^2 的列管式换热器，壳程用 110℃的饱和水蒸气将管程某溶液由 20℃加热至 80℃，溶液的处理量为 2.5×10^4kg/h，比热容为 4kJ/(kg·℃)，试求此操作条件下的传热系数。

［答：2035W/(m^2·℃)］

5-15 在下列热交换过程中，壁温接近哪一侧流体的温度？为什么？(1) 饱和水蒸气加热空气；(2) 热水加热空气；(3) 烟道气加热沸腾的水。

［答：(1) $t_{壁}\approx T_{饱}$；(2) $t_{壁}\approx t_{热水}$；(3) $t_{壁}\approx t_{水}$］

5-16 4kg/s 的异丁烷蒸气在一列管式换热器管外冷凝。已知异丁烷的饱和温度为 60℃，冷水的进口温度为 25℃，出口温度为 40℃。列管式换热器的管束由直径 ϕ25mm×2.5mm，长 6m 的 200 根管子所组成，传热面积为 93m^2。此换热器为单壳程，四管程。异丁烷的冷凝潜热为 290kJ/kg，操作条件下水的比热容为 4.19kJ/(kg·℃)，密度为 1000kg/m^3，管外冷凝对流传热系数 $\alpha_2=1000$W/(m^2·℃)，管内对流传热系数 $\alpha_1=4700u$W/(m^2·℃)，式中 u 为管内流速 m/s，管壁及污垢热阻总和为 0.0008(m^2·℃)/W。试核算该换热器能否满足生产要求（提示：比较换热器的实际面积与计算需要的换热面积，可按平壁面计算）。

［答：$A_{计}=85.7m^2$，能满足生产要求］

第六章　蒸发-结晶

学习目标

1. 熟练掌握的内容

单效蒸发过程及其计算（包括水分蒸发量、加热蒸汽消耗量及传热面积的计算）。结晶基本概念；溶解度和溶液的过饱和度；结晶的生成过程；结晶的速率和晶粒的大小；影响结晶操作的因素；结晶产品的纯度和产量。

2. 了解的内容

蒸发操作的特点；蒸发过程的工业应用与分类；多效蒸发操作的流程及最佳效数；常用蒸发器的结构、特点和应用场合。结晶在化工生产中的应用；结晶的方法及其设备；结晶操作的基本要求和方法。

3. 操作技能训练

蒸发-结晶装置的基本构成及流程，结晶产品质量的控制。

第一节　蒸发-结晶的主要任务

在化工、轻工、医药和食品等工业中，常常需要将含有固体溶质的溶液进行浓缩，以获得固体产品或制取溶剂，工业上常用的浓缩方法一般是将稀溶液加热沸腾，使部分溶剂汽化并不断移除，从而提高溶液中溶质的浓度，这种过程称为蒸发；溶液由不饱和变为过饱和，过剩的溶质呈晶体析出，这种过程称为结晶。蒸发-结晶操作的任务就是将不挥发性的溶质和挥发性的溶剂进行分离。

图 6-1 是硝酸铵水溶液蒸发的流程简图。蒸发器主要由加热室及分离室组成，下部是加热室，上部为分离室，加热室是由许多换热管构成的换热器，管间通入蒸汽作为加热热源，管内为溶液的逗留空间，分离室用来进行汽液分离。稀硝酸铵溶液（称为料液）经预热器预热后加入蒸发器，在加热室的换热管内受热沸腾汽化，经浓缩后的硝酸铵溶液（称为完成液），从蒸发器的底部排出，汽化产生的水蒸气经汽液分离后送往冷凝器，冷凝而除去。

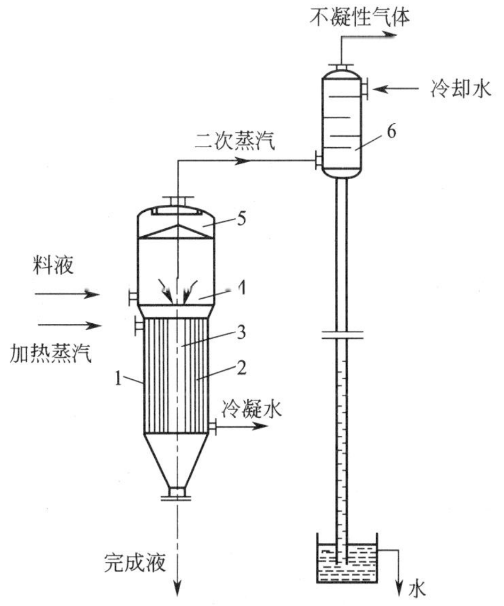

图 6-1　硝酸铵水溶液蒸发流程
1—加热管；2—加热室；3—中央循环管；4—分离室；5—除沫器；6—冷凝器

蒸发操作主要采用饱和水蒸气加热，而被蒸发的物料大多是水溶液，故蒸发时产生的蒸汽也是水蒸气。为了区别，前者称为加热蒸汽（如果来自锅炉，又称生蒸汽），后者称为二次蒸汽。在操作中一般用冷凝的方法将二次蒸汽不断地移出，否则蒸汽与沸腾溶液趋于平衡，使蒸发过程无法进行。若将二次蒸汽直接冷凝，而不利用其冷凝热的操作称为单效蒸发。若将二次蒸汽引到下一蒸发器作为加热蒸汽，以利用其冷凝热，这种串联蒸发操作称为多效蒸发。

蒸发操作可以在常压、加压或减压下进行。常压蒸发可用敞口设备，使二次蒸汽排入大气中。真空蒸发时溶液侧的操作压强低于大气压强，要依靠真空泵抽出不凝气体并维持系统的真空度。加压蒸发在加压下进行，因而溶液的沸点升高，产生的二次蒸汽的温度也高，就有可能利用二次蒸汽作为其他设备的加热剂。

由上所述，蒸发过程的实质是传热壁面一侧的蒸汽冷凝与另一侧的溶液沸腾间的传热过程，因此，蒸发器也是一种换热器。但蒸发过程又具有不同于一般传热过程的特殊性。

① 溶液中含有不挥发性溶质，故其蒸气压较同温度下溶剂（其纯水）的为低，换言之，在相同的压强下，溶液的沸点高于纯水的沸点。相同条件下，蒸发溶液的传热温差就比蒸发纯溶剂的传热温差小，溶液浓度越高这种现象越显著。因此，溶液的沸点升高是蒸发操作必须考虑的重要问题。

② 工业规模下，溶剂的蒸发量往往是很大的，需要耗用大量的加热蒸汽，同时产生大量的二次蒸汽，如何利用二次蒸汽的潜热，是蒸发操作中要考虑的关键问题。

③ 溶液的特殊性决定了蒸发器的特殊结构，例如，某些溶液在蒸发时可能结垢或析出结晶，在蒸发器的结构设计上应设法防止或减少垢层的生成，并应使加热面易于清洗。有些物料具有热敏性，有些则具有较大的黏度或具有较强的腐蚀性等，需要根据物料的这些特性，设计或选择适宜结构的蒸发器。

第二节　单效蒸发

溶液在由单个蒸发器和附属设备所组成的装置内蒸发，所产生的二次蒸汽不再利用的蒸发操作，称为单效蒸发。在生产规模不大的情况下，多采用单效蒸发。

一、单效蒸发流程

最常见的单效蒸发为减压单效蒸发，前述的硝酸铵溶液的蒸发即为单效真空蒸发，其流程如图 6-2 所示。加热蒸汽在加热室的管间冷凝，所放出的热量通过管壁传给沸腾的溶液。被蒸发的溶液自分离室加入，经蒸发后的浓缩液由器底排出。汽化产生的二次蒸汽在分离室及其顶部的除沫器中将夹带的液沫加以分离后送往冷凝器与冷却水相混而被冷凝，冷凝液由冷凝器的底部排出。溶液中的不凝性气体用真空泵抽走。

工业上的蒸发操作经常在减压下进行，减压操作具有下列特点。

① 减压下溶液的沸点下降，有利于处理热敏性的物料，且可利用低压的蒸汽或废蒸汽作为加热剂。

② 溶液的沸点随所处的压强减小而降低，故对相同压强的加热蒸汽而言，当溶液处于减压时可以提高传热总温度差；但与此同时，溶液的黏度加大，使总传热系数下降。

③ 真空蒸发系统要求有造成减压的装置，使系统的投资费和操作费提高。

二、单效蒸发的计算

单效蒸发计算的主要内容有：水分蒸发量；加热蒸汽消耗量；蒸发器的传热面积。

计算的依据是：物料衡算、热量衡算和传热速率方程。

1. 水分蒸发量 W 的计算

对图 6-2 所示单效蒸发器作溶质的衡算，得

$$Fw_0=(F-W)w_1$$

或
$$W=F\left(1-\frac{w_0}{w_1}\right) \tag{6-1}$$

式中　F——原料液的流量，kg/h；

W——单位时间从溶液中蒸发的水分量，即蒸发量，kg/h；

w_0——原料液中溶质的质量分数；

w_1——完成液中溶质的质量分数。

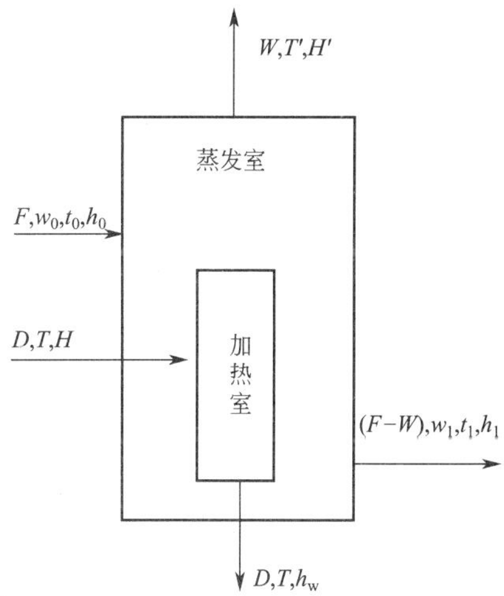

图 6-2　单效蒸发示意图

2. 加热蒸汽消耗量 D

加热蒸汽消耗量通过热量衡算求得。通常，加热蒸汽为饱和蒸汽，且冷凝后在饱和温度下排出，则加热蒸汽仅放出潜热用于蒸发。若料液在低于沸点温度下进料，对热量衡算式整理得：

$$Q=Dr=Fc_{p0}(t_1-t_0)+Wr'+Q_{损} \tag{6-2}$$

式中　Q——蒸发器的热负荷或传热量，kJ/h；

D——加热蒸汽消耗量，kg/h；

c_{p0}——原料液比热容，kJ/(kg・℃)；

t_0——原料液的温度,℃；

t_1——溶液的沸点,℃；

r——加热蒸汽的汽化潜热，kJ/kg；

r'——二次蒸汽的汽化潜热，kJ/kg；

$Q_{损}$——蒸发器的热损失，kJ/h。

原料液的比热容可按下面的经验式计算

$$c_{p0}=c_{p水}(1-w_0)+c_{pB}w_0 \tag{6-3}$$

式中　$c_{p水}$——水的比热容，kJ/(kg・℃)；

c_{pB}——溶质的比热容，kJ/(kg・℃)。

由式(6-2) 得加热蒸汽消耗量为

$$D=\frac{Fc_{p0}(t_1-t_0)+Wr'+Q_{损}}{r} \tag{6-4}$$

若溶液为沸点进料，则 $t_1=t_0$，设蒸发器的热损失忽略不计，则式(6-4) 可简化为

$$D=\frac{Wr'}{r} \tag{6-5}$$

或
$$\frac{D}{W}=\frac{r'}{r} \tag{6-6}$$

式中，D/W 为蒸发 1kg 水时的蒸汽消耗量，称为单位蒸汽消耗量。

由于蒸汽的潜热随压力变化不大，即 $r\approx r'$，故 $D/W\approx1$。但实际上因蒸发器有热损失等的影响，D/W 约为 1.1 或稍高。

【例 6-1】 某水溶液在单效蒸发器中由10%（质量分数，下同）浓缩至30%，溶液的流量为 2000kg/h，料液温度为 30℃，分离室操作压力为 40kPa，加热蒸汽的绝对压力为 200kPa，溶液沸点为 80℃，原料液的比热容为 3.77kJ/(kg・℃)，蒸发器热损失为 12kW，

忽略溶液的稀释热。试求：(1) 水分蒸发量；(2) 加热蒸汽消耗量。

解 ① 由式(6-1) 可得水分蒸发量

$$W=F\left(1-\frac{w_0}{w_1}\right)=2000\times\left(1-\frac{0.1}{0.3}\right)=1333\text{kg/h}$$

② 加热蒸汽消耗量由式(6-4) 计算，即

$$D=\frac{Fc_{p0}(t_1-t_0)+Wr'+Q_{损}}{r}$$

由附录查得 40kPa 和 200kPa 时饱和水蒸气的汽化潜热分别为 2312.2kJ/kg 和 2204.6kJ/kg，于是

$$D=\frac{2000\times3.77\times(80-30)+1333\times2312.2+12\times3600}{2204.6}=1589\text{kg/h}$$

单位蒸汽消耗量为 $\frac{D}{W}=\frac{1589}{1333}=1.19$

3. 蒸发器的传热面积计算

根据传热基本方程，得出传热面积 A 为：

$$A=\frac{Q}{K\Delta t_{均}} \tag{6-7}$$

式中 A——换热器的传热面积，m^2；

Q——蒸发器的热负荷，W；

$\Delta t_{均}$——传热平均温差，℃；

K——换热器的总传热系数，$W/(m^2\cdot℃)$。

根据热量衡算，蒸发器的热负荷 $Q=Dr$；蒸发过程为加热蒸汽冷凝和溶液沸腾之间的恒温传热，$\Delta t_{均}=T-t_1$；K 值可按第五章提供的公式计算，由于管内沸腾对流传热系数，其值受溶液性质、蒸发器的结构及操作条件等诸多因素的影响，目前还缺乏可靠的计算方法，因此，蒸发器的总传热系数 K 主要是通过实验测定或选用经验数值。

三、溶液的沸点和温度差损失

1. 溶液的沸点

溶液中溶质不挥发，在相同的条件下溶液的蒸气压比纯溶剂的蒸气压要低，因而相同压力下溶液的沸点总是比相同压力下水的沸点，即二次蒸汽的温度 T'高。例如，常压下 20%（质量分数）NaOH 水溶液的沸点 t_1 为 108.5℃，而饱和水蒸气的温度 T'为 100℃，溶液沸点升高 8.5℃。

沸点升高对蒸发操作的传热推动力温度差不利，例如用 120℃的饱和水蒸气分别加热 20%（质量分数）NaOH 水溶液和纯水，并使之沸腾，有效温度差分别为

20%（质量分数）NaOH 水溶液 $\Delta t=T-t_1=120-108.5=11.5℃$

纯水 $\Delta t_T=T-T'=120-100=20℃$

由于溶液的沸点升高，致使蒸发溶液的传热温度差较蒸发纯水的传热温度差下降了 8.5℃，下降的度数称为温度差损失，用 Δ 表示。由于

$$\Delta=\Delta t_T-\Delta t=(T-T')-(T-t_1)=t_1-T' \tag{6-8}$$

即温度差损失在数值上与相同条件下的沸点升高值相同。因此，在蒸发的计算中，首先设法确定 Δ 的值，进而求得溶液的沸点（$t_1=T'+\Delta$）和实际的传热温度差（$\Delta t=\Delta t_T-\Delta$）。实际上还有其他因素使温度差损失，下面分别加以分析。

2. 温度差损失

蒸发操作时，温度差损失的原因可能有：因溶液沸点升高引起的温度差损失 Δ'；因加热管内液柱静压力而引起的温度差损失 Δ''；由于管路流动阻力而引起的温度差损失 Δ'''。总温度差损失为：

$$\Delta=\Delta'+\Delta''+\Delta''' \tag{6-9}$$

若二次蒸汽的温度 T' 根据蒸发器分离室的压力（即不是冷凝器的压力）确定时，则

$$\Delta=\Delta'+\Delta'' \tag{6-10}$$

（1）因溶液沸点升高引起的温度差损失 Δ'　Δ' 值主要和溶液的种类、浓度以及蒸发压力有关，其值由实验测定。在一般手册中，可以查得常压下某些溶液在不同浓度时的沸点升高数据。常压下，某些无机盐水溶液的沸点升高与浓度的关系见附录。

蒸发操作有时在加压或减压下进行，必须求得各种浓度的溶液在不同压力下的温度差损失。当缺乏数据时，可由常压下溶液的温度差损失 Δ_0' 用下式估算出 Δ'

$$\Delta'=f\Delta_0' \tag{6-11}$$

式中　f——校正系数，无量纲。由下式计算得到

$$f=\frac{0.0162(T'+273)^2}{r'} \tag{6-12}$$

式中　T'——操作压强下二次蒸汽的温度，℃；

r'——操作压强下二次蒸汽的汽化热，kJ/kg。

【例 6-2】 浓度为 18.32%（质量分数）的 NaOH 水溶液在 50kPa 下沸腾，试求溶液沸点升高的数值。

解　由附录查得 18.32%的 NaOH 水溶液在常压下的沸点为 107℃，故

$$\Delta_0'=107-100=7℃$$

再由水蒸气表查得 50kPa 时饱和蒸汽的温度为 81.2℃，潜热为 2304.5kJ/kg，故校正系数为：

$$f=\frac{0.0162(T'+273)^2}{r'}=\frac{0.0162\times(81.2+273)^2}{2304.5}=0.882$$

溶液的沸点升高为：$\Delta'=f\Delta_0'=0.882\times7=6.17℃$

（2）因液柱静压力引起的温度差损失 Δ''　某些蒸发器在工作时，器内溶液需要维持一定的液位，因而蒸发器的加热管内溶液的压力均大于液面的压力，管内溶液的沸点高于液面溶液的沸点，两者之差即为因溶液静压力引起的温度差损失 Δ''。为简单起见，溶液内部的沸点按液面和底部的平均压力计算，根据静力学基本方程可得：

$$p_{均}=p_0+\frac{\rho gh}{2} \tag{6-13}$$

式中　$p_{均}$——蒸发器中溶液的平均压力，Pa；

p_0——液面处的压力，即二次蒸汽压力，Pa；

ρ——溶液的密度，kg/m^3；

h——液层高度，m。

根据式(6-13) 计算的平均压力可以查得相应的溶液的沸点，因此可按下式计算 Δ''

$$\Delta''=t_{p均}-t_{p0} \tag{6-14}$$

式中　$t_{p均}$——根据平均压力 $p_{均}$ 求得的水的沸点，℃；

t_{p0}——根据二次蒸汽压力 p_0 求得的水的沸点，℃。

（3）由于管路流动阻力引起的温度差损失 Δ'''　二次蒸汽由蒸发器流到冷凝器的过程中，

因有流动阻力使其压力降低，蒸汽的饱和温度 T' 也相应降低，由此引起的温度差损失即 Δ'''。

Δ''' 值的大小与二次蒸汽在管路中的流速、物性及管路尺寸等有关。根据经验，一般取 Δ''' 为 0.5～1.5℃，对于多效蒸发，在计算末效以前各效的温度差损失时，同样也要计算二次蒸汽由前一效蒸发室通往后一效加热室时，由于管道阻力引起的温度差损失 Δ'''，其值一般取为 1℃。

第三节　多效蒸发

一、多效蒸发的操作原理

由蒸发器的热量衡算可知，在单效蒸发器中每蒸发 1kg 的水需要消耗 1kg 多的生蒸汽。在大规模的工业生产中，水分蒸发量很大，需要消耗大量的生蒸汽。如果能将二次蒸汽用作另一蒸发器的加热蒸汽，则可减少生蒸汽消耗量。由于二次蒸汽的压力和温度低于生蒸汽的压力和温度，因此，二次蒸汽作为加热蒸汽的条件是：该蒸发器的操作压力和溶液沸点应低于前一蒸发器。采用抽真空的方法可以很方便地降低蒸发器的操作压力和溶液的沸点。每一个蒸发器称为一效，这样，在第一效蒸发器中通入生蒸汽，产生的二次蒸汽引入第二效蒸发器，第二效的二次蒸汽再引入第三效蒸发器，以此类推，末效蒸发器的二次蒸汽通入冷凝器冷凝，冷凝器后接真空装置对系统抽真空。于是，从第一效到最末效，蒸发器的操作压力和溶液的沸点依次降低，因此可以引入前效的二次蒸汽作为后效的加热介质，即后效的加热室成为前效二次蒸汽的冷凝器，仅第一效需要消耗生蒸汽，这就是多效蒸发的操作原理。

二、多效蒸发的流程

在多数蒸发中，物料与二次蒸汽的流向不同，可以组合成不同的流程。以三效为例，常用的多效蒸发流程有以下几种。

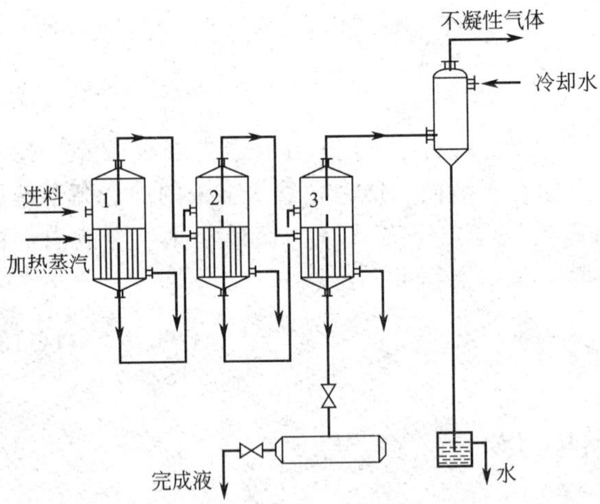

图 6-3　并流加料三效蒸发流程示意图

1. 并流（顺流）**加料法的蒸发流程**

料液与蒸汽的流向相同，如图 6-3 所示。料液和蒸汽都是由第一效依次流至末效。

优点：

① 溶液的输送可以利用各效间的压力差，自动地从前一效进入后一效，因而各效间可省去输送泵；

② 前效的操作压力和温度高于后效，料液从前效进入后效时因过热而自蒸发，在各效间不必设预热器；

③ 辅助设备少，流程紧凑；因而热量损失少，操作方便，工艺条件稳定。

缺点：后效温度更低而溶液浓度更高，故溶液的黏度逐效增大，降低了传热系数，往往需要更多的传热面积。因此，黏度随浓度增加很快的料液不宜采用此法。

2. 逆流加料法的蒸发流程

料液与蒸汽的流向相反，如图 6-4 所示。料液从末效加入，必须用泵送入前一效；而蒸汽从第一效加入，依次至末效。

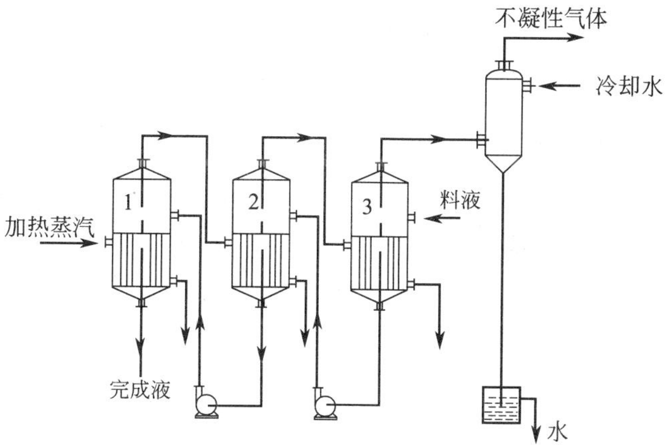

图 6-4　逆流加料法的蒸发流程示意图

优点：

① 蒸发的温度随溶液浓度的增大而增高，这样各效的黏度相差很小，传热系数大致相同；

② 完成液排出温度较高，可以在减压下进一步闪蒸增浓。

缺点：

① 辅助设备多，各效间须设料液泵；

② 各效均在低于沸点温度下进料，须设预热器（否则二次蒸汽量减少），故能量消耗增大。

一般来说，逆流加料法宜于处理黏度随温度和浓度变化较大的料液蒸发，但不适用于热敏性物料的蒸发。

3. 平流加料法的蒸发流程

料液同时加入到各效，完成液同时从各效引出，蒸汽从第一效依次流至末效，如图 6-5

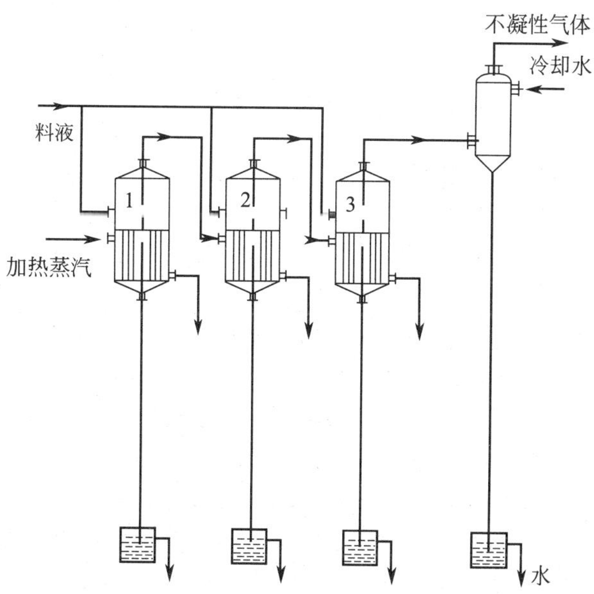

图 6-5　平流加料法蒸发流程示意图

所示。此法用于蒸发过程中有结晶析出的场合；还可用于同时浓缩两种以上不同的料液，除此之外一般很少使用之。

以上介绍的是几种基本的加料蒸发流程，在实际生产中，往往根据具体情况，将以上基本的加料流程加以变化或组合使用，以适应生产需要。

三、多效蒸发效数的限定

在工业生产中，采用多效蒸发提高了生蒸汽的利用率，消耗同样多的生蒸汽，可以蒸发比单效蒸发器多得多的水。如果料液在沸点下进入蒸发器，并忽略热损失、温度差损失和不同压力下汽化热的差别，理论上，单效蒸发器中，1kg 生蒸汽可以汽化 1kg 的水；双效蒸发器中，1kg 生蒸汽可以汽化 2kg 的水；三效蒸发器中，1kg 生蒸汽可以汽化 3kg 的水。但实际上由于存在各种温差损失和热损失，多效蒸发根本达不到上述的经济性。表 6-1 列出了实际蒸发过程单位蒸汽消耗量的最小值。

表 6-1　蒸发过程的单位蒸汽消耗量最小值　　单位：kg/kg 水

效数 n	单效	两效	三效	四效	五效
D/W	1.1	0.57	0.4	0.3	0.27

由表 6-1 可见，随着效数的增加，所节省的生蒸汽量愈来愈少，但设备费则随效数增加而成正比增加。当增加一效的设备费和操作费之和不能小于所节省的加热蒸汽的收益时，就没有必要再增加效数了，因此多效蒸发的效数是有一定限度的。即蒸发器的效数存在最佳值，须根据设备费和操作费之和最小来确定。

通常，工业上使用的多效蒸发装置，其效数并不是很多的。一般对于电解质溶液，如 NaOH 等水溶液的蒸发，由于其沸点升高（即温度差损失）较大，故采用 2～3 效；对于非电解质溶液，如葡萄糖的水溶液或其他有机溶液的蒸发，由于其沸点升高较小所用效数可取 4～6 效。

第四节　结晶的基本原理

一、溶解度和溶液的过饱和度

1. 溶解度和溶解度曲线

（1）溶解度　在一定的条件下，一种晶体作为溶质可以溶解在某种溶剂中而形成溶液。溶液中的溶质也可以从溶液中析出而成为晶体。溶解和结晶是可逆过程。

在一定的条件下，溶质在某溶剂中可溶解的最大数量称为溶质的溶解度。溶质的浓度达到溶解度的溶液称为饱和溶液。若溶液恰好达到饱和，则既没有固体溶解，也没有溶质从溶液中结晶析出。溶质的浓度超过溶解度的溶液称为过饱和溶液。若溶液达到过饱和，则超过溶解度的那一部分过量溶质要从溶液中结晶析出，直至溶液达到饱和为止。由此可见，要想使固体溶质从溶液中结晶析出，就必须设法使溶液达到过饱和。

溶解度常用的表示方法有：溶质在溶液中的质量分数；kg 溶质/100kg 溶剂等。

（2）溶解度曲线　物质的溶解度与它的化学性质、溶剂的性质及温度有关。一定物质在一定溶剂中的溶解度主要随温度而变化，压强的影响一般可以忽略不计。因此，溶解度数据就用溶解度对温度所标绘的曲线来表示。该曲线称为溶解度曲线，如图 6-6 所示。各种物质的溶解度随温度变化的趋势是不一样的。由图6-6可以看出，溶解度曲线有三类：第一类的曲线比较陡，如硝酸钾（KNO_3）、硝酸钠（$NaNO_3$），表明其溶解度随温度变化比较明显；第二类的曲线比较平坦，如KCl、NaCl，表明其溶解度受温度影响较小；第三类的曲线中间有折点，表明物质的组成发生变化，如Na_2SO_4在305.2K以下为含10个结晶水的盐，溶解度随温度的升高而增大，305.2K以上时则转变为无水盐，溶解度随温度的升高而缓慢下降。

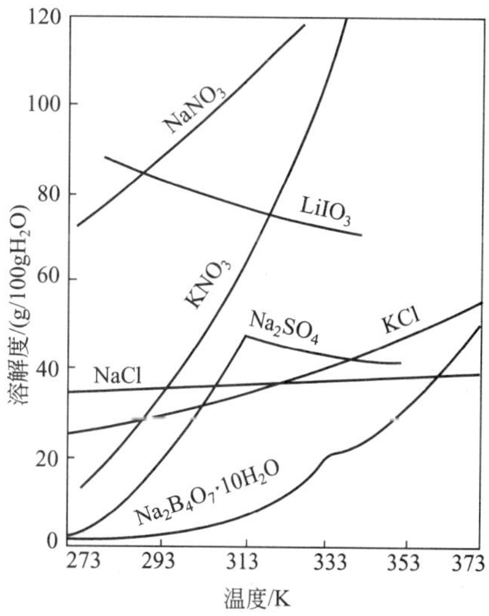

图6-6 几种无机盐的溶解度曲线

各种物质的溶解度数据可以由实验测定，或从有关手册中查得。

2. 过饱和度和过饱和曲线

（1）过饱和度 同一温度下，过饱和溶液和饱和溶液间的浓度差称为过饱和度。不饱和的溶液经过冷却降温达到饱和时的温度称为饱和温度。

过饱和度表示溶液呈过饱和的程度，也是结晶过程不可缺少的推动力。过饱和度的大小直接影响着晶核的生成和晶体的生长，溶液的过饱和度越大，则一旦过饱和状态被破坏，结晶析出的速率就越大，结晶的产量就越多。可见，创造溶液的过饱和状态是结晶操作的必要条件，如何控制溶液的过饱和程度也是结晶操作最关键的问题之一。

在适当的条件下，能够很容易地制备出过饱和溶液。这些条件是：

① 溶液要纯净，未被杂质或灰尘所污染；

② 盛溶液的容器要很清洁；

③ 溶液要缓慢降温；

④ 不要使溶液受到搅拌、振荡、超声波的干扰或刺激。

在这些条件下，饱和溶液不但降低到饱和温度时不结晶，有的甚至降到饱和温度以下好几摄氏度才能结晶。这种低于饱和温度的温度差称为过冷度。不同物质结晶所需要的过冷度各不相同。如在上述条件下，硫酸镁的过冷度为17K左右；氯化钠的为1K，某些分子较大的有机物如蔗糖的过冷度大于25K。

若将溶液中的部分溶剂蒸发，也能使溶液达到过饱和状态。在工业结晶器中，常常合并使用冷却和蒸发操作进行结晶。

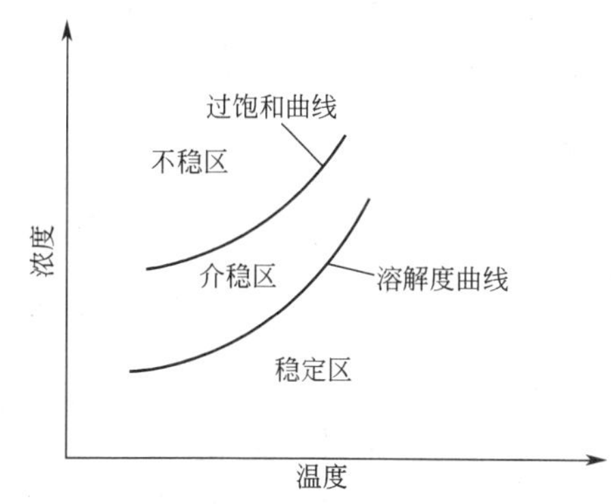

图6-7 溶液的过饱和曲线

（2）过饱和曲线 实验证明，溶液的过饱和状态是有一定的限度的，当过饱和度超过一定限度之后，就要自发地大量析出结晶。

表示能自发地析出结晶的过饱和液的浓度与温度的关系曲线称为过饱和曲线，也称为过溶解度曲线，标绘在溶解度曲线图上，过饱和曲线与溶解度曲线大致相平行。如图6-7所示，这两条曲线把图形分成三个区域。

① 稳定区 溶解度曲线下方为稳定区。在这个区域内不可能析出晶体。

② 介稳区 两曲线之间为介稳区。在这个区域内不能自发地析出晶体，如果有成为晶

种的微小晶体加入溶液，或受某些外部因素的诱发，会析出晶核且逐渐长大。

③ 不稳区　过饱和曲线以上为不稳区。溶液一旦处于这个区域内，将自发地析出大量细小晶体。

通常，结晶操作都在介稳区内进行。

二、结晶的速率和晶粒的大小

1. 结晶的生成过程

结晶的生成过程包括晶核的形成和晶体的成长两个阶段。即结晶过程首先是形成晶核，然后这些晶核再长大为具有一定形状和大小的晶体。而这两个过程是交替进行的，其推动力都是溶液的过饱和度。

(1) 晶核的形成　晶核的形成有两种方式：一种是过饱和溶液达到不稳区后自发形成晶核，称为初级成核，是一种无晶体存在下的成核方式。另一种是过饱和溶液在介稳区内受到搅拌、尘埃、电磁波辐射等外界因素诱发而形成晶核，称为二次成核。

结晶操作中要对晶核形成加以控制。通常加入一定数量的晶种以诱发晶核的形成，实现二次成核，而无需进入不稳区。在介稳区内，已有的晶核一方面成长，同时又诱发产生新的晶核，这样使结晶过程持续下去，直至溶液的过饱和度被解除为止。由此可见，该过程是晶核从无到有的过程。晶核的形成速率随溶液的过饱和度或溶液的过冷度的增加而增大。

(2) 晶体的成长　过饱和的溶液中已形成的晶核逐渐长大的过程称为晶体的成长过程。晶体的成长实质上是过饱和溶液中的过剩溶质向晶核黏附而使晶体逐渐长大的过程。该过程是晶体从小到大的过程。晶体的成长的速率随溶液的过饱和度或溶液的过冷度的增加而增大。

2. 结晶的速率

结晶的速率包括晶核形成速率和晶体成长速率。而这两个过程的速率大小，对结晶产品的质量有很大的影响。如果是晶核形成速率大于晶体成长速率，则产生的晶体颗粒小而数量多，这是因为晶核还来不及长大过程就结束了；如果是晶体成长速率大于晶核形成速率，溶液中晶核数量较少，随后析出的溶质都供其长大，则产生的晶体颗粒大而数量少，并且不易夹带母液，产品纯度较高；如果两者速率相近，最初形成的晶核成长时间长，后来形成的晶核成长时间短，则产品的粒度大小参差不齐。

这两个过程的速率大小还影响到产品本身的内部质量。如果晶体成长速率过快，有可能导致两个以上的晶体彼此相连，虽然表面上看晶体颗粒较大，而实际上，在晶体与晶体之间往往夹有气态、液态或固态杂质，严重影响了产品的纯度。这种晶体联结的现象称为晶体连生，生成的晶体称为“晶簇”。

3. 影响结晶操作的因素

(1) 过饱和度的影响　溶液过饱和是产生结晶的必要条件。过饱和度的大小直接影响着晶核的形成和晶体的成长过程快慢，而这两个过程的快慢又直接影响着结晶的粒度及粒度分布，因此，溶液的过饱和度是结晶操作中一个极其重要的参数。

一般说来，增加过饱和度能够提高晶体的成长速率，从而提高产率。但是，若过饱和度增加太多，甚至使溶液进入不稳区，则会产生大量的晶核，不利于晶体的成长，结果使得产品的晶粒细小。因此过饱和度的增加有一定的限度。适宜的过饱和度数值一般由实验测定。

(2) 冷却（蒸发）速度的影响　在结晶操作，过饱和度是靠冷却和蒸发造成的。冷却或蒸发速率的大小直接影响到操作时过饱和度的大小。冷却（蒸发）速率越大，溶液过饱和度越高。

(3) 晶种的影响　结晶操作中一般都是在人为加入晶种的情况下进行的。晶种的作用主要是用来控制晶核的数量，以获得较大而均匀的结晶产品。

加晶种时，必须掌握好时机，应在溶液进入介稳区内适当温度时加入晶种。如果溶液温度较高，即高于饱和温度，加入晶种可能部分或全部被溶化；如温度过低，即已进入不稳区，溶液中已自发产生大量晶核，再加晶种已不起作用。此外，在加晶种时，应当轻微地搅动，以使其均匀地散布在溶液中。

(4) 搅拌的影响　搅拌是影响结晶粒度分布的重要因素。适当地增加搅拌强度，可以降低饱和度，控制晶核的生长速率。

搅拌的作用可以概括为下列几个方面：

① 加速溶液的热传导，加快生产过程；

② 加速溶质扩散过程的速率，有利于晶体成长；

③ 使溶液的温度均匀，防止溶液局部浓度不均、结垢等弊病；

④ 使晶核散布均匀，防止晶体粘连在一起形成晶簇，降低产品质量。

一般情况下，使溶液缓慢冷却，溶液静止或缓慢搅拌，过饱和度小，结晶温度低，溶质分子量大，可使晶核形成速率减低，有利于晶体成长，从而得到较大颗粒的晶体。相反，如果快速冷却，剧烈搅拌，过饱和度大，结晶温度高，溶质分子量小，这些条件下易得到细小的晶体。

欲得粒度较大而均匀的晶体，可以从以下几方面着手：采用较小的过饱和度；缓慢的冷却或蒸发；控制晶核的数量；使晶核均匀散布在溶液中；及时分离出已成长好的晶体，小的晶体停留在结晶器内继续成长；尽可能减少晶体的破损等。

4. 加晶种的结晶

在间歇操作的结晶过程中，为了控制晶粒的成长，获得粒度比较均匀的产品，必须防止过量的晶核生成，将溶液的过饱和度控制在介稳区中，使结晶不出现初级成核。向溶液中加入适当数量及适当粒度的晶种，使溶质在晶种的表面上生长的结晶方式称为加晶种的结晶。晶种的加入是控制产品粒度的有效措施。

三、结晶产品的纯度和产量

结晶过程的主要特点是产品纯度高。晶体是化学均一的固体，组成它的分子（原子或离子）在空间格架（称为晶格）的结点上对称排列，形成有规则的结构。结晶时，溶液中的溶质可能因其溶解度与杂质的溶解度不同而得以分离；也可能因两者的溶解度虽相差不大，但晶格不同，彼此“格格不入”，因而也就相互分离。所以说在结晶过程中，虽然溶液中含有杂质，但结晶出来的晶体则是非常纯净的。

生产中提高结晶产品纯度的方法通常如下。

(1) 结晶前在溶液中加入适量的活性炭　通过活性炭来吸附杂质，然后过滤掉有杂质的活性炭，再对溶液进行结晶操作。

(2) 晶体和母液进行彻底的分离　母液是影响产品纯度的一个重要因素。附着在晶体上的母液如果没有除尽则最终产品必然沾有杂质，降低了产品的纯度。因此生产中应尽量除去母液引进的杂质。

(3) 进行重结晶操作　对于含有杂质的晶体，可以将其溶解后再采用适宜的方法除去杂质，然后再次进行结晶操作。这样可以提高结晶产品的纯度，但降低了结晶的产量。

(4) 减少“晶簇”的形成　当若干颗晶粒结成为“晶簇”时，很容易将母液包藏在晶粒间，使以后的洗涤发生困难，这样也会降低产品的纯度。若结晶过程加以搅拌操作，则可以减少“晶簇”形成的机会。

结晶的产量主要取决于溶液的过饱和程度。结晶的温度降低，则溶液的饱和浓度也随之降低，溶液的过饱和程度提高，结晶的产量较大。温度降低，杂质随晶体一起析出的可能性越大，产品的纯度越低。故生产中保证纯度的前提下力争较高的产量。

四、结晶的方法

工业上通常按溶液形成过饱和的方式区分结晶的方法。常用的结晶方法有以下几种。

(1) 冷却结晶　它是通过冷却降低溶液的温度来实现溶液过饱和，也称为降温法。对于那些溶解度随温度降低而显著减少的物质，这是一个既经济又有效的方法。

(2) 蒸发结晶　它是依靠蒸发除去一部分溶剂的结晶过程。蒸发结晶是使溶液在加压、常压或减压下加热蒸发浓缩，部分溶剂汽化从而获得饱和溶液。此法主要用于溶解度随温度降低而变化不大的物质。蒸发结晶法消耗的热量最多，加热面结垢问题也会使操作遇到困难，目前主要用于糖及盐类的工业生产。

(3) 真空结晶　这种方法是使热溶液在真空状态下绝热蒸发，除去一部分溶剂，这部分溶剂以汽化热的形式带走部分热量而使溶液温度降低。实际上是同时用蒸发和冷却方法使溶液达到过饱和。这种方法适用于具有中等溶解度的物质。

(4) 盐析结晶　它是将某种盐类加入溶液中，使原有溶质的溶解度减少而造成溶液过饱和的方法。

第五节　蒸发器和结晶器

一、蒸发器的基本结构

蒸发设备与一般的传热设备并无本质上的区别，但蒸发时需要不断地除去所产生的二次蒸汽。所以蒸发器除了需要间壁传热的加热室外，还需要进行汽液分离的分离室，为使蒸汽和液沫能够得到比较彻底的分离，还设有除沫器。

二、蒸发器的主要类型

由于生产和科研的发展和需要，促进了蒸发设备的不断改进，目前有多种结构形式。按溶液在蒸发器中的运动情况，大致可以分为循环型和单程型两大类。下面简要介绍工业上常用的几种主要形式。

1. 循环型蒸发器

这类蒸发器的特点是溶液在蒸发器内作循环流动，根据引起溶液循环的原因，又可分为自然循环和强制循环，前者是由于溶液因受热程度不同产生密度的差异而引起的，后者是采用机械的方法迫使溶液沿传热表面流动。

(1) 中央循环管式蒸发器（又称标准蒸发器）　其结构如图 6-8 所示。加热室由 $\phi(25\sim75)$mm 的竖式管束组成，管长 0.6～2m；管束中间有一直径较大的中央循环管，此管截面积为加热管束总截面积的 40%～100%。由于中央循环管与管束内的溶液受热情况不同，产生密度差异。于是溶液在中央循环管内下降，由管束沸腾上升而不断地作循环运动，提高了传热效果。

这种设备优点在于结构紧凑，制造方便，操作可靠。但缺点是清洗维修不便，溶液循环速度不高。一般适用于结垢不严重，有少量结晶析出和腐蚀性小的溶液蒸发。

(2) 悬筐式蒸发器 其结构如图 6-9 所示。加热室(悬挂在蒸发器内的筐子)取出后可清洗，以备用的加热室替换而不影响生产时间。此种设备的循环机理与标准式相同，但溶液是沿加热室外壁与蒸发器壳体内壁所形成的环隙通道下降，不断地作循环运动。

这种设备优点在于可将加热室取出检修，热损失较标准式小，循环速度较标准式大，但结构更复杂。一般适用于易结垢和易结晶溶液的蒸发。

(3) 外热式蒸发器 如图 6-10 所示，外热式蒸发器将加热室安装在分离室的外面。这种结构不仅便于清洗和维修，而且降低了蒸发器的总高度。由于可以采用较长的加热管，循环管又没有受到蒸汽加热，因此，溶液的循环速度较大，可达到 1.5m/s。

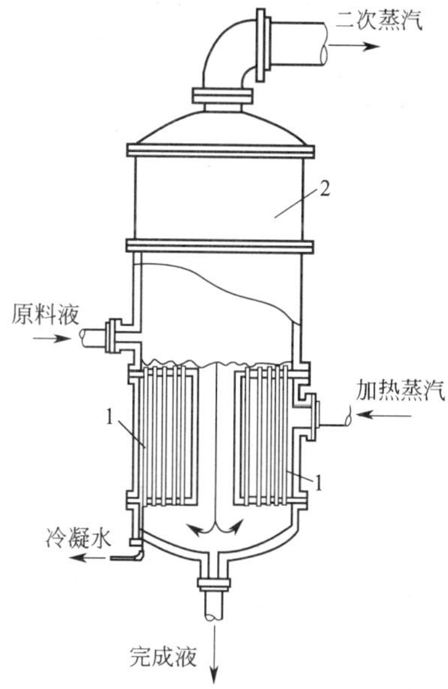

图 6-8 中央循环管式蒸发器

1—加热室；2—分离室

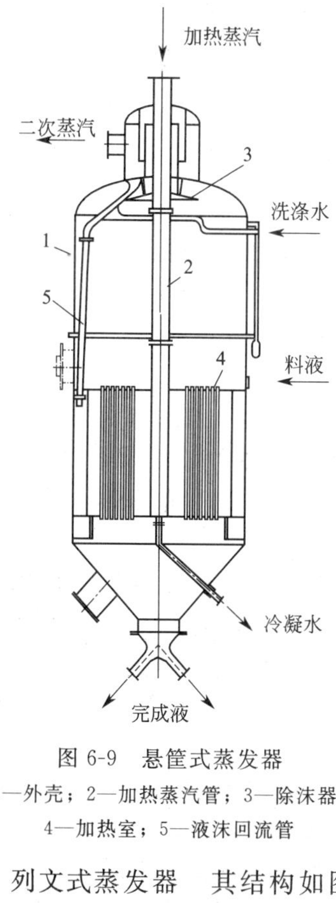

图 6-9 悬筐式蒸发器

1—外壳；2—加热蒸汽管；3—除沫器；4—加热室；5—液沫回流管

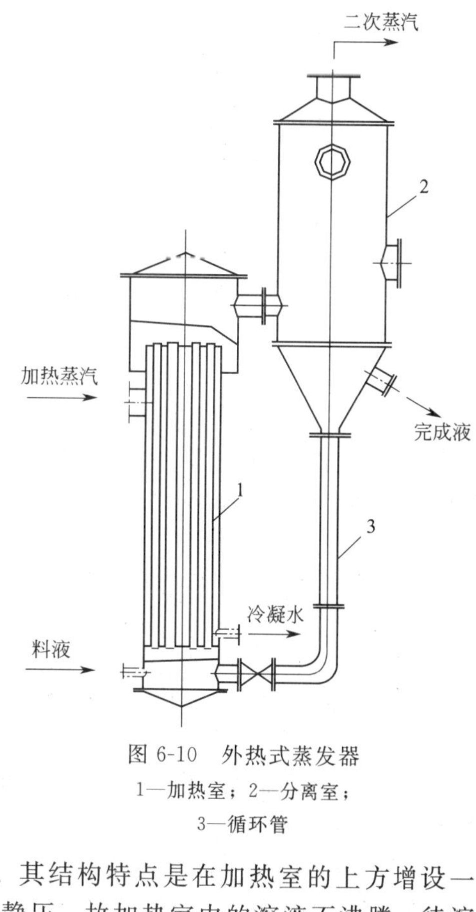

图 6-10 外热式蒸发器

1—加热室；2—分离室；3—循环管

(4) 列文式蒸发器 其结构如图 6-11 所示。其结构特点是在加热室的上方增设一段 2.7～5m 高的沸腾段，使加热室承受较大的液柱静压，故加热室内的溶液不沸腾。待溶液上升至沸腾段时，因静压的降低开始沸腾汽化。这样避免了溶质在加热室析出结晶，减少了加热室的结垢或堵塞现象。为了减少循环阻力和提高循环速度，要求循环管截面积大于加热管束总面积，该设备内的循环速度可达 2m/s 左右。

这种设备优点在于循环速度较大，结垢少，尤其适用于有晶体析出的溶液。但由于设备庞大，需要高大的厂房，因此使用受到了一定的限制。

(5) 强制循环式蒸发器　其结构如图 6-12 所示。其特点是溶液靠泵强制循环，循环速度可达 2～5m/s。由于溶液的流速大，因此适用于有结晶析出或易结垢的溶液。但动力消耗大，每平方米传热面积消耗功率为 0.4～0.8kW。

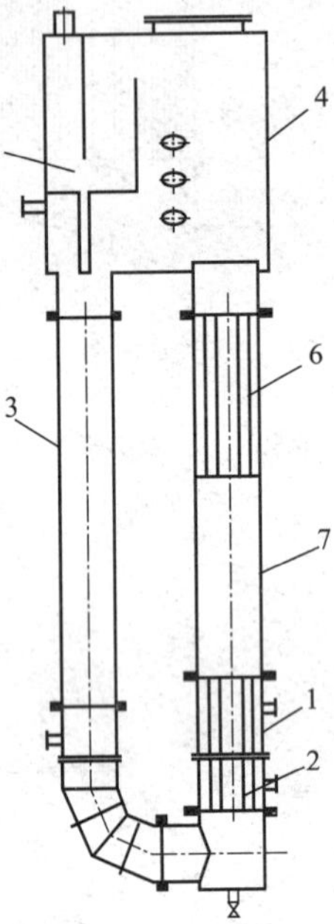

图 6-11　列文式蒸发器

1—加热室；2—加热管；3—循环管；4—分离室；5—除沫器；6—挡板；7—沸腾室

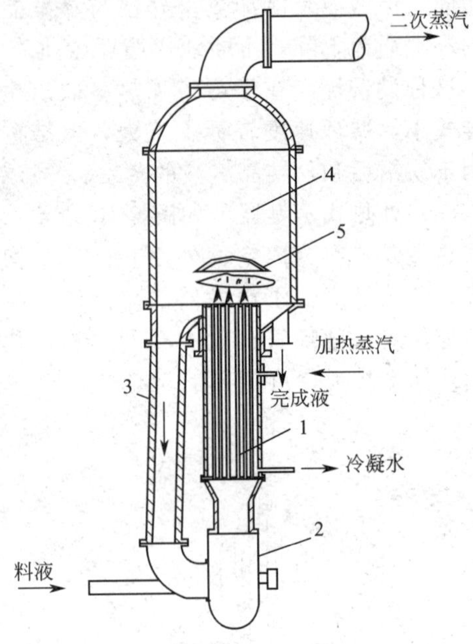

图 6-12　强制循环式蒸发器

1—加热管；2—循环泵；3—循环管；4—蒸发室；5—除沫器

2. 单程型蒸发器

这类蒸发器的特点是溶液通过加热室一次即达到所需的浓度，且溶液沿加热管壁呈膜状流动，故又称为膜式蒸发器。这类蒸发器蒸发速度快，溶液受热时间短，因此特别适合处理热敏性溶液的蒸发。根据料液在蒸发器内的流动方向和成膜的原因，单程蒸发器又可分为以下几种。

(1) 升膜式蒸发器　其结构如图 6-13 所示。结构与列管式换热器类似，不同之处是它的加热管直径为 25～50mm，管长与管径比为 100～300。料液经预热后由加热室底部进入，受热后迅速沸腾汽化，所产生的二次蒸汽在管内高速上升（高压下气速达 20～30m/s，减压下达 80～200m/s）。料液被上升的蒸汽所带动，沿管壁成膜状流动上升，在上升过程中逐渐被蒸浓。

此种蒸发器一般适用于稀溶液、热敏性及易起泡溶液的蒸发，而对高黏度（大于 50kPa・s）、易结晶、易结垢的溶液不适用。

(2) 降膜式蒸发器　其结构如图 6-14 所示。料液由加热室顶部加入，经液体分布器后均匀分布在每根加热管的内壁上，在重力作用下呈膜状下降，在底部得到浓缩液。二次蒸汽与浓缩液并流而下，液膜的下降还可以借助二次蒸汽的作用，因而可蒸发黏度大的溶液。为使每根加热管上能形成均匀的液膜，又要能防止蒸汽上窜，必须在每根加热管入口处安装液体分布器。

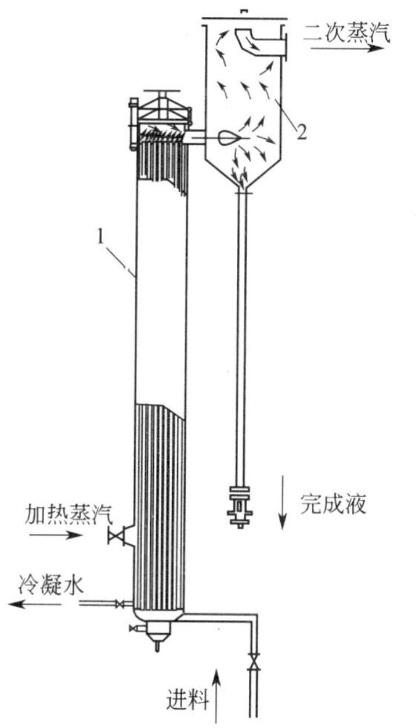

图 6-13　升膜式蒸发器

1—加热室；2—分离室

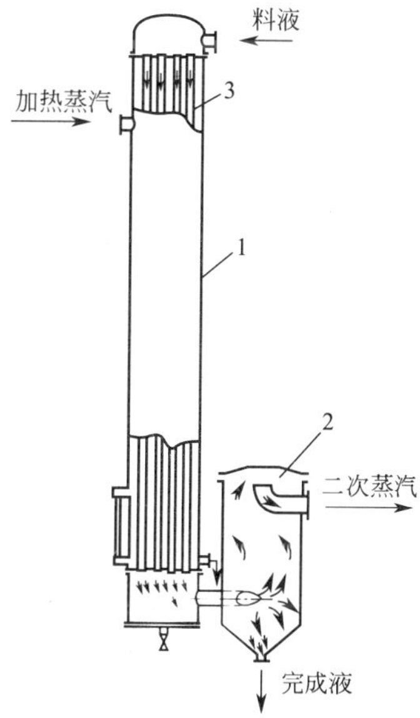

图 6-14　降膜式蒸发器

1—加热室；2—分离室；3—液体分布器

此种蒸发器不仅适用于热敏性料液的蒸发，还可以蒸发黏度较大（50～450kPa·s）的溶液，但不易处理易结晶和易结垢的溶液。

另外，单程蒸发器还有升-降膜式蒸发器和刮板式蒸发器。将升膜蒸发器和降膜蒸发器装在一个外壳中即成升-降膜式蒸发器。料液先经升膜式蒸发器上升，然后由降膜式蒸发器下降，在分离室中和二次蒸汽分离即得完成液，这种蒸发器多用于蒸发过程中溶液的黏度变化很大或厂房高度有一定限制的场合。刮板式蒸发器是借助外加动力成膜，特点是对物料的适应性强，可用于高黏度和易结垢结晶的溶液的蒸发。

三、蒸发器的辅助装置

蒸发器的辅助装置主要包括除沫器、冷凝器、真空装置、冷凝水排除器，简述如下。

1. 除沫器

在蒸发器的上部需有较大空间的分离室，该分离室可以使液滴借重力下降，使二次蒸汽夹带的液滴减少。但二次蒸汽中仍夹带有许多液沫，故在分离室的上部与二次蒸汽出口处要设除沫装置，作用是将雾沫中的溶液聚集并与二次蒸汽分离。几种常用的除沫器如图 6-15 所示，它们的原理都是利用液沫的惯性以实现汽液的分离。

2. 冷凝器和真空装置

二次蒸汽需要回收时应采用间壁式换热器，否则采用汽、液直接接触的混合式换热器。当蒸发减压操作时，无论用哪一种冷凝器，均需要在冷凝器后安装真空装置，不断抽出冷凝液中的不凝性气体，以维持蒸发操作所需的负压。常用的真空装置有喷射泵水环真空泵及往复式真空泵等。

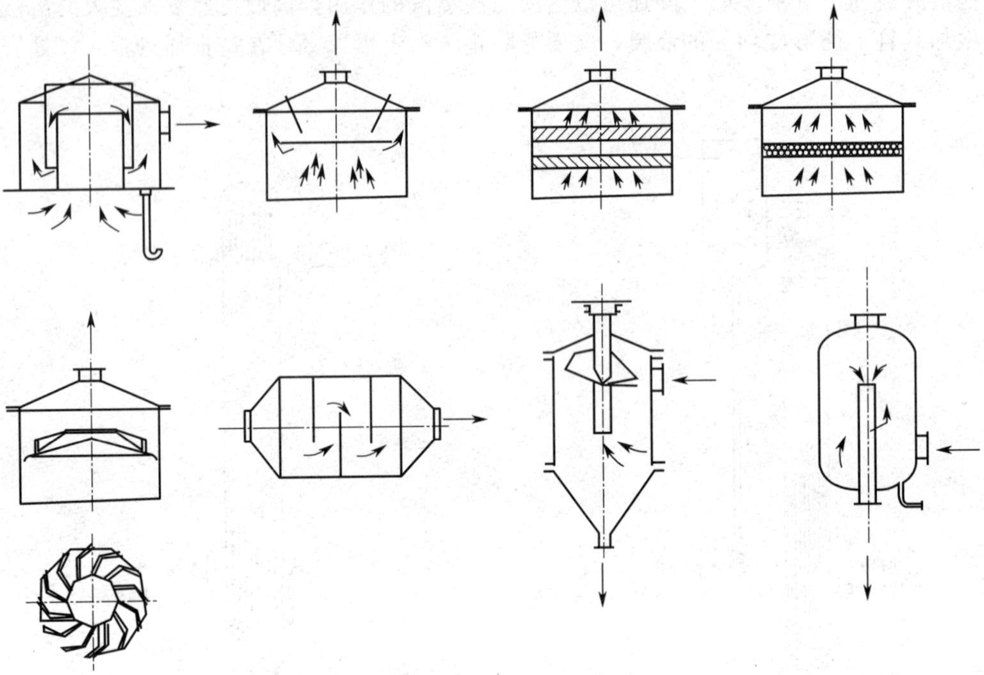

图 6-15 除沫器的常用形式

3. 冷凝水排除器（又称疏水器）

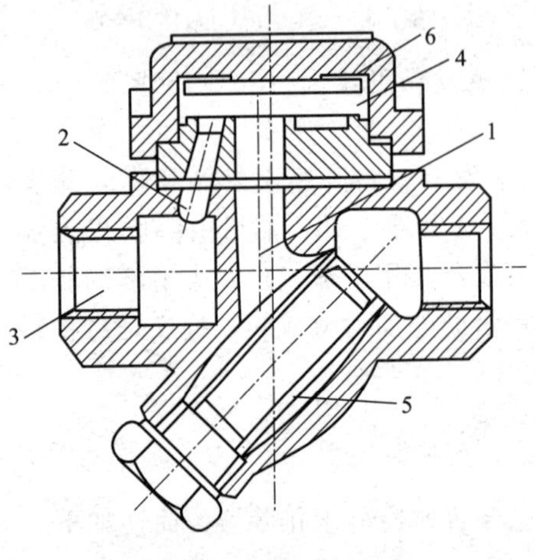

图 6-16 热动力式疏水器

1—冷凝水入口；2—冷凝水出口；3—排出管；4—背压室；5—滤网；6—阀片

蒸发进行时要不断排出加热蒸汽冷凝后生成的冷凝水，以保证良好的传热效果。冷凝水排除器的作用是在排除冷凝水的同时，阻止蒸汽排出。常用冷凝水排除器有三种：浮杯式、膨胀式和热动力式。热动力式结构简单，操作性能好，因而在生产上使用较为广泛。

热动力式疏水器结构如图 6-16 所示。温度较低的冷凝水在加热蒸汽的推动下流入通道 1，将阀片顶开，由排水孔 2 排出，当冷凝水排尽，温度较高的蒸汽将通过通道 1 并流入阀片背面的背压室，由于蒸汽的黏度小，流速高，使阀片与阀座间形成负压，因而使阀片上面的压力高于阀片下面的压力，加上阀片自身的重量，使阀片落在阀座上，切断了蒸汽的通道。经一段时间后，当疏水阀中积存了一定的冷凝水后，阀片又重新开启，从而实现周期性的排放冷凝水。

四、结晶器

结晶器按结晶的方法分为蒸发式、冷却式、真空式结晶器；按操作方式分为间歇式和连续式结晶器。

1. 蒸发结晶器

在蒸发操作中所介绍的蒸发设备，除膜式蒸发器外都可以作为蒸发结晶器。它靠加热使溶液沸腾，溶剂在沸腾状态下迅速蒸发，使溶液迅速达到过饱和。由于溶剂蒸发得很快，局部位置（加热器附近）蒸发得更快，使溶液的过饱和度不易控制，因而难以控制晶体的大小。对于晶体不要求具有一定粒度的加工，使用这种结晶器是完全可以的。但如果要求对晶体粒度大小有所控制，最好先在蒸发器中将溶液蒸发到接近饱和状态，然后移入专门的结晶器中结晶。

2. 冷却结晶器

（1）搅拌冷却结晶器　如图 6-17 所示，实质上是一个夹套式换热器，其中装有锚式或框式搅拌器，配有减速机低速转动。搅拌能加速冷却，使溶液各处温度均匀，促进降温，还可以促进晶核的生成，防止晶簇的聚结。为了强化效果，许多结晶器内设有冷却蛇管，内通冷却水或冷冻盐水。这种结晶器所得的结晶颗粒较小，粒度均匀。

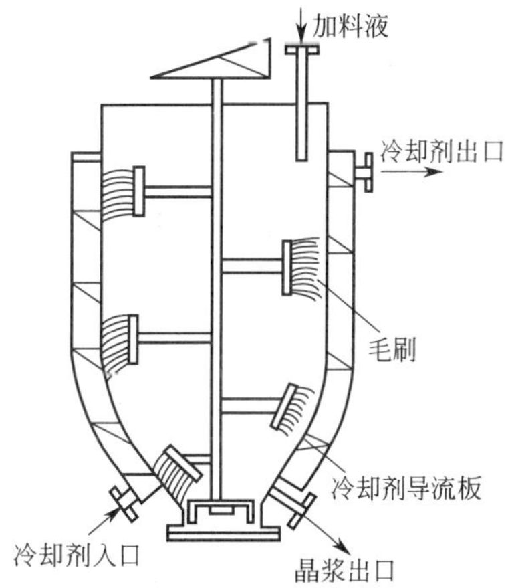

图 6-17　搅拌冷却结晶器

（2）长槽搅拌连续式结晶器　此设备也叫带式结晶器，系以半圆形底的长槽为主体，槽外装有夹套冷却装置，槽内装有低速带式搅拌器，如图 6-18 所示。热而浓的溶液由结晶槽进入并沿槽沟流动，在与夹套中的冷却水逆向流动中实现过饱和并析出结晶，最后由槽的另一端排出。该结晶槽生产能力大，占地面积小，但机械传动部分和搅拌部分结构烦琐，冷却面积受到限制，溶液过饱和度不易控制。它适于处理高黏度的液体。

（3）循环式冷却结晶器　这种结晶器采用强制循环，冷却装置在结晶槽外。图 6-19 是一种新型的循环式冷却结晶器。它的主要部件是结晶器和冷却器，它们通过循环管相连。料液由进料管进入结晶器，和器内的饱和溶液一起进入循环管，用循环泵送入冷却器，冷却后的料液又一次达到轻度的过饱和，然后经中心管再进入结晶器，实现溶液循环。图中细晶消灭器，通过加热或水溶解将过多的晶核消灭，保证晶体稳步长大。

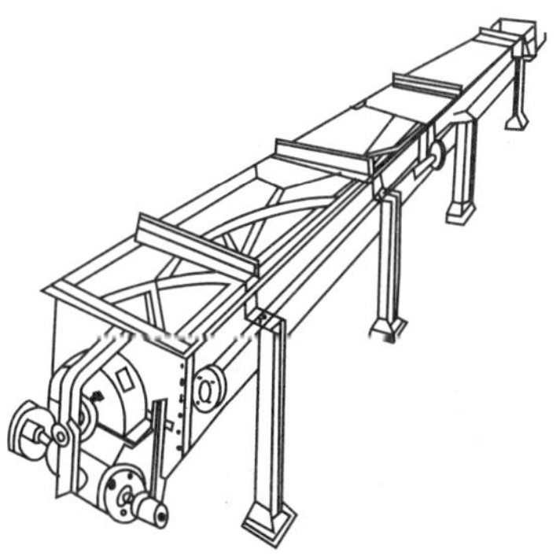
图 6-18　长槽搅拌连续式结晶器

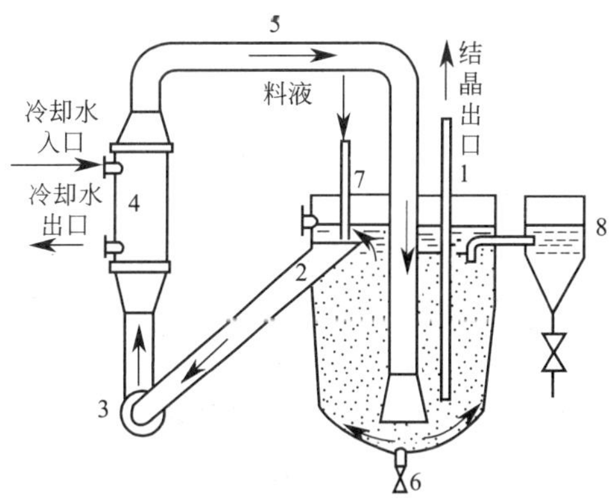

图 6-19　循环式冷却结晶器

1—结晶器；2—循环管；3—循环泵；4—冷却器；5—中心管；6—底阀；7—进料管；8—细晶消灭器

3. 真空结晶器

其原理是结晶器中热的饱和溶液在真空绝热条件下溶剂迅速蒸发，同时吸收溶液的热量使溶液的温度下降。这样，既除去了溶剂又使溶液冷却，很快达到过饱和而结晶。这种结晶器有间歇式和连续式两种，图 6-20 是连续式真空结晶器。料液从进料口连续加入，晶体与部分母液用泵连续排出，循环泵迫使溶液沿循环管均匀混合，并维持一定的过饱和度。蒸发后的溶剂自结晶器顶部抽出，在高位槽冷凝器中冷凝。双级蒸汽喷射泵的作用是使冷凝器和结晶器内处于真空状态。

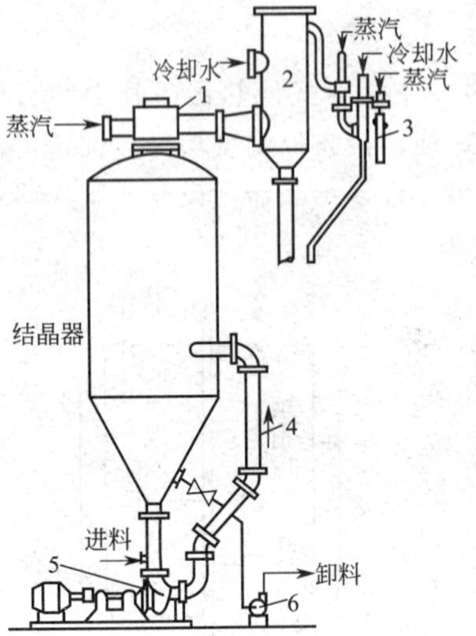

图 6-20 连续式真空结晶器

1—蒸汽喷射泵；2—冷凝器；3—双级蒸汽喷射泵；4—循环管；5—进料泵；6—卸料泵

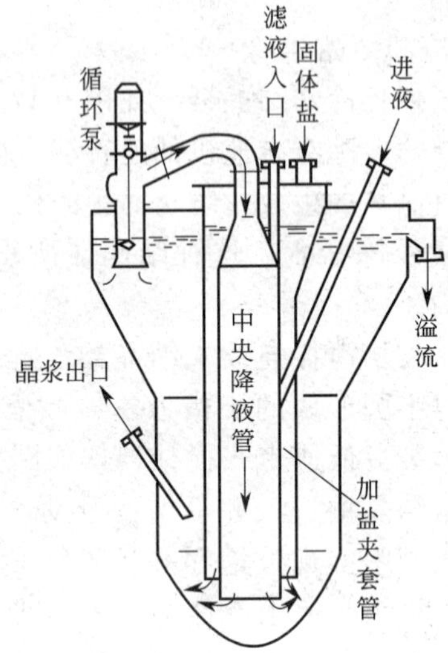

图 6-21 盐析结晶器

4. 盐析结晶器

盐析结晶器是利用盐析法进行结晶操作的设备。图 6-21 是联碱装置所用的盐析结晶器。溶液通过循环泵从中央降液管流出，与此同时，从套筒中不断地加入食盐。由于食盐浓度的变化，氯化铵的溶解度减小，形成一定的过饱和度，并析出结晶。在此过程中，加入盐量的大小是影响产品质量的关键。

复习题

一、问答题

1. 蒸发操作能连续进行，需具备哪些条件？
2. 什么是单效蒸发和多效蒸发？多效蒸发有什么特点？
3. 影响溶液沸点的因素有哪些？
4. 试比较各种蒸发流程的优缺点。
5. 蒸发器由哪几个基本部分组成？各部分的作用是什么？
6. 蒸发操作在化工生产中应用有哪些？
7. 试比较各种蒸发器的结构特点。
8. 什么是过饱和度及过饱和曲线？并说明过饱和曲线对结晶操作的指导意义。
9. 阐述结晶的生成过程。

二、填空题

1. 单位加热蒸汽消耗量是指____________________。
2. 蒸发过程中引起温度差损失的原因有__________、__________、__________。

3. 在单位蒸发操作中，加热蒸汽放出的热量消耗于____________、____________、____________。

4. 结晶的生成过程包括__________和__________两个阶段。

5. 工业上常用的结晶方法有______________________________________。

三、选择题

1. 某一蒸发器，进料为每小时20kg的10%稀盐水，若欲生产50%的浓盐水，请问每小时需移除（　　）的水蒸气?

A. 10kg　　B. 12kg　　C. 14kg　　D. 16kg

2. 在标准蒸发器中，二次蒸汽的温度为81℃，溶液的平均温度为93℃，加热蒸汽（生蒸汽）的温度为135℃，则蒸发器的有效传热温度差为（　　）。

A. 54℃　　B. 42℃　　C. 48℃　　D. 12℃

3. 有关多效蒸发器的三种加料类型：并流加料、逆流加料、平流加料，说法错误的是（　　）。

A. 并流加料和平流加料都采用并流换热方式

B. 在同等进料条件下，逆流加料的蒸发效率高于并流加料

C. 平流加料更适合于易结晶的物料

D. 三种加料方式的采用都提高了物料蒸发量，但以牺牲蒸汽的经济性为代价

4. 结晶分离的过程通常采用降温或者蒸发浓缩的方法，其目的是提高溶液的（　　），从而推动晶体的析出。

A. 过饱和度　　B. 浓度差　　C. 黏度差　　D. 焓

习　题

6-1　在单效蒸发中，每小时将20000kg的$CaCl_2$水溶液从15%连续浓缩到25%（均为质量分数），原料液的温度为75℃。蒸发操作的压力为50kPa，溶液的沸点为87.5℃。加热蒸汽绝对压强为200kPa，原料液的比热容为3.56kJ/(kg·℃)，蒸发器的热损失为蒸发器传热量的5%。试求：(1) 蒸发量；(2) 加热蒸汽消耗量。

[答：8000kg/h，8160kg/h]

6-2　用一单效蒸发器将浓度为20%的NaOH水溶液浓缩至50%，料液温度为35℃，进料流量为3000kg/h，蒸发室操作压力为19.6kPa，加热蒸汽的绝对压力为294.2kPa，溶液的沸点为100℃，蒸发器总传热系数为1200W/(m^2·℃)，料液的比热容为3.35kJ/(kg·℃)，蒸发器的热损失约为总传热量的5%。试求加热蒸汽的消耗量和蒸发器的传热面积。

[答：2369kg/h，36.2m^2]

6-3　传热面积为52m^2的蒸发器，在常压下每小时蒸发2500kg浓度为7%（质量分数）的某种水溶液。原料液温度是368K，常压下沸点是376K。完成液的浓度是45%（质量分数）。加热蒸汽的表压是1.96×10^5Pa，热损失是110kW。试估算蒸发器的传热系数。溶液的比热容是3.8kJ/(kg·K)。

[答：930W/(m^2·K)]

6-4　在标准式蒸发器中，蒸发20%的$CaCl_2$水溶液，已测得二次蒸汽的压力为40kPa，蒸发器内溶液的液面高度为2m，溶液的平均密度为1180kg/m^3，已知操作压力下因溶液沸点升高引起的温度差损失为4.24℃。试求由于溶液静压力引起的温度差损失及溶液的沸点。

[答：6.90℃，86.14℃]

第七章 蒸 馏

学习目标

1. 熟练掌握的内容

双组分理想物系的汽液相平衡关系及其相图表述；精馏原理及过程分析；双组分连续精馏塔的物料衡算、操作线方程、q 线方程、进料热状况参数 q 的计算及其对理论塔板数的影响、理论塔板数确定、最小回流比的计算和回流比的选择及其对精馏的影响。

2. 了解的内容

汽液传质设备的分类；非理想溶液的汽液相平衡关系；常用板式塔的类型；板式塔的工艺尺寸的确定、负荷性能图和板式塔的不正常操作。

3. 操作技能训练

精馏塔开、停车操作；精馏塔正常运行与调节；精馏系统常见故障分析与处理。

第一节 蒸馏的主要任务

一、蒸馏及其在化工生产中的应用

化工生产过程中所遇到的液体物料有许多是两个或两个以上组分的均相液体混合物，有的是粗产品与其他物质或溶剂的混合物，有的是两种溶剂的混合物。工艺上往往要求对粗产品进行纯化或将溶剂回收和提纯，例如：石油炼制品的切割，有机合成产品的提纯，溶剂回收和废液排放前的达标处理等。蒸馏是分离均相物系最常用的方法和典型的单元操作之一，广泛地应用于化工、石油、医药、食品、冶金及环保等领域。

液体具有挥发而成为蒸汽的能力。各种液体的挥发能力不同，因此，液体混合物汽化后所生成的蒸汽组成与原来液体的组成是有差别的。同理，混合物的蒸汽部分冷凝，则冷凝液组成与原来蒸汽的组成也是有差别的。蒸馏是通过加热造成汽液两相体系，利用液体混合物各组分挥发性的差别或沸点的差别实现组分的分离与提纯的一种操作。若将混合液加热令其部分汽化，则挥发性高的组分，即沸点低的组分（称为易挥发组分或轻组分）在汽相中的浓度比在液相中的浓度要高；而挥发性低的组分，即沸点较高的组分（称为难挥发组分或重组分）在液相中浓度比在汽相中的要高。例如：在容器中将苯和甲苯的混合液加热使之部分汽化，由于苯的挥发性能比甲苯强（即苯的沸点比甲苯的低），汽化出来的蒸汽中苯的浓度必然比原来的液体中的要高。当汽、液两相达到平衡后，将蒸汽抽出并使之冷凝，则得到的冷凝液中苯的含量比原来溶液要高。留下的残液中，甲苯的含量要比原来溶液要高。这样混合液就得到初步的分离。多次进行部分汽化或部分冷凝以后，最终可以在汽相中得到较纯的易挥发组分，而在液相中得到较纯的难挥发组分，这就叫做精馏。

蒸馏操作按原料的供给方式分为间歇蒸馏和连续蒸馏，前者用于小规模生产，后者用于大规模生产。按蒸馏方法可分为简单蒸馏、平衡蒸馏（闪蒸）、精馏、特殊精馏等多种方法。

按操作压强可分为常压蒸馏、加压蒸馏、减压（真空）蒸馏。按原料中所含组分数目可分为双组分（二元）蒸馏、多组分（多元）蒸馏。双组分蒸馏是蒸馏分离的基础，本章将着重讨论常压下双组分的连续精馏。

二、汽液传质设备的分类

实现蒸馏过程是在汽液传质设备中进行的。汽液传质设备的形式多样，用得最多的是板式塔和填料塔。汽相和液相在板式塔塔板上或填料塔填料表面上进行着质量传递过程。易挥发组分从液相转移至汽相，难挥发组分从汽相转移至液相。在实际生产中，对年产量小的混合液的分离，通常使用填料塔。

填料塔的结构如图 7-1 所示。塔体为一圆形筒体，塔内填充一定高度的填料，以填料作为汽液相接触的基本单元。液体从塔顶加入，经液体分布器均匀喷淋到塔截面上。液体沿填料表面呈膜状流下。各层填料之间设有液体再分布器，将液体重新均匀分布于塔截面上，再进入下层填料。气体从塔底送入，与液体呈逆流连续通过填料层的缝隙，从塔的上部排出。汽液两相在填料塔内进行接触传质。在正常情况下，液相为分散相，汽相为连续相。

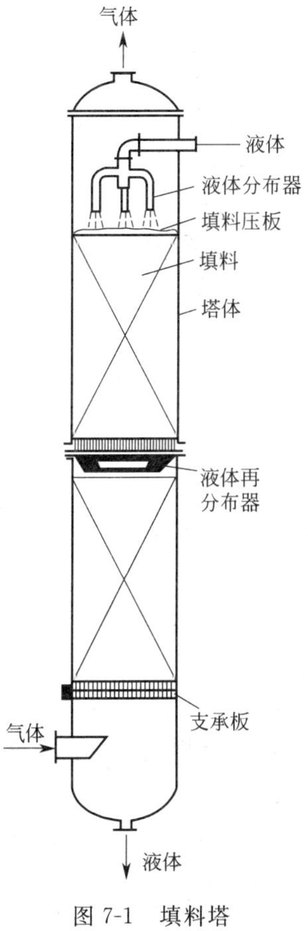

图 7-1 填料塔

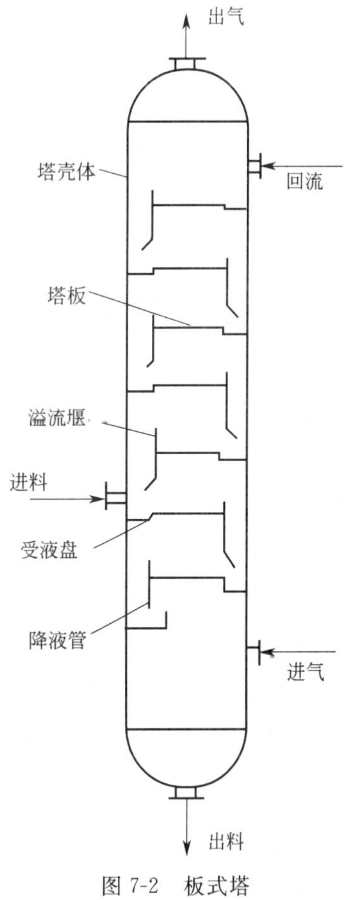

图 7-2 板式塔

板式塔的结构如图 7-2 所示。塔体也为圆筒体，塔内装有若干层按一定间距放置的水平塔板。操作时，塔内液体依靠重力作用，由上层塔板的降液管流到下层塔板上，然后横向流过塔板，从另一侧的降液管流至下一层塔板。汽相靠压强差推动，自下而上穿过各层塔板及板上液层而流向塔顶。塔板是板式塔的核心，在塔板上，汽液两相密切接触，进行热量和质量的交换。在正常操作下，液相为连续相，汽相为分散相。

第二节　两组分溶液的汽液相平衡关系

蒸馏是汽液两相间的传质过程。组分在两相中的浓度偏离平衡浓度的程度表示了传质推动力的大小。传质过程以两相达到平衡为极限。所以溶液的汽液相平衡是分析精馏原理和进行设备计算的理论依据。

一、理想溶液的汽液相平衡关系——拉乌尔定律

根据溶液中同分子间作用力与异分子间作用力的关系，溶液可分为理想溶液和非理想溶液两种。实验证明，理想溶液的汽液相平衡服从拉乌尔定律，即：

$$p_A = p_A^0 x_A \tag{7-1}$$

$$p_B = p_B^0 x_B = p_B^0 (1 - x_A) \tag{7-2}$$

式中　p——溶液上方组分的平衡分压，Pa；

p^0——平衡温度下纯组分的饱和蒸气压，Pa；

x——溶液中组分的摩尔分数；

下标 A 表示易挥发组分，B 表示难挥发组分。

习惯上，常略去式(7-2) 表示相组成的下标，以 x 和 y 分别表示易挥发组分在液相和汽相中的摩尔分数，以 $1-x$ 表示液相中难挥发组分的摩尔分数，以 $1-y$ 表示汽相中难挥发组分的摩尔分数。

非理想溶液的汽液相平衡关系可用修正的拉乌尔定律，或由实验测定。

二、双组分理想溶液的汽液平衡相图

双组分理想溶液的汽液平衡关系用相图表示比较直观、清晰，而且影响蒸馏的因素可在相图上直接反映出来。蒸馏中常用的相图为恒压下的温度-组成（t-x-y）图和汽相-液相组成（x-y）图。

1. 温度-组成（t-x-y）**图**

蒸馏多在一定外压下进行，溶液的沸点随组成而变，故恒压下的温度-组成图是分析蒸馏原理的基础。

苯-甲苯混合液可视为理想溶液。在总压 $p=101.3$kPa 下，苯-甲苯混合液的 t-x-y 图如图 7-3 所示。图中以温度 t 为纵坐标，以液相组成 x 或汽相组成 y 为横坐标。图中上方曲线为 t-y 线，表示混合液的平衡温度 t 和平衡时汽相组成 y 之间的关系，此曲线称为饱和蒸汽线。图中下方曲线为 t-x 线，表示混合液的平衡温度 t 和平衡时液相组成 x 之间的关系，此曲线称为饱和液体线。上述两条曲线将 t-x-y 图分成三个区域。饱和液体线（t-x 线）以下的区域代表未沸腾的液体，称为液相区；饱和蒸汽线上方的区域代表过热蒸汽，称为过热蒸汽区；两曲线包围的区域表示汽液两相同时存在，称为汽液共存区。

在恒定总压下，若将温度为 t_1 组成为 x（图中的 A 点所示）的苯-甲苯混合液加热，当温度达到 t_2（J 点）时，溶液开始沸腾，产生第一个气泡，其组成为 C 点对应组成 y_1，相应的温度 t_2 称为泡点，因此饱和液体线又称为泡点曲线。同样，若将温度为 t_4 组成为 y（B 点）的过热蒸汽冷却，当温度达到 t_3（H 点）时，混合汽体开始冷凝产生第一滴液滴，其组成为 Q 点对应组成 x_1，相应的温度 t_3 称为露点，因此饱和蒸汽线又称为露点曲线。当

升温使混合液的总组成与温度位于汽液共存区点 K 时，则物系被分成互呈平衡的汽液两相，其液相和汽相组成分别由 L、G 两点所对应横坐标得到。两相的量由杠杆规则确定。由图 7-3 可见，当汽液两相达到平衡时，两相的温度相同，但汽相中苯（易挥发组分）的组成大于液相组成。当汽液两相组成相同时，则汽相露点总是大于液相的泡点。

t-x-y 数据通常由实验测得。若溶液为理想溶液，则服从拉乌尔定律。总压不太高时，可认为汽相是理想气体，服从道尔顿分压定律。在以上条件下，可推导出 t-x-y 的数据计算式。由式(7-1)、式(7-2) 和道尔顿分压定律可得溶液上方汽相总压为：

$$p=p_A+p_B=p_A^0x_A+p_B^0(1-x_A)$$

解得

$$x_A=\frac{p-p_B^0}{p_A^0-p_B^0} \tag{7-3}$$

再由式(7-1) 和 $y_A=p_A/p$ 得

$$y_A=p_A^0x_A/p \tag{7-4}$$

若已知温度 t 和总压 p，由温度 t 查出 p_A^0、p_B^0，由式(7-3) 和式(7-4) 就可求出 x_A、y_A。

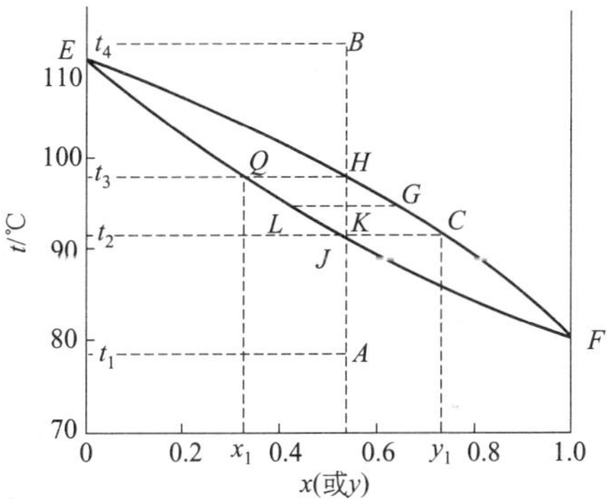

图 7-3 苯-甲苯混合液的 t-x-y 图

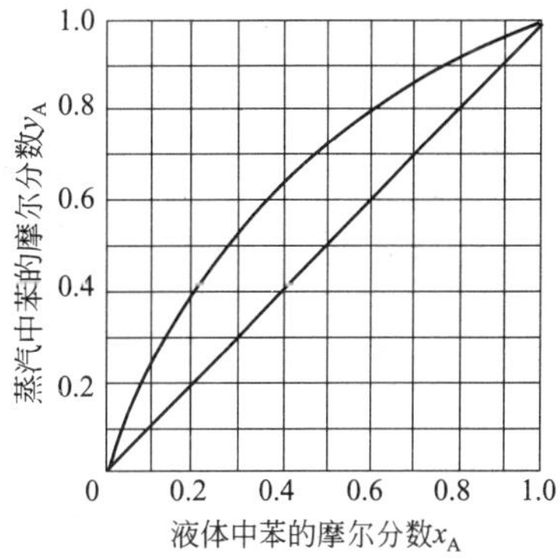

图 7-4 苯-甲苯的 y-x 图

【例题 7-1】 已知在 100℃时，纯苯的饱和蒸气压为 $p_A^0=179.2$kPa，纯甲苯的饱和蒸气压为 $p_B^0=73.86$kPa。试求总压力为 101.3kPa 下，苯-甲苯溶液在 100℃时的汽、液相平衡组成。该溶液为理想溶液。

解 由式(7-3) 得

$$x_A=\frac{p-p_B^0}{p_A^0-p_B^0}=\frac{101.3-73.86}{179.2-73.86}=0.26$$

由式(7-4) 得

$$y_A=\frac{p_A^0x}{p}=\frac{179.2\times0.26}{101.3}=0.46$$

2. 汽-液相组成（y-x）图

在蒸馏分析和计算中，除 t-x-y 图外，还经常用到汽-液相组成图。该图表示在一定总压下，汽液相平衡时的汽相组成与液相组成之间的对应关系。y-x 图可通过 t-x-y 图的数据作出。苯-甲苯混合液的 y-x 图如图 7-4 所示。图中曲线也称为平衡线。图中对角线（方程式为 $y=x$）为参考线。对于理想溶液达到平衡时，汽相中易挥发组分浓度 y 总是大于液相的 x，故其平衡线位于对角线的上方。平衡线离对角线越远，表示该溶液越易分离。

总压对 t-x-y 关系的影响较大，但对 y-x 关系的影响就没有那么大，因此在总压变化不大时，外压对 y-x 关系的影响可忽略。另外，在 y-x 曲线上任何一点所对应的温度不同。

三、相对挥发度

表示汽液平衡关系的方法，除了相图以外还可以用相对挥发度来表示。蒸馏分离混合液的基本依据是利用各组分挥发度的差异。通常，纯液体的挥发度是指该液体在一定温度下的饱和蒸气压。混合液体中各组分的挥发度可用它在蒸汽中的分压和与之平衡的液相中的摩尔分数之比来表示，即

$$\nu_A=\frac{p_A}{x_A} \tag{7-5}$$

$$\nu_B=\frac{p_B}{x_B} \tag{7-6}$$

对于理想溶液，因符合拉乌尔定律，则

$$\nu_A=\frac{p_A^0 x_A}{x_A}=p_A^0 \tag{7-7}$$

$$\nu_B=\frac{p_B^0 x_B}{x_B}=p_B^0 \tag{7-8}$$

因为 p_A^0、p_B^0 随温度变化而变化，所以 ν_A、ν_B 也随温度而变化，在使用时不方便，为此引入相对挥发度的概念。

溶液中易挥发组分的挥发度与难挥发组分的挥发度之比，称为相对挥发度，以 $\alpha_{A\text{-}B}$ 表示。常省略下标用 α 表示。则

$$\alpha=\frac{\nu_A}{\nu_B}=\frac{p_A/x_A}{p_B/x_B} \tag{7-9}$$

若操作压力 p 不高，汽相遵循道尔顿分压定律，上式可改写为

$$\alpha=\frac{py_A/x_A}{py_B/x_B}=\frac{y_A/x_A}{y_B/x_B} \tag{7-10}$$

或

$$\frac{y_A}{y_B}=\alpha\frac{x_A}{x_B} \tag{7-11}$$

对于理想溶液，则有

$$\alpha=\frac{p_A^0}{p_B^0} \tag{7-12}$$

式(7-12) 表明，理想溶液中组分的相对挥发度等于同温度下两纯组分的饱和蒸气压之比。由于 p_A^0 及 p_B^0 均随温度沿相同方向而变化，因而两者的比值变化不大。当操作温度不很大时，α 近似为一常数，其值可在该温度范围内任取一温度利用式(7-12) 求得，或由操作温度的上、下限计算两个相对挥发度，然后取其算术或几何平均值，这样 α 即为已知。

对于两组分溶液，$x_B=1-x_A$，$y_B=1-y_A$，代入式(7-11) 中，

$$\frac{y_A}{1-y_A}=\alpha\frac{x_A}{1-x_A}$$

略去下标 A，整理得

$$y=\frac{\alpha x}{1+(\alpha-1)x} \tag{7-13}$$

当 α 为已知时，可利用式(7-13) 表示 y-x 关系，即用相对挥发度表示了汽液相平衡关系。所以式(7-13) 称为相平衡方程。

若 $\alpha=1$，则由式(7-13) 可以看出 $y=x$，即相平衡时汽相的组成与液相的组成相同，不能用普通蒸馏方法分离。若 $\alpha>1$，则 $y>x$，α 愈大，y 比 x 大得愈多，组分 A 和 B 愈易分离。

【例题 7-2】 根据附表中各温度下苯和甲苯饱和蒸气压数据，计算苯-甲苯混合物在各温度下的相对挥发度。再由两端温度时的值求平均相对挥发度并写出相平衡方程。

例题 7-2 附表

t/℃	80.1	82	86	90	94	98	102	106	110	110.6
p_A^0/kPa	101.3	107.4	121.1	136.1	152.6	170.5	189.6	211.2	234.2	237.8
p_B^0/kPa	39.0	41.6	47.6	54.2	61.6	69.8	78.8	88.7	99.5	101.3

解　苯-甲苯溶液为理想溶液。低压下苯对甲苯的相对挥发度可由式(7-12) 计算：

$$\alpha=\frac{p_A^0}{p_B^0}$$

根据附表中各温度下的饱和蒸气压数据，可求得各温度下的相对挥发度如下表：

t/℃	80.1	82	86	90	94	98	102	106	110	110.6
α	2.60	2.58	2.54	2.51	2.47	2.44	2.41	2.38	2.35	2.35

由两端温度时的相对挥发度，设按算术平均，可求得平均挥发度为：

$$\alpha_{均}=\frac{2.6+2.35}{2}=2.48$$

相平衡方程式为：

$$y=\frac{2.48x}{1+1.48x}$$

第三节　简单蒸馏和精馏

一、简单蒸馏

简单蒸馏是使混合液在蒸馏釜中逐渐汽化，并不断将生成的蒸汽移出在冷凝器内冷凝，这种使混合液中组分部分分离的方法，称为简单蒸馏。简单蒸馏又称为微分蒸馏，是间歇非稳定操作，在蒸馏过程中系统的温度和汽、液组成均随时间改变。

简单蒸馏流程如图 7-5 所示。加入蒸馏釜的原料液被加热蒸汽加热沸腾汽化，产生的蒸汽由釜顶连续移出引入冷凝器得馏出液产品。釜内任一时刻的汽、液两相组成互成平衡，如图 7-6 所示 M 和 M'点。可见，易挥发组分在移出的蒸汽中的含量始终大于剩余在釜内的液相中的含量，其结果釜内易挥发组分含量由原料的初始组成 x_F 沿泡点线不断下降直至终止蒸馏时组成 x_E，釜内溶液的沸点温度不断升高，汽相组成也随之沿露点线不断降低。因此，通常设置若干个受槽分段收集馏出液产品。

简单蒸馏的分离效果很有限，工业生产中一般用于混合液的初步分离或除去混合液中不挥发的杂质。

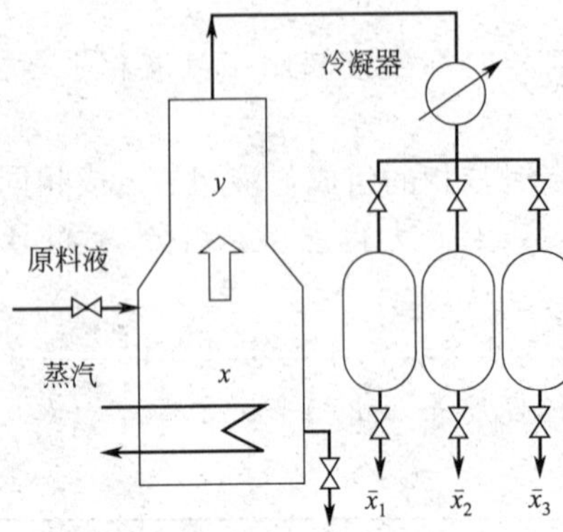

图 7-5　简单蒸馏流程

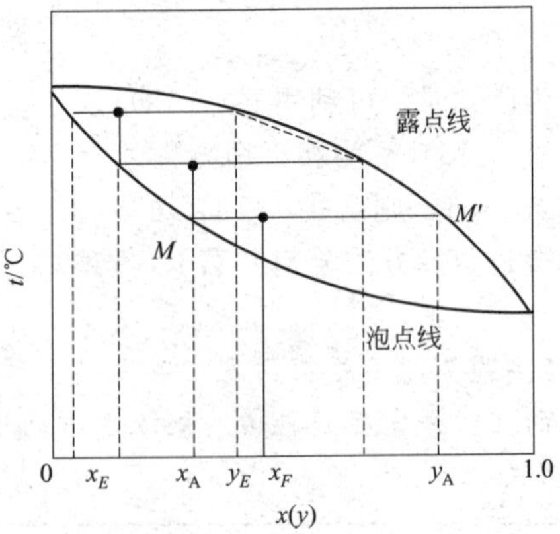

图 7-6　简单蒸馏原理

二、精馏原理

由汽液平衡关系可知，液体混合物一次部分汽化或混合物的蒸汽一次部分冷凝，都能使混合物得到部分分离，但不能使混合物完全分离。能将液体混合物较为完全地分离的一般方法是精馏。

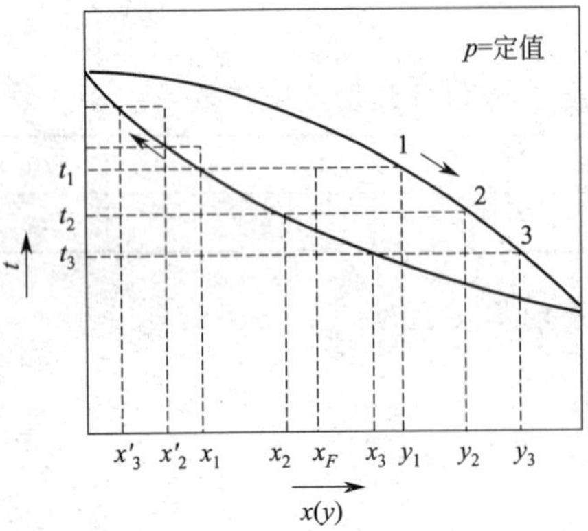

图 7-7　多次部分汽化和冷凝的 t-x-y 图

精馏原理可利用图 7-7 所示物系的 t-x-y 图来说明。将组成为 x_F 的两组分混合液升温至 t_1 使其部分汽化，并将汽相和液相分开，两相的组成分别为 y_1，x_1，此时 $y_1>x_F>x_1$，汽相量和液相量，可由杠杆规则确定。若将组成为 x_1 的液相继续进行部分汽化，则可得到组成分别为 y_2'（图中未标出）和 x_2' 的汽相及液相。继续将组成为 x_2' 液相继续进行部分汽化，又可得到组成为 y_3'（图中未标出）的汽相和组成为 x_3' 的液相，显然 $x_1>x_2'>x_3'$。如此将液体混合物进行多次部分汽化，在液相中可获得高纯度的难挥发组分。同时，将组成为 y_1 的汽相混合物进行部分冷凝，则可得到组成为 y_2 的汽相和组成为 x_2 的液相。继续将组成为 y_2 的汽相进行部分冷凝，又可得到组成为 y_3 的汽相和组成为 x_3 的液相，显然 $y_3>y_2>y_1$。由此可见，汽相混合物经多次部分冷凝后，在汽相中可获得高纯度的易挥发组分。由此可见，同时多次进行部分汽化和部分冷凝，就可将混合液分离为纯的或比较纯的组分。

化工生产中，多次部分汽化与部分冷凝过程是在精馏塔内有机偶合而进行操作的。连续精馏塔如图 7-8 所示，塔的底部是精馏塔塔釜，混合液在这里被加热，沸腾并汽化。蒸汽自塔釜上升，通过填料或塔板直至塔顶，塔顶冷凝器将上升的蒸汽冷凝成液体，其中一部分作为塔顶产品（馏出液）取出，另一部分重新流回塔顶（称为回流液），并从塔顶向下经填料或塔板流向塔釜。在填料表面或塔板上，下降液体与上升蒸汽充分接触。蒸汽被下降液体部分冷凝，使其中部分难挥发组分转入液相；同时蒸汽部分冷凝时释放的冷凝潜热传给液相，使液相部分汽化，液相中部分易挥发组分转入汽相。这样的传质过程在每块塔板上逐级发生，所以易挥发组分浓度沿指向塔顶方向逐步增大，难挥发组分浓度沿指向塔底方向逐步增大。显然整个精馏塔的温度也是自上而下逐步增大的。

三、精馏装置及精馏操作流程

精馏在精馏装置中进行如图 7-8 所示，精馏装置主要由精馏塔、塔顶冷凝器、塔底再沸器构成，有时还配有原料预热器、回流液泵、产品冷却器等装置。精馏塔是精馏装置的核心，塔板的作用是提供汽-液接触进行传热、传质的场所。原料液进入的那层塔板称为加料板，加料板以上部分称为精馏段，加料板以下的部分（包括加料板）称为提馏段。精馏段的作用是自下而上逐步增浓汽相中的易挥发组分，以提高产品中易挥发组分的浓度；提馏段的作用是自上而下逐步增浓液相中的难挥发组分，以提高塔釜产品中难挥发组分的浓度。再沸器的作用是提供一定流量的上升蒸汽流。冷凝器的作用是冷凝塔顶蒸汽，提供塔顶液相产品和回流液。回流液不但是使蒸汽部分冷凝的冷却剂，而且还起到给塔板上液相补充易挥发组分的作用，使塔板上液相组成保持不变。按进料是否连续，精馏操作流程可分为连续精馏的流程和间歇精馏的流程。

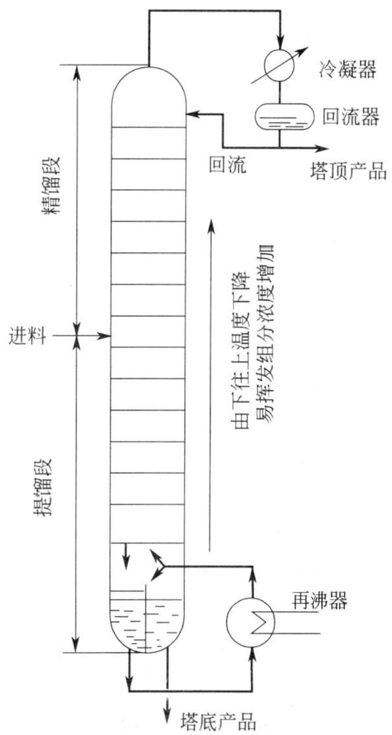

图 7-8　连续精馏塔示意图

连续精馏的流程如图 7-8。原料液通过泵（图中未画出）送入精馏塔。在加料板上原料液和精馏段下降的回流液汇合，逐板溢流下降，最后流入再沸器中。操作时，连续地从再沸器中取出部分液体作为塔底产品（釜残液），部分液体汽化，产生上升蒸汽依次通过各层塔板，最后在塔顶冷凝器中被全部冷凝。部分冷凝液利用重力作用或通过回流液泵流入塔内，其余部分经冷却器冷却后作为塔顶产品（馏出液）。间歇精馏的流程与连续精馏的类同，区别在于原料液一次性加入，进料位置移至塔釜上部。

第四节　双组分连续精馏过程的物料衡算

化工生产中的蒸馏操作多数情况采用连续精馏。因此，本节主要讨论双组分连续精馏的工艺计算。当生产任务要求将一定数量和组成的原料分离成指定组成的产品时，精馏塔计算的内容有：馏出液和釜残液的流量、塔板数、进料口位置、塔高、塔径等。本节将对前三项内容进行讨论。

一、理论板的概念及恒摩尔流假定

由于影响精馏过程的因素很多，用数学分析法来进行精馏的计算很为繁复，为了简化精馏计算，通常引入“理论板”的概念和恒摩尔流假定。

1. 理论板的概念

理论板是指离开该塔板的蒸汽和液体成平衡的塔板。不论进入理论板的汽-液两相组成如何，离开时两相温度相等，组成互成平衡。实际上，由于板上汽-液两相接触面积和接触时间是有限的，因此在任何形式的塔板上，汽-液两相难以达到平衡状态，理论板是不存在的，但它可作为实际板分离效率的依据和标准。在设计时求得理论板数后，通过用板效率校正就可得到实际板数。

2. 恒摩尔流假定

恒摩尔流是指在精馏塔内，无中间加料或出料的情况下，每层塔板的上升蒸汽摩尔流量相等（恒摩尔气流），下降液体的摩尔流量也相等（恒摩尔液流），即

（1）精馏段　$V_1=V_2=V_3=\cdots=V=$常数

提馏段　$V_1'=V_2'=V_3'=\cdots=V'=$常数

注意 V 不一定等于 V'。

式中　V——精馏段任一塔板上升蒸汽流量，kmol/h 或 kmol/s；

V'——提馏段任一塔板上升蒸汽流量，kmol/h 或 kmol/s。

下标表示塔板序号（下同）

（2）精馏段　$L_1=L_2=L_3=\cdots=L=$常数

提馏段　$L_1'=L_2'=L_3'=\cdots=L'=$常数

注意 L 不一定等于 L'。

式中　L——精馏段任一塔板下降液体流量，kmol/h 或 kmol/s。

L'——提馏段任一塔板下降液体流量，kmol/h 或 kmol/s。

在精馏塔塔板上汽-液两相接触时，假若有 1kmol 蒸汽冷凝，同时相应有 1kmol 的液体汽化。这样，恒摩尔流动的假设才能成立。一般对于物系中各组分化学性质类似的液体，虽然其千克汽化潜热不等，但千摩尔汽化潜热皆略相同。千摩尔汽化潜热相同，同时塔保温良好，热损失可忽略不计的情况下，可视为恒摩尔流动。以后介绍的精馏计算是以恒摩尔流为前提的。

二、物料衡算和操作线方程

1. 全塔物料衡算

通过全塔物料衡算，可以求出馏出液和釜残液流量、组成及进料流量、组成之间的关系。

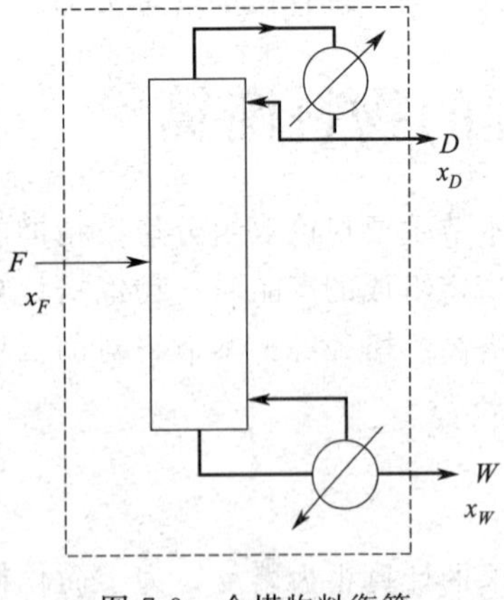

图 7-9　全塔物料衡算

对图 7-9 所示连续精馏装置作全塔物料衡算。由于是连续稳定操作，故进料流量必等于出料流量。则

总物料　$$F=D+W \tag{7-14}$$

易挥发组分　$$Fx_F=Dx_D+Wx_W \tag{7-15}$$

式中　F——原料液流量，kmol/h；

D——塔顶产品（馏出液），kmol/h；

W——塔底产品（釜残液），kmol/h；

x_F——原料中易挥发组分的摩尔分数；

x_D——馏出液中易挥发组分的摩尔分数；

x_W——釜残液中易挥发组分的摩尔分数。

全塔物料衡算式关联了六个量之间的关系，若已知其中四个，联立式(7-14) 和式(7-15) 就可求出另外两个未知数。使用时注意单位一定要统一、对应。

对精馏过程所要求的分离程度除用产品的组成表示外，有时还用回收率表示。回收率是指回收了原料中易挥发组分（或难挥发组分）的百分数。如塔顶易挥发组分的回收率 η

$$\eta=\frac{Dx_D}{Fx_F}\times 100\%$$

塔底难挥发组分回收率 η

$$\eta=\frac{W(1-x_W)}{F(1-x_F)}\times 100\%$$

【例题 7-3】 将 1200kg/h 含苯 0.45（摩尔分数，下同）和甲苯 0.55 的混合液在连续精馏塔中分离，要求馏出液含苯 0.95，釜液含苯不高于 0.1，求馏出液、釜残液的流量以及塔顶易挥发组分的回收率。

解 苯和甲苯的摩尔质量分别为 78kg/kmol 和 92kg/kmol。

进料液的平均摩尔质量

$$M_F=0.45\times 78+0.55\times 92=85.7$$

$$F=1200/85.7=14.0\text{kmol/h}$$

$$\begin{cases}F=D+W\\ Fx_F=Dx_D+Wx_W\end{cases}$$

联解得

$$D=\frac{F(x_F-x_W)}{x_D-x_W}=\frac{14.0\times(0.45-0.1)}{0.95-0.1}=5.76\text{kmol/h}$$

$$W=F-D=14.0-5.76=8.24\text{kmol/h}$$

塔顶易挥发组分回收率 η

$$\eta=\frac{Dx_D}{Fx_F}=\frac{5.76\times 0.95}{14\times 0.45}\times 100\%=86.9\%$$

2. 操作线方程

假若对精馏塔内某一截面以上或以下作物料衡算，就可得到任意板下降液相组成 x_n 及由其下一层上升的蒸汽组成 y_{n+1} 之间关系的方程。表示这种关系的方程称为精馏塔的操作线方程。在连续精馏塔的精馏段和提馏段之间，因有原料不断地进入塔内，因此精馏段与提馏段两者的操作关系是不相同的，应分别讨论。先推导精馏段操作关系。

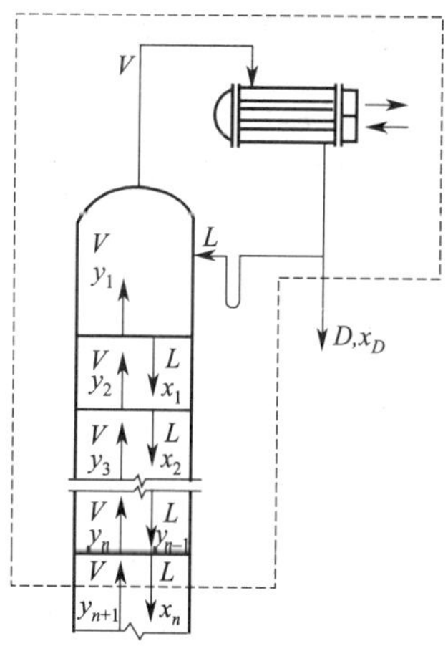

图 7-10　精馏段物料衡算示意图

（1）精馏段操作线方程　精馏段物料衡算示意图见图 7-10，把精馏段内任一横截面（例如第 n 块与第 $n+1$ 块塔板间）以上的塔段及塔顶冷凝器作为物料衡算区域。精馏段的操作线方程可通过对该区域的物料衡算求得。即

总物料　　$$V=L+D \tag{7-16}$$

易挥发组分　　$$Vy_{n+1}=Lx_n+Dx_D \tag{7-17}$$

式中　x_n——精馏段中第 n 层板下降液相中易挥发组分的摩尔分数；

y_{n+1}——精馏段第 $n+1$ 层板上升蒸汽中易挥发组分的摩尔分数。

由以上两式整理，得

$$y_{n+1}=\frac{L}{L+D}x_n+\frac{D}{L+D}x_D \tag{7-18}$$

式(7-18) 右边两项的分子分母除以馏出液流量 D，并令

$$R=\frac{L}{D} \tag{7-19}$$

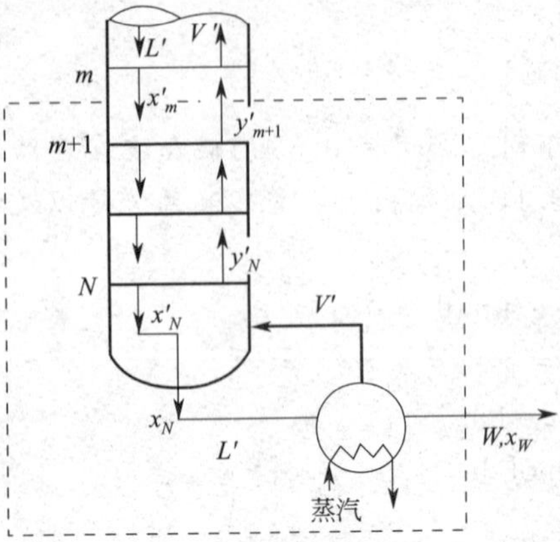

图 7-11 提馏段物料衡算

R 称为回流比，它是精馏操作的重要参数之一。R 值的确定和影响将在后面讨论。则得

$$y_{n+1}=\frac{R}{R+1}x_n+\frac{x_D}{R+1} \tag{7-20}$$

式(7-20) 称为精馏段操作线方程。它表示在一定的操作条件下，精馏段内自任意第 n 块板下降液相组成 x_n 与其相邻的下一块（即 $n+1$）塔板上升蒸汽组成 y_{n+1} 之间的关系。

(2) 提馏段操作线方程　提馏段示意图如图 7-11 所示，同理对任意第 m 板和第 $m+1$ 板间以下塔段及再沸器作物料衡算式，即

总物料　$$L'=V'+W \tag{7-21}$$

易挥发组分　$$L'x'_m=V'y'_{m+1}+Wx_W \tag{7-22}$$

式中　x'_m——提馏段第 m 层板下降液相中易挥发组分的摩尔分数；

y'_{m+1}——提馏段第 $m+1$ 层板上升蒸汽中易挥发组分的摩尔分数。

由以上两式，得

$$y'_{m+1}=\frac{L'}{L'-W}x'_m-\frac{W}{L'-W}x_W \tag{7-23}$$

式(7-23) 称为提馏段操作线方程。该方程表示在一定的条件下，提馏段内自任意第 m 块塔板下降液相组成 x'_m 与其相邻的下一块（即 $m+1$）塔板上升蒸汽组成 y'_{m+1} 之间的关系。式中的 L' 受加料量及进料热状况的影响。

三、进料热状况的影响

进料热状况不同，将影响提馏段下降的液体量 L'，因而使提馏段操作线的斜率受到影响。进料热状况对 L' 的影响可通过进料热状态参数 q 来表示。q 的定义式为：

$$q=\frac{L'-L}{F} \tag{7-24}$$

即每 1kmol 进料使得 L' 较 L 增大的物质的量。通过对加料板作物料及热量衡算，就能得到 q 值的计算式：

$$q=\frac{\text{将 1kmol 进料变为饱和蒸汽所需的热量}}{\text{1kmol 原料液的汽化潜热}} \tag{7-25}$$

则：

$$L'=L+qF \tag{7-26}$$

$$V=V'+(1-q)F \tag{7-27}$$

根据 q 值的大小将进料分为五种情况。

1. $q=1$，泡点液体进料

原料液加入后不会在加料板上产生汽化或冷凝，进料全部作为提馏段的回流液，两段上升蒸汽流量相等，即

$$L'=L+F \qquad V'=V$$

2. $q=0$，饱和蒸汽进料

进料中没有液体，整个进料与提馏段上升的蒸汽 V' 汇合进入精馏段，两段的回流液流量则相等，即

$$L'=L \qquad V=V'+F$$

3. $0<q<1$，汽液混合进料

进料中液相部分成为 L'的一部分，而其中蒸汽部分成为 V 的一部分，即

$$L'=L+qF \qquad V=V'+(1-q)F$$

4. $q>1$，冷液进料

因原料液温度低于加料板上沸腾液体的温度，原料液入塔后需要吸收一部分热量使全部进料加热到板上液体的泡点温度，这部分热量由提馏段上升的蒸汽部分冷凝提供。此时，提馏段下降液体流量 L'由三部分组成：①精馏段回流液流量 L；②原料液流量 F；③提馏段蒸汽冷凝液流量。由于部分上升蒸汽冷凝，致使上升到精馏段的蒸汽流量 V 比提馏段的 V'要少，即

$$L'>L+F \qquad V'>V(\text{其差额为蒸汽冷凝量})$$

5. $q<0$，过热蒸汽进料

过热蒸汽入塔后不仅全部与提馏段上升蒸汽 V'汇合进入精馏段，还要放出显热成为饱和蒸汽，此显热使加料板上的液体部分汽化。此情况下，进入精馏段的上升蒸汽流量包括三部分：①提馏段上升蒸汽流量 V'；②原料液的流量 F；③加料板上部分汽化的蒸汽流量。由于部分液体汽化，下降到提馏段的液体流量要比精馏段的 L 要少，即

$$L'<L(\text{其差额为液体汽化量}) \qquad V>V'+F$$

各种加料情况对精馏操作的影响如图 7-12 所示。

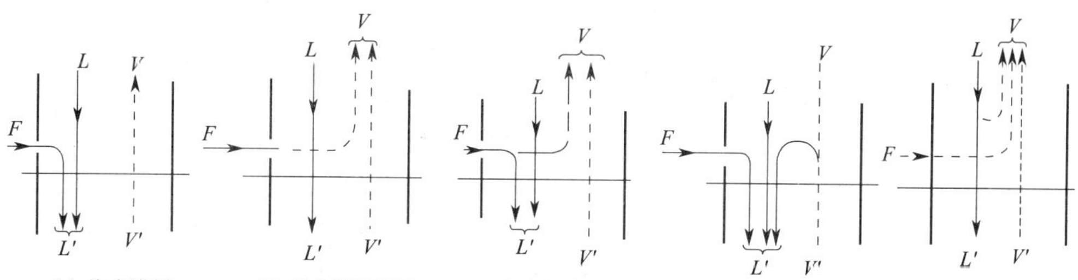

(a) 泡点进料 (b) 饱和蒸汽进料 (c) 汽液混合进料 (d) 过冷液体进料 (e) 过热蒸汽进料

图 7-12 各种加料情况对精馏操作的影响

【例题 7-4】 已知苯-甲苯原料液组成 $x_F=0.4505$，$F=100\text{kmol/h}$，精馏段的 $V=179.3\text{kmol/h}$，$L=134.5\text{kmol/h}$，试求：

① 进料温度为 47℃时的 q 值；

② 47℃进料状况下提馏段上升蒸汽和下降液体的流量。

解 ① $x_F=0.4504$ 的苯-甲苯混合液，查苯-甲苯 t-x-y 图得原料液泡点 $t_{泡}=93℃$，故原料液为冷液体。q 值可由式(7-25) 计算，即：

$$q=\frac{r_{均}+c_{均}(t_{泡}-t_F)}{r_{均}}$$

式中 $r_{均}$——原料液的平均摩尔汽化热，kJ/kmol；

$c_{均}$——原料液的平均摩尔比热容，kJ/(kmol·℃)；

$t_{泡}$——原料液的泡点，℃；

t_F——进料温度，℃。

在 93℃时，查得 $r_{苯}=394.06\text{kJ/kg}=30737\text{kJ/kmol}$

$r_{甲苯}=376.83\text{kJ/kg}=34668\text{kJ/kmol}$

原料液平均摩尔汽化潜热 $r_{均}$

$$r_{均}=r_{苯}x_F+r_{甲苯}(1-x_F)=30737\times0.4504+34668\times(1-0.4504)=32734\text{kJ/kmol}$$

在平均温度 $t_{均}=\dfrac{93+47}{2}=70℃$ 时，查得

$$c_{苯}=1.884\text{kJ/(kg·K)}=146.96\text{kJ/(kmol·K)}$$

$$c_{甲苯}=1.884\text{kJ/(kg·K)}=173.34\text{kJ/(kmol·K)}$$

原料液平均摩尔比热容为

$$c_{均}=146.96\times0.4504+173.34\times(1-0.4504)=161.46\text{kJ/(kmol·K)}$$

所以 $$q=\frac{r_{均}+c_{均}(t_{泡}-t_F)}{r_{均}}=\frac{32734+161.46\times(93-47)}{32734}=1.227$$

② 提馏段下降液体量和上升蒸汽量

$$L'=L+qF=134.5+1.227\times100=257.2\text{kmol/h}$$

$$V'=V-(1-q)F=179.3-(1-1.227)\times100=202\text{kmol/h}$$

第五节　塔板数和回流比的确定

一、理论塔板数的求法

利用汽液两相的平衡关系和操作关系可求出所需的理论板数，利用前者可以求得塔板上汽液平衡组成，而通过后者可求得相邻塔板上的液相或汽相组成。通常采用的方法有逐板计算法和图解法，下面分别介绍这两种方法。

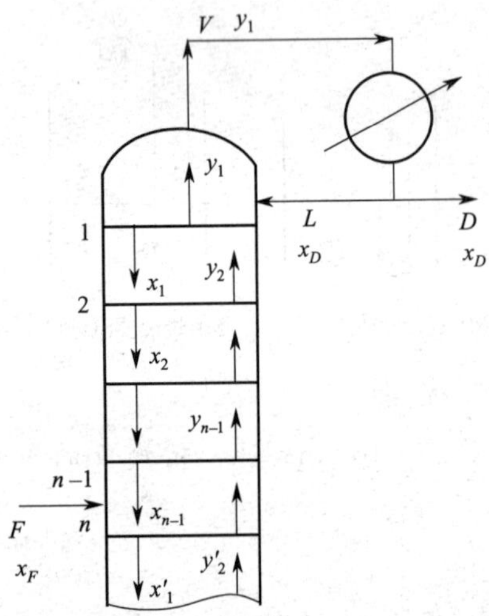

图 7-13　逐板计算示意图

1. 逐板计算法

逐板计算法通常是从塔顶（或塔底）开始，交替使用汽-液相平衡方程和操作线方程去计算每一块塔板上的汽-液相组成，直到满足分离要求为止。如图 7-13 所示，计算步骤如下。

① 若塔顶采用全凝器，从塔顶第一块理论板上升的蒸汽进入冷凝器后全部被冷凝，故塔顶馏出液组成及回流液组成均与第一块理论板上升蒸汽的组成相同，即 $y_1=x_D$。

由于离开每层理论板汽-液相组成互成平衡，故可由 y_1 利用汽-液相平衡方程求得 x_1，即

$$y_1=\frac{\alpha x_1}{1+(\alpha-1)x_1}$$

所以

$$x_1=\frac{y_1}{\alpha-(\alpha-1)y_1}$$

② 由第一块理论塔板下降的回流液组成 x_1，按照精馏段操作线方程求出第二块理论板上升的蒸汽组成 y_2，即

$$y_2=\frac{R}{R+1}x_1+\frac{x_D}{R+1}$$

同理，第二块理论塔板下降的液相组成 x_2 与 y_2 互成平衡，可利用汽-液相平衡方程由 y_2 求得。

③ 按照精馏段操作线方程再由 x_2 求得 y_3，如此重复计算，直至计算到 $x_n \leqslant x_F$（仅指泡点液体进料的情况）时，表示第 n 块理论板是进料板（即提馏段第 1 块理论板），因此精馏段所需理论板数为 $n-1$。对其他进料热状况，应计算到 $x_n \leqslant x_q$ 为止，x_q 为两操作线交点处的液相组成。在计算过程中，每利用一次平衡关系式，表示需要一块理论板。

④ 从此开始，改用提馏段操作线方程和汽-液相平衡方程，继续采用与上述相同的方法进行逐板计算，直至计算到 $x'_m \leqslant x_W$ 为止。因再沸器相当于一块理论板，故提馏段所需的理论板数为 $m-1$。精馏塔所需的总理论塔板数为 $n+m-2$。

逐板计算法计算结果准确，同时可得各层理论塔板上的汽液相组成及对应的平衡温度，虽然计算过程烦琐，但随着计算机应用技术的普及，这已不是主要问题。因此该法是计算理论塔板数的一种行之有效的方法。

2. 图解法

图解法计算精馏塔的理论板数和逐板计算法一样，也是利用汽液平衡关系和操作关系，只是把汽液平衡关系和操作线方程式描绘在 x-y 相图上，使繁琐数学运算简化为图解过程。两者并无本质区别，只是形式不同而已。

(1) 精馏段操作线的作法　由精馏段操作线方程式可知精馏段操作线为直线，只要在 y-x 图上找到该线上的两点，就可标绘出来。若略去精馏段操作线方程中变量的下标，则式(7-20) 可写成

$$y=\frac{R}{R+1}x+\frac{x_D}{R+1} \tag{7-28}$$

上式中截距为 $\frac{x_D}{R+1}$，在图 7-14 中以 c 点表示。当 $x=x_D$ 时，代入上式得 $y=x_D$，即在对角线上以 a 点表示。a 点代表了全凝器的状态。连 ac 即为精馏段操作线。

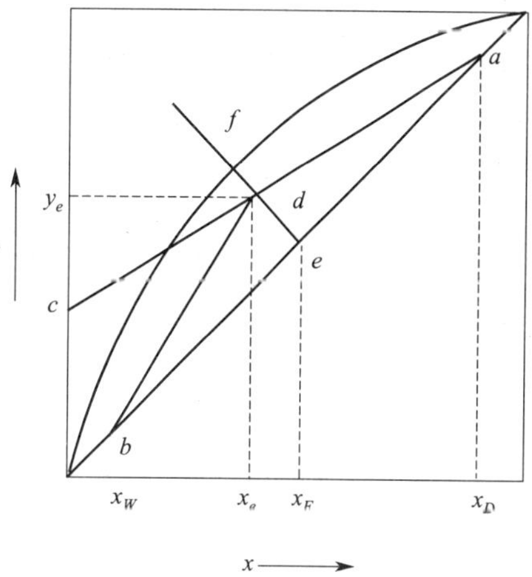

图 7-14　操作线的作法

(2) 提馏段操作线的作法　若略去提馏段操作线方程中变量的下标，则式(7-23) 可写成

$$y=\frac{L'}{L'-W}x-\frac{W}{L'-W}x_W \tag{7-29}$$

因 $L'=L+qF$ 则

$$y=\frac{L+qF}{L+qF-W}x-\frac{W}{L+qF-W}x_W \tag{7-30}$$

由式(7-30) 可知提馏段操作线为直线，只要在 y-x 图上找到该线上的两点，就可标绘出来。当 $x=x_W$ 时，代入上式得 $y=x_W$，即在图 7-14 对角线上的 b 点。由于提馏段操作线的截距数值很小，b 点 (x_W，x_W) 与代表截距的点相距很近，作图不易准确。若利用斜率作图不仅麻烦，而且在图上不能直接反映出进料热状况的影响。故通常是找出提馏段操作线与精馏段操作线的交点 d，连 bd 即得到提馏段操作线。提馏段与精馏段操作线的交点，可由联解两操作线方程而得。

设两操作线的交点 d 的坐标为（x_q，y_q），联立式(7-28) 和式(7-30)，经过推导，可得

$$x_q=\frac{(R+1)x_F+(q-1)x_D}{R+q} \tag{7-31}$$

$$y_q=\frac{Rx_F+qx_D}{R+q} \tag{7-32}$$

为便于作图和分析，由以上两式消去 x_D，得到

$$y=\frac{q}{q-1}x-\frac{x_F}{q-1} \tag{7-33}$$

此方程为两操作线交点的轨迹方程，称为 q 线方程或进料方程。它在 x-y 相图上是通过点 $e(x_F,x_F)$ 的一条直线，其斜率为$\frac{q}{q-1}$。由以上两条件可作出 q 线 ef，即可求得它和精馏段操作线的交点，而 q 线是两操作线交点的轨迹，故这一交点必然也是两操作线的交点 d，连接 bd 即得提馏段操作线。

（3）进料热状况对 q 线及操作线的影响　进料热状况参数 q 值不同，q 线的斜率也就不同，q 线与精馏段操作线的交点随之变动，从而影响提馏段操作线的位置。五种不同进料热状况对 q 线及操作线的影响如图 7-15 所示。冷液进料 q 线在 x-y 图中的位置是 ef_1，饱和液体进料 q 线在 x-y 图中的位置是 ef_2，汽液混合进料 q 线在 x-y 图中的位置是 ef_3，饱和蒸汽进料 q 线在 x-y 图中的位置是 ef_4，过热蒸汽进料 q 线在 x-y 图中的位置是 ef_5。

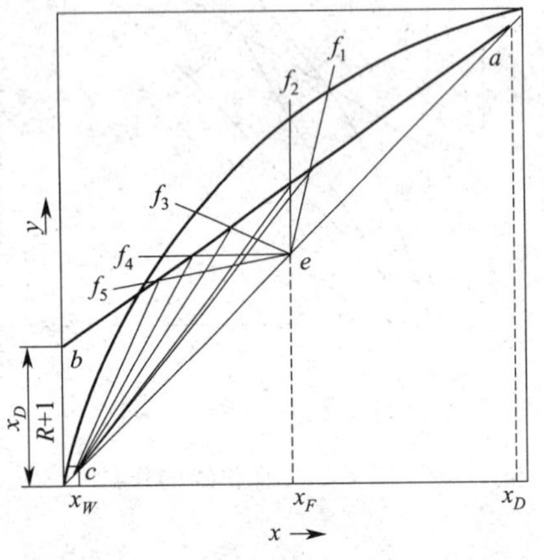

图 7-15　进料热状况对操作线的影响

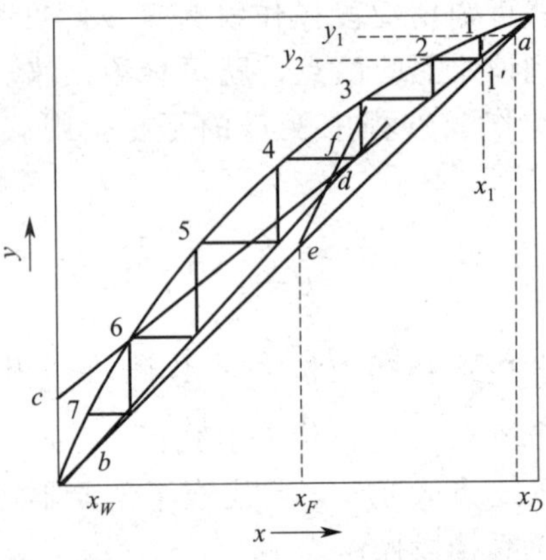

图 7-16　求理论板层数的图解方法

（4）图解法求理论板数的步骤

① 在直角坐标纸上绘出待分离的双组分混合物在操作压强下的 x-y 平衡曲线，并作出对角线。如图 7-16 所示。

② 依照前面介绍的方法作精馏段的操作线 ac，q 线 ef，提馏段操作线 bd。

③ 从 a 点开始，在精馏段操作线与平衡线之间作水平线及垂直线构成直角梯级，当梯级跨过 d 点时，则改在提馏段与平衡线之间作直角梯级，直至梯级的水平线达到或跨过 b 点为止。

④ 梯级数目减一即为所需理论板数。每一个直角梯级代表一块理论板，这结合逐板计算法分析不难理解。其中过 d 点的梯级为加料板，最后一级为再沸器。因再沸器相当于一块理论板，故所需理论板数应减一。

在图 7-16 中梯级总数为 7。第 4 层跨过 d 点，即第 4 层为加料板，精馏段共 3 层，在提

馏段中，除去再沸器相当的一块理论板，则提馏段的理论板数为 4－1＝3。该分离过程共需 6 块理论板（不包括再沸器）。

图解法较为简单，且直观形象，有利于对问题的了解和分析，目前在双组分连续精馏计算中仍广为采用。但对于相对挥发度较小而所需理论塔板数较多的物系，结果准确性较差。

3. 适宜的进料位置

在设计中确定适宜进料板位置的问题也就是如何选择加料位置可使总理论板数最少。适宜的进料位置一般应在塔内液相或汽相组成与进料组成相近或相同的塔板上。当采用图解法计算理论板时，适宜的进料位置应为跨过两操作线交点所对应的阶梯。对于一定的分离任务，选此位置所需理论板数为最少，跨过两操作线交点后继续在精馏段操作线与平衡线之间作阶梯，或没有跨过交点就更换操作线，都会使所需理论板数增加。

对于已有的精馏装置，在适宜进料位置进料，可获得最佳分离效果。在实际操作中，进料位置过高，会使馏出液的组成偏低（难挥发组分偏高）；反之，使釜残液中易挥发组分含量增高，从而降低馏出液中易挥发组分的收率。对于实际的塔，往往难以预先准确确定最佳进料位置，特别是当料液浓度和其他操作条件有变化时，因此通常在相邻的几层塔板上均装有进料管，以便调整操作时选用。

二、塔板效率和实际塔板数

在实际塔板上，汽液相接触的面积和时间均有限，分离也可能不完全，故离开同一塔板的汽液相，一般都未达到平衡，因此实际塔板数总应多于理论塔板数。

实际塔板偏离理论板的程度用塔板效率表示。塔板效率有多种表示方法，这里介绍常用的单板效率和全塔效率。

（1）单板效率　单板效率又称默弗里（Murphree）板效率。它用汽相（或液相）经过一实际塔板时组成变化与经过一理论板时组成变化的比值来表示。如图 7-17 所示。

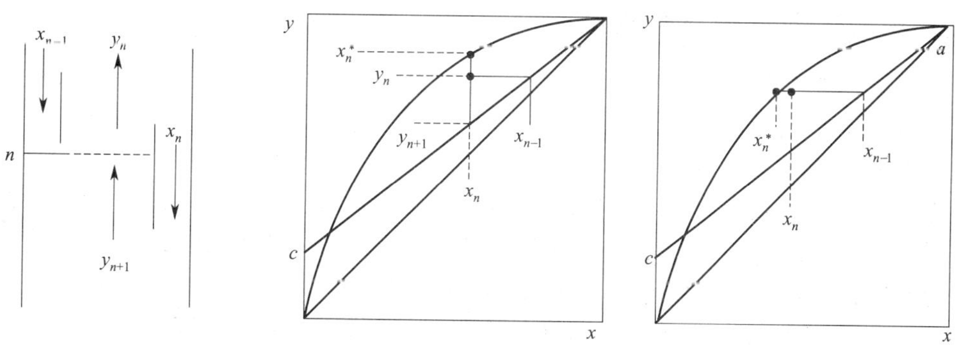

图 7-17　单板效率图示

以汽相表示的单板效率 E_{mv}

$$E_{mv}=\frac{\text{实际板的汽相增浓值}}{\text{理论板的汽相增浓值}}=\frac{y_n-y_{n+1}}{y_n^*-y_{n+1}} \tag{7-34}$$

以液相表示的单板效率 E_{ml}

$$E_{ml}=\frac{\text{实际板的液相浓度降低值}}{\text{理论板的液相浓度降低值}}=\frac{x_{n-1}-x_n}{x_{n-1}-x_n^*} \tag{7-35}$$

式中　y_{n+1}，y_n——进入和离开 n 板的汽相组成；

y_n^*——与板上液体组成 x_n 成平衡的汽相组成；

x_{n-1}，x_n——进入和离开 n 板的液相组成；

x_n^*——与 y_n 成平衡的液相组成。

（2）全塔效率 E_T　理论板数与实际板数之比称为全塔效率又称为总板效率，用 E_T 表示。

$$E_T=\frac{N_{理}}{N_{实}}\times 100\% \tag{7-36}$$

式中　$N_{理}$——理论板数；

$N_{实}$——实际板数。

全塔效率反映了全塔的平均传质效果，但它并不等于所有单板效率的某种简单的平均值。

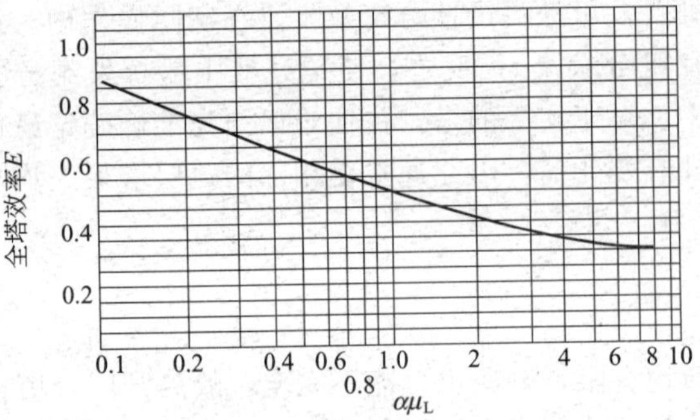

图 7-18　精馏塔效率关联曲线

如已知全塔效率，就很容易由理论板数，算出所需的实际板数。但问题在于影响塔板效率的因素很复杂，有系统的物性、塔板的结构、操作条件、液沫夹带、漏液、返混等。目前尚未能得到一个较为满意地求全塔效率的关联式。比较可靠的数据来自生产及中间试验的测定。对双组分混合液全塔效率多在 0.5～0.7 之间。

奥康内尔收集了几十个工业塔的塔板效率数据，认为对于蒸馏塔，可用相对挥发度与进料液体黏度的乘积 $\alpha\mu_L$ 作为参数来表示全塔效率，关联曲线见图 7-18。其数据来源只限于泡罩塔和筛板塔。浮阀塔也可参照应用，约比图示数据高 10%～20%左右。α 和 μ_L 均取塔顶及塔底平均温度下的值，μ_L 的单位为 mPa·s。

三、回流比的影响及其选择

精馏操作必须使塔顶部分冷凝液回流，而且回流比的大小，对精馏塔的操作与设计影响很大。在指定分离要求下，即 x_D 和 x_W 均为定值时，增大回流比，精馏段操作线的截距减小，操作线离平衡线越远，每一梯级的垂直线段及水平线段都增大，说明每层理论板的分离程度加大，为完成一定分离任务所需的理论板数就会减少。但是增大回流比又导致操作费用增加，因而回流比的大小涉及经济问题。既应考虑工艺上的问题，又应考虑设备费用（板数多少及冷凝器、再沸器传热面积大小）和操作费用，来选择适宜的回流比。

回流比有两个极限值，上限为全回流（即回流比为无穷大），下限为最小回流比，实际回流比为介于两极限值之间的某一适宜值。

1. 全回流和最少理论塔板数

若塔顶上升之蒸汽冷凝后全部回流至塔内，这种回流方式称为全回流。

在全回流操作下，塔顶产品量 D 为零，进料量 F 和塔底产品量 D 也均为零，既不向塔内进料，也不从塔内取出产品。因而精馏塔无精馏段和提馏段之分了。

全回流时回流比 $R=L/D=L/0=\infty$，是回流比的最大值。

精馏段操作线的斜率$\frac{R}{R+1}=1$，在 y 轴上的截距$\frac{x_D}{R+1}=0$，操作线与 y-x 图上的对角线重合，即

$$y_{n+1}=x_n$$

在操作线与平衡线间绘直角梯级，其跨度最大，所需的理论板数最少，以 $N_{\min}$ 表示。如图 7-19 所示。

$N_{\min}$ 可在 y-x 图上的平衡线与对角线之间直接作阶梯图解，也可用平衡方程与对角线方程逐板计算得到。

全回流操作生产能力为零，因此对正常生产无实际意义。但在精馏操作的开工阶段或在实验研究中，多采用全回流操作，这样便于过程的稳定和精馏设备性能的评比。

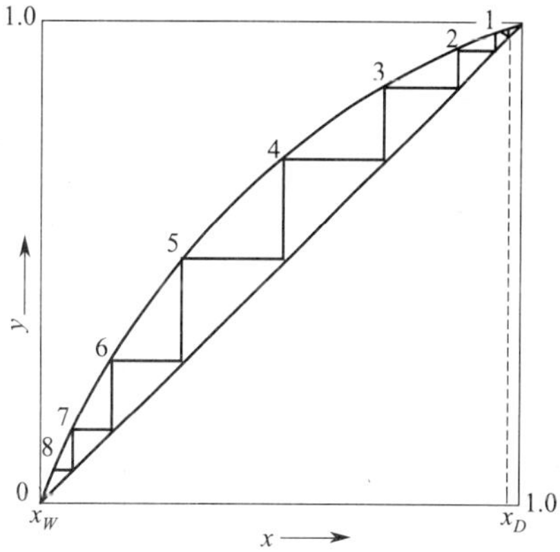

图 7-19　全回流时理论板数

2. 最小回流比

对于一定的分离任务，若减小回流比，精馏段的斜率变小，两操作线的交点沿 q 线向平衡线趋近，表示汽-液相的传质推动力减小，达到指定的分离程度所需的理论板数增多。当回流比减小到某一数值时，两操作线的交点 d 落在平衡曲线上，如图 7-20 所示，在平衡线和操作线间绘梯级，需要无穷多的梯级才能达到 d 点，这是一种不可能达到的极限情况，相应的回流比称为最小回流比，以 $R_{\min}$ 表示。

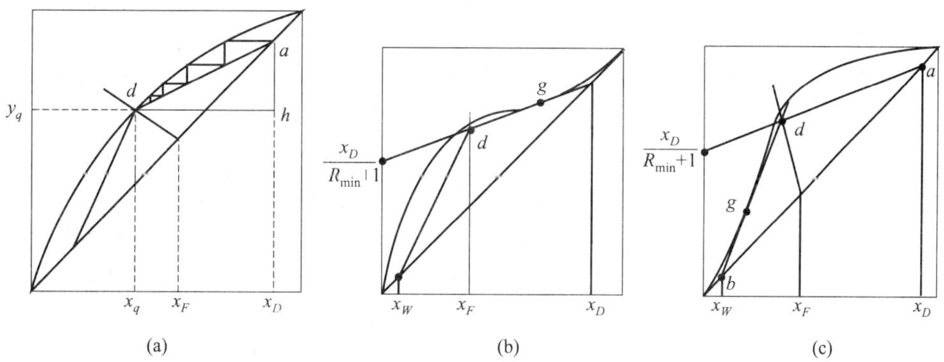

图 7-20　最小回流比

最小回流比 $R_{\min}$ 可用作图法或解析法求得。

(1) 作图法　依据平衡曲线的形状不同，作图方法有所不同。对于理想溶液曲线，根据图 7-20(a)，在最小回流比时，精馏段操作线的斜率为

$$\frac{R_{\min}}{R_{\min}+1}=\frac{ah}{dh}=\frac{x_D-y_q}{x_D-x_q}$$

式中　x_q，y_q——分别为 q 线与平衡曲线交点的横、纵坐标值。

整理得

$$R_{\min}=\frac{x_D-y_q}{y_q-x_q} \tag{7-37}$$

对于不正常的平衡曲线，平衡线具有下凹部分。当两操作线的交点还未落到平衡线上之前，操作线已与平衡线相切，如图 7-20(b)、图 7-20(c) 所示。此时达到分离要求，所需理论板数为无穷多，故对应的回流比为最小回流比。这种情况下 $R_{\min}$ 的求法应根据精馏段操作线的斜率求得 $R_{\min}$。

(2) 解析法　当平衡曲线为正常情况，相对挥发度可取为常数（或取平均值）的理想溶液，则

$$y_q=\frac{\alpha x_q}{1+(\alpha-1)x_q}$$

代入式(7-37) 整理得

$$R_{min}=\frac{1}{\alpha-1}\left[\frac{x_D}{x_q}-\frac{\alpha(1-x_D)}{1-x_q}\right] \tag{7-38}$$

若泡点液体进料 $x_q=x_F$，故

$$R_{min}=\frac{1}{\alpha-1}\left[\frac{x_D}{x_F}-\frac{\alpha(1-x_D)}{1-x_F}\right] \tag{7-39}$$

若饱和蒸汽进料 $y_q=y_F$，故

$$R_{min}=\frac{1}{\alpha-1}\left[\frac{\alpha x_D}{y_F}-\frac{1-x_D}{1-y_F}\right]-1 \tag{7-40}$$

式中　y_F——饱和蒸汽进料中易挥发组分的摩尔分率。

3. 适宜回流比

实际的回流比一定要大于最小回流比；而适宜回流比需按实际情况，全面考虑到设备费用（塔高、塔径、再沸器和冷凝器的传热面积等）和操作费用（热量和冷却器的消耗等），应通过经济核算来确定，使操作费用和设备费用之和为最低。

在精馏塔设计中，通常根据经验取最小回流比的一定倍数作为操作回流比。近年来一般都推荐取最小回流比的 1.1～2 倍，即

$$R=(1.1\sim2.0)R_{min}$$

对于难分离的物系，R 应取得更大些。

在生产中，设备都已安装好，即理论板数固定。若原料的组成、加料热状况均为定值，倘若加大回流比操作，这时操作线更接近对角线，所需理论板数减少，而塔内理论板数比需要的多，因而产品纯度会有所提高。反之，减少回流比操作，情景正好与上述相反，产品纯度会有所下降。所以在生产中把调节回流比当作保持产品纯度的一种手段。

【例题 7-5】 某连续精馏塔在 101.3kPa 下分离甲醇水混合液。原料液中含甲醇 0.315（摩尔分数，下同），泡点加料。若要求馏出液中甲醇含量为 0.95，残液中甲醇含量为 0.04。假设操作回流比为最小回流比的 1.77 倍。试以图解法求该塔的理论板数和加料板位置。平衡数据如下。

例题 7-5 甲醇-水平衡数据

x	0.02	0.06	0.10	0.20	0.30	0.40	0.50	0.60	0.80	0.90
y	0.134	0.304	0.418	0.579	0.665	0.729	0.779	0.825	0.915	0.958

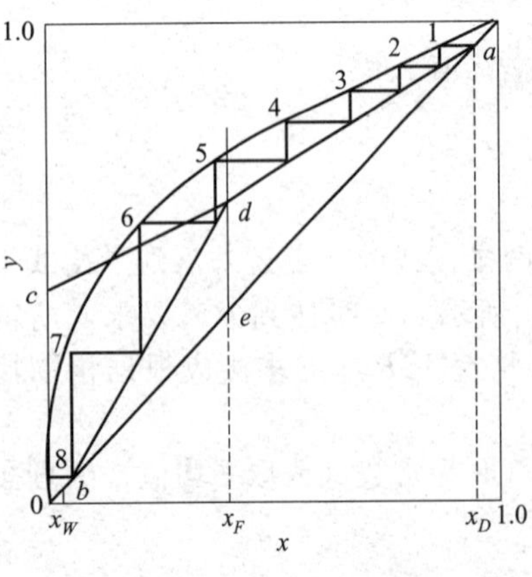

图 7-21　例题 7-5 附图

解　已知 $x_F=0.315$，$x_D=0.95$，$x_W=0.04$，$R=1.77R_{min}$。

根据甲醇-水平衡数据，在 y-x 图上画出平衡曲线，如图 7-21 所示。

由平衡曲线查得泡点进料时，$x_q=0.315$，$y_q=0.715$

$$R_{min}=\frac{x_D-y_q}{y_q-x_q}=\frac{0.95-0.715}{0.715-0.315}=0.588$$

$$R=1.77R_{min}=1.77\times0.588=1.04$$

作精馏段操作线 ac 和提馏段操作线 bd。

由图解法求出全塔理论塔板数 $N_{理}=7$（不包括再沸器），加料板位置为从上向下数第 5 块理论塔板。

四、精馏塔操作分析

精馏塔操作的基本要求是在连续稳定状态和最经济的条件下处理更多的原料液，达到预定的分离要求，即在允许范围内采用较小的回流比和较大的再沸器传热量。影响精馏稳定状态和高效操作的主要因素包括：操作压力、进料组成和热状况、塔顶回流比、全塔的物料平衡和稳定、冷凝器和再沸器的传热性能、设备散热情况等。由此可见，影响精馏操作的因素十分复杂，以下就其中主要因素予以分析。

1. 物料平衡的影响和制约

保持精馏装置的物料平衡是精馏塔稳定操作的必要条件。根据全塔物料衡算可知，对于一定的原料液流量 F，只要确定了分离程度 x_D 和 x_W，馏出液流量 D 和釜残液流量 W 也就被确定了。而 x_D 和 x_W 决定于汽液平衡关系、原料液组成 x_F、进料热状况 q、回流比 R 和理论板数 N_T，因此馏出液流量 D 和釜残液流量 W 只能根据 x_D 和 x_W 确定，而不能任意增减，否则进出塔的两个组分的量不平衡，必然导致塔内组成变化，操作波动，使操作不能达到预期的分离要求。

物料不平衡导致产品不合格情况有两种。①精馏塔顶、塔釜产品采出比例不当，使得 $Dx_D>Fx_F-Wx_W$，表现为釜温合格，而顶温上升，调节方法：不改变塔釜加热量，减小塔顶采出，加大塔釜出料和进料量。②精馏塔顶、塔釜产品采出比例不当，使得 $Dx_D<Fx_F-Wx_W$，表现为釜温不合格，而顶温合格，调节方法：不改变回流量，加大塔顶采出，加大塔釜加热量。

精馏操作中压力和液位控制是为了建立精馏塔稳态操作条件，液位恒定阻止了液体累积，压力恒定阻止了汽体累积。对于一个连续系统，若不阻止累积就不可能取得稳态操作，也就不可能稳定。压力是精馏操作的主要控制参数，压力除影响气体累积外，还影响冷凝、汽化、温度、组成、相对挥发度等塔内发生的几乎所有过程。

2. 回流比的影响

回流比是影响精馏塔分离效果的主要因素，生产中经常用改变回流比来调节、控制产品的质量。例如当回流比增大时，精馏段操作线斜率 L/V 变大，该段内传质推动力增加，因此，在一定的精馏段理论板数下馏出液组成变大。同时回流比增大，提馏段操作线斜率 L'/V' 变小，该段的传质推动力增加，因此在一定的提馏段理论板数下，釜残液组成变小。反之，回流比减小时，x_D 减小而 x_W 增大，使分离效果变差。

由于精馏塔分离能力不够引起产品不合格的表现为塔顶温度升高，塔釜温度降低。操作中常采用加大回流比的方法进行调节。

回流比增加，使塔内上升蒸汽量及下降液体量均增加，若塔内汽液负荷超过允许值，则应减少原料液流量。回流比变化时再沸器和冷凝器的传热量也应相应发生变化。

3. 进料组成和进料热状况的影响

当进料状况（x_F 和 q）发生变化时，应适当改变进料位置。一般精馏塔常设几个进料位置，以适应生产中的进料状况的变化，保证在精馏塔的适宜位置进料。如进料状况改变而进料位置不变，必然引起馏出液和釜残液组成的变化。对特定的精馏塔，若 x_F 减小，则将使 x_D 和 x_W 均减小，欲保持 x_D 不变，则应增大回流比。

当进料中易挥发组分增加，表现为塔釜温度下降，应加大塔顶采出量、减少回流比。进料中易挥发组分减少，表现为塔顶温度上升。应减少塔顶采出量 、增大回流比。

进料温度低，使上升蒸汽的一部分冷凝成液体，增加了精馏塔提馏段的负担，使再沸器蒸汽消耗增加，引起塔釜产品质量下降，甚至不合格。进料温度高，进料汽体直接上升，进入塔的精馏段，会造成塔顶产品质量下降，甚至不合格。进料温度变化对塔内上升蒸汽量有很大影响，因此塔釜加热量及塔顶冷凝量需要调节。

五、精馏塔的产品质量控制和调节

精馏塔的产品质量通常是指馏出液及釜残液的组成达到规定值。生产中某一因素的干扰（如传热量、x_F、q）将影响产品的质量，因此应及时予以调节和控制。

在一定的压强下，混合物的泡点和露点都取决于混合物的组成，因此可以用容易测定的温度来预示塔内组成的变化。通常可用塔顶温度反映馏出液的组成，用塔底的温度反映釜残液组成。但对于高纯度分离时，在塔顶或塔底相当一段高度内，温度变化极小，因此当塔顶或塔底温度发现有可觉察的变化时，产品的组成可能已明显改变，再设法调节就很难了。可见对高纯度分离时，一般不能用测量塔顶温度来控制塔顶组成。

分析塔内沿塔高的温度分布可以看出，在精馏段或提馏段的某塔板上温度变化最显著，也就是说这些塔板的温度对于外界因素的干扰反应最为灵敏，通常将它称为灵敏板。因此，生产上常用测量和控制灵敏板的温度来保证产品的质量。

在精馏塔的正常控制中，应严格保持塔顶压力、塔釜温度、进料量和预热温度等的稳定，生产中一定要做到稳定均衡，避免大起大落的现象发生，塔内出现不平衡不要调整幅度过大。

第六节　连续精馏装置的热量衡算

精馏操作是同时进行多次部分汽化和多次部分冷凝的过程。塔底供热产生的回流蒸汽和塔顶冷凝得到的回流液体为塔内各板上进行的汽化和冷凝提供了过程所需的热源和冷源。因此，再沸器和冷凝器是精馏装置中极为重要的两个附属设备。对连续精馏装置进行热量衡算，可求得冷凝器和再沸器的热负荷以及冷却介质和加热介质的消耗量，为设计这些换热设备提供基本数据。

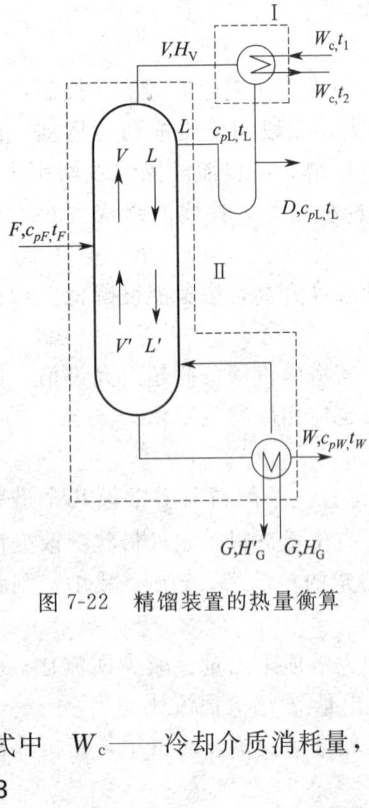

图 7-22　精馏装置的热量衡算

一、冷凝器的热量衡算

对如图 7-22 所示的塔顶全凝器进行热量衡算，忽略热损失

$$Q_c=V(H_V-H_L)=(R+1)D(H_V-H_L)=(R+1)Dr_V \tag{7-41}$$

式中　Q_c——全凝器的热负荷，kW；

H_V，H_L——塔顶上升蒸汽的焓和馏出液的焓，kJ/kmol；

r_V——塔顶蒸汽的冷凝潜热，kJ/kmol。

冷却介质消耗量为

$$W_c=\frac{Q_c}{c_{pc}(t_2-t_1)} \tag{7-42}$$

式中　W_c——冷却介质消耗量，kg/s；

c_{pc}——冷却介质的比热容，kJ/(kg·℃)；

t_1，t_2——冷却介质在冷凝器进、出口处的温度，℃。

二、再沸器的热量衡算

再沸器的热负荷可由全塔热量衡算或再沸器的热量衡算求得，如图 7-22 中虚线框Ⅱ所示，精馏装置衡算体系热量输入、输出情况如表 7-1。

表 7-1 精馏装置热量输入、输出情况

输入热量	输出热量
加热蒸汽带入的热 $Q_G=GH_G$	塔顶蒸汽带出的热 $Q_V=(R+1)DH_V$
原料液代入的热 $Q_F=Fc_{pF}t_F$	釜残液带出的热 $Q_W=Wc_{pW}t_W$
回流液代入的热 $Q_L=RDc_{pL}t_L$	冷凝水带出的热 $Q_G'=GH_G'$ 和热损失 Q'

表中 G——加热剂消耗量，kmol/h；

H_G，H_V，H_G'——加热蒸汽、塔顶蒸汽和冷凝水的焓，kJ/kmol；

F——原料液的流量，kmol/h；

c_p——比热容，kJ/(kmol·℃)；

t_F，t_L，t_W——原料液、回流液和釜残液的温度，℃；

R——回流比；

D——馏出液的流量，kmol/h；

W——釜残液的流量，kmol/h。

全塔热量衡算式
$$Q_G+Q_F+Q_L=Q_V+Q_W+Q_G'+Q' \tag{7-43}$$

由式(7-43)得再沸器的热负荷
$$Q_B=Q_G-Q_G'=(Q_V+Q_W+Q')-(Q_F+Q_L) \tag{7-44}$$

若对再沸器进行热量衡算（略），可得
$$Q_B=V'(H_{V'}-H_W)+Q_{损} \tag{7-45}$$

式中 $H_{V'}$——再沸器上升蒸汽的焓，kJ/kmol；

H_W——釜残液的焓，kJ/kmol；

$Q_{损}$——再沸器热损失，kJ/h。

再沸器消耗加热剂的量
$$G=\frac{Q_B}{H_G-H_G'} \tag{7-46}$$

若用饱和蒸汽加热且冷凝液于饱和温度下排出，则
$$H_G-H_G'=r$$

式中 r——加热蒸汽的摩尔汽化潜热，kJ/kmol。

于是
$$G=\frac{Q_B}{r} \tag{7-47}$$

【例 7-6】 用常压连续精馏塔分离正庚烷-正辛烷混合液。若每小时可得正庚烷含量 92%（摩尔分数，下同）的馏出液 50kmol，操作回流比为 2.4，泡点回流。泡点进料，进料组成为 40%，釜残液组成 5%，塔釜用绝对压强为 101.3kPa 的饱和水蒸气间接加热，塔顶为全凝器用冷却水冷却，冷却水进、出口温度分别为 25℃和 35℃。求冷却水消耗量和加热蒸汽消耗量（热损失取传递热量的 3%）。（相平衡关系可参见习题 7-4 附表）

解 首先根据物料衡算求出 V 和 V'

$$V=(R+1)D=(2.4+1)\times 50=170\text{kmol/h}$$

$$V'=V-(1-q)F=170\text{kmol/h}$$

① 冷却水消耗量　由于塔顶馏出液几乎为纯正庚烷，作为近似计算，按正庚烷的焓计算。

$x_D=0.92$ 时，泡点温度为 99.9℃，查附录此温度下正庚烷的汽化潜热为

$$r_c=310\text{kJ/kg}$$

正庚烷的摩尔质量为　　　　$M_c=100\text{kg/kmol}$

对于泡点回流，有

$$H_V-H_L=r_cM_c=310\times100=3.1\times10^4\text{kJ/kmol}$$

冷凝器的热负荷为

$$Q_c=V(H_V-H_L)=170\times3.1\times10^4=5.27\times10^6\text{kJ/h}$$

冷却水的消耗量为

$$\begin{aligned}W_c&=\frac{Q_c}{c_{p水}(t_2-t_1)}\\&=\frac{5.27\times10^6}{4.187\times(35-25)}\\&=1.259\times10^5\text{kg/h}\\&=125.9\text{t/h}\end{aligned}$$

② 加热蒸汽用量　塔釜几乎为纯正辛烷，其焓可按正辛烷的焓值计算。

$x_W=0.05$ 时，泡点温度 $t_s=124.5$℃，此时正辛烷的汽化潜热为 $r_W=300\text{kJ/kg}$

正辛烷的摩尔质量为　　　　$M_W=114\text{kg/kmol}$

$$H_{V'}-H_W\approx r_WM_W=300\times114=34200\text{kJ/kmol}$$

由式(7-45) 可计算再沸器热负荷 Q_B

$$Q_{损}=0.03[V'(H_{V'}-H_W)]$$

$$Q_B=1.03V'(H_{V'}-H_W)=1.03\times170\times34200=5.99\times10^6\text{kJ/h}$$

由附录查得 $p=101.3\text{kPa}$（绝）时水蒸气的汽化潜热为 $r=2258.7\text{kJ/kg}$，于是加热蒸汽的消耗量为

$$G=\frac{Q_B}{r}=\frac{5.99\times10^6}{2258.7}=2.65\times10^3\text{kg/h}$$

由 Q_B 和 Q_c 的计算结果可见，加入塔釜的热量绝大部分在塔顶冷凝器中被带走。

第七节　板　式　塔

在板式塔和填料塔中都可实现汽液传质过程。填料塔在吸收章将作介绍，本节将对板式塔的结构和设计给予一定的介绍。

一、精馏操作对塔设备的要求

板式塔是由一个圆筒形壳体及其中按一定间距设置的若干层塔板构成。相邻塔板间有一定距离，称为板间距。塔内液体依靠重力作用自上而下，流经各层塔板后自塔底排出，在各层塔板上保持一定深度的流动液层。汽相则在压力差的推动下，自塔底穿过各层塔板上的开孔由下而上穿过塔板上的液层最后由塔顶排出。呈错流流动的汽相和液相在塔板上进行传质过程。显然，塔板的功能应使汽液两相保持密切而又充分的接触，为传质过程提供足够大且不断更新的相际接触面积，减少传质阻力。在具体选择塔型或对塔设备评价时，主要考虑以下几个基本性能：

① 生产能力大，即单位时间单位塔截面上的处理量大；
② 分离效率高，是指每层塔板的分离程度大；
③ 操作弹性大，即指最大汽速负荷与最小汽速负荷之比大；
④ 塔板压降小，即气体通过每层塔板的压力降小；
⑤ 塔的结构简单，制造成本低。

二、常用板式塔类型

板式塔的核心部件是塔板。塔板主要由以下几部分组成：汽相通道、溢流堰、降液管。根据塔板上汽相通道的形式不同，可分为泡罩塔、筛板塔、浮阀塔、舌形塔、浮动舌形塔和浮动喷射塔等多种。目前从国内外实际使用情况看，主要的塔板类型为浮阀塔、筛板塔及泡罩塔，前两种使用尤为广泛，因此本节只对泡罩塔、浮阀塔、筛板塔作一般介绍，并对浮阀塔的设计作较详细的讨论。

1. 泡罩塔板

泡罩塔板是最早在工业上广泛应用的塔板，结构见图 7-23 所示。塔板上开有许多圆孔，每孔焊上一个圆短管，称为升气管，管上再罩一个“罩”称为泡罩。升气管顶部高于液面，以防止液体从中漏下，泡罩底缘有很多齿缝浸入在板上液层中。操作时，液体通过降液管下流，并由于溢流堰保持一定的液层。气体则沿升气管上升，折流向下通过升气管与泡罩间的环形通道，最后被齿缝分散成小股气流进入液层中，气体鼓泡通过液层形成激烈的搅拌进行传热、传质。

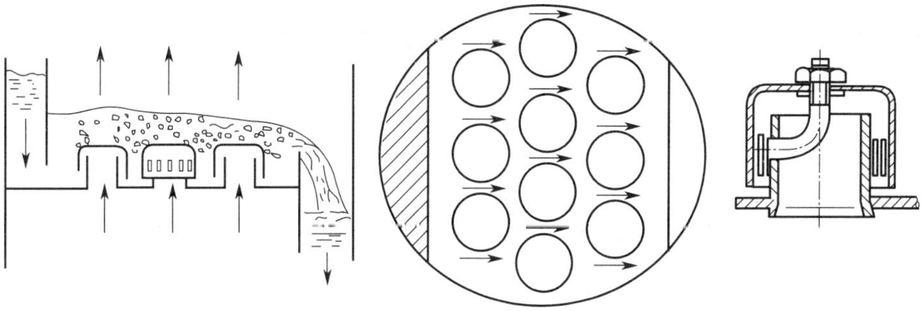

(a) 泡罩塔板操作示意图　(b) 泡罩塔板平面图　(c) 圆形泡罩

图 7-23 泡罩塔板

泡罩塔具有操作稳定可靠、液体不易泄漏、操作弹性大等优点，所以长时间被使用。但随着工业发展需要，对塔板提出了更高的要求。实践证明泡罩塔板有许多缺点，如结构复杂、造价高、气体通道曲折、塔板压降大、气体分布不均匀效率较低等。由于这些缺点，使泡罩塔的应用范围逐渐缩小。

2. 筛板塔板

筛板塔板也是较早出现的一种板型，由于当时对其性能认识不足，使用受到限制，直至 20 世纪 50 年代初，随着工业发展的需要，开始对筛板塔的性能设计等作了较为充分的研究。当前筛板塔的应用日益广泛。

筛板塔的结构较为简单，其结构如图 7-24 所示。塔板上设置降液管及溢流堰，并均匀地钻有若干小孔，称为筛孔。正常操作时，液体沿降液管流入塔板上并由于溢流堰而形成一定深度的液层，气体经筛孔分散成小股气流，鼓泡通过液层，造成汽液两相的密切接触。

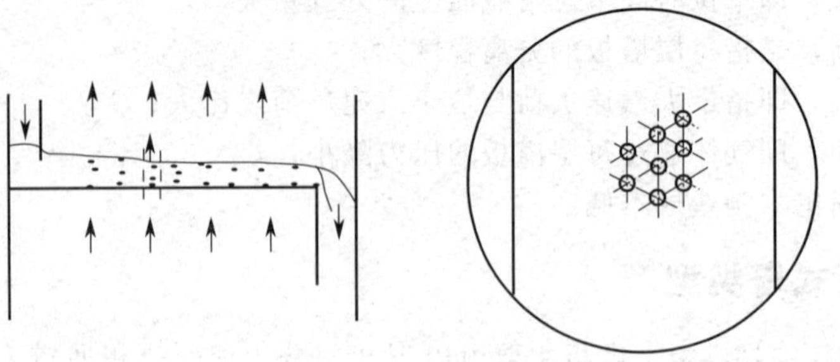

(a) 筛板操作示意图　　(b) 筛孔布置图

图 7-24　筛板

筛板塔突出的优点是结构简单，造价低。但其缺点是操作弹性小，必须维持较为恒定的操作条件。

3. 浮阀塔板

浮阀塔板是 20 世纪 50 年代开始使用的一种塔板，它综合了上述两种塔板的优点，即取消了泡罩塔板上的升气管和泡罩，改为在板上开孔，孔的上方安置可以上下浮动的阀片称为浮阀。浮阀可根据气体流量大小上下浮动，自行调节，使气缝速度稳定在某一数值。这一改进使浮阀塔在操作弹性、塔板效率、压降、生产能力以及设备造价等方面比泡罩塔优越。但在处理黏度大的物料方面，还不及泡罩塔可靠。

浮阀有三条“腿”，插入阀孔后将各腿脚板转 90°角，用以限制操作时阀片在塔板上张开的最大开度，阀片周边冲有三片略向下弯的定距片，使阀片处于静止位置时仍与塔板间留有一定的间隙。这样，避免了气量较小时阀片启闭不稳的脉动现象，同时由于阀片与塔板板面是点接触，可以防止阀片与塔板的黏结。

浮阀的类型很多，国内常用的有 F1 型、V-4 型及 T 型等，其结构见图 7-25 所示。

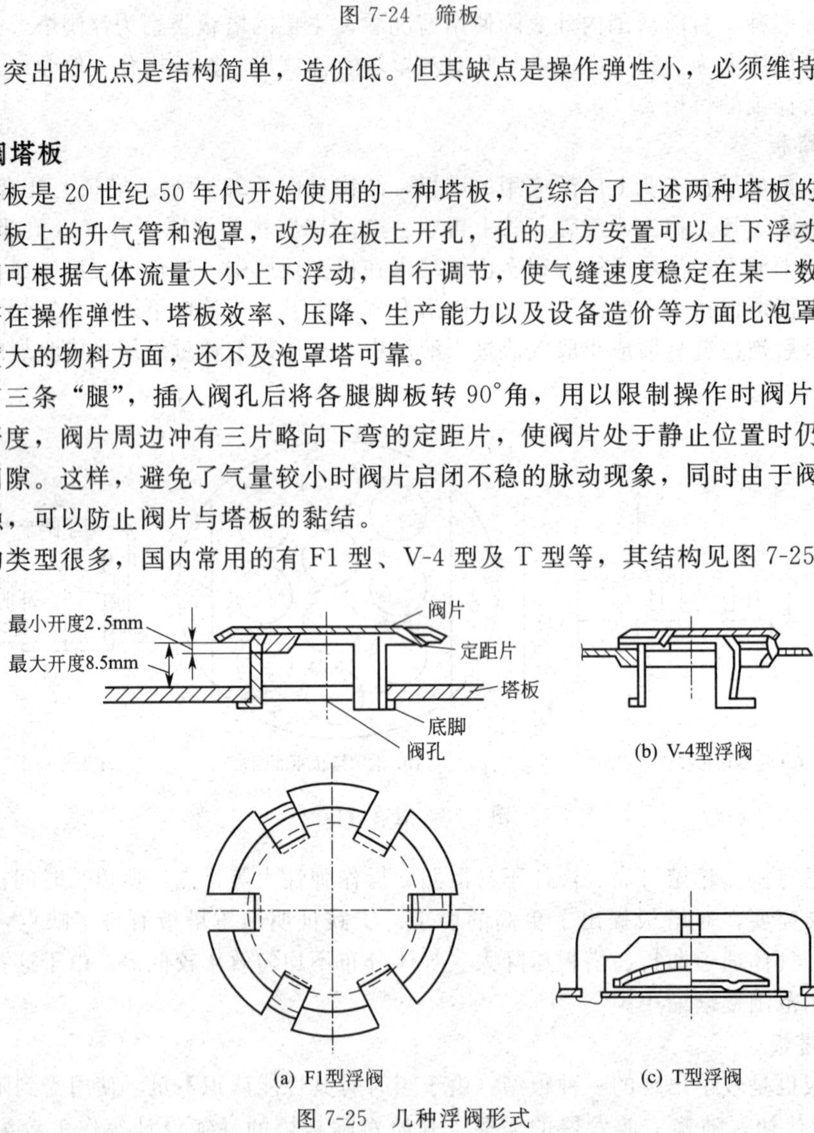

(a) F1型浮阀　　(b) V-4型浮阀　　(c) T型浮阀

图 7-25　几种浮阀形式

F1 型浮阀见图 7-25(a)，其结构简单，制造方便，节省材料。F1 型浮阀又分轻阀和重阀两种，重阀约重 33g，轻阀约重 25g。浮阀的重量直接影响塔内气体的压强降，轻阀惯性小，但操作稳定性差。因此，一般场合都采用重阀，只有在处理量大并且要求压强降低的系统（如减压塔）中，才用轻阀。

V-4型浮阀见图7-25(b)，其特点是阀孔被冲成向下弯曲的文丘里形，所以减少了气体通过塔板时的压强降，阀片除腿部相应加长外，其余结构尺寸与F1型轻阀无异。V-4型轻阀适用于减压系统。

T型浮阀的结构比较复杂，见图7-25(c)，此型浮阀是借助固定于塔板上的支架以限制拱形阀片的运动范围，多用于易腐蚀、含颗粒或易聚合的介质。

三、浮阀塔设计

在浮阀塔的工艺设计中，一般原料量及其组成，馏出液及残液组成，操作压力及操作方式等均为生产工艺条件所规定。需要设计的内容包括：塔高、塔径、溢流装置的结构与尺寸、确定塔板板面布置、塔板的校核及绘制负荷性能图。

1. 塔高的计算

全塔的高度为有效段（汽液接触段）、塔顶及塔釜三部分高度之和。

板式塔有效段高度由实际板数和板间距决定。即

$$Z=(N_{实}-1)H_T \tag{7-48}$$

式中　Z——塔的有效段高度，m；

$N_{实}$——实际塔板数；

H_T——板间距，m。

板间距的数值大都是经验值。在决定板间距时还应考虑安装检修的需要，例如在塔体的人孔或手孔处应留有足够的工作空间。在设计时可参考表7-2选取。

表7-2　不同塔径的板间距参考值

塔径 D/mm	800～1200	1400～2400	2600～6600
板间距 H_T/mm	300,350,400,450,500	400,450,500,550,600,650,700	450,500,550,600,650,700,750,800

塔顶空间高度是指塔顶第一块塔板到顶部封头切线的距离。为了减少出口气体中夹带的液体量，这段高度常大于一般塔板间距，通常取1.2～1.3m。

当再沸器在塔外时，塔底空间高度是指最末一块塔板到塔底封头切线的距离。液体自离开最末一块塔板至流出塔外，需要有10～15min的停留时间，据此由釜液流量和塔径即可求出此高度。

2. 塔径的计算

根据圆管内流量公式，塔径可表示为

$$D=\sqrt{\frac{V_s}{\frac{\pi}{4}u}} \tag{7-49}$$

式中　D——塔径，m；

V_s——塔内汽相流量，m^3/s；

u——空塔汽速，m/s。

显然，计算塔径的关键在于确定适宜的空塔汽速，所谓空塔汽速是指汽相通过塔整个截面时的速度。设计时，一般依据产生严重液沫夹带时的汽速来确定，该汽速称为极限空塔汽速，用u_{max}表示。

初步选定板间距后，可按下面的半经验公式计算极限空塔汽速u_{max}。

$$u_{max}=C\sqrt{\frac{\rho_L-\rho_V}{\rho_V}} \tag{7-50}$$

式中　C——汽相负荷因子，m/s；

ρ_L，ρ_V——液、汽相密度，kg/m^3。

汽相负荷因子由图 7-26 查得。图中 L、V 分别为塔内液汽流量，m^3/h；h_L 为板上清液层高度，m；对常压塔一般为 50～100mm，常用 50～80mm。

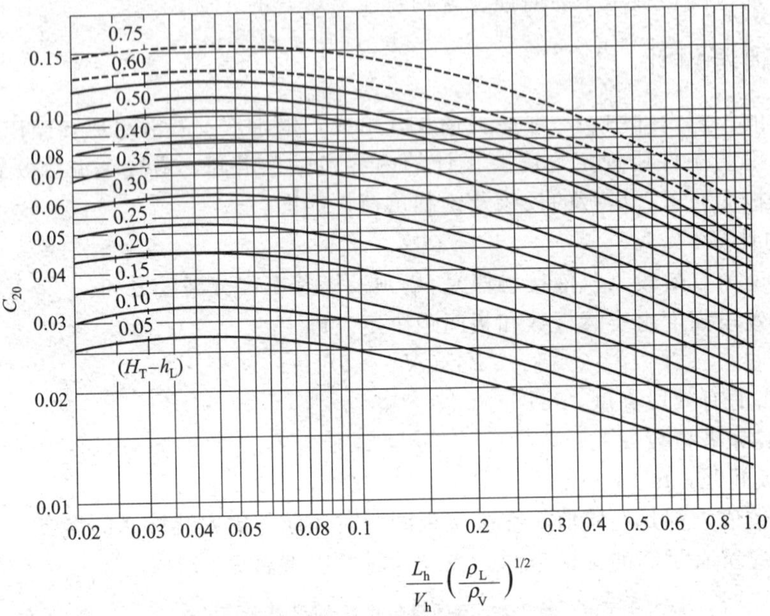

图 7-26　史密斯关联图

图中 C_{20} 为物系表面张力为 20mN/m 的负荷系数；V_h、L_h 分别为塔内汽、液两相的体积流量，m^3/h；ρ_V、ρ_L 分别为塔内汽液两相的密度，kg/m^3；H_T 为塔板间距，m；h_L 为塔板上液层高度，m

图 7-26 是按液体表面张力为 20mN/m 的物系绘制的。若所处理的物系表面张力 σ 为其他值时，则从图中查出的 C_{20} 值应按下式校正。

$$C=C_{20}\left(\frac{\sigma}{20}\right)^{0.2} \tag{7-51}$$

式中　C_{20}——表面张力为 20mN/m 时的 C 值；

σ——液体表面张力，mN/m；

C——表面张力为 σ 时的 C 值。

按式(7-50) 求出 u_{max} 后，再乘以安全系数得适宜的空塔汽速，即

$$u=(0.6-0.8)u_{max} \tag{7-52}$$

对于减压塔，安全系数应取较低数值。将求得的空塔汽速 u 代入式(7-49) 算出塔径后，还需根据系列标准加以圆整至 0.6m、0.7m、0.8m、1.0m、1.2m、1.4m、1.6m…。当精馏段和提馏段上升蒸汽量和回流液体量差别较大时，两段塔径应分别计算。但在塔径的计算结果差别不大时，为了加工方便通常取相同值。初步确定塔径后，还要看原来所取的板间距是否在合适的范围内，否则，应调整重算。

3. 溢流装置的设计

板式塔的溢流装置包括溢流堰、降液管和受液盘。降液管有圆形和弓形之分，除了某些小塔为了制造方便，采用圆形降液管外，一般均采用弓形降液管。

（1）降液管的布置与溢流方式　塔板上液体流经的路径，是由降液管的布置方式所确定的。常见的降液管布置方式有 U 形流、单溢流和双溢流，如图 7-27 所示。

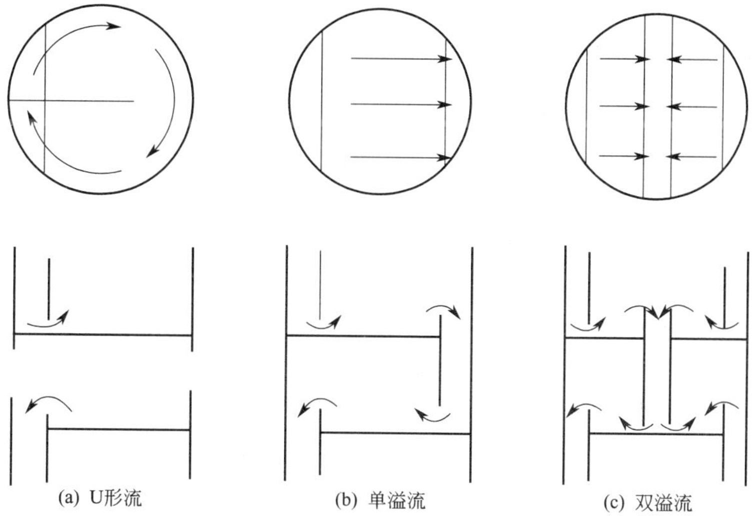

图 7-27　塔板溢流类型

U 形流也称为回转流。其特点是流程长，汽、液情况接触较好，但液面落差大，只适用于小塔及液体流量小的场合。

单溢流又称直径流。对于塔径小于 2.2m 的塔，广泛采用单溢流。单溢流式结构简单，加工方便，液体流径较长，塔板效率较高。对于塔径大丁 2.2m 的塔，因采用单溢流式会增大塔板上的液面落差，不利于汽相均匀分布，反使塔板效率降低，故对于塔径大于 2.2m 的塔，常采用双溢流。液体在双溢流式的塔板上流径短，可减少板上的液面落差。但结构比较复杂，并且占去塔板的面积较多。

（2）溢流装置的设计计算　以弓形降液管为例，介绍设计方法。溢流装置的设计参数包括溢流堰的堰长 l_W、堰高 h_W、弓形降液管的宽度 W_d、截面积 A_f、降液管底隙高度 h_o、进口堰的高度 h'_W 等，如图 7-28 所示。

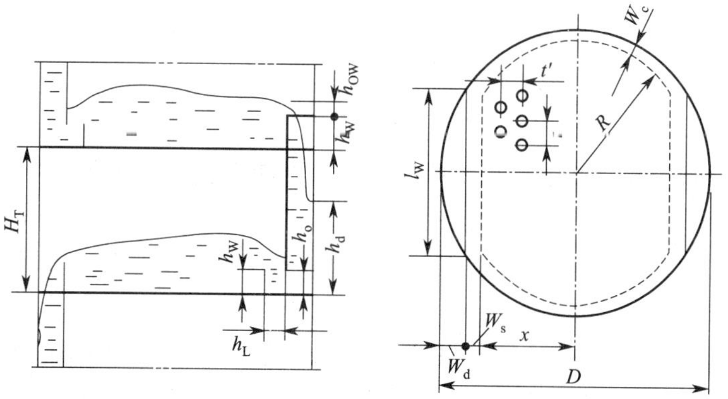

图 7-28　浮阀塔板结构参数

① 溢流堰尺寸　堰长 l_W 是指弓形降液管的弦长。对单溢流，取为 (0.6～0.8)D，其中 D 为塔径。双溢流取为 (0.5～0.6)D。为了保证板上有一定的液层，降液管上端必须超出塔板板面一定的高度，这一高度即为堰高，用 h_W 表示。板上清液层高度为堰高与堰上液

层高度之和，即：

$$h_L = h_W + h_{OW} \tag{7-53}$$

式中 h_L——板上液层高度，m；

h_W——堰高，m；

h_{OW}——堰上液层高度，m。

于是，堰高 h_W 为：

$$h_W = h_L - h_{OW} \tag{7-54}$$

前已述及，板上清液层高 h_L 对常压塔可在 50～100mm 范围内选取。堰上液层高度 h_{OW} 对塔板的操作性能有很大影响。堰上液层高度太小，会造成液体在堰上分布不均，影响传质效果，设计时应使堰上液层高度大于 6mm，若小于此值须采用齿形堰；堰上液层高度太大，会增大塔板压降及液沫夹带量。一般不宜大于 60～70mm，超过此值时可改用双溢流形式。

对于平直堰，堰上液层高度 h_{OW} 可由经验公式计算，即：

$$h_{OW} = \frac{2.84}{1000} E \left(\frac{L_h}{l_W} \right)^{\frac{2}{3}} \tag{7-55}$$

式中 L_h——塔内液体流量，m^3/h；

l_W——堰长，m；

E——液流收缩系数，由图 7-29 查得，根据设计经验，一般情况下可取 $E=1$。

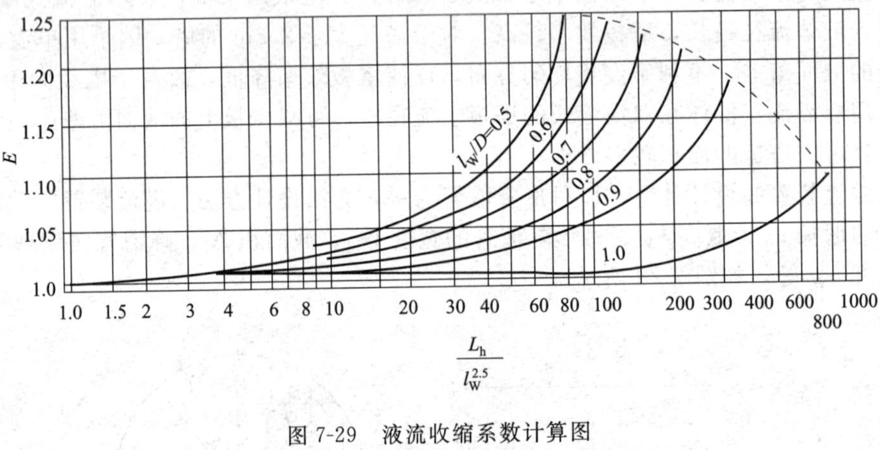

图 7-29 液流收缩系数计算图

对于齿形堰，堰上液层高度 h_{OW} 的计算公式可参考有关设计手册。

堰高 h_W 一般在 0.03～0.05m 范围内，减压塔的应当较低，以降低塔板的压降。

② 弓形降液管 弓形降液管的设计参数有降液管的宽度 W_d 及截面积 A_f。W_d 和 A_f 可根据堰长与塔径之比 l_W/D 由图 7-30 查得。

降液管应有足够的横截面积，以保证液体在降液管内有足够的沉降时间分离出其夹带的气泡。由实践经验可知，液体在降液管内的停留时间不应小于 3～5s，对于高压操作的塔及易起泡的物系，停留时间应更长一些，因此，在求得降液管截面积 A_f 之后，应按下式验算管内液体停留时间 θ：

$$\theta = \frac{3600 A_f H_T}{L_h} \geqslant 3 \sim 5\text{s} \tag{7-56}$$

③ 降液管底隙高度　确定降液管底隙高度 h_o 的原则是：保证液体流经此处时的阻力不太大，同时要有良好的液封。一般按下式计算 h_o，即：

$$h_o=\frac{L_h}{3600 l_W u_o'} \tag{7-57}$$

式中　u_o'——液体通过底隙时的流速，m/s。根据经验，一般取 $u_o'=0.07 \sim 0.25$m/s。

为方便起见，有时也可运用下式确定 h_o，即：

$$h_o=h_W-0.006 \tag{7-58}$$

降液管底隙高度 h_o 不宜小于 20～25mm，否则易于堵塞。塔径较小时可取 h_o 为 25～30mm，塔径较大时可取 40mm 左右。

④ 进口堰及受液盘　塔板上接受上一层流下的液体的部位称为受液盘，受液盘有两种形式：平受液盘和凹形受液盘，如图 7-31 所示。

平受液盘一般需在塔板上设置进口堰，以保证降液管的液封，并使液体在板上分布均匀。进口堰的高度 h_W'，可按下述原则考虑。当出口堰的高度 h_W 大于降液管底隙高度 h_o 时，则取 h_W' 和 h_W 相等。在个别情况 $h_W < h_o$ 时，则应取 $h_W' > h_o$，以保证液封。进口堰与降液管的水平距离 h_1 不应小于 h_o，以保证液流畅通。

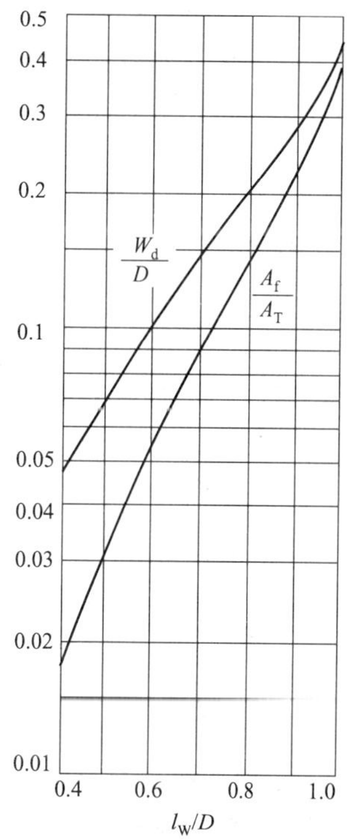

图 7-30　弓形降液管宽度与截面积

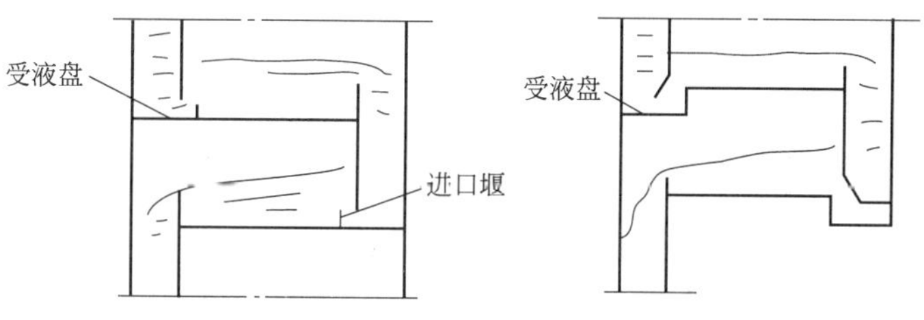

(a) 平受液盘　　(b) 凹形受液盘

图 7-31　受液盘示意图

对于 ϕ800mm 以上的塔，多采用凹形受液盘。这种结构便于液体的侧线采出，在液量较低时仍可形成良好的液封，且有改变液体流向的缓冲作用。其深度一般在 50mm 以上，但不能超过板间距的 1/3。

4. 塔板板面的布置

整个塔板面积，以单溢流为例，通常可分为以下四个区域，如图 7-28 所示。

(1) 溢流区　即受液盘和降液管所占的区域。一般这两个区域的面积相等，均可按降液管的截面积 A_f 计。

(2) 鼓泡区　鼓泡区为图 7-28 中虚线以内的区域，为塔板上汽液接触的有效区域。

(3) 安定区　鼓泡区与溢流区之间的区域称为安定区。此区域不开孔。其作用有两方面：一是在液体进入降液管之前，有一段不鼓泡的安定地带，以免液体大量夹带气泡进入降液管；另一是在液体入口处，由于板上液面落差，液层较厚，有一段不开口的安定带，可减少漏液量。安定区的宽度以 W_s 表示，可按下述范围选取，即：

当 $D<1.5\text{m}$，$W_s=60\sim75\text{mm}$

当 $D\geqslant1.5\text{m}$，$W_s=80\sim110\text{mm}$

直径小于 1m 的塔，W_s 可适当减小。

（4）无效区　即靠近塔壁的部分，需要留出一圈边缘区域，供支持塔板的边梁之用。这个区域也叫边缘区，其宽度视塔板支承的需要而定，小塔在 30～50mm，大塔一般为 50～70mm。

5. 浮阀的数目与排列

（1）气体通过阀孔的速度 u_O　综合考虑后，浮阀塔的操作性能以板上所有浮阀处于刚刚全开时的情况为最好。浮阀的开度与阀孔处气相的动压有关，而动压的大小取决于气相的速度与密度。综合实验结果，可采用由气速和密度组成的"动能因数"作为衡量气体流动时动压大小的指标。

气体通过阀孔时的动能因数为：

$$F_O=u_O\sqrt{\rho_V} \tag{7-59}$$

式中　F_O——气体通过阀孔时的动能因数；

u_O——气体通过阀孔时的气速，m/s；

ρ_V——气相密度，kg/m^3。

根据工业生产装置的数据，对于 F_1 型重阀，当板上所有浮阀刚刚全开时，F_O 的数值常在 9～12 之间。所以，设计时可在此范围内选择合适的 F_O 值，然后按下式计算阀孔气速，即：

$$u_O=\frac{F_O}{\sqrt{\rho_V}} \tag{7-60}$$

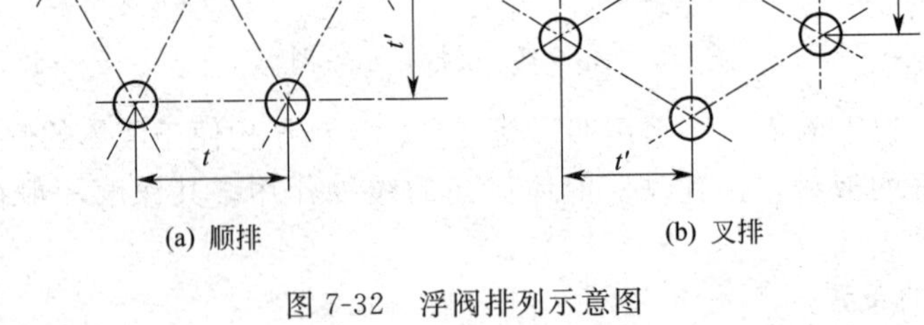

图 7-32　浮阀排列示意图

（2）阀孔数 n 的确定　阀孔数 n 可根据上升蒸汽量 V_S、阀孔气速 u_O 和孔径 d_O 由下式算出：

$$n=\frac{V_S}{\frac{\pi}{4}u_Od_O^2} \tag{7-61}$$

式中　V_S——上升蒸汽量，m^3/s；

d_O——阀孔直径，$d_O=0.039\text{m}$。

求出阀孔数 n 后，尚须根据实际排列情况作图或计算，加以圆整或调整。浮阀在塔板鼓泡区内的排列一般按三角形排列。三角形排列中有顺排和叉排两种方式，如图 7-32 所示。采用叉排时，相邻阀孔中吹出的气流搅动液层的作用较顺排显著，鼓泡均匀，故一般采用叉排。

在整块式塔板中，浮阀常以等边三角形排列，其孔心距 t 为 75mm、100mm、125mm、150mm 等几种。在分块式塔板中，为便于塔板分块，宜采用等腰三角形叉排，此时常把同一横排的阀孔中心距 t 定为 75mm，而相邻两排间的距离 t'、可取为 65mm、80mm、100mm 等几种尺寸。

若调整后的阀孔数为 n'，则可按下式：

$$u'_O=\frac{V_S}{\frac{\pi}{4}d_O^2n'} \tag{7-62}$$

算出实际的阀孔气速 u'_O，然后将 u'_O 代入下式：

$$F_O=u'_O\sqrt{\rho_V}$$

验算动能因数 F_O 是否在 8～12 之间。如果偏离过大，则对浮阀数量进行调整，直到 F_O 在 8～12 范围内为止。

（3）计算开孔率　塔板上的阀孔总面积与塔截面积之比称为开孔率，用 ϕ 表示。塔板工艺尺寸计算完毕，应计算开孔率。对常压塔或减压塔开孔率在 10%～14%之间，加压塔常小于 10%。

6. 浮阀塔板的流体力学验算

塔板的流体力学验算，目的在于验算上述工艺尺寸确定的塔板，在设计任务规定的汽液负荷下能否正常操作，其内容包括对塔板压力降、液泛、雾沫夹带、泄漏、液面落差等项的验算。浮阀塔板上的液面落差一般很小，可以忽略。

（1）汽体通过浮阀塔板的压力降　气体通过塔板的压力降包括：塔板本身的干板阻力（阀孔和阀片造成的局部阻力）、板上液层的静压力及液层的表面张力。即：

$$h_p=h_{板}+h_{液}+h_{表} \tag{7-63}$$

式中　h_p——气体通过浮阀塔板的压力降，m 液柱；

$h_{板}$——干板压力降，m 液柱；

$h_{液}$——板上液层阻力，m 液柱；

$h_{表}$——克服液体表面张力的阻力，m 液柱。

① 干板压降　对 F1 型浮阀由以下经验公式计算：

$$h_{板}=5.34\frac{u_O^2\rho_V}{2g\rho_L} \tag{7-64}$$

式中　u_O——阀孔气速，m/s；

ρ_V——气相密度，kg/m³；

ρ_L——液相密度，kg/m³。

② 板上液层阻力的压降　板上液层阻力受堰高气速及溢流强度等因素影响，关系甚为复杂。一般用下面的经验公式计算，即：

$$h_{液}=\varepsilon_O h_L \tag{7-65}$$

式中　h_L——板上液层高，m；

ε_O——充气因数，液相为水时 $\varepsilon_O=0.5$；为油时 $\varepsilon_O=0.2～0.35$；为碳氢化合物时 $\varepsilon_O=0.4～0.5$。

③ 液体表面张力造成的阻力其值很小，计算时通常忽略。

(2) 液泛　当降液管中液体向下流动阻力增大时，管内液面上升，当超过上层塔板的出口堰时，则产生液体倒流，即液泛又称为淹塔。为了使液体能由上层塔板稳定地流入下层塔板，降液管中液面需保持一定高度 H_d，此高度包括以下各项：

$$H_d = h_p + h_d + h_L \tag{7-66}$$

式中　H_d——降液管中清液层高度，m 液柱；

h_p——克服气体通过塔板阻力的压力降，m 液柱；

h_d——克服液体通过降液管阻力压力降，m 液柱；

h_L——降液管中液体克服塔板上液层阻力的压力降，m 液柱。

① h_p 已由式(7-63) 求出。

② h_d 可按下面的经验公式计算。

塔板上没有设置进口堰时：
$$h_d = 0.153\left(\frac{L_S}{l_W h_O}\right)^2 \tag{7-67}$$

塔板上设置进口堰时：
$$h_d = 0.2\left(\frac{L_S}{l_W h_O}\right)^2 \tag{7-68}$$

③ h_L 前面已选定。

按式(7-66) 可算出降液管中清液层高度。实际降液管中液体和泡沫的总高度大于此值。为防止液泛，在设计时应使：

$$H_d \leqslant \phi(H_T + h_W) \tag{7-69}$$

式中　ϕ——系数，一般取 0.5；对易起泡的物料取 0.3～0.4；对不易起泡的物料取 0.6～0.7。

按式(7-66) 计算出 H_d 后，如能满足 $H_d \leqslant \phi(H_T + h_W)$ 说明降液管的高度已足够。同时也证明在初估塔径时所假定的塔板间距合适，否则需重新假定，直到验算满足 $H_d \leqslant \phi(H_T + h_W)$ 为止。

(3) 雾沫夹带　雾沫夹带是指板上液体被汽体带入上一层塔板的现象。过多的雾沫夹带将导致塔板效率严重下降。综合考虑生产能力和板效率，一般应使雾沫夹带量 e_V 小于 0.1kg 液体/kg 气体。

影响雾沫夹带的因素很多，最主要的因素是气体空塔气速和塔板间距。对于浮阀塔板上雾沫夹带的计算，通常是间接地用“泛点率”作为估算雾沫夹带量大小的指标。

在下列泛点率数值范围内，一般可保证雾沫夹带量达到规定指标，即 e_V 小于 0.1kg 液体/kg 气体：

大塔	泛点率<80%
直径 0.9m 以下的塔	泛点率<70%
减压塔	泛点率<75%

泛点率可按下面的经验公式计算，即：

$$泛点率 = \frac{V_S\sqrt{\dfrac{\rho_V}{\rho_L - \rho_V}} + 1.36 L_S Z_L}{K C_F A_b} \times 100\% \tag{7-70}$$

式中　V_S，L_S——塔内汽、液负荷，m^3/s；

ρ_V，ρ_L——塔内汽、液密度，kg/m^3；

Z_L——板上液体流经长度，m，对单溢流塔板 $Z_L = D - 2W_d$，其中 D 为塔径，W_d 为弓形降液管宽度；

A_b——板上液流面积，m^2，对单溢流塔板 $A_b = A_T - 2A_f$，其中 A_T 为塔截面

积，A_f 为弓形降液管截面积；

C_F——泛点负荷系数，由图 7-33 查得；

K——物性系数，其值见表 7-3。

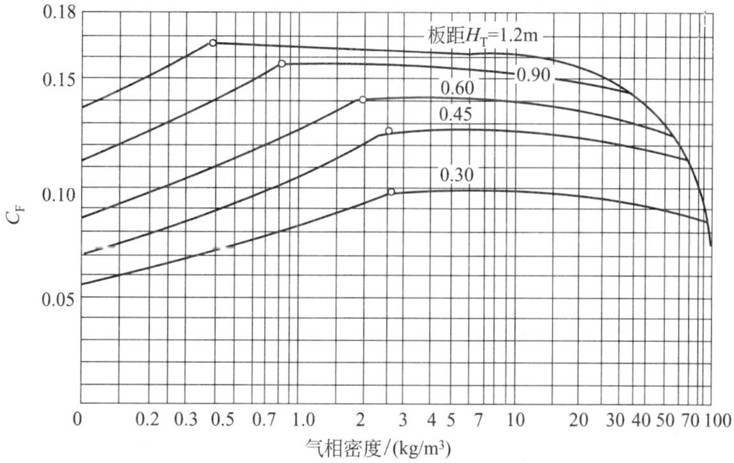

图 7-33　泛点负荷系数 C_F 值

表 7-3　物性系数 *K*

系　　统	物性系数 K	系　　统	物性系数 K
无泡沫，正常系统	1.00	多泡沫系统	0.73
氟化物	0.90	严重发泡系统	0.60
中等发泡系统	0.85	稳定泡沫系统	0.30

(4) 漏液　当上升气体流速减小，致使气体通过阀孔的动压不足以阻止板上液体经阀孔漏下时，便会出现漏液现象而使塔板效率严重下降。正常操作时，漏液量应不大于液体流量的 10%。经验证明，当阀孔动能因数 F_0=5～6 时，漏液量常接近 10%，故取 F_0=5～6 作为控制漏液量的操作下限。

7. 浮阀塔板的负荷性能图

流体力学验算之后，便可确认所设计的塔板能在任务规定的汽液负荷下正常操作。此时，还有必要进一步揭示该塔板的操作性能，即求出维持该塔板正常操作所允许的汽液负荷波动范围。这个范围通常以塔板负荷性能图的形式表示。

在系统物性、塔板结构尺寸已经确定的条件下，要维持塔的正常操作，必须把汽液负荷限制在一定范围内，在以 V_S、L_S 分别为纵、横轴的直角坐标系中，标绘各种界限条件下的关系曲线，从而得到允许的负荷波动范围图形，这个图形即称为塔板的负荷性能图（图 7-34）。

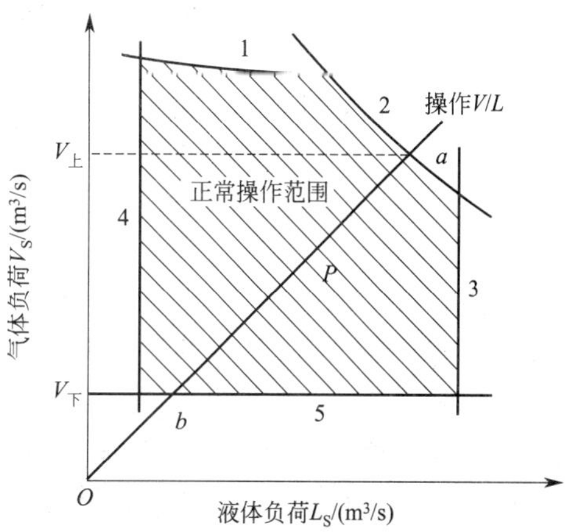

图 7-34　塔板负荷性能图

负荷性能图对于检验塔板设计的是否合理及了解塔的操作稳定性、增产的潜力及减负荷运转的可能性，都有一定的指导意义。浮阀塔板的负荷性能图见图 7-34。图中的阴影部分表示塔的适宜操作范围，它通常由下列几条边界线圈定。

(1) 雾沫夹带线 1　此线表示雾沫夹带量等于 0.1kg 液体/kg 气体时的 V_S-L_S 关系，塔板的适宜操作区应在此线以下，否则将因过多的雾沫夹带量而使塔板的效率严重下降。

$$泛点率=\frac{V_S\sqrt{\frac{\rho_V}{\rho_L-\rho_V}}+1.36L_SZ_L}{KC_FA_b}\times 100\%$$

式中，ρ_V、ρ_L、A_b、C_F、K 及 Z_L 均为已知值，代入泛点率的上限值，便得出 V_S-L_S 的关系式，据此作出图中的直线 1。

(2) 液泛线 2　液泛线表示降液管内泡沫层高度达到最大允许值时的 V_S 与 L_S 的关系。塔板的适宜操作区应在此线以下，否则将可能发生液泛现象，破坏塔的操作。

由式(7-66)、式(7-69) 可知，液泛线应由下式确定，即：

$$\phi(H_T+h_W)=h_p+h_d+h_L$$

对上式各项可将前面的有关公式代入，整理简化后可得如下 V_S 与 L_S 的关系式，即：

$$aV_S^2=b-cL_s^2+dL_S^{2/3} \tag{7-71}$$

式中，a、b、c、d 是由系统物性和塔板结构尺寸所决定的常数：

$$a=1.91\times 10^5\frac{\rho_V}{\rho_L n^2} \tag{7-72}$$

$$b=\phi H_T+(\phi-1-\varepsilon_O)h_W \tag{7-73}$$

$$c=\frac{0.153}{l_W^2h_O^2} \tag{7-74}$$

$$d=(1+\varepsilon_O)E(0.667)\frac{1}{l_W^{2/3}} \tag{7-75}$$

据此可以标绘出液泛线 2。

(3) 液相负荷上限线 3　液相负荷上限线反映了对于液体在降液管内停留时间的起码要求。对于尺寸已经确定的降液管，若液体流量超过某一限度，使液体在降液管内停留时间过短，则液体中气泡来不及放出就进入下层塔板，造成气相返混，降低塔板效率。

液体在降液管内的停留时间 θ 为：

$$\theta=\frac{A_fH_T}{L_S} \tag{7-76}$$

停留时间 θ 一般为 3～5s。依式(7-76) 可求得液相负荷上限线 L_S 的数值，据此作出液相负荷上限线 3。塔板的适宜操作区应在竖直线 3 的左方。

(4) 液相负荷下限线 4　对于平堰，一般取堰上的液层高度 $h_{OW}=6$mm 作为液相负荷下限条件。低于此值时，便不能保证板上液流的均匀分布，会降低汽液接触效果。依式(7-55) 可知：

$$h_{OW}=\frac{2.84}{1000}E\left(\frac{3600L_S}{l_W}\right)^{\frac{2}{3}}$$

将已知的 l_W 值及 $h_{OW}=6\text{mm}=0.006\text{m}$ 代入上式，便可求得液相负荷下限 L_S 的值，据此作出液相负荷下限线 4。塔板的适宜操作区应在该竖直线的右侧。

(5) 泄漏线 5　泄漏线又称为气相负荷下限线。此线表明不发生严重漏液现象的最低气相负荷，是一条平行于横轴的直线，塔板的适宜操作区应在此线的上方。

前已述及，对于 F1 型重阀，当阀孔动能因数 F_O 为 5～6 时，泄漏量接近 10%，这可作为气相负荷下限值的依据。若按 $F_O=u_O\sqrt{\rho_V}=5$ 计算，则：

$$u_O=\frac{5}{\sqrt{\rho_V}}$$

则得　$V_S=\frac{\pi}{4}d_O^2 n\frac{5}{\sqrt{\rho_V}}$

式中，d_O（阀孔直径）、n（阀孔数目）、ρ_V 均为已知数，故可由此式求出气相负荷的下限值，据此作出水平的泄漏线5。

对于一定汽液比的操作过程，V/L 为一定值，操作线在负荷性能图上，可用通过坐标原点和设计点 P 的直线表示，如图7-34所示。在这种情况下，塔的汽相负荷上、下限要根据直线 OP 与适宜操作区的上下限交点来确定。通常把汽相负荷上限、下限之比称为塔板的操作弹性。浮阀塔的操作弹性一般为3～4。

以上只是浮阀塔设计的主要内容，完善的设计内容只有结合具体设计任务，查阅有关资料，搜集各种数据，在具体设计过程中才能掌握。

复习题

一、问答题

1. 常用的汽液设备是什么？简述其基本结构。

2. 什么是二元理想溶液和非理想溶液？举例说明。

3. 理想溶液的汽液相平衡如何表示？

4. 精馏的原理是什么？为什么精馏必须有回流？

5. 精馏塔中汽相组成、液相组成以及温度沿塔高如何变化？

6. 为了简化精馏计算，做了哪些假定？什么情况下实际和假定比较符合？

7. 精馏段操作线方程、提馏段操作线方程和 q 线方程各表示什么意义？

8. 简述精馏段操作线、提馏段操作线、q 线的作法和图解理论板的步骤。

9. 全回流没有出料，它的实际意义是什么？

10. 精馏操作中回流比的变化对馏出液的组成什么影响？

11. 精馏设计中，若工艺要求一定，若要减少所需的理论板数，回流比如何改变？蒸馏釜所需的加热蒸汽的量如何变？所需塔径如何变？

二、填空题

1. 蒸馏是利用液体混合物各组分__________的差别实现组分分离与提纯的一种操作。

2. 总压为101.3kPa，95℃温度下苯与甲苯的饱和蒸气压分别为155.7kPa与63.3kPa，则平衡时苯的汽相组成为__________，苯的液相组成为__________（均以摩尔分数表示）。苯与甲苯的相对挥发度为__________。

3. 某二元混合物，其中A为易挥发组分。液相组成 $x_A=0.4$，相应的泡点为 t_1；汽相组成 $y_A=0.4$，相应的露点为 t_2。则 t_1 与 t_2 大小关系为__________。

4. 简单蒸馏过程中，釜内易挥发组分浓度逐渐______，其沸点则逐渐______。

5. 精馏塔底部温度______，塔顶温度______。精馏结果，塔顶冷凝收集的是______组分，______组分则留在塔底。

6. 实现精馏操作的必要条件包括______和______。

7. 已测得在精馏塔操作中，离开某块塔板的两股物流的组成分别为0.82和0.70，则其中__________是汽相组成。

8. 精馏塔中的恒摩尔流假设，其主要依据是各组分的__________，但精馏段与提馏段的摩尔流量由于__________影响而不一定相等。

9. 某二元混合物，进料量为 100kmol/h，$x_F=0.6$，要求得到塔顶 x_D 不小于 0.9，则塔顶最大产量为______。

10. 某精馏塔操作时，F，x_F，q，D 保持不变，增加回流比 R，则此时 x_D______，x_W______，V______，L/V______。

三、选择题

1. 某二元混合物，其中 A 为易挥发组分，液相组成 $x_A=0.6$，相应的泡点为 t_1，与之相平衡的汽相组成 $y_A=0.7$，相应的露点为 t_2，则______。

A. $t_1=t_2$　　B. $t_1<t_2$　　C. $t_1>t_2$　　D. 不确定

2. 精馏中引入回流，下降的液相与上升的汽相发生传质使上升的汽相易挥发组分浓度提高，最恰当的说法是__________。

A. 液相中易挥发组分进入汽相

B. 汽相中难挥发组分进入液相

C. 液相中易挥发组分和难挥发组分同时进入汽相，但其中易挥发组分较多

D. 液相中易挥发组分进入汽相和汽相中难挥发组分进入液相的现象同时发生

3. 某二元混合物，$\alpha=3$，全回流条件下 $x_n=0.3$，则 $y_{n-1}=$__________

A. 0.9　　B. 0.3　　C. 0.854　　D. 0.794

4. 精馏操作时，若 F、D、x_F、q、R、加料板位置都不变，而将塔顶泡点回流改为冷回流，则塔顶产品组成 x_D 变化为______。

A. 变小　　B. 变大　　C. 不变　　D. 不确定

5. 某筛板精馏塔在操作一段时间后，分离效率降低，且全塔压降增加，其原因及应采取的措施是______。

A. 塔板受腐蚀，孔径增大，产生漏液，应增加塔釜热负荷

B. 筛孔被堵塞，孔径减小，孔速增加，雾沫夹带严重，应降低负荷操作

C. 塔板脱落，理论板数减少，应停工检修

D. 降液管折断，气体短路，需更换降液管

习　题

7-1　含乙醇 20%（体积分数）的 20℃的水溶液，试求：

（1）乙醇溶液的质量分数；

（2）乙醇溶液的摩尔分数；

（3）乙醇溶液的平均摩尔质量。

[答：0.165；0.0718；20.0g/mol]

7-2　在 107.0kPa 的压力下，苯-甲苯混合液在 369K 下沸腾，试求在该温度下的汽液平衡组成。（在 369K 时，$p^0_{苯}=161.0$kPa，$p^0_{甲苯}=65.5$kPa）

[答：0.44；0.66]

7-3　若苯-甲苯混合液中含苯 0.4（摩尔分数），试根据图 7-3 求：

（1）该溶液的泡点温度及其平衡蒸汽的瞬间组成；

（2）将该溶液加热到 100℃，这时溶液处于什么状态？各相组成分别为多少？

(3) 将该溶液加热到什么温度才能全部汽化为饱和蒸汽？这时蒸汽的瞬间组成为多少？[答：略]

7-4 正庚烷（A）和正辛烷（B）的饱和蒸气压与温度的关系如下表：

t/℃	98.4	105	110	115	120	125.6
p_A^0/kPa	101.3	125.3	140.0	160.0	180.0	205.3
p_B^0/kPa	44.4	55.6	64.5	74.8	86.6	101.3

设它们形成的混合物可视为理想溶液，试利用拉乌尔定律和相对挥发度，分别计算在101.3kPa总压下正庚烷-正辛烷混合液的汽液平衡数据，并作出 t-x-y 图和 y-x 图。

[答：略]

7-5 在一连续精馏塔中分离 CS_2 和 CCl_4 混合物。已知物料中含 CS_2 0.3（质量分数，下同），进料流量为4000kg/h，若要求馏出液和釜残液中 CS_2 组成分别为0.97和0.05，试求：所得馏出液和釜残液的摩尔流量。

[答：D=14.08kmol/h，W=19.92kmol/h]

7-6 用连续精馏的方法分离乙烯和乙烷的混合物。已知进料中含乙烯0.88（摩尔比，下同），进料量为200kmol/h，今要求馏出液中乙烯的回收率为99.5%，釜液中乙烷的回收率为99.4%，试求：所得馏出液、釜残液的摩尔流量和组成。

[答：D=175.3kmol/h；W=24.7kmol/h；x_D=0.9992；x_W=0.0356]

7-7 常压的连续精馏塔中分离甲醇-水混合液，原料液流量为100kmol/h，原料液组成为 x_F=0.4，泡点进料。若要求馏出液组成为0.95，釜液组成为0.04（以上均为摩尔分数），回流比为2.5，试求产品的流量、精馏段的回流液体量及提馏段上升蒸汽量。

[答：D=39.56kmol/h；W=60.44kmol/h；L=98.9kmol/h；V'=138.46kmol/h]

7-8 将组成为0.24（易挥发组分摩尔分数，下同）的某混合液在泡点温度下送入连续精馏塔精馏。精馏以后，馏出液和釜残液的组成分别为0.95和0.03。塔顶蒸汽量为850kmol/h，回流量为670 kmol/h。试求：

(1) 每小时釜残液量；

(2) 若回流比为3，求精馏段操作线方程和提馏段操作线方程。

[答：W=608.57kmol/h；精馏段：$y=0.75x+0.24$；提馏段：$y=1.85x-0.025$]

7-9 在一常压连续精馏塔中，分离某理想溶液，原料液浓度为0.4（易挥发组分摩尔分数，下同），馏出液浓度为0.95。操作回流比为最小回流比的1.5倍。每千摩尔原料液变成饱和蒸汽所需热量等于原料液的千摩尔汽化潜热的1.2倍。操作条件下溶液的相对挥发度为2。塔顶采用全凝器，泡点回流。试计算精馏段自塔顶向下数的第二块理论板上升的蒸汽组成。

[答：0.917]

7-10 在连续精馏操作中，已知加料量为100kmol/h，其中汽、液各半，精馏段和提馏段的操作线方程分别为 $y=0.75x+0.24$，$y=1.25x-0.0125$，试求操作回流比、原料液的组成、馏出液的流量及组成。

[答：R=3；x_F=0.5619；x_D=0.96；D=56.25kmol/h]

7-11 某连续精馏塔处理氯仿-苯混合液，蒸馏后，馏出液中含有0.95易挥发组分，原料液中含易挥发组分0.4，残液中含易挥发组分0.1（以上均为质量分数），泡点进料。假如操作回流比为最小回流比的2倍，试用图解法求所需理论板数和加料板的位置。氯仿-苯平衡数据见附表。

习题 7-11 附表

氯仿的摩尔分数		氯仿的摩尔分数	
液相中	气相中	液相中	气相中
0.068	0.093	0.495	0.662
0.14	0.196	0.60	0.76
0.218	0.308	0.72	0.855
0.303	0.424	0.855	0.941
0.395	0.548	1.0	1.0

[答：理论板数为 13 块（不包括再沸器）；第 7 层理论板进料]

7-12　在连续精馏塔中分离相对挥发度 $\alpha=3$ 的双组分混合物，进料为饱和蒸汽，其中含易挥发组分 0.5（摩尔分数，下同），操作时的回流比 $R=4$，并测得馏出液和釜残液组成分别为 0.9 和 0.1，试写出此条件下该塔的提馏段操作线方程，又若已知塔釜上方那块实际塔板的板效率 $E_{mv}=0.6$，试求该实际塔板上升蒸汽的组成。[答：$y=1.333x-0.0333$；$y=0.3684$]

7-13　用以常压操作的连续精馏塔，分离含苯为 0.44（摩尔分数，下同）的苯-甲苯混合液。要求塔顶产品中含苯不低于 0.974，塔底产品中含苯不高于 0.0235。假设操作回流比取为 3.5。进料温度为 20℃。操作条件下相对挥发度 $\alpha=2.48$。试用图解法求理论板数及进料位置。

[答：理论板数为 10 块（不包括再沸器）；第 6 层理论板进料]

第八章　吸　收

学习目标

1. 熟练掌握的内容

相组成的表示方法及换算；吸收的气液相平衡关系及其应用；总传质系数、总传质速率方程以及总传质阻力的概念；吸收的物料衡算、操作线方程；吸收剂最小用量和适宜用量的确定；填料塔直径和填料层高度的计算。

2. 了解的内容

吸收剂的选择；各种形式的传质方程、传质系数的对应关系；各种传质系数之间的关系；传质系数的计算。

3. 操作技能训练

填料塔吸收-解析操作正常运行与调节；吸收系统常见故障分析与处理；各种填料的认知。

第一节　吸收的主要任务

一、吸收操作及其在化工生产中的应用

吸收是分离气体混合物的单元操作。用适当的液体吸收剂处理气体混合物，利用混合气中各组分在液体溶剂中溶解度的不同而分离气体混合物的操作称为吸收。混合气体中，能溶解的组分称为吸收质或溶质；不被吸收的组分称为惰性气或载体；吸收操作所用的液体称为吸收剂或溶剂；吸收操作所得到的溶液称为吸收液，其成分为吸收剂和溶质；排除的气体称为吸收尾气，其主要成分应为惰性组分和残余的溶质。

可见，吸收操作是分离气体混合物的一种重要方法，是传质过程中的一种形式，在化工生产中已被广泛应用。归纳起来主要用于以下几个方面。

① 原料气的净化。化工生产中，常遇到混合气体中含有对后工序有害的气体，应设法将其除去，已达到净化气体的目的。如氨合成原料气中的 CO_2 用水或碱液吸收，以防止氨合成催化剂中毒。

② 回收混合气体中的有用组分。如用洗油处理焦炉气以回收其中的芳烃。

③ 制备气体的溶液作为产品。如用水吸收氯化氢气体制取盐酸；用水吸收甲醛蒸气制取福尔马林等。

④ 环境保护，综合利用。如烟道气中的 CO_2 和 SO_2 的脱除，既达到了回收其中有用组分的目的，又解决了 SO_2 等有害气体对空气的污染问题。所以，吸收操作在环境保护中是常用的方法之一。

与吸收操作相反，使吸收质从吸收剂中分离出来的操作称为解吸或脱吸。其目的是循环使用吸收剂或回收溶质，实际生产中吸收过程和解吸过程往往联合使用。

吸收和蒸馏一样也牵涉两个相（气相与液相）间的质量传递，但它与蒸馏的传质不同。蒸馏是依据溶液中各组分相对挥发度的不同而得以分离；吸收则基于混合气体中各组分在吸收剂中的溶解度不同而得以分离。蒸馏不仅有汽相中难挥发组分进入液相，而且同时还有液相中的易挥发组分转入汽相的传质，属双向传质；吸收则只进行气相到液相的传质，为单相传质。

根据吸收过程特点，对于用水吸收 CO_2 的操作，溶质气体在吸收剂中以物理方式进行溶解，称为物理吸收；对于使用碱液吸收 CO_2 的操作，溶质气体与液体中的组分发生化学反应，称为化学吸收。若混合气体中只有一个组分进入液相，其余组分皆可认为不溶解于吸收剂，这样的吸收过程称为单组分吸收；如果混合气体中有两个或更多个组分进入液相，则为多组分吸收。在吸收过程中，操作温度不发生变化的称为等温吸收；操作温度发生变化的称为非等温吸收。本章只讨论作为吸收基础的单组分等温物理吸收。

二、吸收剂的选择

实践证明，吸收的好坏与吸收剂用量关系很大，而吸收剂用量又随吸收剂的种类而变。可见，选择吸收剂是吸收操作的重要环节。选择吸收剂时，通常从以下几个方面考虑。

1. 溶解度

吸收剂对于溶质组分应具有较大的溶解度，这样可以加快吸收过程并减少吸收剂本身的消耗量。

2. 选择性

吸收剂要在对溶质组分有良好吸收能力的同时，对混合气体中的其他组分却能基本上不吸收或吸收甚微，否则不能实现有效的分离。

3. 挥发度

操作温度下吸收剂的蒸气压要低，即挥发度要小，以减少吸收过程中吸收剂的损失。

4. 腐蚀性

吸收剂若无腐蚀性，则对设备材质无过高要求，可以减少设备费用。

5. 黏性

操作条件下吸收剂的黏度要低，这样可以改善吸收塔内的流动状况从而提高吸收速率，且有助于降低输送能耗，还能减小传热阻力。

6. 其他

吸收剂还应具有较好的化学稳定性，不易产生泡沫，无毒性，不易燃，凝固点低，价廉易得等经济和安全条件。

实际生产中，满足上述全部条件的吸收剂是很难找到的，往往要对可供选择的吸收剂进行全面的评价以做出经济合理的选择。

第二节　吸收过程的相平衡关系

一、吸收中常用的相组成表示法

在吸收操作中气体的总量和液体的总量都随操作的进行而改变，但惰性气体和吸收剂的量始终保持不变。因此，在吸收计算中，相组成以比质量分数或比摩尔分数表示较为方便。

1. 比质量分数与比摩尔分数

（1）比质量分数　混合物中某两个组分的质量分数之比称为比质量分数，用符号 W 表示。即：

$$W_A=\frac{w_A}{w_B}=\frac{w_A}{1-w_A} \tag{8-1}$$

（2）比摩尔分数 混合物中某两个组分的摩尔分数之比称为比摩尔分数，用符号 X（或 Y）表示。即：

$$X_A=\frac{x_A}{x_B}=\frac{x_A}{1-x_A} \tag{8-2a}$$

如果混合物是双组分气体混合物时，上式则用 Y_A 与 y_A 的关系表示为：

$$Y_A=\frac{y_A}{y_B}=\frac{y_A}{1-y_A} \tag{8-2b}$$

（3）比质量分数与比摩尔分数的换算关系

$$W_A=\frac{m_A}{m_B}=\frac{n_A M_A}{n_B M_B}=X_A\frac{M_A}{M_B} \tag{8-3}$$

式中 M_A，M_B——混合物中 A、B 组分的千摩尔质量，kg/kmol。

在计算比质量分数或比摩尔分数的数值时，通常以在操作中不转移到另一相的组分作为 B 组分。在吸收中，B 组分是指吸收剂或惰性气，A 组分是指吸收质。

2. 质量浓度与物质的量浓度

质量浓度是指单位体积混合物内所含物质的质量。对于 A 组分，有

$$\rho_A=\frac{m_A}{V} \tag{8-4}$$

式中 ρ_A——混合物中 A 组分的质量浓度，kg/m^3；

V——混合物的总体积，m^3。

物质的量浓度是单位体积混合物内所含物质的量（用 kmol 表示）。对于气体混合物，在压强不太高、温度不太低的情况下，可视为理想气体，则 A 组分，有

$$c_A=\frac{n_A}{V}=\frac{p_A}{RT} \tag{8-5}$$

式中 c_A——混合物中 A 组分的物质的量浓度，$kmol/m^3$。

【例题 8-1】 氨水中氨的质量分数为 0.25，求氨对水的比质量分数和比摩尔分数。

解 已知 $w_A=0.25$，$M_A=17kg/kmol$，$M_B=18kg/kmol$

比质量分数：$W_A=\frac{w_A}{1-w_A}=\frac{0.25}{1-0.25}=0.333$

比摩尔分数：由公式 $W_A=X_A\frac{M_A}{M_B}$，得

$$X_A=W_A\frac{M_B}{M_A}=0.333\times\frac{18}{17}=0.353$$

【例题 8-2】 某吸收塔在常压、25℃下操作，已知原料混合气体中含 CO_2 29%（体积分数），其余为 N_2、H_2 和 CO（可视为惰性组分），经吸收后，出塔气体中 CO_2 的含量为 1%（体积分数），试分别计算以比摩尔分数和物质的量浓度表示的原料混合气和出塔气体的 CO_2 组成。

解 系统可视为由溶质 CO_2 和惰性组分构成的双组分系统，现分别以下标 1、2 表示入、出塔的气体状态。

① 原料混合气 因为理想气体的体积分数等于摩尔分数，所以 $y_1=0.29$

比摩尔分数 $Y_1=\frac{y_1}{1-y_1}=\frac{0.29}{1-0.29}=0.408$

物质的量浓度 $c_{A1}=\frac{p_{A1}}{RT}=\frac{101.3\times0.29}{8.314\times298}=0.0119$ kmol CO_2/m^3 混合气

② 出塔气体组成 由题意得 $y_2=0.01$

比摩尔分数 $Y_2=\frac{y_2}{1-y_2}=\frac{0.01}{1-0.01}=0.0101$

物质的量浓度 $c_{A2}=\frac{p_{A2}}{RT}=\frac{101.3\times0.01}{8.314\times298}=4.09\times10^{-4}$ kmol CO_2/m^3 混合气

二、气液相平衡关系

吸收的相平衡关系，是指气液两相达到平衡时，被吸收的组分（吸收质）在两相中的浓度关系，即吸收质在吸收剂中的平衡溶解度。

1. 气体在液体中的溶解度

在恒定的压力和温度下，用一定量的溶剂与混合气体在一密闭容器中相接触，混合气中的溶质便向液相内转移，而溶于液相内的溶质又会从溶剂中逸出返回气相。随着溶质在液相中的溶解量增多，溶质返回气相的量也在逐渐增大，直到吸收速率与解吸速率相等时，溶质在气液两相中的浓度不再发生变化，此时气液两相达到了动平衡。平衡时溶质在气相中的分压称为平衡分压，用符号 p_A^* 表示；溶质在液相中的浓度称为平衡溶解度，简称溶解度；它们之间的关系称为相平衡关系。

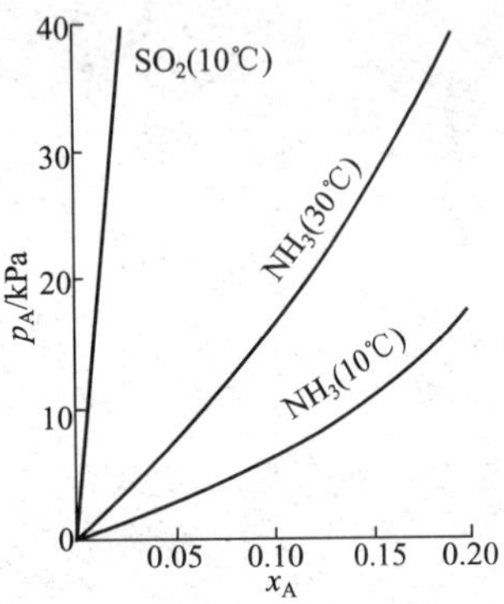

图 8-1 气体溶解度曲线

相平衡关系随物系的性质、温度和压力而异，通常由实验确定。图 8-1 是由实验得到的 SO_2 和 NH_3 在水中的溶解度曲线，也称为相平衡曲线。图中横坐标为溶质组分（SO_2、NH_3）在液相中的摩尔分数 x_A，纵坐标为溶质组分在气相中的分压 p_A。从图中可见：在相同的温度和分压条件下，不同的溶质在同一溶剂中的溶解度不同，溶解度很大的气体称为易溶气体，溶解度很小的气体称为难溶气体；同一个物系，在相同温度下，分压越高，则溶解度越大；而分压一定，温度越低，则溶解度越大。这表明较高的分压和较低的温度有利于吸收操作。在实际吸收操作过程中，溶质在气相中的组成是一定的，可以借助于提高操作压力 p 来提高其分压 p_A；当吸收温度较高时，则需要采取降温措施，以增大其溶解度。所以，加压和降温对吸收操作有利。反之，升温和减压则有利于解吸。对于同样浓度的溶液，易溶气体在溶液上方的气相平衡分压小，难溶气体在溶液上方的平衡分压大。

2. 亨利定律

（1）亨利定律 在一定温度下，对于稀溶液，在气体总压不高（≤500kPa）的情况下，吸收质在液相中的浓度与其在气相中的平衡分压成正比：

$$p_A^*=Ex_A \tag{8-6}$$

式中 p_A^*——溶质 A 在气相中的平衡分压，kPa；

x_A——溶质 A 在溶液中的摩尔分数；

E——亨利系数，其单位与压力单位一致。

式(8-6) 即为亨利定律的数学表达式，它表明稀溶液上方的溶质平衡分压 p_A^* 与该溶质在液相中的摩尔分数 x_A 成正比，比例系数 E 称为亨利系数。亨利系数的数值可由实验测得，表 8-1 列出了某些气体水溶液的亨利系数值。

表 8-1　某些气体水溶液的亨利系数 E 值（$E\times10^{-6}$/kPa）

气体	温度/K				
	273	283	293	303	313
CO_2	0.0737	0.106	0.144	0.188	0.236
SO_2	0.00167	0.00245	0.00355	0.00485	0.00660
NH_3	0.000208	0.000240	0.000277	0.000321	—

由表 8-1 中的数值可知：不同的物系在同一个温度下的亨利系数不同；当物系一定时，亨利系数随温度升高而增大，温度愈高，溶解度愈小。所以亨利系数值愈大，气体愈难溶。在同一溶剂中，难溶气体的 E 值很大，而易溶气体的 E 值很小。

（2）亨利定律的其他表达形式　由于互成平衡的气、液两相组成各可采用不同的表示法，因而亨利定律有不同的表达形式。

① 用量浓度表示　若将亨利定律表示成溶质在液相中的量浓度 c_A 与其在气相中的分压 p_A^* 之间的关系，则可写成如下形式，即：

$$p_A^*=\frac{c_A}{H} \tag{8-7}$$

式中　H——溶解度系数，kmol/（$m^3\cdot Pa$）。由实验测定，其值随温度的升高而减小。

H 值的大小反映气体溶解的难易程度，对于易溶气体，H 值很大；对于难溶气体，H 值很小。

溶解度系数 H 与亨利系数 E 的关系如下：

$$H=\frac{\rho_{剂}}{EM_{剂}} \tag{8-8}$$

式中　$\rho_{剂}$——溶剂的密度，kg/m^3；

$M_{剂}$——溶剂的千摩尔质量，kg/kmol。

② 用摩尔分数表示　如果气相中吸收质浓度用摩尔分数 y_A 表示，则 $p_A^*=py_A^*$，式(8-6)可写为：

$$y_A^*=\frac{E}{p}x_A=mx_A \tag{8-9}$$

式中，m 称为相平衡常数，它与亨利系数 E 之间的关系为 $m=E/p$。由式(8-9) 可以看出，m 值越大，表明该气体的溶解度越小。

③ 用比摩尔分数表示　如果气液两相组成均以比摩尔分数表示时，式(8-9) 又可写为：

$$\frac{Y_A^*}{1+Y_A^*}=m\frac{X_A}{1+X_A}$$

整理，得

$$Y_A^*=\frac{mX_A}{1+(1-m)X_A} \tag{8-10}$$

当溶液很稀时，X_A 必然很小，上式分母中（$1-m$）X_A 一项可忽略不计，因此上式可简化为

$$Y_A^*=mX_A \tag{8-11}$$

（3）吸收平衡线　表明吸收过程中气、液相平衡关系的图线称吸收平衡线。在吸收操作中，通常用 Y-X 图来表示。

式(8-10)是用比摩尔分数表示的气液相平衡关系。它在 Y-X 坐标系中是一条经原点的曲线，称为吸收平衡线，如图 8-2(a) 所示；式(8-11) 在 Y-X 图坐标系中表示为一条经原点、斜率为 m 的直线。如图 8-2(b) 所示。

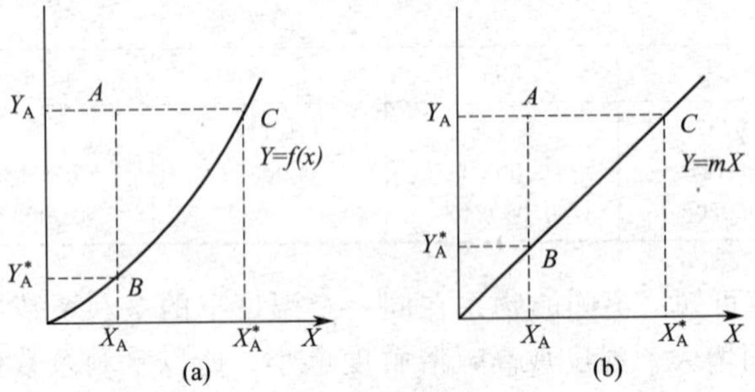

图 8-2 吸收平衡线

（4）相平衡在吸收过程中的应用

① 判断吸收能否进行。由于溶解平衡是吸收进行的极限，所以，在一定温度下，吸收若能进行，则气相中溶质的实际组成 Y_A 必须大于与液相中溶质含量成平衡时的组成 Y_A^*，即$Y_A>Y_A^*$。若出现 $Y_A<Y_A^*$ 时，则过程反向进行，为解吸操作。图 8-2 中的 A 点，为操作（实际状态）点，若 A 点位于平衡线的上方，$Y_A>Y_A^*$ 为吸收过程；A 点在平衡线上，$Y_A=Y_A^*$，体系达平衡，吸收过程停止；当 A 点位于平衡线的下方时，则 $Y_A<Y_A^*$，为解吸过程。

② 确定吸收推动力。显然，$Y_A>Y_A^*$ 是吸收进行的必要条件，而差值 $\Delta Y_A=Y_A-Y_A^*$ 则是吸收过程的推动力，差值越大，吸收速率越大。

【例题 8-3】 在总压 1200kPa、温度 303K 下，含 CO_2 5%（体积分数）的气体与含 CO_2 为 1.0g/L 的水溶液相遇，问：该接触过程会发生吸收还是解吸？以分压差表示的推动力有多大？若要改变其传质方向可采取哪些措施？

解 为判断是吸收还是解吸，可以将溶液中溶质的平衡分压 $p_{CO_2}^*$ 与气相中的分压 p_{CO_2} 相比较。

据题意 $p_{CO_2}=py=1200\times0.05=60\text{kPa}$，而 $p_{CO_2}^*$ 可按亨利定律式(8-6) 求取。

由表 8-1 查得 CO_2 水溶液在 303K 时的亨利系数 $E=188\times10^3\text{kPa}$，又因溶液很稀，故其密度与平均千摩尔质量可视为与水相同，于是，可求得：

$$x_{CO_2}=\frac{n_{CO_2}}{n_{H_2O}}=(1/44)/(996/18)=0.00041$$

$$p_{CO_2}^*=Ex=188\times10^3\times0.00041=77.1\text{kPa}$$

由计算结果可知，$p_{CO_2}^*>p_{CO_2}$，故进行的是解吸。以分压差表示的总推动力为：

$$p_{CO_2}^*-p_{CO_2}=77.1-60=17.1\text{kPa}$$

若要改变传质方向（即变解吸为吸收），可以采取的措施是：提高操作压力，以提高气相中 CO_2 分压 p_{CO_2}，降低操作温度，以降低与液相相平衡的 CO_2 分压 $p_{CO_2}^*$。

三、吸收机理

1. 传质的基本方式

吸收过程是溶质从气相转移到液相的质量传递过程。由于溶质从气相转移到液相是通过扩散进行的，因此传质过程也称为扩散过程。扩散的基本方式有两种：分子扩散及涡流扩散，而实际传质操作中多为对流扩散。

（1）分子扩散 物质以分子运动的方式通过静止流体的转移，或物质通过层流流体，且传质方向与流体的流动方向相垂直的转移，导致物质从高浓度处向低浓度处传递，这种传质方式称为分子扩散。分子扩散只是由于分子热运动的结果，扩散的推动力是浓度差，扩散速率主要决定于扩散物质和静止流体的温度及某些物理性质。

分子扩散现象在人们日常生活中经常遇到。将一勺砂糖放入杯水之中，片刻后整杯的水就会变甜；如在密闭的室内，酒瓶盖被打开后，在其附近很快就可闻到酒味。这就是分子扩散的表现。

（2）涡流扩散 在湍流主体中，凭借流体质点的湍动和漩涡进行物质传递的现象，称为涡流扩散。若将一勺砂糖放入杯水之中，用勺搅动，则将甜得更快更匀，那便是涡流扩散的效果了。涡流扩散速率比分子扩散速率大得多，涡流扩散速率主要决定于流体的流动形态。

（3）对流扩散 对流扩散亦称对流传质，对流传质包括湍流主体的涡流扩散和层流内层的分子扩散。

2. 双膜理论

由于吸收过程是物质在两相之间的传递，其过程极为复杂。为了从理论上说明这个机理，曾提过多种不同的理论，其中应用最广泛的是 1926 年由刘易斯和惠特曼提出的“双膜理论”。双膜理论的模型如图 8-3 所示，双膜理论的基本要点如下。

① 相互接触的气、液两流体间存在着稳定的相界面，界面两侧各有一个很薄的有效层流膜层。吸收质以分子扩散方式通过此二膜层。

② 在相界面处，气、液两相达到平衡。

③ 在膜层以外的气、液两相中心区，由于流体充分湍动，吸收质的浓度是均匀的，即两相中心区内浓度梯度为零，全部浓度变化集中在两个有效膜层内。

通过以上假设，就把整个相际传质过程简化为经由气、液两膜的分子扩散过程。双膜理论认为相界面上处于平衡状态，即图 8-3 中的 p_i 与 c_i 符合平衡关系。这样，整个相际传质过程的阻力便全部体现在两个有效膜层里。在两相主体浓度一定的情况下，两膜的阻力便决定了吸收速率的大小。因此，双膜理论也可称为双阻力理论。

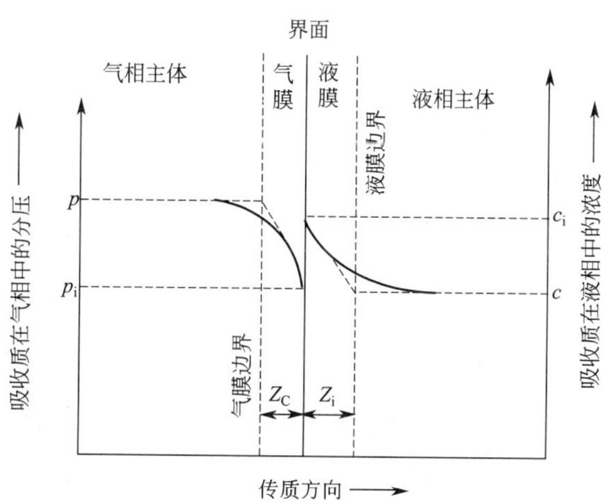

图 8-3 双膜理论的假想模型示意图

图 8-3 所示为气体中的溶质气体 A 在气相中的分压分布及液相中的浓度分布，根据双膜理论描绘出的示意图。由于气膜内的分压差 $p-p_i$ 的作用，气相中的溶质气体从气相主体转移到相界面，并在相界面处溶质气体溶解于液相中，又由于液膜浓度差 c_i-c 的作用，从相界面转移到液相主体中。这非常类似于冷热两流体通过筒壁进行的换热过程，即对流扩散、溶解和对流扩散。

双膜理论把复杂的相际传质过程大为简化。对于具有固定相界面的系统及速度不高的两流体间的传质，双膜理论与实际情况是相当符合的。根据这一理论的基本概念所确定的相际传质速率关系，至今仍是传质设备设计的主要依据，这一理论对于生产实际具有重要的指导意义。

四、吸收速率方程

所谓吸收速率即指单位传质面积上单位时间内吸收的溶质量。表明吸收速率与吸收推动力之间关系的数学式即为吸收速率方程式。吸收速率用符号 N_A 表示，其单位为 $kmol/(m^2 \cdot s)$。

按照双膜理论，吸收过程无论是物质传递的过程，还是传递方向上的浓度分布情况，都类似于间壁式换热器中冷热流体之间的传热步骤和温度分布情况。所以可用类似于传热速率方程的形式来表达吸收速率方程。

吸收速率＝过程推动力/过程阻力＝吸收系数×过程推动力

由于吸收的推动力可以用各种不同形式的浓度差来表示，所以，吸收速率方程也有多种形式。

1. 气膜吸收速率方程式

吸收质从气相主体通过气膜传递到相界面时的吸收速率方程可表示为：

$$N_A=k_{气}(Y_A-Y_i) \tag{8-12a}$$

或

$$N_A=\frac{Y_A-Y_i}{\frac{1}{k_{气}}} \tag{8-12b}$$

式中 Y_A，Y_i——气相主体和相界面处吸收质的比摩尔分数；

$k_{气}$——气膜吸收系数，$kmol/(m^2 \cdot s)$。

气膜吸收系数的倒数$\frac{1}{k_{气}}$即表示吸收质通过气膜的传递阻力，这个阻力的表达形式是与气膜推动力（Y_A-Y_i）相对应的。

2. 液膜吸收速率方程式

吸收质从相界面处通过液膜传递进入液相主体的吸收速率方程可表示为：

$$N_A=k_{液}(X_i-X_A) \tag{8-13a}$$

或

$$N_A=\frac{X_i-X_A}{\frac{1}{k_{液}}} \tag{8-13b}$$

式中 X_A，X_i——液相主体和相界面处液相中吸收质的比摩尔分数；

$k_{液}$——液膜吸收系数，$kmol/(m^2 \cdot s)$。

液膜吸收系数的倒数$\frac{1}{k_{液}}$即表示吸收质通过液膜的传递阻力，这个阻力的表达形式是与液膜推动力（X_i-X_A）相对应的。

3. 吸收总系数及其相应的吸收速率方程式

为了避开难于测定的界面浓度，可以仿效传热中类似问题的处理方法。研究传热速率时，可以避开壁面温度而以冷、热两流体温度之差来表示传热的总推动力。对于吸收过程，同样可以采用两相主体浓度的某种差值来表示总推动力而写出吸收速率方程式。

吸收速率＝总推动力/总阻力＝两相主体浓度差/两膜阻力之和

因此，吸收过程的总推动力应该用任何一相主体浓度与其平衡浓度的差值来表示。

（1）以 $Y_A-Y_A^*$ 表示总推动力的吸收速率方程式

$$N_A=K_气(Y_A-Y_A^*) \tag{8-14a}$$

或

$$N_A=\frac{Y_A-Y_A^*}{\frac{1}{K_气}} \tag{8-14b}$$

式中　$K_气$——气相吸收总系数，kmol/(m² · s)。

上式即为以 $Y_A-Y_A^*$ 为总推动力的吸收速率方程式。气相吸收总系数的倒数$\frac{1}{K_气}$为两膜的总阻力，此阻力由气膜阻力 $1/k_气$ 与液膜阻力 $m/k_液$ 组成。即：

$$\frac{1}{K_气}=\frac{1}{k_气}+\frac{m}{k_液} \tag{8-15}$$

对溶解度大的易溶气体，相平衡常数 m 很小。在 $k_气$ 和 $k_液$ 值数量级相近的情况下，必然有$\frac{1}{k_气}\gg\frac{m}{k_液}$，$\frac{m}{k_液}$相应很小，可以忽略，则式(8-15) 可简化为：

$$\frac{1}{K_气}\approx\frac{1}{k_气}\quad 或\quad K_气\approx k_气 \tag{8-16}$$

此时表明易溶气体的液膜阻力很小，吸收的总阻力集中在气膜内。这种情况下气膜阻力控制着整个吸收过程速率，故称为“气膜控制”。

（2）以 $X_A^*-X_A$ 表示总推动力的吸收速率方程式

$$N_A=K_液(X_A^*-X_A) \tag{8-17a}$$

或

$$N_A=\frac{X_A^*-X_A}{\frac{1}{K_液}} \tag{8-17b}$$

式中　$K_液$——液相吸收总系数，kmol/(m² · s)。

式(8-17b) 即为以 $X_A^*-X_A$ 为总推动力的吸收速率方程式。液相吸收总系数的倒数$\frac{1}{K_液}$为两膜的总阻力，此阻力由气膜阻力$\frac{1}{mk_气}$与液膜阻力 $1/k_液$ 组成。即：

$$\frac{1}{K_液}=\frac{1}{mk_气}+\frac{1}{k_液} \tag{8-18}$$

对溶解度小的难溶气体，m 值很大，在 $k_气$ 和 $k_液$ 值数量级相近的情况下，必然有$\frac{1}{k_液}\gg\frac{1}{mk_气}$，$\frac{1}{mk_气}$很小，也可以忽略，则式(8-18) 可简化为：

$$\frac{1}{K_液}\approx\frac{1}{k_液}\quad 或\quad K_液=k_液 \tag{8-19}$$

此时表明难溶气体的总阻力集中在液膜内，这种情况下液膜阻力控制整个吸收过程速率，故称为“液膜控制”。

对于溶解度适中的气体吸收过程，气膜阻力与液膜阻力均不可忽略。要提高过程速率，必须兼顾气、液两膜阻力的降低。

正确判别吸收过程属于气膜控制或液膜控制，将给吸收过程的计算和设备的选型带来方便。如气膜控制系统，选用式(8-14a) 和式(8-16) 计算十分方便。在操作中增大气速，可减薄气膜厚度，降低气膜阻力，有利于提高吸收速率。

由于推动力所涉及的范围不同及浓度的表示方法不同，吸收速率呈现了上述多种形态。所以，各式中吸收系数与推动力的正确搭配及单位的一致性应特别予以注意。

第三节　吸收过程的计算

一、吸收塔的物料衡算和操作线方程

1. 全塔物料衡算

在单组分气体吸收过程中，吸收质在气液两相中的浓度沿着吸收塔高不断地变化，导致气液两相的总量也随塔高而变化。由于通过吸收塔的惰性气量和吸收剂量可认为不变，因而在进行吸收物料衡算时气、液两相组成用比摩尔分数表示就十分方便。

图 8-4 为稳定操作状态下单组分吸收逆流接触的填料吸收塔。图中符号如下：

V——通过吸收塔的惰性气体量，kmol/s；

L——通过吸收塔的吸收剂量，kmol/s；

Y_1，Y_2——进塔、出塔气体中溶质 A 的比摩尔分数；

X_1，X_2——出塔、进塔溶液中溶质 A 的比摩尔分数。

（注意：本章中塔底截面一律以下标“1”代表，塔顶截面一律以下标“2”代表）

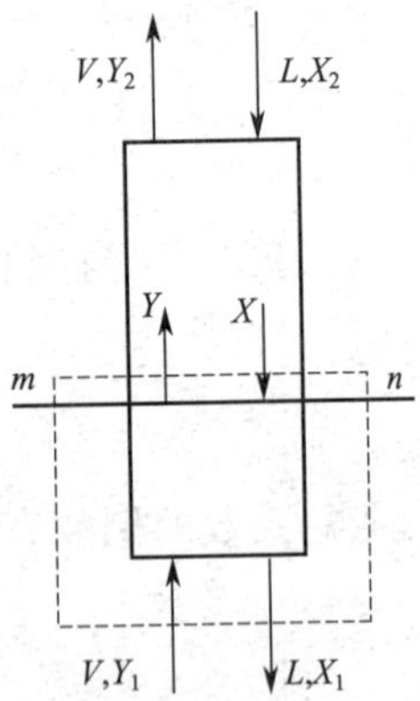

图 8-4　吸收塔的物料衡算

对单位时间内进、出吸收塔的溶质量作物料衡算，可得下式：

$$VY_1+LX_2=VY_2+LX_1$$

整理，得

$$V(Y_1-Y_2)=L(X_1-X_2)=G_A \tag{8-20}$$

式中　G_A 为单位时间内全塔吸收的吸收质的量，单位与 V、L 一致。

一般情况下，进塔混合气的组成与流量是吸收任务规定了的，如果吸收剂的组成与流量已经确定，则 V、Y_1、L 及 X_2 皆为已知数。又根据吸收操作的分离指标吸收率 φ，可以得知气体出塔时的浓度 Y_2：

$$Y_2=Y_1(1-\varphi) \tag{8-21}$$

式中，$\varphi=(Y_1-Y_2)/Y_1$ 表示气相中溶质被吸收的百分率，称为吸收率。

如此，通过全塔物料衡算式(8-20) 可以求得塔底排出的吸收液组成 X_1。在已知 L、V、Y_1、X_1 和 X_2 的情况下，也可由式(8-20) 计算 Y_2，从而进一步求算吸收率，判断是否已达分离要求。

2. 操作线方程与操作线

在逆流操作的填料塔内，气体自下而上，其组成由 Y_1 逐渐变至 Y_2，液体自上而下，其组成由 X_2 逐渐变至 X_1。那么，填料层中各个截面上的气、液浓度 Y 与 X 之间的变化关系，需在填料层中的任一截面与塔的任一端面之间作物料衡算。

在图 8-4 所示的塔内任取 m-n 截面与塔底（图示虚线范围）作溶质的物料衡算，得：

$$VY+LX_1=VY_1+LX$$

整理，得
$$Y=\frac{L}{V}X+\left(Y_1-\frac{L}{V}X_1\right) \tag{8-22}$$

式中 Y——m-n 截面上气相中溶质的比摩尔分数；

X——m-n 截面上液相中溶质的比摩尔分数。

式(8-22) 称为吸收塔的操作线方程，它表明塔内任一截面上的气相组成 Y 与液相组成 X 之间成直线关系，直线的斜率为 L/V，且此直线通过 B（X_1，Y_1）及 A（X_2，Y_2）两点。标绘在图 8-5 中的直线 AB，即为操作线。操作线上任何一点，代表着塔内相应截面上的液、气组成，端点 A 代表塔顶稀端，端点 B 代表塔底浓端。

应指出，操作线方程式及操作线都是由物料衡算得来的，与系统的平衡关系、操作温度和压力、塔的结构形式等无关。

在进行吸收操作时，塔内任一截面上溶质在气相中的实际组成总是高于其平衡组成，所以操作线总是位于平衡线的上方。反之，如果操作线位于平衡线的下方，则应进行解吸过程。

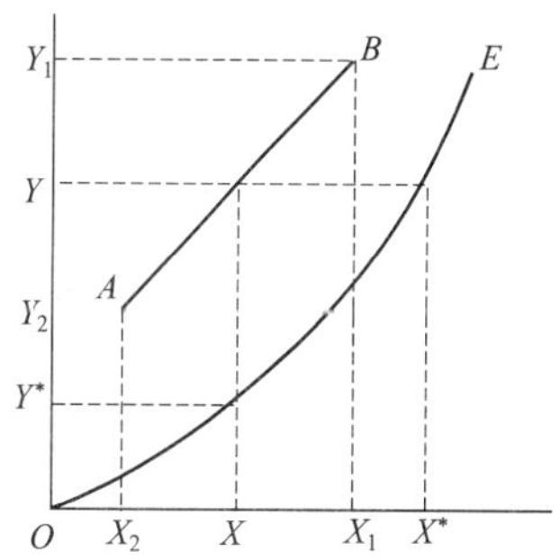

图 8-5 逆流吸收的操作线

由图 8-5 可知吸收塔内任一截面处气液两相间的传质推动力是由操作线和平衡线的相对位置决定的。操作线上任一点的坐标代表塔内某一截面处气、液两相的组成状态，该点与平衡线之间的垂直距离即为该截面上以气相比摩尔分数表示的吸收总推动力（$Y-Y^*$）；与平衡线之间的水平距离则表示该截面上以液相比摩尔分数表示的吸收总推动力（X^*-X）。在操作线上 A 至 B 点范围内，由操作线与平衡线之间垂直距离（或水平距离）的变化情况，可以看出整个吸收过程中推动力的变化。显然，操作线与平衡线之间的距离越远，则传质推动力越大。

二、吸收剂消耗量

1. 吸收剂的单位耗用量

由逆流吸收塔的物料衡算可知

$$\frac{L}{V}=\frac{Y_1-Y_2}{X_1-X_2} \tag{8-23}$$

在 V、Y_1、Y_2、X_2 已知的情况下，吸收塔操作线的一个端点 A（X_2,Y_2）已经固定，另一个端点 B 则在 $Y=Y_1$ 的水平线上移动，点 B 的横坐标取决于操作线的斜率 L/V，如图 8-6 所示。

操作线的斜率称为液气比 L/V，是吸收剂与惰性气体摩尔流量的比，即处理含单位千摩尔惰性气的原料气所用的纯吸收剂耗用量大小。液气比对吸收设备尺寸和操作费用有直接的影响。

当吸收剂用量增大，即操作线的斜率 L/V 增大，则操作线向远离平衡线方向偏移，如图 8-6(a) 中 AC 线所示，此时操作线与平衡线间的距离增大，即各截面上吸收推动力（$Y-Y^*$）增大。若在单位时间内吸收同样数量的溶质时，设备尺寸可以减小，设备费用降低；但是，吸收剂消耗量增加，出塔液体中溶质含量降低，吸收剂再生所需的设备费和操作费均增大。

若减少吸收剂用量，L/V 减小，操作线向平衡线靠近，传质推动力（$Y-Y^*$）必然减

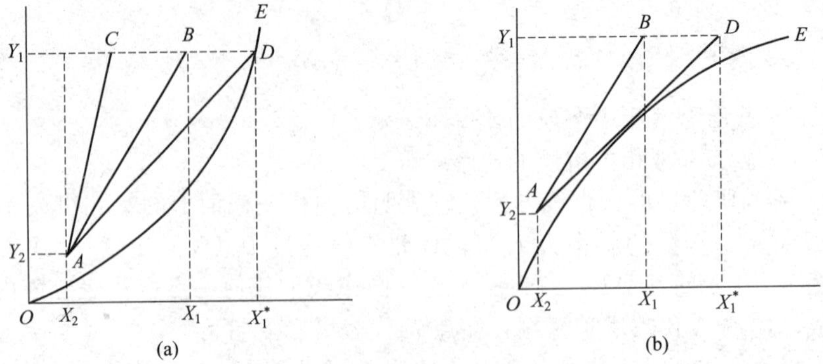

图 8-6 吸收塔的最小液气比

小，所需吸收设备尺寸增大，设备费用增大。当吸收剂用量减小到使操作线的一个端点与平衡线相交，如图 8-6(a) 中 AD 线所示，在交点处相遇的气液两相组成已相互平衡，此时传质过程的推动力为零，因而达到此平衡所需的传质面积为无限大（塔为无限高）。这种极限情况下的吸收剂用量称为最小吸收剂用量，用 L_{min} 表示，相应的液气比称为最小液气比，用 $(L/V)_{min}$ 表示。显然，对于一定的吸收任务，吸收剂的用量存在着一个最低极限，若实际液气比小于最小液气比时，便不能达到设计规定的分离要求。

由以上分析可见，吸收剂用量的大小，从设备费与操作费两方面影响到生产过程的经济效益，应选择一个适宜的液气比，使两项费用之和最小。根据实践经验，一般情况下取操作液气比为最小液气比的 1.1～2.0 倍较为适宜。即：

$$\frac{L}{V}=(1.1\sim2.0)\left(\frac{L}{V}\right)_{min} \tag{8-24}$$

必须指出，为了保证填料表面能被液体充分润湿，还应考虑到单位时间每平方米塔截面上流下的液体量（称为喷淋密度）不得小于某一最低允许值。如果按式(8-24) 算出的吸收剂用量不能满足充分润湿填料的起码要求，则应采用更大的液气比。

2. 最小液气比的求法

最小液气比可用图解或计算法求出。

(1) 图解法　一般情况下，平衡线如图 8-6(a) 所示的曲线，则由图读出与 Y_1 相平衡的 X_1^* 的数值后，用下式计算最小液气比：

$$\left(\frac{L}{V}\right)_{min}=\frac{Y_1-Y_2}{X_1^*-X_2} \tag{8-25}$$

如果平衡线为图 8-6(b) 所示的曲线，则应过点 D 作平衡曲线的切线，由图读出 D 点的横坐标 X_1^* 的数值，代入式(8-25) 计算最小液气比。

(2) 计算法　若平衡线为直线并可表示为 $Y^*=mX$ 时，则上式可表示为

$$\left(\frac{L}{V}\right)_{min}=\frac{Y_1-Y_2}{\frac{Y_1}{m}-X_2} \tag{8-26}$$

【例题 8-4】 在一填料塔中，用洗油逆流吸收混合气体中的苯。已知混合气体的流量为 $1600m^3/h$，进塔气体中含苯 0.05（摩尔分数，下同），要求吸收率为 90%，操作温度为 25℃，操作压强为 101.3kPa，相平衡关系为 $Y^*=26X$，操作液气比为最小液气比的 1.3 倍。试求下列两种情况下的吸收剂用量及出塔洗油中苯的含量：①洗油进塔浓度 $x_2=0.00015$；②洗油进塔浓度 $x_2=0$。

解　先确定混合气中惰性气量和吸收质的比摩尔分数

$$V=\frac{1600}{22.4}\times\frac{273}{273+25}\times(1-0.05)=62.2\quad \text{kmol 惰气/h}$$

$$Y_1=\frac{y_1}{1-y_1}=\frac{0.05}{1-0.05}=0.0526$$

$$Y_2=Y_1(1-\varphi)=0.0526\times(1-0.90)=0.00526$$

$$X_2=\frac{x_2}{1-x_2}=\frac{0.00015}{1-0.00015}=0.00015$$

① 洗油进塔浓度 $x_2=0.00015$，由于气液平衡关系为直线，则

$$\left(\frac{L}{V}\right)_{\min}=\frac{Y_1-Y_2}{\dfrac{Y_1}{m}-X_2}=\frac{0.0526-0.00526}{\dfrac{0.0526}{26}-0.00015}=25.3$$

实际液气比为　$\dfrac{L}{V}=1.3\left(\dfrac{L}{V}\right)_{\min}=1.3\times25.3=32.9$

$$L=32.9V=32.9\times62.2=2046\quad \text{kmol/h}$$

出塔洗油中苯的含量为

$$X_1=\frac{V(Y_1-Y_2)}{L}+X_2=\frac{62.2\times(0.0526-0.00526)}{2046}+0.00015=1.59\times10^{-3}$$

② 洗油进塔浓度 $x_2=0$，则 $X_2=0$

$$\left(\frac{L}{V}\right)_{\min}=\frac{Y_1-Y_2}{\dfrac{Y_1}{m}}=m\varphi=26\times0.9=23.4$$

$$\frac{L}{V}=1.3m\varphi=1.3\times23.4=30.4$$

$$L=30.4V=30.4\times62.2=1890\quad \text{kmol/h}$$

$$X_1=\frac{V(Y_1-Y_2)}{L}+X_2=\frac{62.2\times(0.0526-0.00526)}{1890}+0=1.56\times10^{-3}$$

三、填料塔直径的计算

吸收塔的塔径可根据圆形管道直径计算公式确定，即

$$D=\sqrt{\frac{4q_V}{\pi u}}\tag{8-27}$$

式中　D　　吸收塔的内径，m，

q_V——操作条件下混合气体的体积流量，m^3/s；

u——空塔气速，即按空塔截面积计算的混合气速度，m/s，其值约为 0.3～0.3 到 1～1.5m/s不等，适宜的数值由实验或经验式求得。

在吸收过程中，由于吸收质不断进入液相，故混合气量由塔底至塔顶逐渐减小。在计算塔径时，一般应以入塔时气量为依据。

四、填料层高度的计算

为了达到指定的分离要求，吸收塔必须提供足够的气液两相接触面积。填料塔提供接触面积的元件为填料，因此，塔内的填料装填量或一定直径的塔内填料层高度将直接影响吸收结果。就基本关系而论，填料层高度 Z 等于所需的填料层体积 V 除以塔截面积 S。塔截面

积已由塔径确定，填料层体积 V 则取决于完成规定任务所需的总传质面积 A 和每立方米填料层所能提供的气液有效接触面积 $a(V=A/a)$。即：

$$Z=\frac{V}{S}=\frac{A}{aS} \tag{8-28}$$

上式总传质面积 A 应等于塔的吸收负荷 G_A（单位时间内的传质量）与塔内传质速率 N_A（单位时间内单位气液接触面积上的传质量）的比值。计算塔的吸收负荷 G_A 要依据物料衡算关系，计算传质速率 N_A 要依据吸收速率方程式，而吸收速率方程中的推动力总是实际浓度与某种平衡浓度的差额，因此又要知道相平衡关系。所以，填料层高度的计算将涉及物料衡算、传质速率与相平衡这三种关系式的应用。

填料层高度的确定，可由前述的吸收速率方程式引出，但上述吸收速率方程式中的推动力均表示吸收塔某个截面上的数值。而对整个吸收过程，气液两相的吸收质浓度在吸收塔内各个截面上都不同，显然各个截面上的吸收推动力也不相同。全塔范围内的吸收推动力可仿照传热一样用平均推动力表示。式(8-14a）和式(8-17a）可表示为：

$$N_A=K_{气}\ \Delta Y_{均} \tag{8-29a}$$

$$N_A=K_{液}\ \Delta X_{均} \tag{8-29b}$$

此时 N_A 为全塔范围内的吸收速率，它的意义为：单位时间内全塔吸收的吸收质的量 G_A 与吸收塔提供的传质面积 A 的比值，即

$$N_A=\frac{G_A}{A}=\frac{V(Y_1-Y_2)}{A}=\frac{L(X_1-X_2)}{A}$$

填料层高度为 Z 的填料塔所提供的传质面积（气液接触面积）A 为：

$$A=\frac{G_A}{N_A}=\frac{V(Y_1-Y_2)}{K_{气}\ \Delta Y_{均}} \tag{8-30a}$$

或

$$A=\frac{G_A}{N_A}=\frac{L(X_1-X_2)}{K_{液}\ \Delta X_{均}} \tag{8-30b}$$

将以上二式分别代入式(8-28）并整理，得

总推动力以气相组成表示时的公式为：

$$Z=\frac{V(Y_1-Y_2)}{K_{气}\ aS\Delta Y_{均}} \tag{8-31a}$$

总推动力以液相组成表示时的公式为：

$$Z=\frac{L(X_1-X_2)}{K_{液}\ aS\Delta X_{均}} \tag{8-31b}$$

以上二式中单位体积填料层内的有效接触面积 a（称为有效比表面积）值不仅与填料的形状、尺寸及充填状况有关，而且受流体物性及流体状况的影响。a 的数值很难直接测定。为了避开难以测得的有效比表面积 a，常将它与吸收系数的乘积视为一体，作为一个完整的物理量来看待，这个乘积称为“体积吸收总系数”。譬如 $K_{气}a$ 及 $K_{液}a$ 分别称为气相体积吸收总系数及液相体积吸收总系数，其单位均为 $kmol/(m^3 \cdot s)$。

当吸收过程的平衡线为直线或操作范围内平衡线段为直线时，平均推动力取吸收塔顶与吸收塔底推动力的对数平均值。即

$$\Delta Y_{均}=\frac{(Y_1-Y_1^*)-(Y_2-Y_2^*)}{\ln\dfrac{Y_1-Y_1^*}{Y_2-Y_2^*}}=\frac{\Delta Y_1-\Delta Y_2}{\ln\dfrac{\Delta Y_1}{\Delta Y_2}} \tag{8-32a}$$

$$\Delta X_{均}=\frac{(X_1^*-X_1)-(X_2^*-X_2)}{\ln\dfrac{X_1^*-X_1}{X_2^*-X_2}}=\frac{\Delta X_1-\Delta X_2}{\ln\dfrac{\Delta X_1}{\Delta X_2}} \tag{8-32b}$$

【例题 8-5】 已测得一逆流吸收操作入塔混合气中吸收质摩尔分数为 0.015，其余为惰性气，出塔气中含吸收质摩尔分数为 7.5×10^{-5}；入塔吸收剂为纯溶剂，出塔溶液中含吸收质摩尔分数为 0.0141。操作条件下相平衡关系为 $Y_A^*=0.75X$。试求气相平均推动力 $\Delta Y_均$。

解 先将摩尔分数换算为比摩尔分数

$$Y_1=\frac{y_1}{1-y_1}=\frac{0.015}{1-0.015}=0.0152$$

$$Y_2=\frac{y_2}{1-y_2}=\frac{7.5\times10^{-5}}{1-7.5\times10^{-5}}=7.5\times10^{-5}$$

$$X_1=\frac{x_1}{1-x_1}=\frac{0.0141}{1-0.0141}=0.0143$$

$$Y_1^*=mX_1=0.75\times0.0143=0.011$$

$$Y_2^*=mX_2=0$$

$$\Delta Y_均=\frac{(Y_1-Y_1^*)-(Y_2-Y_2^*)}{\ln\frac{Y_1-Y_1^*}{Y_2-Y_2^*}}=\frac{(0.0152-0.011)-(7.5\times10^{-5}-0)}{\ln\frac{0.0152-0.011}{7.5\times10^{-5}-0}}=1.025\times10^{-3}$$

【例题 8-6】 若例题 8-5 题中所用的吸收塔内径为 1m，入塔混合气量为 $1500\text{m}^3/\text{h}$（101.3kPa，298K），气相体积吸收总系数 $K_气a=150\text{kmol}/(\text{m}^3\cdot\text{h})$。试求达到指定的分离要求所需要的填料层高度。

解

$$V=\frac{1500}{22.4}\times\frac{273}{298}\times(1-0.015)=60.4\quad\text{kmol/h}$$

$$塔截面积\ S=\frac{\pi}{4}D^2=0.785\times1^2=0.785\text{m}^2$$

根据式(8-31a) 得

$$Z=\frac{V(Y_1-Y_2)}{K_气aS\Delta Y_均}=\frac{60.4\times(0.0152-7.5\times10^{-5})}{150\times0.785\times1.025\times10^{-3}}=7.57\text{m}$$

所需填料层高度为 7.57m。

第四节 填 料 塔

一、填料塔的构造

填料塔由塔体、填料、液体分布装置、填料压板、填料支承装置、液体再分布装置等构成，如图 8-7 所示。

填料塔操作时，液体自塔上部进入，通过液体分布器均匀喷洒在塔截面上并沿填料表面成膜状流下。当塔较高时，由于液体有向塔壁面偏流的倾向，使液体分布逐渐变得不均匀，因而经过一定高度的填料层需要设置液体再分布器，将液体重新均匀分布到下段填料层的截面上，最后液体经填料支承装置由塔下部排出。

气体自塔下部经气体分布装置送入，通过填料支承装置在填料缝隙中的自由空间上升并与下降的液体相接触，最后从塔上部排出。为了除去排出气体中夹带的少量雾状液滴，在气

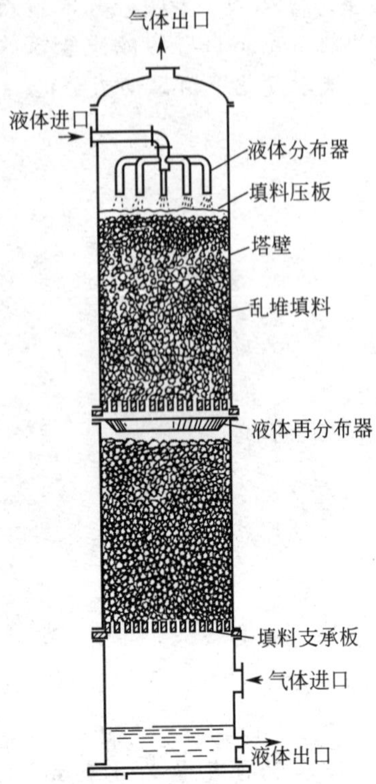

图 8-7 填料塔的典型结构

体出口处常装有除沫器。填料层内气液两相呈逆流接触，填料的润湿表面即为气液两相接触的有效传质面积。

二、填料及其特性

1. 填料特性

填料是具有一定几何形体结构的固体元件。填料的作用是使气液两相的接触面积增大。填料塔操作性能的优劣，与所选择的填料密切相关，因此，根据填料特性，合理选择填料显得尤为重要。填料的主要性能可由以下特征参数表示。

(1) 比表面积 a 填料的比表面积是指单位体积填料的表面积，其单位为 m^2/m^3。填料的比表面积越大，提供的气液接触面积越大。但是由于填料堆积过程中的互相屏蔽，以及填料润湿并不完全，因此实际的气液接触面积必小于填料的比表面积。

(2) 空隙率 ε 填料的空隙率是指单位体积填料层所具有的空隙体积，是一个无单位的量。空隙率越大，所通过的气体阻力越小，通过能力也越大。

(3) 单位体积内堆积填料的数目 n 单位体积内堆积填料的数目与填料尺寸大小有关。对同一种填料，减小填料尺寸则填料数目增加，单位体积填料的造价增加，填料层的比表面积增大而空隙率下降，气体阻力也相应增加。反之，填料尺寸若过大，在靠近壁面处，由于填料与塔壁之间的空隙大，塔截面上这种实际空隙率分布的不均匀性，引起气液流动沿塔截面分布不均。因此，填料的尺寸不应大于塔径 D 的 (1/10) ～ (1/8)。

(4) 填料因子 在填料被润湿前后，其比表面积 a 与空隙率 ε 均有所不同，可用干填料因子和湿填料因子来表征这种差别。干填料因子定义为 a/ε^3，单位为 1/m，其值由试验测定；湿填料因子又简称填料因子，用符号 Φ 表示，其单位为 1/m，其值亦由实验测定。

(5) 堆积密度 ρ_P 填料的堆积密度是指单位体积填料的质量，单位为 kg/m^3。它的数值大小影响到填料支承板的强度设计，此外，填料的壁厚越薄，单位体积填料的质量就越小，即 ρ_P 就小，材料消耗量也低，但应保证填料个体有足够的机械强度，不致压碎或变形。

除以上特性外，还要从经济性、适应性等方面去考察各种填料的优劣。尽量选用造价低、坚固耐用、机械强度高、化学稳定性好及耐腐蚀的填料。

2. 常用填料

常用填料分为实体填料和网体填料两大类。实体填料包括环形填料、鞍形填料和波纹填料等；网体填料有鞍形网、θ 网环等。用于制造填料的材料可以用金属，也可以用陶瓷、塑料等非金属材料。金属填料强度高，壁薄，空隙率和比表面积均较大，多用于无腐蚀性物料的分离。陶瓷填料应用得最早，其润湿性能好，但因壁厚，空隙小，阻力大，气液分布不均匀，传质效率低，且易破碎，仅用于高温、强腐蚀场合。塑料填料近年来发展很快，因其价格低廉，质轻耐腐，加工方便，在工业上应用日趋广泛，但润湿性能差。

填料的填充方法可采用散装或整砌两种方式。前者分散随机堆放，后者在塔中成整齐的有规则排列。装散装填料前先在塔内灌满水，然后从人孔或塔顶将填料倒入，边倒边将填料表面扒平，填料装至规定高度后，放净塔内的水。装整砌填料，人进入塔内进行排列，直装到规定的高度。早期使用的填料为碎石、焦炭等天然块状物，后来广泛使用瓷环和木栅等人造填料。据文献报道，目前散装填料中金属环矩鞍形填料综合性能最好，而整砌填料以波纹填料为最优，下面分别介绍。

(1) 拉西环 拉西环是最早的一种填料，为外径与高度相等的空心圆柱体，如图 8-8(a) 所示，它是具有内外表面的环状实壁填料。拉西环形状简单，制造容易，但当拉西环横卧放置时，内表层不易被液体润湿且气体不能通过，而且彼此容易重叠，使部分表面互相屏蔽，因而气液有效接触面积降低，流体阻力增大。

(2) 鲍尔环 鲍尔环填料是在拉西环填料的基础上加以改进而研制的填料，如图8-8(b) 所示。其结构是在拉西环的侧壁上开出一排或两排位置交错的窗口，窗口的一边仍与圆环本体相连，其余边向内弯向环的中心以形成舌片，而在环上形成开孔。无论鲍尔环如何堆积，其气液流通顺畅，气体阻力大大降低，液体有多次聚集、滴落和分散的机会，并且内外表层均可有效利用。此外，使用鲍尔环填料不会产生严重的偏流和沟流现象，因此，即使填料层较高，一般也不需要分段，并无须设置液体再分布装置。

鲍尔环的性能优于拉西环。鲍尔环因其具有生产能力大、气体流动阻力小、操作弹性较大、传质效率较高等优点，而被广泛应用于工业生产中。鲍尔环可用陶瓷、金属或塑料等材料。

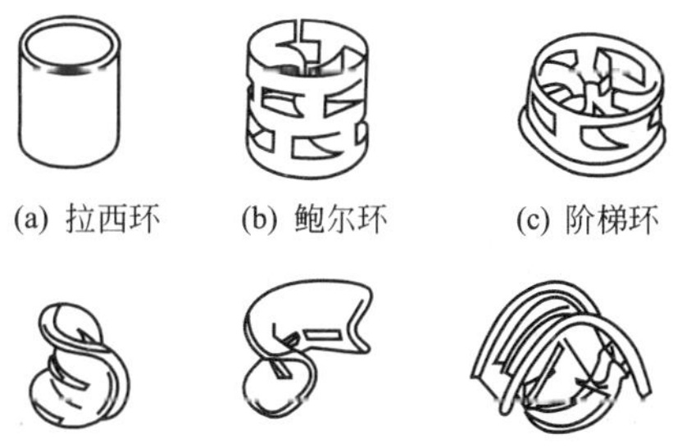

(a) 拉西环 (b) 鲍尔环 (c) 阶梯环

(d) 弧鞍 (e) 矩鞍 (f) 金属鞍环

图 8-8 几种填料的外形

(3) 阶梯环 阶梯环填料是在鲍尔环填料的基础上加以改进而发展起来的一种新型填料，如图 8-8(c) 所示。其结构与鲍尔环相似，只是长径比略小，其高度通常只有直径的一半，环上也有开孔和内弯的舌片。因阶梯环的一端有向外翻的喇叭口，故散装堆积过程中环与环之间呈点接触，互相屏蔽的可能性大为减少，使床层均匀且空隙率增大，是目前使用的环形填料中性能最佳的一种。

(4) 鞍形填料 鞍形填料有弧鞍与矩鞍两种。鞍形填料是敞开型填料，其特点为表面全部敞开，不分内外，液体在表面两侧均匀流动，流体通道为圆弧形，使流体阻力减小。

弧鞍形填料又称贝尔鞍填料，如图 8-8(d) 所示。它的外形似马鞍，两面是对称的，使液体在两侧分布同样均匀。但由于其结构的特点，弧鞍形填料容易产生重叠，使有效比表面积减小。另外，因其壁较薄，机械强度低而容易破碎。

矩鞍形填料是在弧鞍形填料的基础上发展起来的，如图 8-8(e) 所示，它的内外表面形状不同，填料堆积时不易重叠，填料层的均匀性大为提高，同时机械强度也有所增强。矩鞍形填料处理能力大，气体流动阻力小，是一种性能优良的填料。它的构型比较简单，加工比弧鞍方便，一般用陶瓷制造。

(5) 金属鞍环填料 金属鞍环填料是综合了鲍尔环填料通量大及鞍形填料的液体再分布性能好的优点而开发出的新型填料，如图 8-8(f) 所示。是由薄金属板冲程的整体鞍环，其特点为：保留了鞍形填料的弧形结构及鲍尔环的环形结构，并且有内弯叶片的小窗，全部表面能被有效地利用。

(6) 波纹填料 波纹填料是一种整砌结构的新型高效填料。由许多层波纹薄板或金属网组成，有高度相同但长度不等的若干块波纹薄板搭配排列成波纹填料盘（其结构如图 8-9 所示）。波纹与水平方向成 45°倾角，相邻盘旋转 90°后重叠放置，使其波纹倾斜方向互相垂

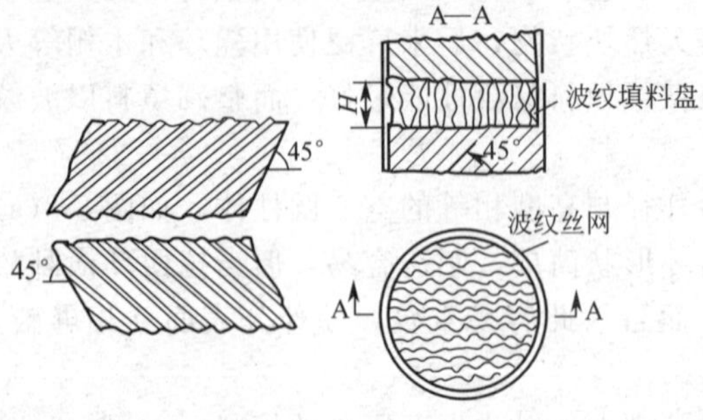

图 8-9 波纹填料的结构

直。每一块波纹填料盘的直径略小于塔体内径，若干块波纹填料盘叠放于塔内。气液两相在各波纹盘内呈曲折流动以增加湍动速度。

波纹填料具有气液分布均匀、气液接触面积大、通量大、传质效率高、流体阻力小等优点，是一种高效节能的新型填料。这种填料的缺点是造价较高，不适于有沉淀物、容易结疤、聚合或黏度较大的物料。此外，填料的装卸、清理也较困难。波纹填料可用金属、陶瓷、塑料、玻璃钢等材料制造，可根据不同的操作温度及物料腐蚀性，选用适当的材质。

三、填料塔的附属设备

设计填料塔时，有些附属结构如果设计不当，将会造成填料层气液分布不均，严重影响传质效果；或者阻力过大降低塔的生产能力。现对一些主要附属结构的功能及工艺设计要求简介如下，其具体结构可查阅有关设计参考资料。

1. 填料支承板

支承填料的构件称为填料支承板。气体流经支承板的通道截面积不能低于填料层的空隙率，否则将增大压力降，降低生产能力，其机械强度应足以支承填料的重量。常用的填料支承板有栅板式及升气管式。

2. 液体喷淋器

一般填料塔塔顶都应装设液体喷淋器，以保证从塔顶引入的液体能沿整个塔截面均匀地分布进入填料层，否则部分填料得不到润湿，将会降低填料层的有效利用率，影响传质效果。常见的喷淋器有管式喷淋器、莲蓬式喷洒器及盘式分布器。

3. 液体再分布器

填料塔操作时，因为塔壁面阻力小，液体沿填料层向下流动的过程中有逐渐离开中心向塔壁集中的趋势。这样，沿填料层向下距离愈远，填料层中心的润湿程度就愈差，形成了所谓“干锥体”的不正常现象，减小了气、液相有效接触面积。当填料层很高时，克服“干锥体”现象的措施是沿填料层高度每隔一定距离，装设液体再分布器，使沿塔壁流下的液体再流向填料层中心。常用的液体再分布器有锥形及槽形两种形式。

4. 气体分布器

填料塔的气体进口装置应能防止淋下的液体进入进气管，同时能使气体分布均匀。对于直径 500mm 以下的小塔，可使进气管伸到塔的中心，管端切成 45°向下的斜口即可。对于大塔可采用喇叭形扩大口或多孔盘管式分布器。

5. 排液装置

塔内液体从塔底排出时，应采取措施既能使液体顺利流出，又能保证塔内气体不会从排液管排出。为此可在排液管口安装调节阀门或采用不同的排液阻气液封装置。

6. 除雾器

若经吸收处理后的气体为下一工序的原料，或吸收剂价昂、毒性较大时，从塔顶排出的气体应尽量少夹带吸收剂雾沫，需在塔顶安装除雾器，常用的除雾器有折板除雾器、填料除雾器及丝网除雾器。

四、填料塔内的流体力学特征

填料塔内的流体力学特性包括气体通过填料层的压降、液泛速度、持液量（操作时单位体积填料层内持有的液体体积）及气液两相流体的分布等。

1. 气体通过填料层的压降

图 8-10 在双对数坐标系下给出了在不同液体喷淋量下单位填料层高度的压降与空塔气速的定性关系。图中最右边的直线为无液体喷淋时的干填料，即喷淋密度 $L=0$ 时的情形；其余三条线为有液体喷淋到填料表面时的情形，并且从左至右喷淋密度递减，即 $L_3>L_2>L_1$。由于填料层内的部分空隙被液体占据，使气体流动的通道截面减小，同一气速下，喷淋密度越大，压降也越大。对于不同的液体喷淋密度，其各线所在位置虽不相同，但其走向是一致的，线上各有两个转折点，即图中 A_i、B_i 各点，A_i（A_1、A_2、A_3…）点称为“截点”，B_i（B_1、B_2、B_3…）点称为“泛点”。这两个转折点将曲线分成三个区域。

（1）恒持液量区　这个区域位于 A_i 点以下，当气速较低时，气液两相几乎没有互相干扰，填料表面的持液量不随气速而变。

（2）载液区　此区域位于 A_i 与 B_i 点之间，当气速增加到某一数值时，由于上升气流与下降液体间的摩擦力开始阻碍液体顺畅下流，致使填料层中的持液量开始随气速的增大而增加，此种现象称为拦液现象。开始发生拦液现象时的空塔气速称为载点气速。

（3）液泛区　此区域位于 B_i 点以上，当气速继续增大到这一点后，随着填料层内持液量的增加直至充满整个填料层的空隙，使液体由分散相变为连续相，气相则由连续相变为分散相，气体以鼓泡的形式通过液体，气体的压强降骤然增大，液体将被拖住而很难下流，塔内液体迅速积累而达到泛滥，即发生了液泛。此时对应的空塔气速称为泛点气速或液泛气速。

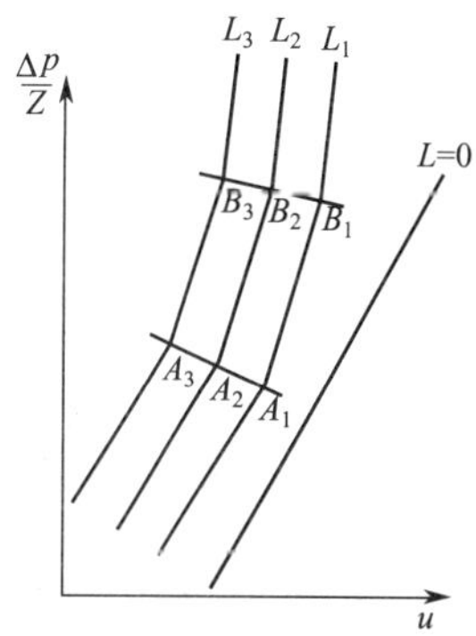

图 8-10　压降与空塔气速关系图

一般认为，泛点为普通填料塔的操作极限，过此点则无法正常操作。要使塔的操作正常及压强降不致过大，气流速度必须低于液泛气速，故经验认为实际气速通常应取在泛点气速的 50%～80%范围内。

2. 持液量

持液量小则阻力亦小，但要使操作平稳，则一定的持液量还是必要的。持液量是由静持液量与动持液量两部分组成的。静持液量指填料层停止接受喷淋液体并经过规定的液滴时间后，仍然滞留在填料层中的液体量。其大小取决于填料的类型、尺寸及液体的性质。动持液量指一定喷淋条件下持于填料层中的液体总量与静持液量之差，表示可以从填料上滴下的那部分，亦即操作时流动于填料表面之量。其大小不但与前述因素有关，而且还与喷淋密度有关。总持液量由填料类型、尺寸、液体性质及喷淋密度等所决定，可用经验公式或曲线图估算。

第五节　吸收过程运行操作

一、吸收过程的强化途径

吸收操作的强化体现为吸收设备单位体积生产能力的提高，即提高吸收速率 N_A。从吸

收速率方程式 $N_A = K_气 \Delta Y_均$ 或 $N_A = K_液 \Delta X_均$ 可知，提高 $K_气$ 或 $K_液$、$\Delta Y_均$ 或 $\Delta X_均$、A 中任何一个均可强化传质。

1. 增大吸收系数 $K_气$ 或 $K_液$

要增大吸收系数，必须设法降低吸收总阻力，而总阻力是气膜阻力和液膜阻力之和。对不同的吸收过程，此二膜阻力对总阻力有不同程度的影响。所以，要降低总阻力，必须有针对性地降低气膜阻力或液膜阻力。易溶气体属于气膜控制，难溶气体属于液膜控制。在一定的操作条件下，一般降低吸收阻力的措施是增大流体速度及改进设备结构以增大流体的湍动程度，从而增强扩散过程中的涡流扩散效果。对气膜控制过程应着重考虑增强气相湍动程度，而对液膜控制过程则应着重考虑增强液相湍动程度。但是在采用提高流速以增强流体湍动的同时，应注意不要使流体通过吸收设备的压力降过分增大。

2. 增大吸收推动力 $\Delta Y_均$ 或 $\Delta X_均$

提高操作压力，降低操作温度对增大推动力有力；选择吸收能力大的吸收剂及增大液气比、降低进塔吸收剂中吸收质的浓度等也都能增大吸收推动力。

3. 增大传质面积 A

传质面积即为气液相间的接触面积。传质面积的形式有两种方式：一种是使气体以小气泡状分散在液层中，另一种是使液体以液膜或液滴状分散在气流中，实际设备操作中这两种情况不是截然分开的。显然，要增大传质面积，必须设法增大气体或液体的分散度。

总之，强化吸收操作过程要权衡得失，综合考虑，得到经济而合理的方案。

二、吸收操作要点

1. 保证吸收剂的质量和用量

在吸收过程中吸收剂要保持清洁，否则吸收剂中的杂质影响吸收效果和堵塞填料。在实际生产中，要保证吸收剂成分符合工艺指标。

吸收剂用量是根据气体负荷、液气比、原料气中吸收质的含量等因素决定的。气体负荷增加时，吸收剂用量也应随之增加，以保证适当的液气比。若吸收剂用量太小，吸收后尾气中吸收质含量超指标；若吸收剂用量太大，增加了吸收剂用量和动力消耗。因此，在保证吸收操作工艺控制指标的前提下，应尽量减少吸收剂用量。

2. 控制好吸收温度

吸收操作中应经常检查塔内的温度。低温有利于吸收，温度过高必须移出热量或进行冷却，维持塔在低温下操作。但温度越低，液相黏度越大，也能影响吸收速率。吸收温度取决于吸收剂和原料气温度，在操作中应将吸收温度控制在规定的范围内。

3. 控制好吸收塔液位

吸收塔的压强、进气量和进液量的变化，均会引起吸收塔液位波动。吸收塔液位是维持稳定操作的关键之一。液位过低，塔内气体通过排液管走短路，发生跑气事故；液位过高，有可能造成带液事故。液位的波动将引起一系列工艺条件的变化，从而影响吸收过程的正常进行。吸收塔的液位主要由排液阀来调节，开大排液阀，液位降低；关小排液阀，液位升高。在操作中应将吸收塔液位控制在规定的范围内。

4. 吸收塔压力差的控制

吸收塔底部与顶部的压力差是塔内阻力大小的标志，是塔内流体力学状态最明显的反应。当填料被堵塞或溶液严重发泡时，塔内的压力差增大，因而压差的大小，是判断填料堵塞和带液事故的重要依据。引起填料堵塞的原因是吸收剂不清洁及钙、镁离子等杂质造成。

此外，当入塔吸收剂量和入塔气量增大，吸收剂黏度过大，也会引起塔内压差增大。在吸收操作中，当发现塔压差有上升趋势或突然上升时，应迅速采取措施，如减小吸收剂用量，降低气体负荷，直至停车清洗填料，以防事故发生。

5. 控制好气体流速

气速太小，对传质不利。若气速太大，达到液泛速度，液体将被气体大量带出，操作不稳定。控制好气流速度，是提高吸收速率、稳定操作的主要措施之一。

复习题

一、问答题

1. 吸收分离的依据是什么？

2. 何谓平衡分压和溶解度？对一定的物系，气体溶解度与哪些因素有关？有什么样的关系？

3. 简述亨利定律的内容及其适用范畴。

4. 温度和压力对吸收操作有什么影响？

5. 何谓气膜控制和液膜控制？

6. 简述液气比大小对吸收操作的影响。

7. 填料的作用是什么？对填料有哪些基本要求？

8. 化工生产中常用的填料有哪些类型？其特点如何？

9. 吸收塔内为什么有时要装有液体再分布器？

10. 强化吸收过程有哪些途径？

二、填空题

1. 吸收操作的依据是________________，以达到分离气体混合物的目的。

2. 亨利定律的表达式 $p_A^* = Ex_A$，若某气体在水中的亨利系数 E 值很大，说明该气体为__________气体。

3. 由于吸收过程中气相吸收质分压总是——溶质的平衡分压，因此，吸收操作线总是在平衡线的__________。

4. 水吸收氨-空气混合气中的氨，它是属于____________控制的吸收过程。

5. 吸收操作中增加吸收剂用量，操作线的斜率__________，吸收推动力__________。

6. 当吸收剂用量为最小用量时，则所需填料层高度将为__________。

三、选择题

1. 吸收操作的作用是分离（　　）。

A. 气体混合物　　B. 液体均相混合物

C. 气液混合物　　D. 部分互溶的液体混合物

2. 在吸收操作中，吸收塔某一截面上的总推动力（以液相组成差表示）为（　　）。

A. $X^* - X_A$　　B. $X_A - X^*$　　C. $X_i - X_A$　　D. $X_A - X_i$

注：X_A 为液相中溶质浓度，X^* 为与气相平衡的液相浓度，X_i 为气液界面上的液相平衡浓度。

3. 在逆流吸收塔中，用清水吸收混合气中溶质组分。其液气比 L/V 为 2.7，平衡关系可表示为 $Y=1.5X$，吸收质的回收率 90%，则液气比与最小液气比之比值为（　　）。

A. 1.5　　B. 1.7　　C. 2　　D. 3

4. 根据双膜理论，当吸收质在液体中溶解度很小时，以液相表示的总传质系数将(　　)。

A. 大于液相传质分系数　　B. 近似等于液相传质分系数

C. 小于气相传质分系数　　D. 近似等于气相传质分系数

5. 在逆流填料塔中用清水吸收混合气中氨，当用水量减小时（其他条件不变），出塔吸收液中吸收质的浓度将（　　）。

A. 增加　　B. 减小　　C. 不变　　D. 不确定

6. 在逆流吸收塔中，用纯溶剂吸收混合气中吸收质，平衡关系符合亨利定律。当进塔气相组成 Y_1 增大，其他条件不变，则出塔气体组成 Y_2 和吸收率 φ 的变化为（　　）。

A. Y_2 增大、φ 减小　　B. Y_2 减小、φ 增大

C. Y_2 增大、φ 不变　　D. Y_2 增大、φ 不确定

习　题

8-1　空气和 CO_2 的混合气体中含 CO_2 20%（体积分数），试以比摩尔分数表示 CO_2 的组成。

［答：0.25］

8-2　在 101.3kPa、20℃ 下，100kg 水中含氨 1kg 时，液面上方氨的平衡分压为 0.80kPa，求气、液相组成（以摩尔分数、比摩尔分数、物质的量浓度表示）。

［答：气相：7.9×10^{-3}；7.96×10^{-3}；3.28×10^{-4} kmol/m³；液相：0.0106；0.0107；0.582kmol/m³］

8-3　空气和氨的混合气总压为 101.3kPa，其中含氨的体积分数为 5%，试求以比摩尔分数和比质量分数表示的混合气组成。

［答：5.26×10^{-2}；3.08×10^{-2}］

8-4　100g 纯水中含有 2gSO_2，试以比摩尔分数表示该水溶液中 SO_2 的组成。

［答：5.62×10^{-3}］

8-5　在 20℃ 和 101.3kPa 条件下，若混合气中氨的体积分数为 9.2%，在 1kg 水中最多可溶解 NH_3 32.9g。试求在该操作条件下 NH_3 溶解于水中的亨利系数 E 和相平衡常数 m。

［答：277kPa；2.73］

8-6　常压、25℃下，气相中溶质 A 的分压为 5.47kPa 的混合气体，分别与下面三种水溶液接触，已知 $E=1.52\times10^5$ kPa，求下列三种情况下的传质方向和传质推动力。①$c_{A1}=0.001$kmol/m³；②$c_{A2}=0.002$kmol/m³；③$c_{A3}=0.003$kmol/m³。

［答：①吸收 $p_A^*-p_A^*=2.70$kPa；②平衡状态；③解吸 $p_A^*-p_A=2.70$kPa］

8-7　含 NH_3 3%（体积）的混合气体，在填料塔中吸收。试求氨溶液的最大浓度。已知塔内绝压为 202.6kPa，操作条件下气液平衡关系为：$p=267x$。

［答：0.0228］

8-8　在一逆流吸收塔中，用清水吸收混合气体中的 CO_2。惰性气体处理量为 300m³/h（标准），进塔气体中含 CO_2 8%（体积分数），要求吸收率 95%，操作条件下 $Y=1600X$，操作液气比为最小液气比的 1.5 倍。求①水用量和出塔液体组成；②写出操作线方程式。

［答：①$3.053\times10^4$ kmol/h，3.625×10^{-5}；②$Y=2280X+4.35\times10^{-3}$］

8-9　某混合气体中吸收质含量为 5%（体积分数），要求吸收率为 80%。用纯吸收剂吸

收，在20℃、101.3kPa下相平衡关系为$Y=35X$，试问：逆流操作的最小液气比为多少？

［答：28］

8-10　某吸收塔每小时从混合气中吸收200kgSO_2，已知该塔的实际用水量比最小用水量大65%，试计算每小时实际用水量是多少立方米？进塔气体中含$SO_2$18%（质量分数），其余是惰性组分，相对分子质量取为28。在操作温度293K和压力101.3kPa下SO_2的平衡关系用直线方程式表示：$Y=26.7X$。

［答：25.8m^3/h］

8-11　用清水吸收混合气体中的SO_2，已知混合气量为5000m^3/h（标准），其中SO_2含量为10%（体积分数），其余是惰性组分，相对分子质量取为28。要求SO_2吸收率为95%。在操作温度293K和压力101.3kPa下SO_2的平衡关系用直线方程式表示：$Y=26.7X$。现设取水用量为最小用量的1.5倍，试求：水的用量及吸收后水中SO_2的浓度。

［答：7637^4kmol/h；2.77×10^{-3}；］

8-12　在293K和101.3kPa下用清水分离氨和空气的混合气体。混合气中氨的分压是13.3kPa，经吸收后氨的分压下降到0.0068kPa。混合气的流量是1020kg/h，操作条件下的平衡关系是$Y=0.755X$。试计算吸收剂最小用量；如果适宜吸收剂用量是最小用量的1.5倍，试求吸收剂实际用量。

［答：24.4kmol/h；36.6kmol/h］

8-13　试求油类吸收苯的气相吸收平均推动力。已知苯在气相中的最初浓度为4%（体积分数），并在塔中吸收80%苯，离开吸收塔的油类中苯的浓度为0.02kmol苯/kmol油，吸收平衡线方程式为$Y=0.126X$。

［答：0.02］

8-14　在常压填料吸收塔中，以清水吸收焦炉气中的氨气。标准状况下，焦炉气中氨的浓度为0.01kg/m^3，流量为5000m^3/h。要求回收率不低于99%，若吸收剂用量为最小用量的1.5倍。混合气体进塔的温度为30℃，塔径为1.4m，操作条件下平衡关系为$Y=1.2X$，气相体积吸收总系数$K_{气}a$=200kmol/(m^3·h)。试求该塔填料层高度。

［答：7.5m］

8-15　填料塔用清水吸收烟道气中的CO_2，烟道气中CO_2的含量为13%（体积分数），其他可视为空气。烟道气通过塔后，其中CO_2被吸收去90%，塔底送出的溶液浓度为0.0000817kmol CO_2/kmolH_2O。已知烟道气处理量为1000m^3/h（293K，101.3kPa），平衡关系为$Y=1420X$。若气相体积吸收系数$K_{气}a$=8kmol/(m^3·h)，吸收塔径为1.2m，试求每小时用水量和所需的填料层高度。

［答：59401kmol/h；23.8m］

第九章　萃　取

学习目标

1. 熟练掌握的内容

萃取过程的原理；在三角形相图上正确表示单级萃取过程；温度对萃取的影响。

2. 了解的内容

萃取特点及工业应用；单级萃取的流程及计算；错流萃取流程的特点；逆流萃取流程的特点；萃取设备的结构及特点。

3. 操作技能训练

液-液萃取操作正常运行与调节；萃取系统常见故障分析与处理。

第一节　液-液萃取的基本原理

一、基本概念

液-液萃取是分离均相液体混合物的单元操作之一。利用液体混合物中各组分在某溶剂中溶解度的差异，而达到混合物分离的目的。萃取属于传质过程。本章主要讨论双组分均相液体混合物（A+B）的萃取过程。

所选用溶剂称为萃取剂 S，混合液中被分离出的组分称为溶质 A，原混合液中与萃取剂不互溶或仅部分互溶的组分称为原溶剂 B。操作完成后所获得的以萃取剂为主的溶液称为萃取相 E，而以原溶剂为主的溶液称为萃余相 R。除去萃取相中的萃取剂后得到的液体称为萃取液 E′，同样，除去萃余相中的萃取剂后得到的液体称为萃余液 R′。

可见，萃取操作包括下列步骤：①原料液（A+B）与萃取剂 S 的混合接触；②萃取相 E 与萃余相 R 的分离；③从两相中分别回收萃取剂而得到产品 E′、R′。

二、萃取在工业生产中的应用

① 溶液中各组分的相对挥发度很接近或能形成恒沸物，采用一般精馏方法进行分离需要很多的理论板数和很大的回流比，操作费用高，设备过于庞大或根本不能分离。

② 组分的热敏性大，采用蒸馏方法易导致热分解、聚合等化学变化。

③ 溶液沸点高，需要在高真空下进行蒸馏。

④ 溶液中溶质的浓度很低，用蒸馏方法能耗太大，经济上不合理。

液-液萃取技术的应用不限于以上几个方面，而是有着广泛的前景。萃取与蒸馏两种分离方法可以互相补充。实践证明，适当选用蒸馏或萃取，几乎所有液体混合物都能有效而经济地实现组分间的完全分离。

三、液-液平衡关系

液-液萃取至少涉及三种物质，即原料液中的溶质 A 和原溶剂 B，以及萃取剂 S。加入的萃取剂 S 与原料液（A+B）形成的三组分物系有三种类型。①溶质 A 完全溶于原溶剂 B 及萃取剂 S 中，但萃取剂 S 与原溶剂 B 完全不互溶，形成一对完全不互溶的混合液；②萃取剂 S 与原溶剂 B 部分互溶，与溶质 A 完全互溶，形成一对部分互溶的混合液；③萃取剂 S 不仅与原溶剂 B 部分互溶而且与溶质 A 也部分互溶，形成两对部分互溶的混合液。第一种情况较少见，第三种情况应尽量避免，在此讨论的是第二种情况。

1. 三组分系统组成的表示法

液-液萃取过程也是以相际的平衡为极限。三组分系统的相平衡关系常用三角形坐标图来表示。混合液的组成以在等腰直角三角形坐标图上表示最方便，因此萃取计算中常采用等腰直角三角形坐标图。

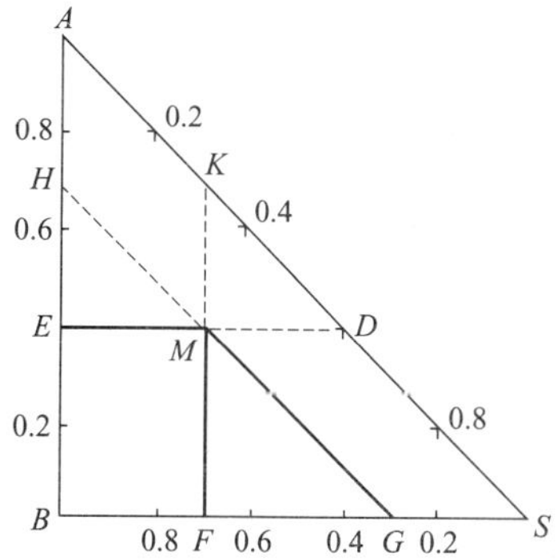

图 9-1　组成在三角形相图上的表示方法

在图 9-1 中，三角形的三个顶点分别表示纯组分。习惯上以顶点 A 表示溶质，顶点 B 表示原溶剂，顶点 S 表示萃取剂。三角形任何一个边上的任一点代表一个二元混合物，如 AB 边上的 H 点代表由 A 和 B 两组分组成的混合液，其中 A 的质量分数为 0.7，B 为 0.3。三角形内任一点代表一个三元混合物，如图中的 M 点，过 M 点分别作三个边的平行线 ED、HG 与 KF，其中 A 的质量分数以线段$\overline{MF}$表示，B 的以线段$\overline{MK}$表示，S 的以线段$\overline{ME}$表示。由图可读得：$w_A=0.4$，$w_B=0.3$，$w_S=0.3$。可见三个组分的质量分数之和等于 1。

此外，M 点的组成也可由$\overline{ME}$线段读出萃取剂 S 的含量，$\overline{MF}$线段读出溶质 A 的含量，原溶剂 B 的含量不直接从图上读出，而是可方便地计算出，即：$B=100-(S+A)$。

直角等腰三角形可用普通直角坐标纸绘制。有时，也采用不等腰直角三角形表示相组成，只有在各线密集不便于绘制时，可根据需要将某直角边适当放大，使所标绘的曲线展开，以方便使用。

2. 溶解度曲线和联结线

在组分 A 和 B 的原料液中加入适量的萃取剂 S，经过充分的接触和静置后，形成两个液层萃取相 E 及萃余相 R。达到平衡时的两个液层称为共轭相。若改变萃取剂 S 的用量，则得到新的共轭相。在三角形坐标图上，将代表各平衡液层的组成坐标点联结起来的曲线称为溶解度曲线，如图 9-2 所示。曲线以内为两相区，以外为单相区。图中点 R 及 E 表示两平衡液层萃余相 R 及萃取相 E 的组成坐标，两点的联线称为联结线。溶解度曲线是根据若干组共轭相的组成绘出的。溶解度曲线在 P 点分为左右两部分，P 点称为临界混溶点，又称褶点，通过这一点的联结线无限短，在此点处 R 和 E 两相组成完全相同，溶液变为均一相。

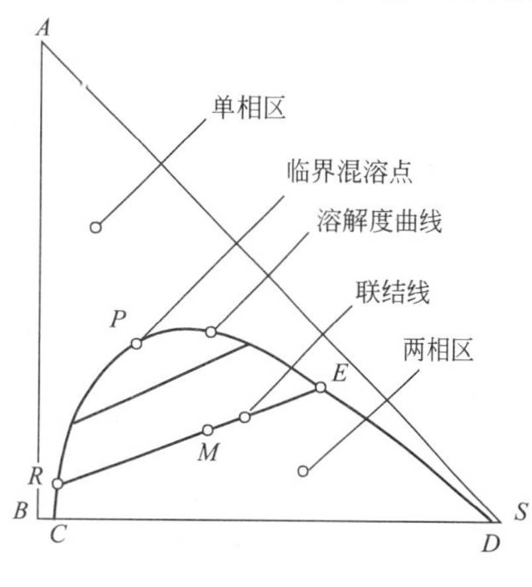

图 9-2　溶解度曲线与联结线

溶解度曲线及联结线数据均由实验测得。

3. 辅助曲线

在一定温度下，任何物系的联结线有无穷多条，而且互成平衡两液层的组成是由实验测定的。因此，常用一条辅助曲线间接表示互成平衡的两液层组成之间的关系。

参阅图 9-3，图中已知四对相互平衡液层的坐标位置，即 R_1、E_1，R_2、E_2，R_3、E_3 及 R_4、E_4 各点。从

点 E_1 作 AB 边的平行线，从点 R_1 作 BS 边的平行线，两线相交于点 F。再从另三组的坐标点用同样的方法作图得交点 G、H 和 J，联各交点的曲线 $FGHJ$ 即为辅助曲线，又称共轭曲线。辅助曲线与溶解度曲线的交点 P 即为临界混溶点。借辅助曲线即可从某一液相（E 相和 R 相）的已知组成，用图解内插法求出与此液相平衡的另一液相（E 相和 R 相）的组成。若已测出的某条联结线位置接近临界混溶点，则可将辅助线外推求出 P，若距离较远，用外延辅助曲线方法求点 P 是不准确的。临界混溶点数据应由实验测定出。

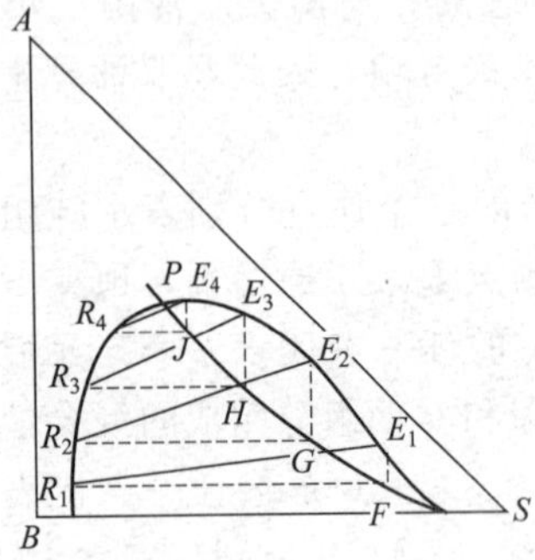

图 9-3　三元物系的辅助曲线

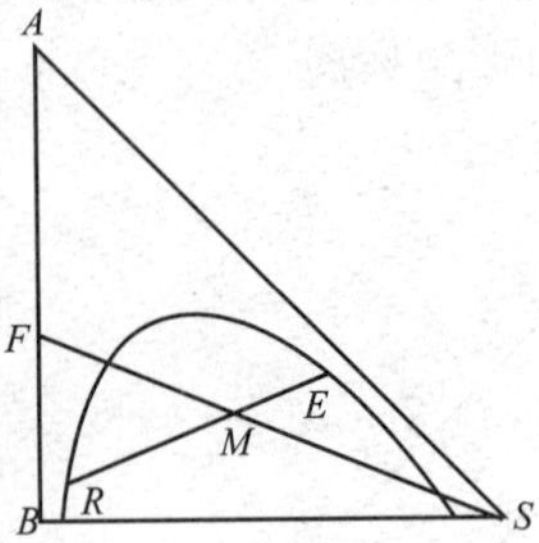

图 9-4　杠杆规则的应用

4. 杠杆规则

如图 9-4 所示，分层区内任一点 M 所代表的混合液可以分为两个液层，即互成平衡的 E 相和 R 相。若将 E 相与 R 相混合，则总组成即为 M 点，M 点称为和点，而 E 点与 R 点称为差点。混合液 M 与两液层 E 与 R 之间的数量关系可用杠杆规则说明。

① 代表混合液总组成的点 M 和代表两平衡液层的两点（E 和 R）应处于一直线上。

② E 相和 R 相的量与线段 MR 和 ME 的长度成比例，即：

$$\frac{E}{R}=\frac{\overline{MR}}{\overline{ME}} \tag{9-1}$$

式中　E，R——E 相和 R 相的质量，kg；

$\overline{MR}$，$\overline{ME}$——线段 MR 和 ME 的长度。

若三元混合物 M 是由二元混合液 F 和纯组分 S 混合而成的，如图 9-4 所示，则 M 为 S 与 F 的和点，M 与 S、F 处于同一直线上。同样可依杠杆规则得出如下关系：

$$\frac{S}{F}=\frac{\overline{MF}}{\overline{MS}} \tag{9-2}$$

式中　S，F——纯组分和二元混合物的质量，kg；

$\overline{MF}$，$\overline{MS}$——线段 MF 和 MS 的长度。

若向二元混合物 F 中逐渐加入 S，则其组成变化沿 FS 线由 F 向 S 线逐渐移动，而其余二组分（A 与 B）的比例则保持不变（仍是原来在二元溶液 F 中的比例关系）。

5. 分配系数

在一定温度下，当达到平衡时，溶质组分 A 在两个液层（E 相和 R 相）中的浓度之比称为分配系数，以 k_A 表示，即：

$$k_A=\frac{\text{组分 A 在 E 相中的组成}}{\text{组分 A 在 R 相中的组成}}=\frac{y_A}{x_A} \tag{9-3}$$

同样，对于组分 B 也可写出相应的分配系数表达式，即：

$$k_B=\frac{\text{组分 B 在 E 相中的组成}}{\text{组成 B 在 R 相中的组成}}=\frac{y_B}{x_B} \tag{9-3a}$$

式中 y_A，y_B——组分 A、B 在萃取相 E 中的质量分数；

x_A，x_B——组分 A、B 在萃余相 R 中的质量分数。

分配系数表达了某一组分在两个平衡液相中的分配关系。显然，k_A 值愈大，萃取分离的效果愈好。k_A 值与联结线的斜率有关。当 $k_A=1$，则 $y_A=x_A$，联结线与底边 BS 平行，其斜率为零；如 $k_A>1$，则 $y_A>x_A$，联结线的斜率大于零；也有时 $k_A<1$，则 $y_A<x_A$，斜率小于零。不同物系具有不同的分配系数 k_A 值，同一物系 k_A 值随温度及溶质浓度而变化，在恒定温度下，k_A 值只随溶质 A 的组成而变。

四、萃取过程在三角形相图上的表示

当进行萃取操作时，原料液 F 为二元混合物（含有 A 与 B 组分），F 点必在 AB 边上。若在原料液 F 中加入纯萃取剂 S，由杠杆规则知，加入 S 以后的混合液组成点 M 必在 FS 直线上。S 与 F 的数量关系依杠杆规则由式(9-2) 确定。

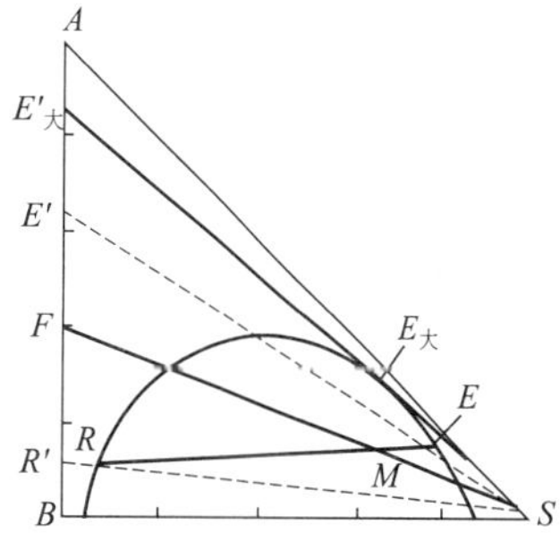

图 9-5 萃取过程在三角形相图上的表示

M 点位于两相区内，当 F 和 S 经充分混合后，分为两个液层 E 相与 R 相（参看图9-5）。此两液层达到平衡时，其数量间的关系同样可依杠杆规则由式(9-1) 确定。

进行萃取操作之后，可得到萃取相 E 与萃余相 R。其中所含萃取剂 S 必须回收循环使用，同时可获得含溶质浓度较高的产品。若从萃取相 E 和萃余相 R 中完全脱除萃取剂 S，则可以得到萃取液 E′和萃余液 R′。延长 SE 和 SR 线，分别交 AB 边于点 E'与点 R'，即为该两液相组成的坐标位置。从图 9-5 可看出萃取液 E′中溶质 A 的含量比原料液 F 中为高（F 中含 A40%，而 E 中含 A65%）。萃余液 R′中含原溶剂 B 的量比原料液 F 中为高（F 中含 B60%，而 R′中含 B88%）。原料液 F 经过萃取并脱除萃取剂 S 以后，所含有的 A、B 组分获得部分分离的效果。E′与 R′间的数量关系仍用杠杆规则来确定，即：

$$\frac{E'}{R'}=\frac{\overline{FR'}}{\overline{FE'}}$$

若从 S 点作溶解度曲线的切线，切点为 $E_{大}$，延长此切线与 AB 边相交于 $E'_{大}$点，此 $E'_{大}$点即为在一定操作条件下，可能获得的含组分 A 最高的萃取液的组成点。即萃取液中组分 A 能达到的极限浓度。

【例题 9-1】 乙酸-苯-水三元混合溶液，在 25℃的液-液平衡数据如本例附表所示，表中所列出的数据均为苯相与水相互成平衡的两液层的组成。依此数据，在直角三角形坐标上标绘：①溶解度曲线；②与例题 9-1 附表中实验序号第 2、3、4、6、8 组数据相对应的联结线；③临界混溶点及辅助曲线。

例题 9-1 附表 乙酸-苯-水系统的液-液平衡数据（25℃）

实验序号	苯相质量分数/%			水相质量分数/%			实验序号	苯相质量分数/%			水相质量分数/%		
	乙酸	苯	水	乙酸	苯	水		乙酸	苯	水	乙酸	苯	水
1	0.15	99.85	0.001	4.56	0.04	95.4	7	22.8	76.35	0.85	64.8	7.7	27.5
2	1.4	98.56	0.04	17.7	0.20	82.1	8	31.0	67.1	1.9	65.8	18.1	16.1
3	3.27	96.62	0.11	29.0	0.40	70.6	9	35.3	62.2	2.5	64.5	21.1	14.4
4	13.3	86.3	0.4	56.9	3.3	39.8	10	37.8	59.2	3.0	63.4	23.4	13.2
5	15.0	84.5	0.5	59.2	4.0	36.8	11	44.7	50.7	4.6	59.3	30.0	10.7
6	19.9	79.4	0.7	63.9	6.5	29.6	12	52.3	40.5	7.2	52.3	40.5	7.2

解 ① 根据本例题附表所给出的数据，首先在三角形坐标上标出此混合液的各组成点，联结各点即可得出如附图所示的溶解度曲线。

② 根据附表中第 2、3、4、6、8 各组数据，在本例题附图上先标绘出R_1、E_1、R_2、E_2…各点，联结各对应点所得的直线 R_1E_1、R_2E_2…即为所求的联结线。

③ 附表中最末一组数据 E 与 R 的组成相同，即表明互成平衡的两液相组成重合于一点，此点即为临界混溶点（见附图中的 P 点）。

从 E_1 点作垂直线，从 R_1 点作水平线，两线相交于 G 点；同样从 E_2、E_3、E_4、E_5 作垂直线，再从 R_2、R_3、R_4、R_5 作水平线，得出交点 H、I、J、L，联结 $PLJIHG$ 诸点，即得辅助曲线。

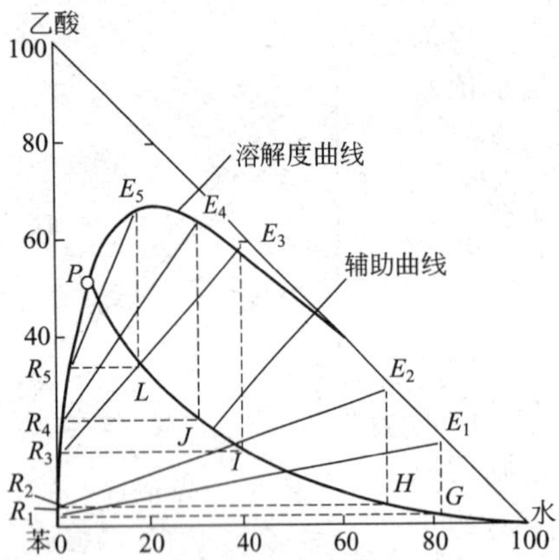

例题 9-1 附图

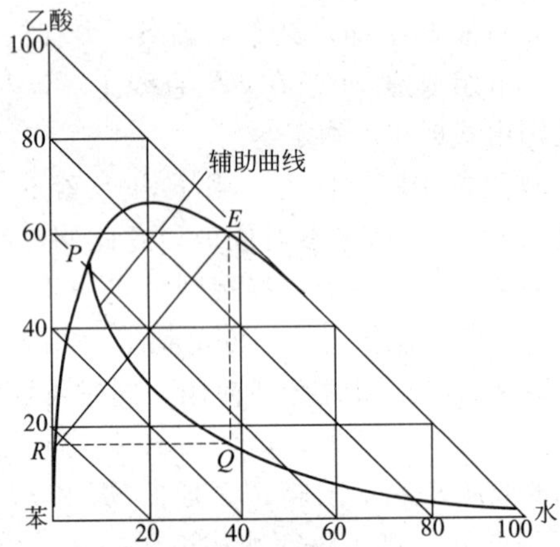

例题 9-2 附图

【例题 9-2】 在例题 9-1 的系统中，若已知在 25℃时，此三元溶液经充分混合并静置后，分为两个液层。其中一个液层的组成为 0.15 乙酸、0.005 水，其余为苯（质量分数）。利用例题 9-1 已绘出的辅助曲线，图解求出与其相平衡的另一液相组成，绘出联结线，并求出在本例题条件下乙酸在两液相中的分配系数 k_A 的数值。

解 ① 在例题 9-1 附图中，溶解度曲线与辅助曲线是已知的，按题意首先标出组成为 0.15 乙酸、0.005 水的组成点，此点在临界混溶点 P 的左侧，即 R 点。由 R 点作水平线与辅助曲线相交于 Q 点，再由 Q 点作垂直线与溶解度曲线相交于 E 点，联 RE 即为所求联结线（见本题附图）。由图上 E 点可以读出与含有 0.15 乙酸、0.005 水的 R 相成平衡的 E 相组成为：0.59 乙酸、0.37 水、0.04 苯。

② 乙酸在苯相中的含量为 0.15，在水相中的含量为 0.59。于是分配系数 k_A 的数值为

$$k_A=\frac{y_A}{x_A}=\frac{0.59}{0.15}=3.93$$

五、影响萃取操作的主要因素

影响萃取操作的因素很多，主要有三个方面：①物系本身的性质，其中萃取剂的选择是主要因素；②操作因素，其中温度是主要因素；③设备因素。

下面将依次讨论萃取剂的选择和操作温度的影响，而在设备一节单独讨论设备的影响。

1. 萃取剂的选择

选择适宜的萃取剂是萃取操作分离效果和经济性的关键。选择萃取剂时主要应考虑以下

性能。

(1) 萃取剂的选择性及选择性系数　选择性是指萃取剂S对原料液中A、B两个组分溶解能力的差别。若萃取剂S对溶质A的溶解能力比对原溶剂B的溶解能力大得多，那么这种萃取剂的选择性就好。萃取剂的选择性可用选择性系数β来衡量，即：

$$\beta=\frac{y_A/x_A}{y_B/x_B}=\frac{k_A}{k_B} \tag{9-4}$$

由式(9-4)可知，选择性系数β是溶质A和原溶剂B分别在萃取相E和萃余相R中分配系数之比。β与蒸馏中的相对挥发度α很相似，如$\beta=1$，则$k_A=k_B$，$y_A/x_A=y_B/x_B$，即$y_A/y_B=x_A/x_B$，即萃取相和萃余相脱出萃取剂后得到的萃取液E′与萃余液R′将具有同样的组成，并与料液的组成一样，所以不可能用萃取方法分离。如$\beta>1$，则$k_A>k_B$，萃取能够实现，β越大，分离越易。由β值的大小可判断所选择萃取剂是否适宜和分离的难易。

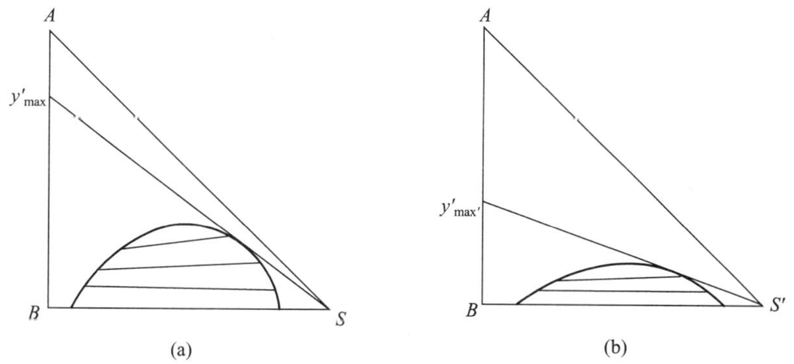

图 9-6　萃取剂与原溶剂的互溶度

萃取剂的选择性好，对一定的分离任务，可减少萃取剂用量，降低回收溶剂操作的能量消耗，并且可获得纯度较高的产品。

(2) 萃取剂S与原溶剂B的互溶度　图9-6表示了在相同温度下，同一种含A、B组分的原料液与不同性能的萃取剂S_1、S_2所构成的相平衡关系图。图9-6(a)表明B、S_1互溶度小，两相区面积大，萃取液中组分A的极限浓度$E'_{大}$较大，图9-6(b)表明选用萃取剂S_2时，其极限浓度$E'_{大}$较小。显然萃取剂S与原溶剂B的互溶度越小，越有利于萃取。

(3) 萃取剂回收的难易与经济性　萃取剂通常需要回收后循环使用，萃取剂回收的难易直接影响萃取的操作费用。回收萃取剂所用的方法主要是蒸馏。若被萃取的溶质是不挥发的，而物系中各组分的热稳定性又较好，可采用蒸发操作回收萃取剂。

在一般萃取操作中，回收萃取剂往往是费用最多的环节，有时某种萃取剂具有许多良好的性能，仅由于回收困难而不能选用。

(4) 萃取剂的物理性质

① 密度　萃余相与萃取相之间应有一定的密度差，以利于两个液相在充分接触以后能较快地分层，提高设备的生产能力。

② 界面张力　物系的界面张力较大时，细小的液滴比较容易聚结，使两相易于分层，但分散程度较差。界面张力过小时，易产生乳化现象，使两相较难分层。在实际操作中，液滴的聚集更为重要，故一般多选用界面张力较大的萃取剂。有人建议，将萃取剂和原料液加入

分液漏斗中，经充分激烈摇动后，以两液相在 5min 以内能够分层的，作为萃取剂界面张力适当与否的大致判别标准。

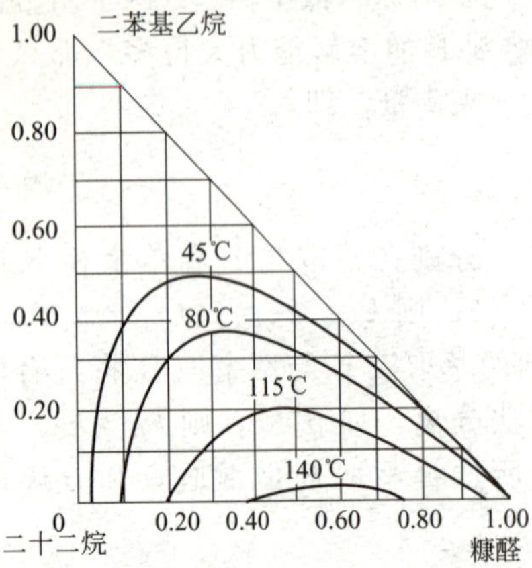

图 9-7　温度对互溶度的影响

③ 其他　为了便于操作、输送及贮存，萃取剂的黏度与凝固点应较低，并应具有不易燃、毒性小等优点。此外，萃取剂还应具有化学稳定性、热稳定性以及抗氧化稳定性，对设备的腐蚀性也应较小。

2. 操作温度的影响

相图上两相区面积的大小，不仅取决于物系本身的性质，而且与操作温度有关。一般情况下，温度升高溶解度增大，温度降低溶解度减小。如图 9-7 所示，两相区的面积随温度升高而缩小。若温度继续上升，两相区就会完全消失，成为一个完全互溶的均相三元物系。此时萃取操作便无法进行。

对同一物系，当温度降低时，两相区增加，对萃取有利。但温度降低会使溶液黏度增加，不利于两相间的分散、混合和分离，因此萃取操作温度应作适当的选择。

第二节　萃取操作流程与萃取过程的计算

一、单级接触萃取流程与计算

单级萃取流程较简单，如图 9-8 所示，既可用于间歇操作，也可用于连续生产。原料液 F 与萃取剂 S 借助于搅拌器的作用在萃取器内进行充分混合，然后将混合液引入分离器，分为萃取相与萃余相两层。最后将两相分别引入萃取剂回收设备以回收萃取剂。

图 9-9 所示为单级接触萃取操作的图解，图中各点所用符号意义同前。在计算中，一般以生产任务所规定的原料液 F 量及其组成为根据。此外，萃余相 R（或萃余液 R′）的组成大多为生产中所要控制的指标，也为已知值。通过计算可求出萃取剂 S 的需用量，以及萃取相 E 和萃余相 R 的量及组成。其步骤如下。

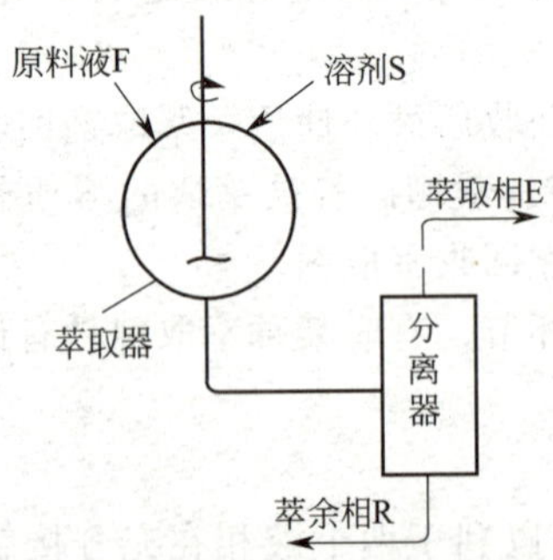

图 9-8　单级接触萃取流程示意图

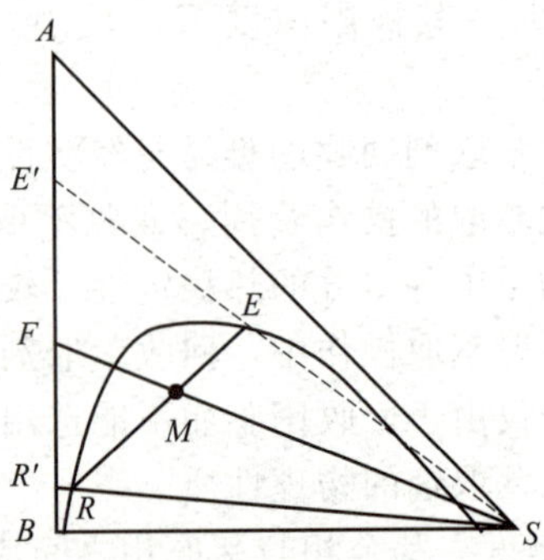

图 9-9　单级接触萃取操作图解

① 设加入的萃取剂是纯态的，故 S 的组成位于三角形的右顶点。由已知原料液组成（假定其中只含有组分 A 和 B）在三角形的 *AB* 边上确定 *F* 点，联 *SF* 线，代表原料液与萃

取剂的混合液的组成点 M 必在 SF 线上。

② 根据萃取系统的液-液相平衡数据可作出辅助曲线（图中未画出）。前已述及，只要两平衡液层中，已知其中任一个液层的组成，则另一液层的组成可利用此辅助曲线求出（参看例题 9-2）。先由已知的萃余液组成，在 AB 边上确定 R'，联 SR' 线，与溶解度曲线相交于 R 点，再由 R 点利用辅助曲线求出 E 点（图中未示出此步骤）。联 RE 直线，RE 线与 SF 线的交点即为混合液的组成点 M。按杠杆规则可求出 S 的量为：

$$S/F=\overline{MF}/\overline{MS}$$

故

$$S=F\,\overline{MF}/\overline{MS} \tag{9-5}$$

式中，F 的量为已知，MF 与 MS 两线段长度可从图上量出，则萃取剂 S 的量可由上式求出。

③ 求 R、E 及 R′、E′的量。联 SE 线并延长与 AB 边相交于 E' 点，即为萃取液的组成点。萃取相与萃余相的量 E、R 也可由杠杆规则求得：

$$E/M=\overline{MR}/\overline{ER}$$

$$E=M\,\overline{MR}/\overline{ER} \tag{9-6}$$

因 $M=F+S$ 为已知，MR 与 ER 两线段长度可从图上量出，故 E 可由上式求得。

依总物料衡算：

$$F+S=R+E=M$$

则

$$R=M-E \tag{9-7}$$

从萃取相和萃余相中回收萃取剂后所得的萃取液 E′和萃余液 R′，其组成点均在三角形相图的 AB 边上（假定 R′与 E′中的萃取剂已脱净），故 R′与 E′的量也可依杠杆规则求得：

$$E'/F=\overline{FR'}/\overline{E'R'}$$

则

$$E'=F\,\overline{FR'}/\overline{E'R'} \tag{9-8}$$

由式（9-8）求得 E' 后，则可依下式求 R'：

$$R'=F-E' \tag{9-9}$$

【例题 9-3】 用一单级接触式萃取器，以三氯乙烷为萃取剂，从丙酮-水溶液中萃出丙酮。若原料液的质量为 120kg，其中含有丙酮 54kg，萃取后所得萃余相中丙酮含量为 10%（质量分数），试求：①所需萃取剂三氯乙烷量；②所得萃取相的量及其含丙酮的质量分数；③若将萃取相中的萃取剂全部回收后，所得萃取液的量及组成。

丙酮-水-三氯乙烷系统的联结线数据见下表（表中各组成均为质量分数/%）

例题 9-3 附表

水相			三氯乙烷相		
三氯乙烷	水	丙酮	三氯乙烷	水	丙酮
0.44	99.56	0	99.89	0.11	0
0.52	93.52	5.96	90.93	0.32	8.75
0.60	89.40	10.00	84.40	0.60	15.00
0.68	85.35	13.97	78.32	0.90	20.78
0.79	80.16	19.05	71.01	1.33	27.66
1.04	71.33	27.63	58.21	2.40	39.39
1.60	62.67	35.73	47.53	4.26	48.21
3.75	50.20	46.05	33.70	8.90	57.40

解　依题给平衡数据绘出溶解度曲线及辅助曲线 SN，如例题 9-3 附图所示。

① 求萃取剂三氯乙烷 S 的用量

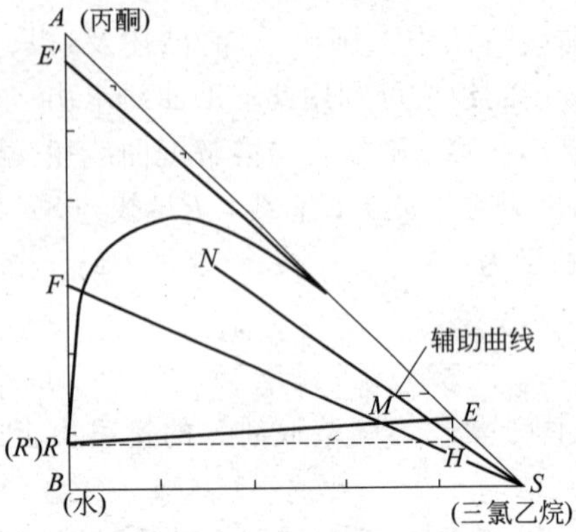

例题 9-3 附图

原料中丙酮的浓度为：$\frac{54}{120}=0.45$

在附图上以混合液组成标绘出 F 点，联 SF 线。再依萃余相中丙酮含量 10%，在溶解度曲线上标出 R 点（R 与 R' 可视为重合）。由 R 点作水平线与辅助线 SN 交于 H 点，由 H 点作垂直线与溶解度曲线交于 E 点。联 R、E 两点的直线与 SF 线相交于 M 点，此 M 点即为萃取相 E 与萃余相 R 的混合液组成点。

由式（9-5）可得：$S=F\,\overline{MF}/\overline{MS}=120\times\frac{15.2}{6.85}=266\text{kg}$

② 求 E 相的量及其中丙酮含量

$$M=F+S=120+266=386\text{kg}$$

由附图可读出萃取相 E 中丙酮的质量分数为 0.15。

由式（9-6）可得：

$$E=M\,\overline{MR}/\overline{ER}=386\times\frac{13.6}{16.9}=310\text{kg}$$

③ 求萃取液 E' 的量及组成

联 SE 线并延长与三角形 AB 边相交于 E' 点，从附图上可读出 E' 中丙酮的质量分数为 0.95。

由式（9-8）可得：

$$E'=F\,\overline{FR'}/\overline{E'R'}=120\times\frac{7}{17}=49.4\text{kg}$$

二、多级萃取流程

1. 多级错流萃取流程

单级接触式萃取设备中所得到的萃余相中，往往还含有较多的溶质。为了将这些溶质进一步萃取出来，可采用多级错流萃取，即将若干个单级萃取设备串联使用，并在每一级中均加入新鲜萃取剂。如图 9-10 所示（图中为三级），原料液 F 从第 1 级中加入，各级中均加入新鲜萃取剂 S，由第 1 级中分出的萃余相 R_1 引入第 2 级，由第 2 级中分出的萃余相 R_2 再引入第 3 级，分出萃余相 R_3 进入萃取剂回收装置，得到萃余液 R′。各级分出的萃取相 E_1、E_2、E_3 汇集后送到萃取剂回收设备，得到萃取液 E′。回收的萃取剂循环使用。

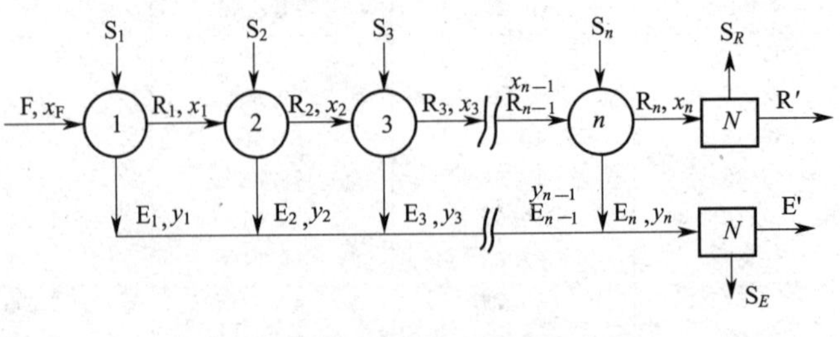

图 9-10 多级错流萃取流程示意图

多级错流萃取时，由于每一级都加入新鲜萃取剂，使过程推动力增加，有利于萃取传质，并可降低最后萃余相中的溶质浓度。但萃取剂用量大，使其回收和输送的能耗增加。因此，这一流程的应用受到一定限制。

2. 多级逆流萃取流程

多级逆流萃取流程与上述多级错流萃取流程相比，所不同的是萃取剂S不是分别加入各级，而是在最后一级加入，逐次通过各级，最终萃取相由第1级排出。参看图9-11，原料液从第1级加入，逐次通过各级，萃余相 R_N 由末一级（图中第 N 级）排出。萃余相 R_N 与萃取相 E_1 可分别送入萃取剂回收设备回收萃取剂循环使用。这种流程与上述多级错流萃取流程相比，萃取剂耗用量大为减少，因而在工业上应用广泛。

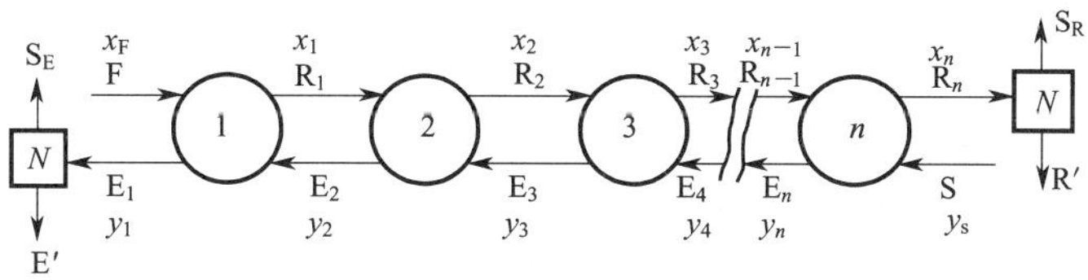

图9-11　多级逆流萃取流程示意图

第三节　液-液萃取设备

一、基本概念

在液-液萃取过程中，要求萃取设备能使萃取剂与混合物充分的接触，以达到良好的传质目的，而经过一段萃取时间后，又能使萃取相与萃余相很好的分离。显然，萃取设备应具有“充分混合与完全分离”的能力。

液-液萃取是传质过程，与吸收和蒸馏过程类似。在萃取设备中有两个液相，连续相和分散相，传质发生在液滴群（分散相）与连续相之间。液滴在生成上升或下降运动阶段和液滴聚集时均发生传质。通常是使一相分散成液滴状态分布于另一作为连续相的液相中，液滴的大小对萃取有重要影响。如液滴过大，则传质表面积减少，对传质不利；但如液滴过小，虽然传质面积增加，但分散液滴的凝集速度随之下降，有时甚至会发生乳化，同时液相间的密度差较气液相间的密度差要小得多，这些因素都会使混合后两液相的重新分层发生困难。因此要根据物系性质选择适宜的萃取设备。

液-液传质设备类型很多，按两相接触方式有分级接触式和微分接触式；按操作方式有间歇式和连续式；按设备和操作级数有单级和多级；按有无外加机械能量以及外加能量的方式和设备结构形式又可分为许多种。

二、萃取设备简介

1. 混合-澄清槽

图9-12(a) 所示是由带有搅拌器的混合槽和分离槽组合成一组的萃取设备，称为混合-澄清萃取器。操作时，原料液和萃取剂加入混合槽中经一定时间激烈的搅拌后，再进入分离槽内澄清分层。密度较小的液相在上层，较大的在下层。图9-12(b) 为将混合器与澄清器组装于同一容器内的混合-澄清槽。

可以将多个混合-澄清槽串联操作，这样便构成了多级混合-澄清槽。

2. 塔式萃取设备

用于萃取的塔设备有填料塔、筛板塔、转盘塔等。塔式液-液萃取设备适宜于连续逆流

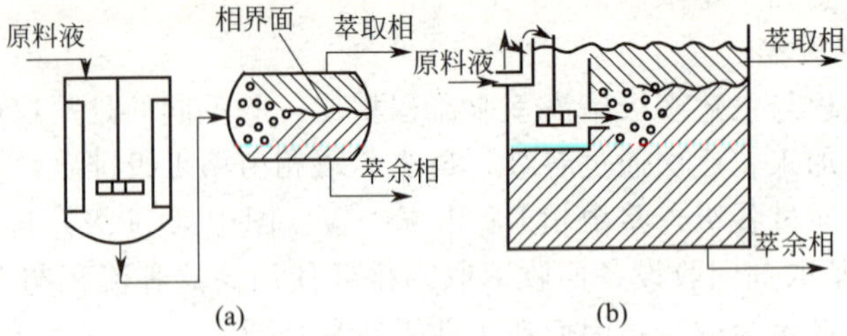

图 9-12　典型的混合-澄清槽

操作。原料液、萃取剂两液体中的重液由塔顶部进入，轻液由塔底部进入，在塔内两液相呈逆流接触进行萃取。单位时间内通过萃取塔的原料液与萃取剂的流量不能任意加大。一方面由于通入液体量过大，则两相接触时间减少，会使萃取效果差。另外，因两相是逆流流动，随着两相流速的加大，流体流动的阻力也随之加大。当流速增大到某一定值时，一相会因流体阻力加大而被另一相夹带流出塔外，此种两个液体相互夹带的现象称为萃取塔的“液泛”，它是萃取操作中流量达到了负荷的最大极限值的标志。

(1) 填料萃取塔　填料萃取塔与用于吸收的填料塔基本相同，即在塔体内支承板上充填一定高度的填料层，如图 9-13 所示。塔内填料的作用除可使分散相的液滴不断破裂与再生，以使液滴表面不断更新外，还可减少连续相在塔内的轴向混合。轴向混合会降低传质的推动力。

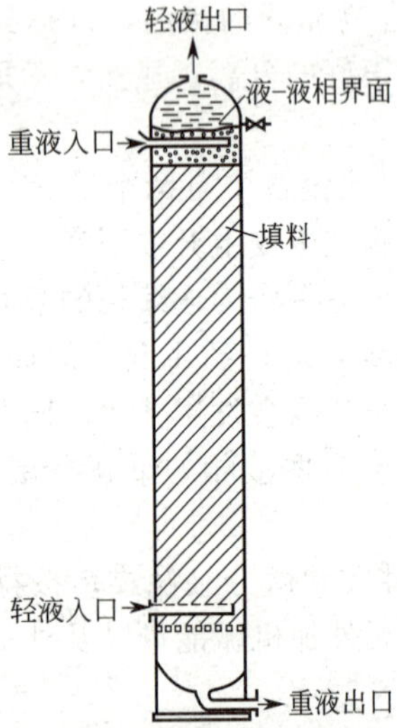

图 9-13　填料萃取塔

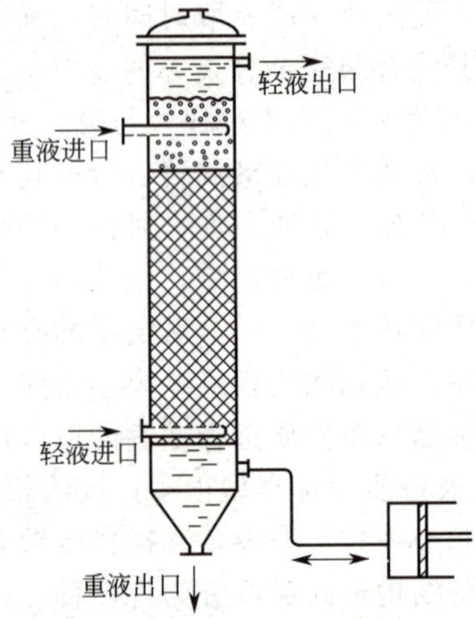

图 9-14　脉冲填料塔

填料萃取塔中所用填料的材质应有所选择，除应考虑溶液的腐蚀性外，还应考虑填料的材质是否易为连续相所润湿。一般，陶瓷填料易为水溶液润湿；炭质或塑料填料易为有机溶液所润湿，如聚乙烯、聚丙烯、含氟塑料等均是不亲水的；金属填料对水溶液与有机溶液的润湿性能无显著差异，一般均可为二者润湿。如果所确定的分散相很易于润湿填料，则分散相将在填料表面形成小的流股，从而减少了相际接触面积，降低了萃取速率。作为分散相的条件应是：①流量较大的一相作为分散相，这样可以获得较大的相际接触表面。②不易润湿填料表面的液相作为分散相，这样可以保持分散相更好地形成液滴状而分散于连续相之中，以增大相际接触面积。

在普通填料萃取塔内，两相依靠密度差而逆流流动，相对速度较小，界面湍动程度低，限制了传质速率的进一步提高。为了防止分散相液滴过多聚结，可向填料提供外加脉动能量，造成液滴脉动，这种填料塔称为脉冲填料萃取塔。脉动的产生，通常采用往复泵，有时也采用压缩空气来实现。如图 9-14 所示为借助活塞往复运动使塔内液体产生脉动运动。但需注意，向填料塔加入脉冲会使乱堆填料趋向定向排列，导致沟流，因而使脉冲填料塔的应用受到限制。

填料萃取塔因构造简单，萃取效果较好，广泛应用于工业生产中。尤其适宜处理腐蚀性液体。

(2) 筛板萃取塔　筛板萃取塔与用于蒸馏的设备是同样构造的设备，图 9-15(a) 是以轻液相为分散相的筛板塔示意图，塔内有若干层开有小孔的筛板。若轻液相为分散相，操作时轻相通过板上筛孔分成细滴向上流，然后又聚结于上一层筛板的下面。连续相由溢流管流至下层，横向流过筛板并与分散相接触。图 9-15(b) 是以重液相为分散相的筛板塔板示意图。若以重液相为分散相，则重液相的液滴聚结于筛板上面，然后穿过板上小孔分散成液滴。当以重液相为分散相时，则应将溢流管的位置改装于筛板的上方。筛板塔内一般也应选取不易润湿塔板的一相作为分散相。由于液滴的分散与聚结在每一塔板上反复进行，筛板萃取塔的萃取效果比填料萃取塔有所提高。

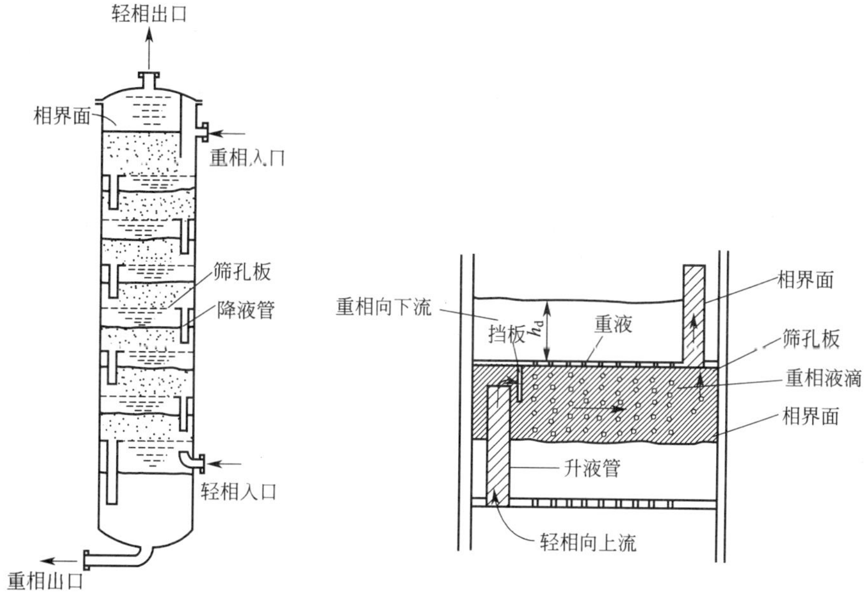

(a) 轻相为分散相　　(b) 重相为分散相

图 9-15　筛板萃取塔与筛板结构示意

(3) 转盘萃取塔　转盘萃取塔的结构如图 9-16 所示。塔体内装有多层固定在塔体上的环形挡板，挡板称为固定环，它使塔内形成许多分隔开的空间。在每一个分割空间的中央位置处均有一层固定在中央转轴上的水平圆盘，圆盘称为转盘。操作时水平圆盘随中心轴而高速旋转，促进了液滴的分散，因而加大了相际接触面积。

转盘萃取塔的萃取效果较好，设备也可以小型化，近年来应用于各种萃取场合。

其他类型的萃取塔，可参考有关萃取操作专论，在此不一一列举。

3. 离心式萃取器

图 9-17 所示为常用的离心式萃取器，又称离心萃取机。它由一个高速旋转的螺旋转子，

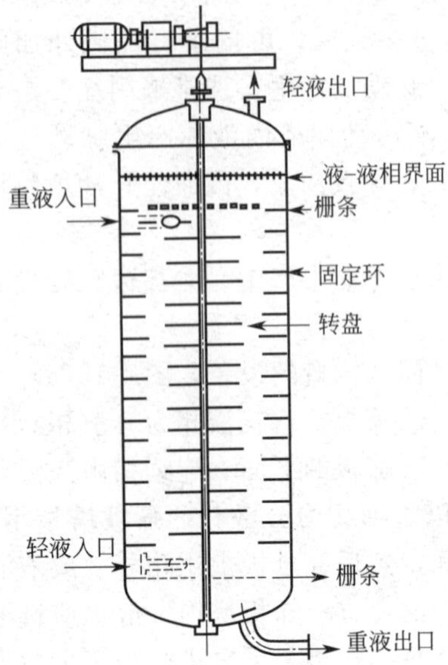

图 9-16　转盘萃取塔

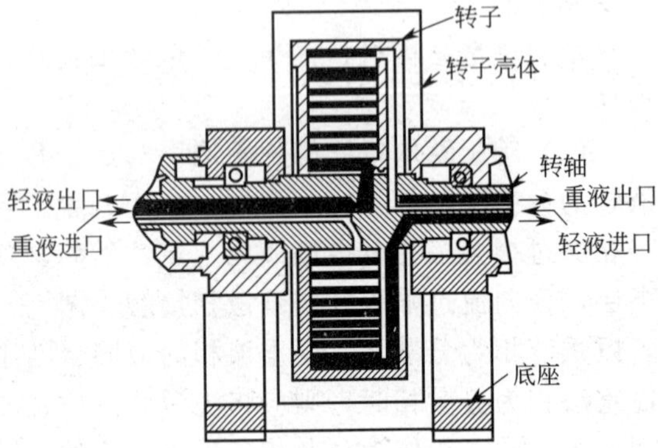

图 9-17　离心萃取机

装在固定的外壳中组成。螺旋转子是由多孔长带卷成的，它的旋转速度为 2000～5000r/min。操作时，轻液被送至螺旋的外圈，而重液则由螺旋中心引入。在离心力场的作用下，重液相由螺旋的中部向外流，轻液相由外圈向中部流动，于是两相在相互逆流过程中，于螺旋形通道内密切接触。重液相从螺旋的最外层经出口通道而流到器外，轻液相则由萃取器中部经出口通道流到器外。

离心萃取机的特点在于高速度旋转时，能产生 500～5000 倍于重力的离心力来完成两相的分离，所以使密度差很小、容易乳化的液体，都可以在离心萃取机内进行高效率的萃取。

离心萃取机的结构紧凑，可以节省时间，降低机内储液量，再加流速高，使得料液在机内的停留时间很短，这在处理热敏性物料时，显得很有成效。但它的构造复杂，制造较困难，投资也较高，加之能量消耗又大，使其推广应用受到一定限制。

复习题

一、问答题

1. 液-液萃取操作在何种场合下应用较为合适？试与蒸馏方法进行比较。
2. 影响液-液萃取操作的主要因素有哪些？试分析温度对萃取的影响。
3. 萃取剂选择应从哪些方面权衡考虑？
4. 何谓分配系数？各种物系的分配系数是否均为大于 1 的数值？
5. 何谓选择性系数 β，试由 β 值的大小分析它的含义。
6. 本章介绍了哪些萃取设备？试比较之。
7. 萃取塔在操作时液体流速的大小对操作有何影响？何为液泛？
8. 本章介绍了哪几种液-液萃取流程？试比较之。

二、填空题

1. 萃取过程是利用溶液中各组分在某种溶剂中__________而达到混合液中组分分离的作用。
2. 在三角形坐标图上，三角形的顶点代表______，三条边上的点代表______，三角形内的点代表______。

3. 分配系数 k_A 是指______，其值愈大，萃取效果______。

4. 通常，物系的温度升高，组分 B、S 的互溶度______，两相区面积______，不利于萃取分离。

5. 溶解度曲线将三角形相图分为两个区，曲线内为______，曲线外为______，萃取操作只能在______内进行。

三、选择题

1. 萃取中当出现下列情况时，说明萃取剂的选择是不适宜的（　　）。

A. $k_A < 1$　　B. $k_A = 1$　　C. $\beta > 1$　　D. $\beta \leqslant 1$

2. 用纯溶剂 S 对 A、B 混合液进行单级萃取，F、x_F 不变，加大萃取剂用量，通常所得萃取液组成浓度（　　）。

A. 提高　　B. 减小　　C. 不变　　D. 不确定

习　题

9-1　以异丙醚为萃取剂，从浓度为 0.5（质量分数）的乙酸水溶液中萃取乙酸。在单级萃取器中，用 600kg 异丙醚萃取 500kg 乙酸水溶液，试做以下各项：

（1）首先在三角形相图上绘出溶解度曲线与辅助线；

（2）确定原料液与萃取剂混合后，混合液 M 的坐标位置；

（3）此混合液分为两个平衡液层 E 与 R 后，两液层的组成与量；

（4）两平衡液层 E 与 R 中溶质（乙酸）的分配系数及溶剂的选择性系数。

习题 9-1 附表

萃余相(水相)质量分数/%			萃取相(异丙醚相)质量分数/%		
乙酸	水	异丙醚	乙酸	水	异丙醚
0.69	98.1	1.2	0.18	0.5	99.3
1.41	97.1	1.5	0.37	0.7	98.9
2.89	95.5	1.6	0.79	0.8	98.4
6.42	91.7	1.9	1.93	1.0	97.1
13.30	84.4	2.3	4.82	1.9	93.3
25.50	71.1	3.4	11.40	3.9	84.7
36.70	58.9	4.4	21.60	6.9	71.5
44.30	45.1	10.6	31.10	10.8	58.1
46.40	37.1	16.5	36.20	15.1	48.7

[答：萃取相 E 的组成为：含乙酸 0.18；异丙醚 0.762，水 0.058，萃取相 E 的量 773kg；萃余相 R 的组成为：含乙酸 0.33；异丙醚 0.035，水 0.635，萃余相 R 的量 327kg。分配系数 0.545。选择性系数 5.97]

9-2 用 1000kg 水为萃取剂，从乙酸与氯仿的混合液中萃取乙酸。若原料液的量也为 1000kg，其中乙酸的质量分数为 0.35。在操作条件下（25℃）平衡线的数据如附表所示：

习题 9-2 附表

氯仿层		水层		氯仿层		水层	
乙酸	水	乙酸	水	乙酸	水	乙酸	水
0.00	0.99	0.00	99.16	27.65	5.2	50.56	31.11
6.77	1.38	25.1	73.69	32.08	7.93	49.41	25.39
17.72	2.28	44.12	48.58	34.16	10.03	47.87	23.28
25.72	4.15	50.18	34.71	42.5	16.5	42.5	16.5

(1) 经单级萃取后萃余相R中乙酸的质量分数为007，试求萃取相E中乙酸的含量；

(2) 求萃取相E与萃余相R的量；

(3) E、R两相均脱出萃取剂后，试求萃取液E′及萃余液R′的组成及量。

[答：萃取相E中含乙酸0.233；萃取相E的量为1316kg，萃余相R的量为684kg；萃取液E′的组成为：含乙酸0.97，含氯仿0.03，萃余液R′的组成为：含乙酸0.071，含氯仿0.929；萃取液E′的量312.5kg，萃余液R′的量687.5kg]

第十章　干　燥

学习目标

1. 熟练掌握的内容

湿空气的性质；湿空气的状态及各种湿空气变化过程在焓湿图上的表示；干燥过程的物料衡算和热量衡算。

2. 了解的内容

工业生产中的干燥过程；对流干燥设备和影响干燥速率和干燥时间的因素。

3. 操作技能训练

常用干燥器的开车、运行、停车操作及常见事故处理；干燥装置中鼓风机、换热器、显示仪表及控制仪表等的正常使用和维护。

第一节　干燥的主要任务

干燥是利用热能除去固体物料中湿分（水分或其他液体）的单元操作。为了满足贮存、运输、加工和使用等方面的不同需要，对化工生产中涉及的固体物料，一般对其湿分含量都有一定的标准。例如，一级尿素成品含水量不能超过0.5%，聚乙烯含水量不能超过0.3%（以上均为质量分数）。工业上去湿的方法很多，其中通过加热汽化去除湿分的方法称为干燥。

常用的去湿方法有机械去湿法、化学去湿法和加热去湿法。

1. 机械去湿法

对于含有较多湿分的悬浮液，通常先用沉降、过滤或离心分离等机械分离法，除去其中的大部分液体。这种方法能量消耗较少，一般用于初步去湿。

2. 化学去湿法

用生石灰、浓硫酸、无水氯化钙等吸湿物料来除去湿分。这种方法费用高、操作麻烦，适用于小批量固体物料的去湿，或除去气体中水分的情况。

3. 加热去湿法

对湿物料加热，使其所含的湿分汽化，并及时移走所生成的蒸汽。这种方法称为物料的干燥。这种方法热能消耗较多。

根据湿物料的加热方式不同，干燥可分为以下几种。

（1）热传导干燥法　将热能以传导的方式通过金属壁面传给湿物料，使其中湿分汽化。这类方法热效率较高约为70%～80%。

（2）对流传热干燥法　利用热空气、烟道气等作干燥介质将热量以对流方式传递给湿物料，又将汽化的水分带走的干燥方法。这类方法热效率约为30%～70%。

（3）辐射干燥法　热能以电磁波的形式由辐射器发射，并为湿物料吸收后转化为热能，使物料中湿分汽化。用作辐射的电磁波一般是红外线。这种方法适用于以表面蒸发为主的膜状物质。

（4）微波加热干燥法　微波是一种超高频电磁波。其工作原理是湿物料中水分子的偶极子在微波能量的作用下，发生激烈的旋转运动，在此过程中水分子之间会产生剧烈的碰撞与摩擦而产生热能，这种加热从湿物料内部到外部，干燥时间短，干燥均匀。

（5）冷冻干燥法　将湿物料在低温下冻结成固态，然后在高真空下，对物料提供必要的升华热，使冰升华为水汽，水汽用真空泵排出。干燥后物料的物理结构和分子结构变化极小，产品残存的水分也很小。冷冻干燥法常用于医药、生物制品及食品的干燥。

按操作压力不同，干燥可分为常压干燥和真空干燥。工业上应用最多的是对流加热干燥法，本章主要介绍以热空气为干燥介质，除去的湿分为水的对流干燥。

典型空气干燥器的工艺流程如图 10-1 所示。它是利用热气体与湿物料作相对运动，热空气将热量传递给湿物料，使湿物料的湿分汽化并扩散到空气中，并被带走。因此，空气干燥器实质上是动量传递、热量传递和质量传递同时进行的传递过程。热空气称为干燥介质，它既是载热体，又是载湿体。

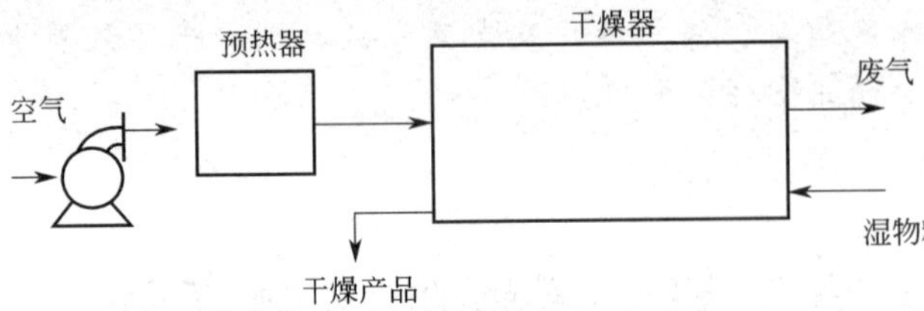

图 10-1　空气干燥器工艺流程

第二节　干燥的基础知识

一、湿空气的性质

空气由干气与水蒸气所组成，在干燥中称湿空气。在干燥过程中，湿空气中的水汽含量不断增加，而其中的干气作为载体（载热体和载湿体），质量流量是不变的。因此为了计算上的方便，湿空气的各项参数都以单位质量的干气为基准。

1. 湿空气中水汽的分压 $p_水$

作为干燥介质的湿空气是不饱和的空气，其水汽分压 $p_水$ 与干气分压 $p_空$ 及其总压力 p 的关系为

$$p = p_水 + p_空 \tag{10-1}$$

并有

$$p_水 = py \tag{10-2}$$

式中　y——湿空气中水汽的摩尔分数。

2. 湿度 H

湿度又称为湿含量，为湿空气中水气的质量与干气的质量之比。即

$$H = \frac{湿空气中水汽的质量}{湿空气中干气的质量} = \frac{n_水\ M_水}{n_空\ M_空} = \frac{18n_水}{29n_空} \tag{10-3}$$

式中　H——空气的湿度，kg/kg 干气。

M——摩尔质量，kg/kmol。

n——物质的量，kmol。

下标“水”表示水蒸气，“空”表示干气。

因常压下湿空气可视为理想气体，由道尔顿分压定律可知，理想气体混合物中各组分的摩尔比等于分压比，则式（10-3）可表示为：

$$H=\frac{18p_{水}}{29p_{空}}=0.622\frac{p_{水}}{p-p_{水}} \tag{10-4}$$

当总压一定，水蒸气的分压等于湿空气温度下的饱和蒸气压时，湿空气的湿度达到最大值，此时湿空气呈饱和状态，对应的湿度称为饱和湿度，可用式（10-5）表示：

$$H_{饱}=0.622\frac{p_{饱}}{p-p_{饱}} \tag{10-5}$$

式中　$H_{饱}$——湿空气的饱和湿度，kg/kg 干气。

$p_{饱}$——湿空气温度下水的饱和蒸气压，Pa 或 kPa。

水的饱和蒸气压仅与温度有关，因此空气的饱和湿度是湿空气的总压及温度的函数。

3. 相对湿度 φ

湿空气的湿度只是表示所含水分的多少，不能直接反映这种情况下湿空气还有多大的吸湿潜力，而相对湿度则是用来表示这种潜力的。

在一定总压下，相对湿度 φ 的定义式为：

$$\varphi=\frac{p_{水}}{p_{饱}}\times100\% \tag{10-6}$$

相对湿度 φ 与水汽分压 $p_{水}$ 及空气温度 t 有关 [因 $p_{饱}=f(t)$]，当 t 一定时，φ 随 $p_{水}$ 的增大而增大。当 $p_{水}=0$ 时，$\varphi=0$ 空气为干气；当 $p_{水}<p_{饱}$ 时，$\varphi<1$ 空气为未饱和湿空气；当 $p_{水}=p_{饱}$时，$\varphi=1$ 空气为饱和湿空气，气体不能再吸湿，因而不能用作干燥介质。

4. 湿空气的比体积 $v_{湿}$

在湿空气中，1kg 干气连同其所带有的水蒸气体积之和称为湿空气的比体积。其定义式为：

$$\nu_{湿}=\frac{湿空气的体积}{湿空气中干气的质量}\qquad\frac{m^3\ 湿空气}{kg\ 干气}$$

在标准状态下，气体的标准摩尔体积为 22.4m^3/kmol。因此，在总压力为 p、温度为 t、湿度为 H 的湿空气的比容为：

$$\nu_{湿}=22.4\left(\frac{1}{M_{空}}+\frac{H}{M_{水}}\right)\times\frac{273+t}{273}\times\frac{101.3}{p} \tag{10-7}$$

式中　$\nu_{湿}$——湿空气的比体积，$\frac{m^3\ 湿空气}{kg\ 干气}$；

t——温度，℃；

p——湿空气总压，kPa。

将 $M_{空}=29$kg/kmol，$M_{水}=18$kg/kmol 代入式（10-7），得

$$\nu_{湿}=(0.773+1.244H)\times\frac{273+t}{273}\times\frac{101.3}{p} \tag{10-8}$$

5. 湿空气的比热容 $c_{湿}$

在常压下，将 1kg 干气和 Hkg 水蒸气温度升高（或降低）1℃所吸收（或放出）的热量，称为湿空气的比热容。即

$$c_{湿}=c_{空}+c_{水}H \tag{10-9}$$

式中　$c_{湿}$——湿空气的比热容，kJ/(kg 干气·℃)；

$c_{空}$——干空气的比热容，kJ/(kg 干气·℃)；

$c_{水}$——水蒸气的比热容，kJ/(kg 水汽·℃)。

在通常的干燥条件下，干气的比热容和水蒸气的比热容随温度的变化很小，在工程计算中通常取常数，取 $c_{空}=1.01\ \text{kJ/(kg 干气·℃)}$，$c_{水}=1.88\ \text{kJ/(kg 水汽·℃)}$。将这些数值代入式（10-9），得

$$c_{湿}=1.01+1.88H \tag{10-10}$$

即湿空气的比热容只随空气的湿度变化。

6. 湿空气的比焓 I

湿空气中 1kg 干气的焓与相应 Hkg 水蒸气的焓之和称为湿空气的比焓。根据定义可写为

$$I=I_{空}+HI_{水} \tag{10-11}$$

式中 I——湿空气的比焓，kJ/kg 干气；

$I_{空}$——干气的比焓，kJ/kg 干气；

$I_{水}$——水蒸气的比焓，kJ/kg 水汽。

通常以 0℃ 干气与 0℃ 液态水的焓等于零为计算基准，0℃ 液态水的汽化热为 $r_{0}=2490$kJ/kg 水，则有

$$I_{空}=c_{空}t=1.01t$$

$$I_{水}=r_{0}+c_{水}t=2490+1.88t$$

因此，湿空气的比焓可由下式计算

$$I=(c_{空}+c_{水}H)t+r_{0}H=(1.01+1.88H)t+2490H \tag{10-12}$$

7. 干球温度 t

在湿空气中，用普通温度计测得温度称为湿空气的干球温度，为湿空气的真实温度。通常简称为空气的温度。

8. 湿球温度 $t_{湿}$

用湿纱布包裹温度计的感温部分，将它置于一定温度和湿度的流动的空气中，如图 10-2 所示，达到稳定时所测得温度称为空气的湿球温度。

湿球温度为空气与湿纱布之间的传热、传质过程达到动态平衡条件下的稳定温度。当不饱和空气流过湿球表面时，由于湿纱布表面的饱和蒸气压大于空气中的水蒸气分压，在湿纱布表面和空气之间存在着湿度差，这一湿度差使湿纱布表面的水分汽化并被空气带走，水分汽化所需潜热，首先取自湿纱布表面的显热，使其降温，于是在湿纱布表面与空气气流之间又形成了温度差，这一温差将引起空气向湿纱布传递热量。当空气传入的热量等于汽化消耗的潜热时，湿纱布表面将达到一个稳定温度，即湿球温度。

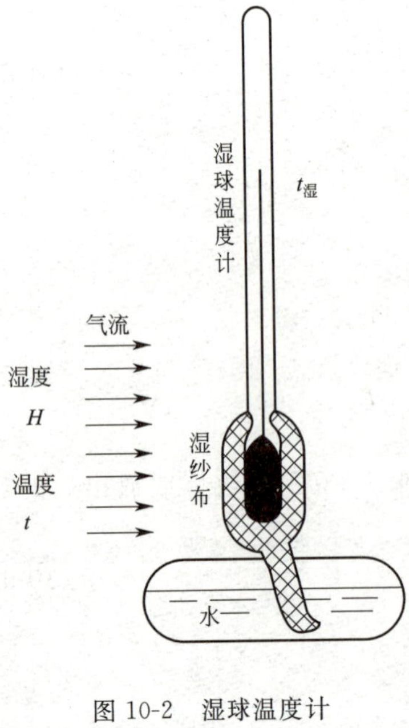

图 10-2 湿球温度计

达到稳定状态时，空气向湿纱布的传热速率为

$$Q=\alpha A(t-t_{湿}) \tag{10-13}$$

式中 α——空气向湿纱布的对流传热膜系数，W/(m^2·℃)；

A——空气与湿纱布的接触面积，m^2；

t——空气的温度，℃；

$t_{湿}$——空气的湿球温度，℃。

与此同时，湿纱布中水分汽化并向空气中传递，其传质速率为

$$N=k_{H}(H'_{饱}-H)A \tag{10-14}$$

式中　N——水汽由湿纱表面向空气的传质速率，kg/s；

k_H——以湿度差为推动力的传质系数，kg/(m^2·s·ΔH)；

$H'_{饱}$——温度为湿球温度时的饱和湿度，kg/kg 干气；

H——空气的湿度，kg/kg 干气。

达到稳定状态时，空气传入的显热等于水的汽化潜热，即

$$Q=N\gamma' \tag{10-15}$$

式中　γ'——湿球温度 $t_{湿}$ 下水汽的汽化热，kJ/kg。

联解式（10-13）、式（10-14）、式（10-15），并整理得

$$t_{湿}=t-\frac{k_H\gamma'}{\alpha}(H'_{饱}-H) \tag{10-16}$$

实验证明，k_H 与 α 都与空气速度的 0.8 次幂成正比，故可认为比值 α/k_H 近似为一常数。对水蒸气与空气系统，$\alpha/k_H=1.09$。而 γ' 和 $H'_{饱}$ 决定于湿球温度 $t_{湿}$，于是在 α/k_H 为常数时，湿球温度 $t_{湿}$ 为湿空气的温度 t 和湿度 H 的函数。当 t 和 H 一定时，$t_{湿}$ 必定为定值。反之当测得湿空气的干球温度 t 和湿球温度 $t_{湿}$ 后，可求得空气的湿度 H。在测量湿球温度时，空气速度应大于 5m/s，使对流传热起主要作用，以减少辐射和热传导的影响，使测量较为准确。

9. 绝热饱和温度 $t_{绝}$

不饱和的空气和大量的水充分接触，进行传质和传热，最终达到平衡，此时空气与液体的温度相等，空气被水蒸气所饱和。如果过程满足以下两个条件：

① 气液系统与外界绝热；

② 气体放出的总显热等于水分汽化所吸收的总潜热。

则空气和水最终达到的同一温度称为绝热饱和温度 $t_{绝}$，与之对应的湿度称为绝热饱和湿度，用 $H_{绝}$ 表示。

由以上可知，达到稳定状态时，空气释放出的显热等于液体汽化所需的潜热，故

$$c_{湿}(t-t_{绝})=\gamma_{绝}(H_{绝}-H)$$

整理得

$$t_{绝}=t-\frac{\gamma_{绝}}{c_{湿}}(H_{湿}-H) \tag{10-17}$$

式中　$\gamma_{绝}$——绝热饱和温度时液体的汽化潜热，kJ/kg。

在湿空气的绝热增湿饱和过程中，水分汽化潜热取自空气，空气因降温显热减小，与此同时，水汽又带了这部分热量回到湿空气中，所以空气的焓值不变。实验证明，对空气与水物系，$\alpha/k_H\approx c_{湿}$，因此，由式（10-16）、式（10-17）可知 $t_{绝}\approx t_{湿}$。

10. 露点温度 $t_{露}$

不饱和湿空气在总压 p 和湿度 H 一定的情况下进行冷却、降温，直至水蒸气饱和，此时的温度称为露点温度，用 $t_{露}$ 表示。由式（10-5）

$$H_{饱}=0.622\frac{p_{饱}}{p-p_{饱}}$$

可见，在一定总压下，只要测出露点温度，便可从手册中查得此温度下对应的饱和蒸气压，从而求得空气湿度。反之，若已知空气的湿度，可根据上式求得饱和蒸气压，再从水蒸气表中查出相应的温度，即为露点温度。

由以上的讨论可知，表示湿空气性质的特征温度，有干球温度 t、湿球温度 $t_{湿}$、绝热饱和温度 $t_{绝}$、露点温度 $t_{露}$。对于空气-水物系，$t_{湿}\approx t_{绝}$，并且有下列关系：

不饱和湿空气 $t>t_{湿}>t_{露}$

饱和湿空气 $t=t_{湿}=t_{露}$

【例题 10-1】 总压力 $p=101.325\text{kPa}$、温度 $t=20℃$ 的湿空气，测得露点温度为 10℃。试求此湿空气的湿度 H、相对湿度 φ、比体积 $\nu_{湿}$、比热容 $c_{湿}$ 及比焓 I。

解 ① 由 $t_{露}=10℃$ 查得水的饱和蒸气压 $p_{饱}=1.227\ \text{kPa}$，由露点温度定义可知，湿空气中水汽分压 $p_{水}=1.227\ \text{kPa}$。因此，湿空气的湿度为

$$H=0.622\frac{p_{水}}{p-p_{水}}=0.622\times\frac{1.227}{101.325-1.227}=0.00762\text{kg/kg 干气}$$

② $t=20℃$ 时，湿空气中水汽的饱和蒸气压 $p_{饱}=2.338\text{kPa}$。因此，湿空气的相对湿度为

$$\varphi=p_{水}/p_{饱}=1.227/2.338=0.525=52.5\%$$

③ 湿空气的比体积为

$$\nu_{湿}=(0.773+1.244H)\frac{273+t}{273}=(0.773+1.244\times0.00762)\times\frac{273+20}{273}=0.84\text{m}^3/\text{kg 干气}$$

④ 湿空气的比热容为

$$c_{湿}=1.01+1.88H=1.01+1.88\times0.00762=1.024\text{kJ/kg 干气}$$

⑤ 湿空气的比焓

$$I=c_{湿}t+2490H=1.024\times20+2490\times0.00762=39.5\text{kJ/kg 干气}$$

二、湿空气的焓湿图（I-H 图）及其应用

总压一定时，湿空气的各项参数，只要规定其中的两个相互独立的参数，湿空气的状态即可确定。在干燥过程计算中，由前述各公式计算空气的性质时，计算比较繁琐，工程上为了方便起见，将各参数之间的关系绘在坐标图上。这种图通常称为湿度图，常用的湿度图有焓湿图（*I-H* 图）和湿度-温度图（*H-t* 图）。下面介绍工程上常用的焓湿图（*I-H* 图）的构成和应用。

1. *I-H* 图的构成

图 10-3 是在总压力 $p=100\text{kPa}$ 下，绘制的 *I-H* 图。此图纵轴表示湿空气的焓值 I，横轴表示湿空气的湿度 H。为了避免图中许多线条挤在一起而难以读数，本图采用夹角为 135°的斜角坐标。又为了便于读取湿度数值，作一水平辅助轴，将横轴上的湿度值投影到水平辅助轴上。图中共有五种线，分述如下。

（1）等焓（I）线 为平衡于横轴（斜轴）的一系列线，每条直线上任何点都具有相同的焓值，图中读数范围为 0～680kJ/kg 干气。

（2）等湿度（H）线 为一系列平行于纵轴的垂直线，每条线上任何一点都具有相同的湿含量，其值在辅助轴上读取，图中读数范围为 0～0.2kg/kg 干气。

（3）等干球温度（t）线 即等温线，将式（10-12）写成

$$I=1.01t+(1.88t+2490)H$$

由此式可知，当 t 为定值，I 与 H 成直线关系。任意规定 t 值，按此式计算 I 与 H 的对应关系，标绘在图上，即为一条等温线。同一条直线上的每一点具有相同的温度数值。图中的读数范围为 0～250℃。因直线斜率（$1.88t+2490$）随温度 t 的升高而增大，所以等温线互不平行。

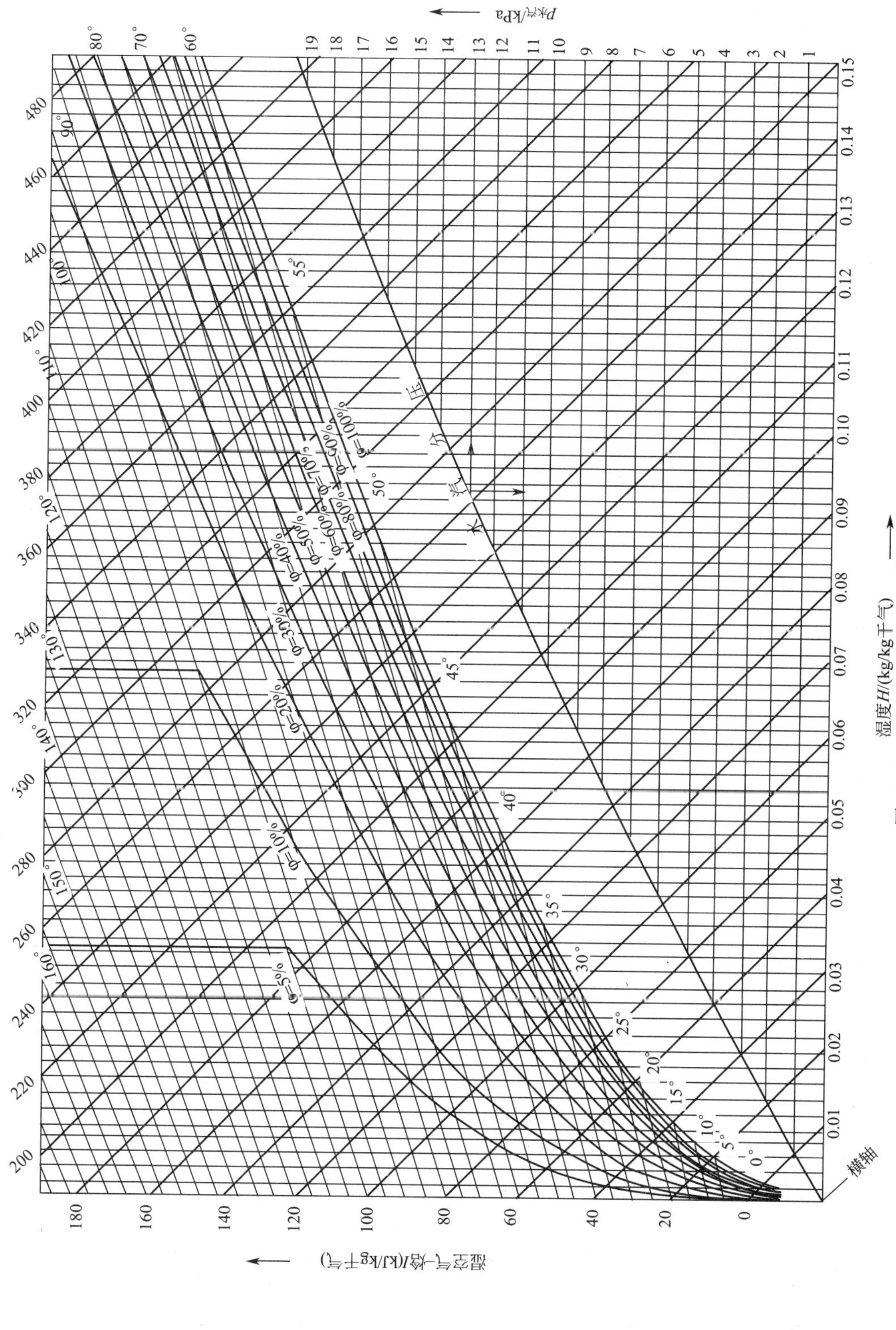

图 10-3 空气-水系统的焓湿图(100kpa)

（4）等相对湿度（φ）线　由式（10-4）、式（10-6）可得

$$H=0.622\frac{\varphi p_{饱}}{p-\varphi p_{饱}} \tag{10-18}$$

等相对湿度（φ）线就是用上式绘制的一组曲线。当总压 $p=101.325$kPa 时，因 $\varphi=f$（H，$p_{饱}$），$p_{饱}=f(t)$ 所以对于某一 φ 值，在 $t=0\sim100$℃范围内给出一系列 t，就可根据水蒸气表查到相应的 $p_{饱}$ 数值，再根据式（10-18）计算出相应的湿度 H，在图上标绘一系列（t，H）点，将上述各点连接起来，就构成了等相对湿度线。

图 10-3 中共有 11 条等相对湿度线，由 5%～100%。$\varphi=100\%$时称为饱和空气线，此时的空气被水汽所饱和。

（5）水蒸气分压（$p_{水}$）线　由式（10-4）可得

$$p_{水}=\frac{pH}{0.622+H} \tag{10-19}$$

图 10-3 中水蒸气分压线就是由式（10-19）标绘的。它是在总压 $p=101.325$kPa 时，空气中水汽分压 $p_{水}$ 与湿度 H 之间的关系曲线。水汽分压 $p_{水}$ 的坐标，位于图的右端纵轴上。

2. *I-H* 图的应用

利用 *I-H* 图可方便地确定湿空气的性质。首先，须确定湿空气的状态点，然后由 *I-H* 图中读出各项参数。假设已知湿空气的状态点 A 的位置，如图 10-4 所示。可直接读出通过 A 点的四条参数线的数值。可由 H 值读出与其相关的参数 $p_{水}$、$t_{露}$ 的数值，由 I 值读出与其相关的参数 $t_{湿}\approx t_{绝}$ 的数值。确定各项参数具体过程如下。

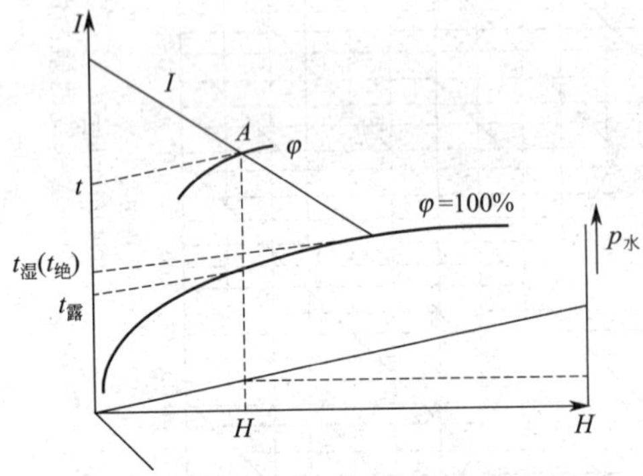

图 10-4　*I-H* 图的应用

① 湿度 H，由 A 点沿等湿线向下与水平辅助轴的交点，即可读出 A 点的湿度值。

② 焓值 I，通过 A 点做等焓线的平行线，与纵轴相交，由交点可得焓值。

③ 水汽分压 $p_{水}$，由 A 点沿等湿度线向下交水汽分压线于一点，在图右端纵轴上读出水汽分压值。

④ 露点 $t_{露}$，由 A 点沿等湿度线向下与 $\varphi=100\%$饱和线交于一点，再由过该点的等温线读出露点温度。

⑤ 湿球温度 $t_{湿}$（绝热饱和温度 $t_{绝}$），由 A 点沿着等焓线与 $\varphi=100\%$饱和线交于一点，再由过该点的等温线读出湿球温度（绝热饱和温度）。

通常根据下述条件之一来确定湿空气的状态点，已知条件是：

① 湿空气的温度 t 和湿球温度 $t_{湿}$，状态点的确定见图 10-5(a)。

② 湿空气的温度 t 和露点温度 $t_{露}$，状态点的确定见图 10-5(b)。

③ 湿空气的温度 t 和相对湿度 φ，状态点的确定见图 10-5(c)。

【例题 10-2】 进入干燥器的空气的温度为 65℃，露点温度为 15.6℃，使用 *I-H* 图，确定湿空气湿度、相对湿度、比焓、湿球温度和水汽分压。

解　① 由 $t=15.6$℃的等温线与 $\varphi=100\%$的等 φ 线相交的交点，读得 $H=0.011$kg/kg 干气。

② 由 $H=0.011$kg/kg 干气的等 H 线与 $t=65$℃的等温线相交的交点即为湿空气的状态点，由图上读得：$\varphi=7\%$，$I=95$kJ/kg 干气。

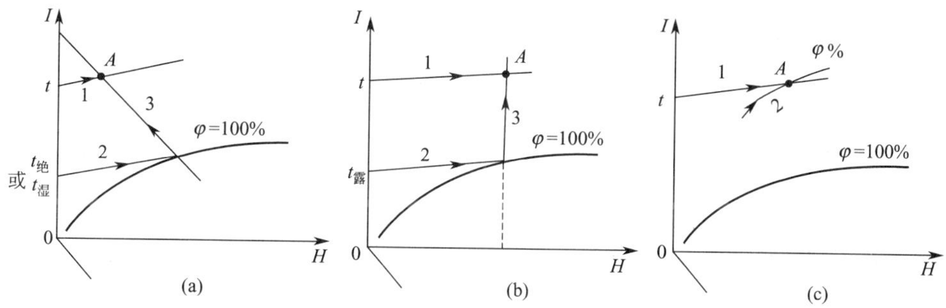

图 10-5 在 I-H 图中确定湿空气的状态点

③ 由过空气状态点的等 I 线与 $\varphi=100\%$的等 φ 线相交的交点，读的 $t_{湿}=28℃$。

④ 由过空气状态点的等 H 线与水汽分压线相交的交点，读得 $p_{水}=1.8\text{kPa}$。

三、湿物料中含水量的表示方法

1. 湿基含水量

水分在湿物料中的质量分数为湿基含水量，以 w 表示。即

$$w=\frac{\text{湿物料中水分的质量}}{\text{湿物料的总质量}} \quad \frac{\text{kg 水分}}{\text{kg 湿物料}} \tag{10-20}$$

2. 干基含水量

湿物料中的水分与干物料的质量比为干基含水量，以 X 表示。即

$$X=\frac{\text{湿物料中的水分量}}{\text{湿物料中干物料量}} \quad \frac{\text{kg 水分}}{\text{kg 干料}} \tag{10-21}$$

在工业生产中，通常用湿基含水量表示物料中水分的含量多少。但在干燥计算中，由于湿物料中的干物料的质量在干燥过程中是不变的，故用干基含水量计算比较方便。两种含水量之间的换算关系为

$$X=\frac{w}{1-w} \text{及}\ w=\frac{X}{1+X} \tag{10-22}$$

四、物料中所含水分的性质

1. 平衡水分和自由水分

根据物料在一定的干燥条件下，其中所含水分能否用干燥的方法除去来划分，可分为平衡水分与自由水分。

(1) 平衡水分　当湿物料与一定温度和湿度的湿空气接触，物料将释放水分或吸收水分，直至物料表面所产生的水蒸气分压与空气中水蒸气分压相等，此时，物料中所含水分不再因与空气接触时间的延长而有增减，含水量恒定在某一含水量，此即该物料的平衡含水量，用 X^* 表示。物料的平衡含水量 X^* 随相对湿度 φ 增大而增大，当 $\varphi=0$ 时，$X^*=0$，即只有在干空气中才有可能获得干物料，平衡水分还随物料种类的不同而有很大的差别。图 10-6 表示空气温度在 25℃时某些物料的平衡含水量曲线。

在一定的空气温度和湿度条件下，物料的干燥极限为 X^*。要想进一步干燥，应减小空气湿度或增大温度。平衡含水量曲线上方为干燥区，下方为吸湿区。

(2) 自由水分　物料中所含的大于平衡水分的那部分水分，即干燥中能够除去的水分，称为自由水分。

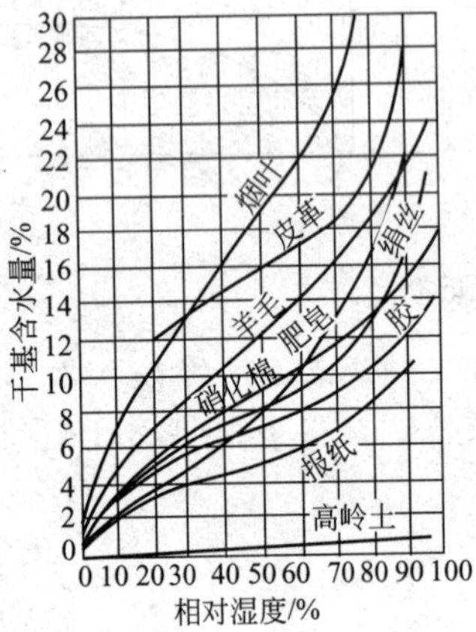

图 10-6　某些物料的平衡含水量曲线

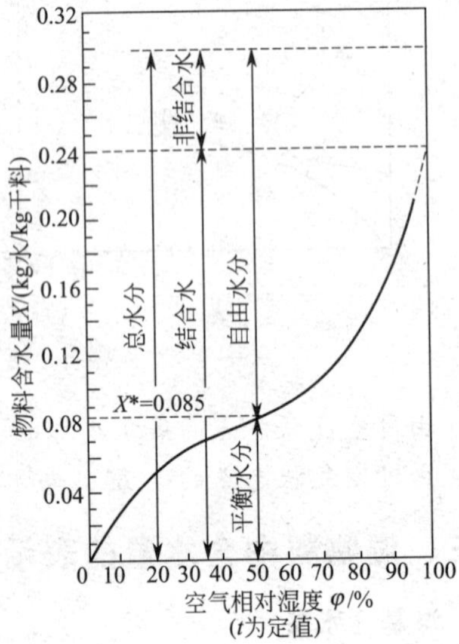

图 10-7　固体物料中水分的区分（t 为定值）

2. 结合水分和非结合水分

按照物料与水分的结合方式，将水分分为结合水分和非结合水分。其基本区别是表现出的平衡蒸气压不同。

（1）结合水分　通过化学力或物理化学力与固体物料相结合的水分称为结合水分。如结晶水、毛细管中的水及细胞中溶胀的水分。结合水与物料结合力较强，其蒸气压低于同温度下的饱和蒸气压。因此，将图 10-6 中，给定的湿物料平衡水分曲线延伸到与 $\varphi=100\%$ 的相对湿度线相交，交点所对应含水量即为结合水分。

（2）非结合水分　物料中所含的大于结合水分的那部分水分，称为非结合水分。非结合水分通过机械的方法附着在固体物料上。如固体表面和内部较大空隙中的水分。非结合水分的蒸气压等于纯水的饱和蒸气压，易于除去。

自由水分、平衡水分、结合水分、非结合水分及物料总水分之间的关系见图 10-7 所示。

第三节　干燥过程的计算

一、物料衡算

物料衡算主要是为了解决两个问题：一是确定将湿物料干燥到规定的含水量需蒸发的水分量；二是确定带走这些水分所需要的空气量。对图 10-8 所示连续干燥器作物料衡算。

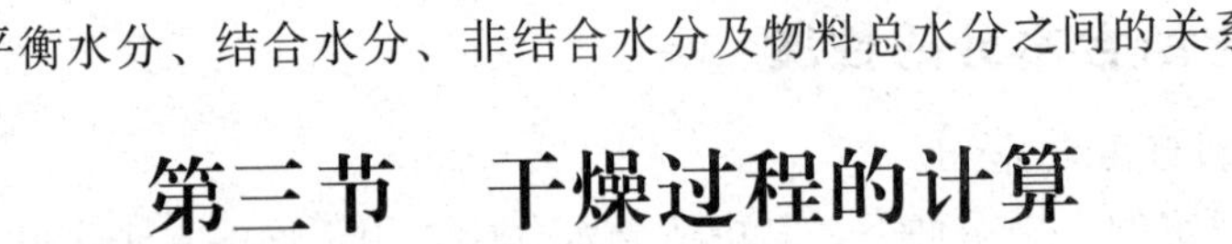

图 10-8　干燥器的物料衡算

设　　L——干气消耗量，kg 干气/s；

H_1，H_2——空气进、出干燥器时的湿度，kg/kg 干气；

X_1，X_2——湿物料进、出干燥器时的干基含水量，kg 水分/kg 干料；

w_1，w_2——湿物料进、出干燥器时的湿基含水量，kg 水分/kg 湿物料；

G_1，G_2——湿物料进、出干燥器时的流量，kg 物料/s。

G——湿物料中干物料的流量，kg 干料/s。

1. 水分蒸发量 W

若不计干燥过程中物料损失，则在干燥前后物料中干物料质量不变，即

$$G=G_1(1-w_1)=G_2(1-w_2)$$

整理得干燥产品流量

$$G_2=G_1\frac{1-w_1}{1-w_2} \tag{10-23}$$

则

$$W=G_1-G_2 \tag{10-24}$$

对干燥器中水分作物料衡算，又可得

$$W=G(X_1-X_2)=L(H_2-H_1) \tag{10-25}$$

式中　W——湿物料在干燥器中蒸发的水分量，kg 水分/s。

2. 空气消耗量

由式（10-25）得，干气消耗量 L 与水分蒸发量的关系为

$$L=\frac{W}{H_2-H_1} \tag{10-26}$$

将上式两端除以 W，可得蒸发 1kg 水分需消耗的干气量 l（称为单位空气消耗量，单位为 kg 干气/kg 水分）为

$$l=\frac{L}{W}=\frac{1}{H_2-H_1} \tag{10-27}$$

由以上可知，空气消耗量随进入干燥器的空气湿度 H_1 的增大而增大。因此，一般按夏季的空气湿度确定全年中最大空气消耗量。干燥中风机的选择是以湿空气的体积流量为依据的，湿空气的体积流量可由上面计算的 L 和湿空气的比体积来求取。

【例题 10-3】 今有一干燥器，处理湿物料量为 800kg/h。要求物料干燥后含水量由 30%减至 4%（均为湿基含水量）。干燥介质为空气，初温 15℃，相对湿度为 50%，经预热器加热至 120℃进入干燥器，出干燥器时降温至 45℃，相对湿度为 80%。

试求：① 水分蒸发量 W；

② 空气消耗量 L、单位空气消耗量 l；

③ 如鼓风机装在进口处，求鼓风机在 20℃、101.325kPa 下的湿空气体积流量。

解　① 水分蒸发量 W

已知 $G_1=800$kg/h，$w_1=0.3$，$w_2=0.04$，则

$$G_2=G_1\frac{1-w_1}{1-w_2}=800\times\frac{1-0.3}{1-0.04}=583.3\text{kg/h}$$

$$W=G_1-G_2=800-583.3=216.7\text{kg 水/h}$$

② 空气消耗量 L、单位空气消耗量 l

在 I-H 图中查得，空气在 $t_0=15$℃，$\varphi_0=50\%$时的湿度为 $H_0=0.005$kg/kg 干气。在 $t_2=45$℃，$\varphi_2=80\%$时的湿度为 $H_2=0.052$kg/kg 干气。空气通过预热器湿度不变，即 $H_0=H_1w$。

$$L=\frac{W}{H_2-H_1}=\frac{W}{H_2-H_0}=\frac{216.7}{0.052-0.005}=4610\text{kg 干气/h}$$

$$l=\frac{1}{H_2-H_0}=\frac{1}{0.052-0.005}=21.3\text{kg 干气/kg 水}$$

③ 进口处，鼓风机在20℃、101.325kPa下的湿空气体积流量

20℃、101.325kPa下的湿空气比容为

$$\nu_{湿}=(0.773+1.244H_0)\frac{273+t}{273}=(0.773+1.244\times0.005)\times\frac{273+20}{273}=0.836\text{m}^3/\text{kg 干气}$$

$$V=L\nu_{湿}=4610\times0.836=3850\text{m}^3/\text{h}$$

用此风量选用鼓风机。

二、热量衡算

连续干燥过程的热量衡算示意图如图10-9所示。

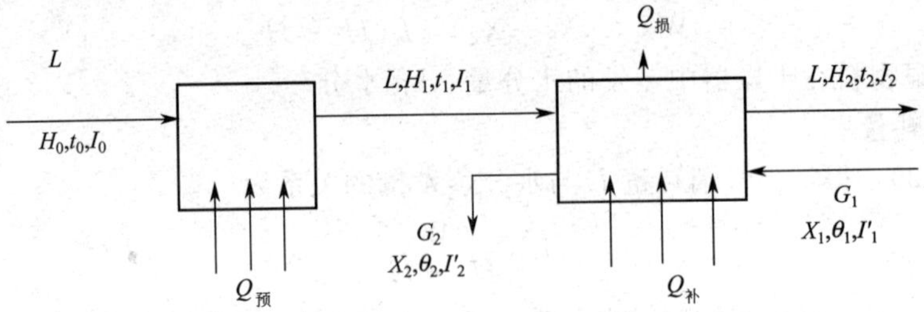

图10-9 连续干燥过程的热量衡算示意

1. 预热器的加热量 $Q_{预}$

如图10-9所示，干气流量为 L（kg干气/s），不计热损失，则预热器的加热量为：

$$Q_{预}=L(I_1-I_0) \tag{10-28}$$

式中 I_0，I_1——湿空气进入预热器、离开预热器时的焓，kJ/kg干气；

空气-水系统，湿空气焓值由下式计算

$$I=(1.01+1.88H)t+2490H$$

L——干气的流量，kg干气/s；

$Q_{预}$——单位时间预热器消耗的热量，kW。

2. 干燥器的热量衡算

干燥器的热量输入、输出情况如下：

输入热量	输出热量
湿物料带入的热量：GI'_1	干燥产品带出的热量：GI'_2
空气带入的热量：LI_1	空气带出的热量：LI_2
干燥器内补充的热量：$Q_{补}$	干燥器热损失：$Q_{损}$

G——湿物料中干料的流量，kg/s；

I'_1，I'_2——湿物料进入和离开时的焓，kJ/kg干料；湿物料的温度为 θ（℃）干基含水量为 X（kg水/kg干料），其焓的计算式为：

$$I'=c_{干}\theta+Xc_{水}\theta=(c_{干}+Xc_{水})\theta \tag{10-29}$$

式中 $c_{干}$——干料的平均比热容，kJ/(kg干料·℃)；

$c_{水}$——液态水的平均比热容，$c_{水}\approx4.187$kJ/(kg水·℃)。

I_2——湿空气离开干燥器时的焓，kJ/kg干气；

$Q_{补}$——单位时间向干燥器补充的热量，kW；

$Q_{损}$——单位时间干燥器损失的热量，kW。

干燥器的热量衡算式为

$$GI'_1+LI_1+Q_{补}=GI'_2+LI_2+Q_{损}$$

整理为：

$$Q_{补}=L(I_2-I_1)+G(I'_2-I'_1)+Q_{损} \tag{10-30}$$

三、理想干燥过程

由以上结果可看出，对干燥系统进行物料衡算与热量衡算时，必须知道空气离开干燥器的状态参数，由于干燥器内空气与物料间既有热量传递又有质量传递，有时还要向干燥器补充热量，而且又有热量损失于周围环境中，情况复杂，故确定丁燥器出口处空气状态参数很繁琐。若能满足或接近以下条件，则可简化干燥计算

① 不向干燥器中补充热量，即 $Q_{补}=0$；

② 热损失可忽略，即 $Q_{损}=0$；

③ 物料进出干燥器的焓相等，即 $G\ (I'_2-I'_1)\ =0$。

将以上条件代入式（10-30），可得

$$I_1-I_2$$

上式说明空气通过干燥器时焓恒定，所以又将这个过程称为等焓过程。实际操作中很难实现这种等焓过程，故该过程称为理想干燥过程。利用焓恒定，能在 I-H 图上迅速确定空气离开干燥器时的状态参数。

通过对干燥器的热量衡算，可确定干燥过程的热能消耗量，为计算预热器的加热面积、加热介质的消耗量、干燥器的尺寸等提供了依据。

四、干燥速率和干燥速率曲线

干燥过程中，湿分从固体物料内部向表面迁移，再从物料表面向干燥介质汽化。湿分与物料的结合方式直接影响着湿分在气、固间的传递。因此，用干燥的方法从湿物料中除去水分的难易程度因水分性质不同而不同。

1. 干燥速率

干燥速率为单位时间在单位干燥面积上汽化的水分量，用 U 表示，单位为 kg/(m^2 · s)。考虑到干燥速率是变量，故其定义式用微分式表示

$$U=\frac{\mathrm{d}W}{A\,\mathrm{d}\tau} \tag{10-31}$$

式中　U——干燥速率，kg/(m^2 · s)；

A——干燥面积，m^2；

W——汽化的水分量，kg；

τ——干燥时间，s。

因 $\mathrm{d}W=-G\mathrm{d}X$ 则上式可写成

$$U=-\frac{G\mathrm{d}X}{A\,\mathrm{d}\tau} \tag{10-32}$$

式中　G——湿物料中干料的质量，kg；

X——湿物料干基含水量，kg/kg 干料。

确定干燥时间和干燥器的尺寸，应知道干燥速率。湿分由湿物料内部向干燥介质传递的过程是一个复杂的物理过程，干燥速率的快慢，不仅取决于湿物料的性质（物料结构、与水

分结合方式、块度、料层的厚薄等），而且也决定于干燥介质的性质（温度、湿度、流速等）。通常干燥速率从实验测得的干燥曲线求取。

2. 干燥速率曲线

为了简化影响因素，干燥实验大多在恒定干燥条件下进行。所谓恒定干燥即干燥介质的温度、湿度、流速及与物料接触方式在整个干燥过程中均不变。大量不饱和空气对少量湿物料进行干燥时，可认为是恒定干燥。

实验过程简述如下：在恒定干燥条件下干燥某物料，记录下不同时间 τ 下湿物料的质量 G'，进行到物料质量不再变化为止，此时物料中所含水分为平衡水分 X^*。然后，取出物料，测量物料与空气接触表面积 A，再将物料放入烘箱内烘干到恒重为止，此即干物料质量 G。根据实验数据可计算出不同时刻的干基含水量为

$$X=\frac{G'-G}{G} \tag{10-33}$$

将计算得到的干基含水量 X 与干燥时间 τ 标绘在坐标纸上，即得干燥曲线，如图 10-10 所示。

将图 10-10 中 X-τ 曲线斜率 $-\mathrm{d}X/\mathrm{d}\tau$ 及实测的干料质量 G、物料与空气接触表面积 A 代入式（10-32），即可求得干燥速率 U。将计算得到的干燥速率 U 与物料含水量 X 标绘在坐标纸上，即得干燥速率曲线，如图 10-11 所示。

在图 10-10 和图 10-11 中，A 点代表时间为零时的情况，AB 段为物料的预热阶段，这时物料从空气中接受的热主要用于物料的预热，湿含量变化较小，时间也很短，在分析干燥过程时常可忽略。从 B 点开始至 C 点，干燥曲线 BC 段斜率不变，干燥速率保持恒定，称为恒速干燥阶段。C 点以后，干燥曲线的斜率变小，干燥速率下降，所以 CDE 段称为降速干燥阶段。C 点称为临界点，该点对应的含水量称为临界含水量，以 X_c 表示。X^* 即为操作条件下的平衡含水量。

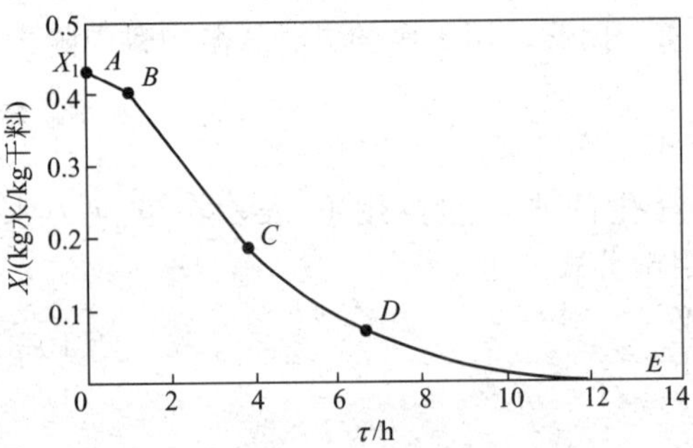

图 10-10　恒定干燥条件下某物料的干燥

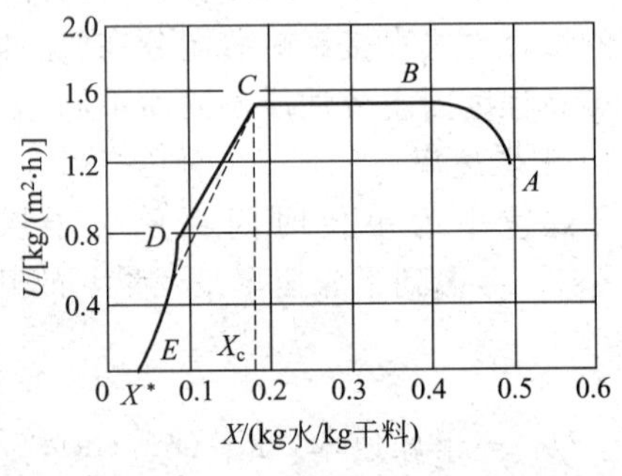

图 10-11　恒定干燥条件下干燥速率曲线

（1）恒速干燥阶段 BC　在这一阶段，物料整个表面都有非结合水，物料中的水分由物料内部迁移到物料表面的速率大于或等于表面水分的汽化速率，所以物料表面保持润湿。干燥过程类似于纯液态水的表面汽化。干燥过程与湿球温度计的湿纱布水分汽化机理是相同的，因而物料表面温度保持为空气的湿球温度。这一阶段的干燥速率主要决定于干燥介质的性质和流动情况。干燥速率由固体表面的汽化速率所控制。干燥速率太大会引起物料表面结壳、收缩变形、开裂等。

（2）临界含水量 X_c　由恒速阶段转为降速阶段时，物料的含水量为临界含水量。由临界点开始，水分由内部向表面迁移的速率开始小于表面汽化速率，湿物料表面的水分不足以

保持表面的湿润，表面上开始出现干点。如果物料最初的含水量小于临界含水量，则干燥过程不存在恒速阶段。临界含水量与湿物料的性质和干燥条件有关，其值一般由实验测定。

（3）降速干燥阶段 *CDE*　由图 10-11 可知，降速干燥通常可分为两个阶段。当物料含水量降到临界含水量后，物料表面开始出现不润湿点（干点），实际汽化面积减小，从而使得以物料全部外表面积计算的干燥速率逐渐减小。当物料外表面完全不润湿时，降速干燥就从第一降速阶段（*CD* 段）进入到第二降速阶段（*DE* 段）。在第二降速阶段，汽化表面逐渐从物料表面向内部转移，从而使传热、传质的路径逐渐加长，阻力变大，故水分的汽化速率进一步降低。降速阶段的干燥速率主要决定于水分和水汽在物料内部的传递速率。此阶段由于水分汽化量逐渐减小，空气传给物料的热量，部分用于水分汽化，部分用于给物料升温，当物料含水量达到平衡含水量时，物料温度将等于空气的温度 t。

五、影响干燥速率的因素

1. 影响恒速干燥速率的因素

由恒速干燥的特点可知，恒速阶段的干燥速率与物料的种类无关，与物料内部结构无关，主要和以下因素有关。

（1）干燥介质条件　干燥介质条件是指空气的状态（t，H 等）及流动速率。提高空气温度 t、降低湿度 H，可增大传热及传质推动力。提高空气流速，可增大对流传热系数与对流传质系数。所以，提高空气温度，降低空气湿度，增大空气流速能提高恒速干燥阶段的干燥速率。

（2）物料的尺寸及与空气的接触面积　物料尺寸较小时提供的干燥面积大，干燥速率高。同样尺寸的物料，物料与空气接触方式对干燥速率有很大影响。物料颗粒与空气一般有三种不同的接触方式，如图 10-12 所示。物料分散悬浮于气流中接触方式最好，不仅对流传热系数与对流传质系数大，而且空气与物料接触面积也大，其次是气流穿过物料层的接触方式，而气流掠过物料层的接触方式与物料接触不良，干燥速率最低。

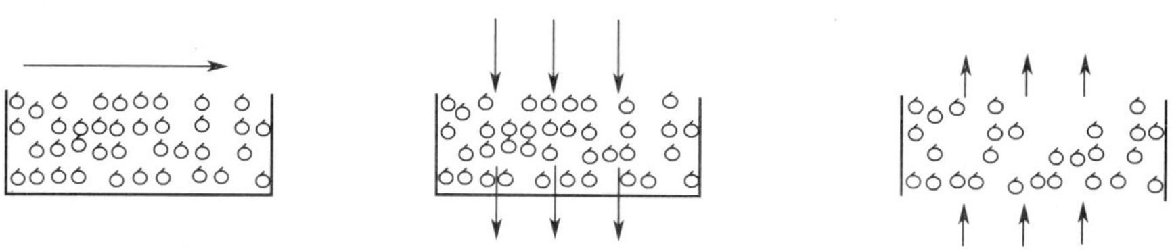

(a) 气体掠过物料层表面　(b) 气体穿过物料层　(c) 物料悬浮于气流中

图 10-12　物料与空气的接触方式

2. 影响降速干燥速率的因素

降速干燥阶段的特点是湿物料只有结合水分，干燥速率与干燥介质的条件关系不大，影响因素如下。

（1）物料本身的性质　物料本身的性质包括物料的内部结构和物料与水的结合形式等，这些因素对干燥速率有很大影响。不过物料本身的性质，通常是不能改变的因素。

（2）物料温度　在同一湿含量的情况下，提高物料温度可以减小内部传质阻力，使干燥速率加快。

（3）物料的形状和尺寸　物料的形状和尺寸影响着内部水分的传递。物料越薄或直径越小对提高干燥速率有利。

(4) 气体与物料接触方式　一定大小的物料如与气体接触方式不同，其传质距离和传质面积不同。若将物料分散在气流中，则传质距离会缩短，传质面积会大大提高，干燥速率会大幅度提高。

第四节　干燥操作条件与干燥器

一、干燥操作条件的确定

干燥器操作条件的确定，通常需要实验测定或按下述原则考虑。

1. 干燥介质的选择

干燥介质的选择，决定于干燥过程的工艺及可利用的热源。基本的热源有饱和水蒸气、液态或气态的燃料和电能。干燥介质可采用空气、惰性气体、烟道气和过热蒸汽。

当干燥操作温度不太高且氧气的存在不影响被干燥物料的性能时，可采用热空气作为干燥介质。对某些易氧化的物料，或从物料中蒸发出易爆的气体时，则宜采用惰性气体作为干燥介质。烟道气适用于高温干燥，但要求被干燥物料不怕污染，而且不与烟道气中的 SO_2 和 CO_2 等气体发生作用。此外还应考虑干燥介质的经济性及来源。

2. 流动方式的选择

干燥介质和物料在干燥器内的流动方式，一般可分为并流、逆流和错流。

并流操作物料的移动方向与干燥介质的流动方向相同。湿物料一进入干燥器就与高温、低湿的热气体接触，传热、传质推动力较大，干燥速率也较大，但沿着干燥管长干燥推动力下降，干燥速率降低。因此，并流操作时前期干燥速率较大，而后期干燥速率较小，难以获得含水量很低的产品。但与逆流操作相比，若气体初温相同，并流时物料的出口温度可较逆流时低，被物料带走的热量就少，就干燥经济性而言，并流优于逆流。

并流操作适用于：①当物料含水量较高时，允许进行快速干燥，而不产生龟裂或焦化的物料；②干燥后期不耐高温，即在高温下，被干燥物料易变色、氧化或分解等。

逆流干燥物料移动方向和干燥介质的流动方向相反，整个干燥过程中的干燥推动力变化不大，适用于：①在物料含水量高时，不允许采用快速干燥的场合；②在干燥后期，可耐高温的物料；③要求干燥产品的含水量很低时。

错流操作干燥介质与物料间运动方向相互垂直。各个位置上的物料都与高温、低温的介质相接触，适用于：①无论在高或低含水量时，都可以进行快速干燥，且可耐高温的物料；②因阻力大或干燥器的构造的要求不适宜采用并流或逆流操作的场合。

3. 干燥介质进入干燥器时的温度

提高干燥介质进入干燥器时的温度可提高传热、传质的推动力，因此在避免物料发生变色、分解等的前提下，干燥介质的进口温度可尽可能高些。对同一物料，允许的干燥进口温度随干燥器形式不同而异。如干燥器中，物料是静止的，应选择较低的介质进口温度，以避免物料局部过热；如在干燥器中物料和介质充分混合，并快速流动，由于物料不断翻动，致使物料温度较均匀，速率快时间短，因此介质进口温度可高些。

4. 干燥介质离开干燥器时的相对湿度 φ_2 和温度 t_2

增加干燥介质离开干燥器的相对湿度，可以减少空气消耗量及传热量，即可降低操作费用；但 φ_2 增大，介质中水汽分压增高，使干燥过程的平均推动力下降，为了保持相同的干燥能力，需增大干燥器的尺寸，即加大了投资费用。所以，最适宜的 φ_2 值应通过经济权衡来决定。

不同的干燥器，适宜的 φ_2 值也不同。如果干燥器中物料停留时间短，就要求有较大的推动力，以提高干燥速率，因此一般离开干燥器的气体中水蒸气分压需低于出口物料表面水蒸气分压的50%；有的快速进出物料的干燥器，出口气体中水蒸气分压更低，一般为物料表面水蒸气分压的50%～80%。有的干燥器需要较大的气速，这时必须减少出口 φ_2 值。

干燥介质离开干燥器的温度 t_2 与 φ_2 应综合考虑。若 t_2 增高，热损失大，热效率低；若 t_2 降低，而 φ_2 又较高，此时湿空气可能会在干燥器后面的设备中析出水滴。从传热角度，t_2 必须比对应的物料温度高出10～30℃或 t_2 较入口气体的绝热饱和温度高20～50℃。

5. 物料离开干燥器时的温度

在连续逆流的干燥设备中，若干燥为绝热过程，则在干燥第一阶段中，物料表面温度等于与它相接触的气体湿球温度。在干燥第二阶段中，物料温度不断升高，此时气体传给物料的热量一部分用于蒸发物料中的水分，一部分则用于加热物料，使其升温。因此，物料出口温度 θ_2 与物料在干燥器内经历的过程有关，主要取决于物料的临界含水量 X_c 值及干燥第二阶段的传质系数。若物料出口含水量高于临界含水量 X_c 值，则物料出口温度 θ_2 等于与它相接触的气体湿球温度；若物料出口含水量低于临界含水量 X_c，则物料出口含水量越低，物料出口温度越高，传质系数愈高，物料出口温度愈高。目前还没有计算 θ_2 的理论公式，有时按物料允许最高温度计，即 $\theta_2=\theta_{max}-(5\sim10)$。

二、干燥设备的分类

干燥器的种类很多，以适应多种多样性的物料和产品规格的不同要求。干燥器通常按加热的方式来分类。

1. 对流干燥器

干燥介质以对流方式将热量直接传递给湿物料，并将湿物料中的湿分带出。如厢式干燥器、洞道干燥器、气流干燥器、转筒干燥器和喷雾干燥器。

2. 传导干燥器

干燥介质以热传导方式将热量传递给湿物料，使湿物料中的水分汽化得到干燥。如滚筒干燥器、真空耙式干燥器和冷冻干燥器。

3. 辐射或介电加热干燥器

利用热辐射或电磁波将湿物料加热而干燥。如红外线干燥器、微波干燥器。

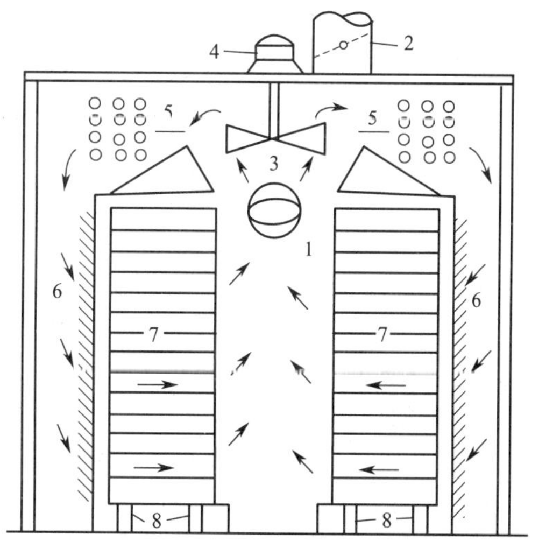

图10-13　厢式干燥器

1—空气进口；2—空气出口；3—风机；4—电动机；5—加热器；6—挡板；7—盘架；8—移动轮

三、干燥器

下面对化工生产中常用的几种干燥器进行简介。

1. 厢式干燥器

厢式干燥器是一种间歇式的多功能干燥器，可以同时干燥不同的物料。一般为常压操作，也有在真空下操作的。图10-13为厢式干燥器的示意图。新鲜空气由入口进入干燥器与吸湿以后的空气混合后进入风扇，由风扇出来的空气一部分作为废气由空气出口放空，大部分经加热器加热后沿挡板均匀地在各浅盘内的物料上方掠过，对物料干燥。增湿降温后的空气与入口进来新鲜空气混合，再次进入风扇。被干燥的物料放在盘架上，分批地放入，干燥结束后成批地取出，例如用小车推进推出。

这种设备的优点是结构简单，设备投资少，适应性强。缺点是劳动强度大，热利用率低，产品质量不均匀。

这种设备主要适用于小规模、多品种、干燥条件变动大的场合。

2. 洞道式干燥器

洞道式干燥器是由厢式干燥器发展而来，以适应大量生产的要求。将厢式干燥器的间歇操作发展为了连续或半连续的操作。如图 10-14 所示。干燥器为一较长的通道，其中铺设铁轨，盛有物料的小车在铁轨上运行，空气连续地在洞道内被加热并强制地流过物料，小车可连续或半连续（隔一段时间运动一段距离）地移动，在洞道内物料和热空气接触而被干燥。洞道干燥器适用于处理量大、干燥时间长的物料。

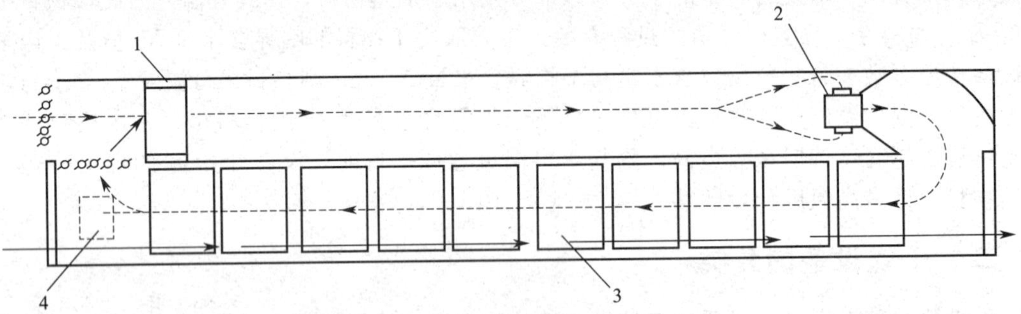

图 10-14　洞道式干燥器

1—加热器；2—风扇；3—装料车；4—排气口

3. 滚筒式干燥器

滚筒式干燥器是一种间接加热的连续干燥器，属于热传导干燥器。图 10-15 所示为一双滚筒干燥器，两滚筒的旋转方向相反，部分表面浸在料槽中，从料槽中转出的滚筒表面粘上了一薄层料浆，加热蒸汽通入筒内，经筒壁的热传导，使物料中的水分蒸发。水汽和夹带的粉尘由上方的排气罩排出，被干燥的物料在滚筒的外侧用刮刀刮下，经螺旋输送器推出而收集。

滚筒式干燥器适用于悬浮液、溶液和稀糊状等流动性物料的干燥，不适用于含水量过低的热敏性物料。滚筒式干燥器的优点是干燥过程连续化、劳动强度低、设备紧凑、投资小、清洗方便。缺点是物料易受到过热，筒体外壁的加工要求较高，操作过程中由于粉尘飞扬而使操作环境恶化。

4. 气流式干燥器

气流干燥是气流输送技术在干燥中的一种应用。气流式干燥器利用高速热空气流使散粒状湿料被吹起，并悬浮于其中，在气流输送过程中对物料进行干燥，如图 10-16 所示。气流式干燥器的主体是干燥管，干燥管的基本方式为直立等径的长管，干燥管下部有笼式破碎机，其作用是对加料器送来的块状物料进行破碎。对于散粒状湿物料，不必使用破碎机。高速的热空气由底部进入，物料在干燥管中被高速上升的热气流分散并呈悬浮状，与热气流并流向上运动，湿物料在被输送过程中被干燥。干燥后的产品由下部收集，湿空气经袋式过滤器收回粉尘后排出。

气流式干燥器适宜处理含非结合水及结块不严重又不怕磨损的粒状物料。对于黏性和膏状物料，采用干料返混的方法和适宜的加料装置，也可正常操作。

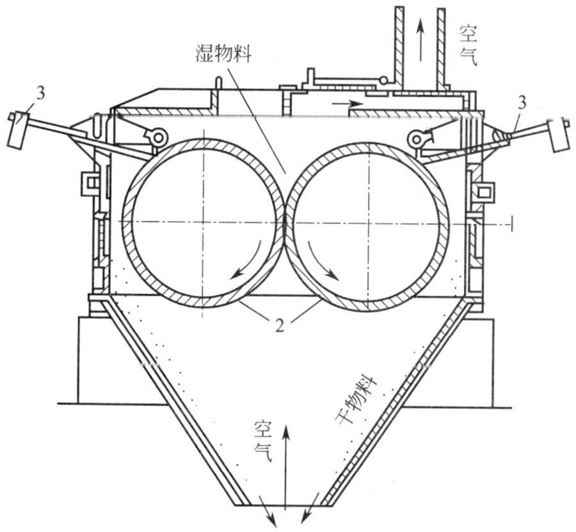

图 10-15　滚筒式干燥器
1—外壳；2—滚筒；3—刮刀

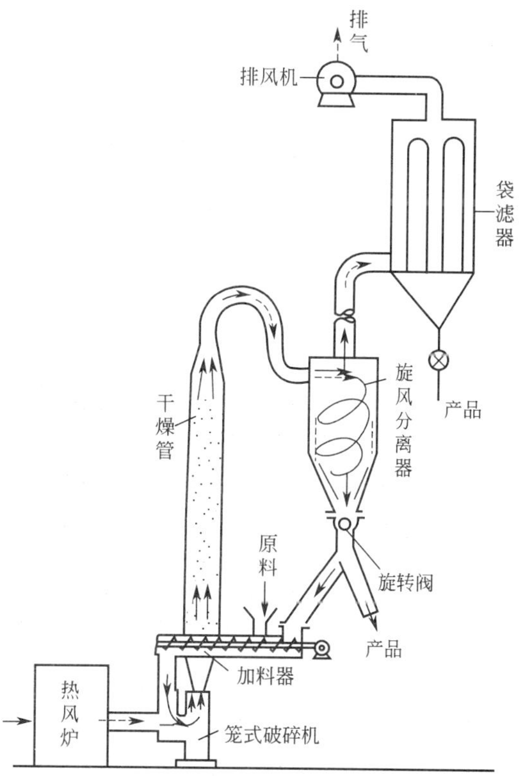

图 10-16　气流式干燥器

气流式干燥器的主要优点有：干燥速率快，干燥时间短，从湿物料投入到产品排出，只需 1～2s。由于热风和湿物料并流操作，即使热空气温度高达 700～800℃，而产品温度不超过 70～90℃，所以适宜干燥热敏性和低熔点的物料。干燥器结构简单，占地面积小。缺点是：由于流速大，压力损失大，物料颗粒有一定的磨损，对晶体有一定要求的物料不适用。

5. 喷雾式干燥器

喷雾式干燥器是一种处理液体物料的干燥设备，是用喷雾器将物料喷成细雾，分散在热气流中，使水分迅速汽化而达到干燥目的。图 10-17 为喷雾干燥流程图，浆料由高压泵压至干燥器顶部的压力喷嘴，喷成雾状液滴，与热空气混合后并流向下，气流作螺旋形流动旋转下降，液滴在接触干燥室内壁前已经完成干燥过程，成为微粒或细粉落到干燥器底部。产品随气体进入旋风分离器中而被分出，废气经风机排出。

喷雾式干燥器广泛应用于化工、医药、食品等工业生产中，特别适用于热敏性物料的干燥。它的主要优点有：由于液滴直径小，气液接触面积大，扰动剧烈，干燥过程极快，干燥完成后，物料表面温度仍接近于湿球温度，非常适宜处理热敏性的物料。喷雾干燥可直接由液态物料获得产品，省去了蒸发、结晶、过滤、粉碎等多种工序。能得到速溶的粉末和空心细颗粒。其缺点是：干燥器体积大，单位产品热量消耗高，机械能消耗大。

6. 沸腾床干燥器

沸腾床干燥器是流态化原理在干燥中的应用。在沸腾床干燥器中，颗粒在热气流中上下翻动，彼此碰撞和混合，气、固间进行传热和传质，以达到干燥目的。图 10-18 所示为单层

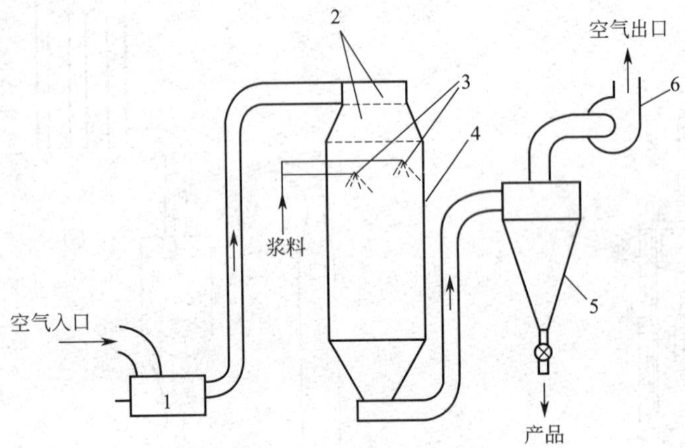

图 10-17　喷雾干燥流程图

1—燃烧炉；2—空气分布器；3—压力式喷头；4—干燥塔；5—旋风分离器；6—风机

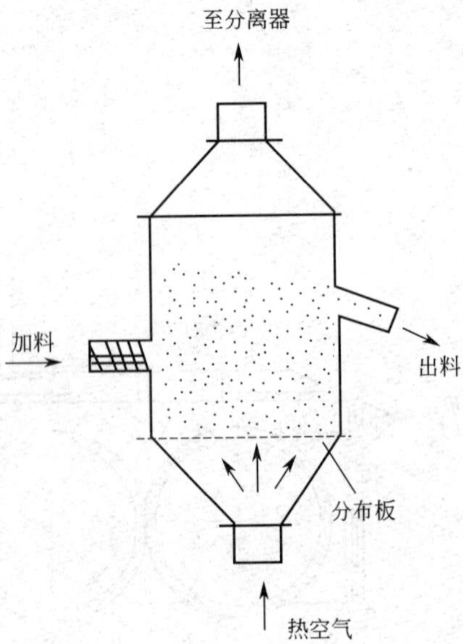

图 10-18　单层圆筒沸腾床干燥器

圆筒沸腾床干燥器。散粒物料由床侧加料口加入，热风通过多孔气体分布板由底部进入床层同物料接触，只要热风气速保持在一定的范围，颗粒即能在床层内悬浮，并作上下翻动，在与热风接触过程中使物料得到干燥。干燥后的颗粒由床的另一侧出料管卸出，废气由顶部排出，经气固分离设备后放空。

在单层圆筒沸腾床干燥器中，由于床层中的颗粒的不规则运动，引起返混和短路现象，使得每个颗粒的停留时间是不相同的，这会使产品质量不均匀。为此，可采用多层沸腾床干燥器和卧式多室沸腾床干燥器。

多层沸腾床干燥器，物料由上面第一层加入，热风由底层吹入，在床内进行逆向接触。颗粒由上一层经溢流管流入下一层，颗粒在每一层内可以互相混合，但层与层之间不互混，经干燥后由下一层卸出。热风自下而上通过各层由顶部排出。

为了减小气体的流动阻力和保证操作的稳定性，国内在化纤、塑料和制药等行业已广泛地采用卧式多室沸腾床干燥器。它是在长方形床层中，沿垂直于颗粒流动方向，安装若干垂直挡板，分隔为几个室，挡板下端距多孔分布板有一定距离，物料可以逐室流动，不致完全混合。这样，颗粒的停留时间分布较均匀，以防止未干颗粒排出。

流化床干燥器的主要优点有：传热、传质效率高，处理能力大；物料停留时间短，有利于处理热敏性物料；设备简单，可动部件少，操作稳定。缺点是对物料的形状和粒度有限制。

7. 冷冻真空干燥器

冷冻真空干燥是将物料冷冻到冰点以下，并置于高度真空环境下，水分直接由固态冰升华而被除去。因冷冻升华所需的热量是通过传导方式供给的，所以冷冻干燥属传导加热的真空干燥。

冷冻真空干燥的优点是，干燥后物料能保持原有的化学组成与物理性质并且其热能的消耗比其他干燥方法少，这是因为在真空下冰的升华温度很低，所以室温或稍高温度的液体或气体就可作为载热体，且具有足够的传热推动力。冷冻真空干燥器的外壁一般不需要绝热保温。

冷冻真空干燥的缺点是设备投资费用高，动力消耗大，干燥速率慢。由于有以上这些缺点，所以冷冻干燥除特殊情况外未获广泛应用，目前主要用于食品和医药工业。

8. 红外线干燥器

红外线干燥是利用红外辐射元件发射出来的红外线对物料进行直接加热的一种干燥方法。红外线投射到被干燥的物体上，被物体吸收转变为热使湿分汽化。

根据波长不同，红外线分为两个区域，波长在 0.75～5.6μm 区域的称近红外，在 5.6～1000μm 区域的为远红外。用近红外灯作为加热元件的干燥方法称为近红外干燥。由于一般物料对红外线的吸收光谱大多位于远红外区域，故近红外干燥效率低，干燥时间长，耗能大。用远红外辐射元件对物料进行加热干燥就称为远红外干燥。有很多物料，特别是有机物、高分子材料等在远红外区域有很宽的吸收带，所以远红外特别适合用于上述物料的干燥。远红外干燥具有干燥速度快、干燥质量好、能量利用率高等优点。因红外线穿透到物料深层内部比较困难，所以红外线干燥器主要用于薄层物料的干燥。

9. 微波干燥器

微波干燥是在微波理论及微波管成就的基础上发展起来的一门技术。微波是指频率为 300MHz 到 300GHz，波长为 1mm 到 1m 之间的电磁波。微波是一种高频交变电场。在高频交变电场中，湿物料中的水分会随着电场方向的变换而转动，在此过程中，水分子之间会产生剧烈的碰撞与摩擦，部分能量转换成热能，所以能使湿物料中的水分获得热量而汽化，从而使物料得到干燥。微波干燥已在食品、皮革等行业中获得了一定的应用。

微波干燥具有如下优点：加热迅速，干燥速度快。热效率高，控制灵敏，操作方便。产品含水量均一，质量稳定。

四、干燥器的选型

通常，干燥器选型应考虑以下各项因素。

(1) 产品的质量　例如在医药工业中许多产品要求无菌，避免高温分解，此时干燥器的选型主要从保证质量上考虑，其次才考虑经济性等问题。

(2) 物料的特性　物料的特性不同，采用的干燥方法也不同。物料的特性包括物料形状、含水量、水分结合方式、热敏性等。例如对于散粒状物料，多选用气流式干燥器和沸腾床干燥器。

(3) 生产能力　生产能力不同，干燥方法也不尽相同。例如当干燥大量浆液时可采用喷雾式干燥器，而生产能力低时可用滚筒式干燥器。

(4) 劳动条件　某些干燥器虽然经济适用，但劳动强度大、条件差，且生产不能连续化。这样的干燥器特别不适宜处理高温有毒、粉尘多的物料。

(5) 经济性　在符合上述要求下，应使干燥器的设备费用和操作费用为最低。

(6) 其他要求　例如设备的制造、维修、操作及设备尺寸是否受到限制等。

另外，根据干燥过程的特点和要求，还可采用组合式的干燥器。例如，对于最终含水量要求较高的可采用气流-沸腾干燥器；对于膏状物料，可采用滚筒-气流干燥器。

复习题

一、问答题

1. 表示湿空气性质的参数有哪些？如何确定湿空气的状态？

2. 如何用干、湿球温度确定湿空气的其他参数？

3. 在焓湿图上表示湿空气的以下变化过程并说明湿空气的其他参数如何变化：

(1) 绝热饱和过程；(2) 等湿度下的升温过程；(3) 等温增湿过程

4. 平衡水分与自由水分，结合水分与非结合水分，这两种区分湿物料中水分方法的出发点有何不同？有没有内在联系？

5. 一般干燥过程的物料衡算中物料组成是以什么为基准？为什么？

6. 常用的干燥器有哪些？各有哪些优缺点？

二、填空题

1. 将不饱和空气在间壁式换热器中由 t_1 加热至 t_2，则其湿球温度 t_W ______，露点温度 t_d ______，相对湿度 ϕ ______。

2. 相对湿度 ϕ 值可以反映湿空气吸收水汽能力的大小，当 ϕ 值大时，表示该湿空气的吸收水汽的能力______。在湿度一定时，不饱和空气的温度越低，其相对湿度越______。

3. 在一定空气状态下干燥某湿物料，能用干燥方法除去的水分为______；首先除去的水分为______；不能用干燥方法除去的水分为______。

4. 干燥进行的必要条件是物料表面所产生的水汽压力______干燥介质中水汽的分压。

5. 干燥速率太快会引起物料表面__________。

三、选择题

1. 当空气的 $t=t_{湿}=t_{绝}$，说明空气的相对湿度为（　　）。

A. 100%　　B. >100%　　C. <100%　　D. 任意值

2. 在干燥任务相同的条件下，风机风量最大的季节是（　　）。

A. 冬季　　B. 夏季　　C. 春季　　D. 秋季

3. 为了测准空气的湿球温度，应将干湿球温度计放在（　　）。

A. 不受外界干扰的静止空气中　　B. 气速<5m/s 的空气中

C. 气速<5m/s 辐射传导较强处　　D. 气速>5m/s 辐射传导可忽略处

4. 已知物料的临界含水量为 0.2kg 水/ kg 干料，空气的干球温度为 t，湿球温度为 $t_{湿}$，露点为 $t_{露}$，现将该物料自初始含水量 $X_1=0.4$kg 水/ kg 干料干燥至 $X_2=0.1$ kg 水/ kg 干料，则在干燥末了时物料表面温度 θ_2 ______。

A. $\theta_2 > t_{湿}$；　　B. $\theta_2 = t_{湿}$；　　C. $\theta_2 = t$；　　D. $\theta_2 = t_{露}$

习　题

10-1　在总压为 100kPa，空气的温度为 20℃，湿度为 0.01kg/kg 干气。试求：

(1) 空气的相对湿度 φ；

(2) 总压 p 与湿度不变，将空气温度提高到 50℃时的相对湿度 φ。

[答：67.8%；10.6%]

10-2　湿空气的总压为 100kPa，试计算：(1) 空气为 40℃和 $\varphi=60\%$时的焓和湿度；

（2）已知水蒸气的分压为 9.3 kPa，求该空气在 50℃时的 φ 和 H 值。

［答：0.0287kg/kg 干气；72.54kJ/kg 干气；75.4%；0.0638kg/kg 干气］

10-3　利用焓湿图重作 1、2 题。

10-4　利用焓湿图查出附表中空格各项的数值，并绘出习题 10-1 的求解过程示意图。

［答：略］

习题 10-4 附表

序号	干球温度 /℃	湿球温度 /℃	湿度 /(kg/kg 干气)	相对湿度	比焓 /(kJ/kg 干气)	水汽分压 /kPa	露点 /℃
1	60	35					25
2	40						
3	20			75%			
4	30					4	

10-5　含水量为 40%（湿基含水量，下同）的物料，干燥后降至 20%，求从 100kg 原料中蒸发的水分。

［答：25kg］

10-6　在一连续干燥器中，每小时处理湿物料 1000 kg，经干燥后物料的含水量由 10% 降到 2%（均为湿基含水量）。以热空气为干燥介质，初始湿度 $H_1=0.008$kg/kg 干气，离开干燥器时 $H_2=0.05$kg/kg 干气。假设干燥过程中无物料损失，试求：（1）水分蒸发量；（2）空气消耗量；（3）干燥产品量。

［答：81.6kg 水/h；1943kg 干气/h；918.4kg/h］

10-7　常压下空气在温度为 20℃，湿度为 0.01kg/kg 干气状态下，被预热至 120℃后进入理论干燥器（空气变化为等焓过程），废气出口湿度为 0.03kg/kg 干气。物料的含水量由 3.7%干燥至 0.5%（均为湿基含水量），干空气的流量为 8000kg 干气/h。试求：（1）每小时加入干燥器的湿物料量；（2）废气出口温度。

［答：4975kg 湿物料/h；68.9℃］

附　　录

一、常用单位的换算

1. 长度

m(米)	in(英寸)	ft(英尺)	yd(码)
1	39.3701	3.2808	1.09361
0.025400	1	0.073333	0.02778
0.30480	12	1	0.33333
0.9144	36	3	1

2. 体积

m^3	L(升)	ft^3
1	1000	35.3147
0.001	1	0.03531
0.02832	28.3161	1

3. 力

N(牛顿)	kgf[千克(力)]	lbf[磅(力)]	dyn(达因)
1	0.102	0.2248	1×10^{5}
9.80665	1	2.2046	9.80665×10^{5}
4.448	0.4536	1	4.4481×10^{5}
1×10^{-5}	1.02×10^{-6}	2.248×10^{-6}	1

4. 压力

Pa	kgf/cm^2	atm	mmHg	mmH_2O	lbf/in^2
1	1.02×10^{-5}	0.99×10^{-5}	0.0075	0.102	14.5×10^{-5}
98.07×10^{3}	1	0.9678	735.56	1×10^{4}	14.2
1.01325×10^{5}	1.0332	1	760	1.0332×10^{4}	14.697
133.3	0.1361×10^{-2}	0.00132	1	13.6	0.01934
9.807	0.0001	0.9678×10^{-4}	0.0736	1	1.423×10^{-3}
6894.8	0.0703	0.068	51.71	703	1

5. 黏度

Pa·s	P(泊)	cP(厘泊)	mPa·s
1	10	1000	1000
0.1	1	100	100
0.001	0.01	1	1

6. 功率

W	kgf·m/s	hp(马力)	kcal/s
1	0.10197	1.341×10^{-3}	0.2389×10^{-3}
9.8067	1	0.01315	0.2342×10^{-2}
745.69	76.0375	1	0.1783
4186.8	426.85	5.6135	1

二、某些气体的重要物理性质

名称	分子式	密度(0 ℃,101.3kPa)/(kg/m³)	比热容/[kJ/(kg·℃)]	黏　度 μ×10⁵/Pa·s	沸点(101.3kPa)/℃	汽化热/(kJ/kg)	临界点		热导率/[W/(m·℃)]
							温度/℃	压力/kPa	
空气		1.293	1.009	1.73	−195	197	−140.7	3768.4	0.0244
氧气	O_2	1.429	0.653	2.03	−132.98	213	−118.82	5036.6	0.0240
氮气	N_2	1.251	0.745	1.70	−195.78	199.2	−147.13	3392.5	0.0228
氢气	H_2	0.0899	10.13	0.842	−252.75	454.2	−239.9	1296.6	0.163
氦气	He	0.1785	3.18	1.88	−268.95	19.5	−267.96	228.94	0.144
氩气	Ar	1.7820	0.322	2.09	−185.87	163	−122.44	4862.4	0.0173
氯气	Cl_2	3.217	0.355	1.29(16℃)	−33.8	305	+144.0	7708.9	0.0072
氨	NH_3	0.771	0.67	0.918	−33.4	1373	+132.4	11295	0.0215
一氧化碳	CO	1.250	0.754	1.66	−191.48	211	−140.2	3497.9	0.0226
二氧化碳	CO_2	1.976	0.653	1.37	−78.2	574	+31.1	7384.8	0.0137
硫化氢	H_2S	1.539	0.804	1.166	−60.2	548	+100.4	19136	0.0131
甲烷	CH_4	0.717	1.70	1.03	−161.58	511	−82.15	4619.3	0.0300
乙烷	C_2H_6	1.357	1.44	0.850	−88.5	486	+32.1	4948.5	0.0180
丙烷	C_3H_8	2.020	1.65	0.795(18℃)	−42.1	427	+95.6	4355.0	0.0148
正丁烷	C_4H_{10}	2.673	1.73	0.810	−0.5	386	+152	3798.8	0.0135
正戊烷	C_5H_{12}	—	1.57	0.874	−36.08	151	+197.1	3342.9	0.0128
乙烯	C_2H_4	1.261	1.222	0.935	+103.7	481	+9.7	5135.9	0.0164
丙烯	C_3H_6	1.914	2.436	0.835(20℃)	−47.7	440	+91.4	4599.0	—
乙炔	C_2H_2	1.171	1.352	0.935	−83.66(升华)	829	+35.7	6240.0	0.0184
氯甲烷	CH_3Cl	2.303	0.582	0.989	−24.1	406	+148	6685.8	0.0085
苯	C_6H_6	—	1.139	0.72	+80.2	394	+288.5	4832.0	0.0088
二氧化硫	SO_2	2.927	0.502	1.17	−10.8	394	+157.5	7879.1	0.0077
二氧化氮	NO_2	—	0.315	—	+21.2	712	+158.2	10130	0.0400

三、某些液体的重要物理性质

名称	化学式	密度(20℃)/(kg/m³)	沸点(101.3kPa)/℃	汽化热/(kJ/kg)	比热容(20℃)/[kJ/(kg·℃)]	黏度(20℃)/mPa·s	热导率(20℃)/[W/(m·℃)]	体积膨胀系数 β×10⁴(20℃)/℃⁻¹	表面张力 σ×10³(20℃)/(N/m)
水	H_2O	998	100	2258	4.183	1.005	0.599	1.82	72.8
氯化钠盐水(25%)	—	1186(25℃)	107	—	3.39	2.3	0.57(30℃)	(4.4)	
氯化钙盐水(25%)	—	1228	107	—	2.89	2.5	0.57	(3.4)	
硫酸	H_2SO_4	1831	340(分解)	—	1.47(98%)		0.38	5.7	
硝酸	HNO_3	1513	86	481.1		1.17(10℃)			
盐酸(30%)	HCl	1149			2.55	2(31.5%)	0.42		
二硫化碳	CS_2	1262	46.3	352	1.005	0.38	0.16	12.1	32
戊烷	C_5H_{12}	626	36.07	357.4	2.24(15.6℃)	0.229	0.113	15.9	16.2
己烷	C_6H_{14}	659	68.74	335.1	2.31(15.6℃)	0.313	0.119		18.2
庚烷	C_7H_{16}	684	98.43	316.5	2.21(15.6℃)	0.411	0.123		20.1
辛烷	C_8H_{18}	763	125.67	306.4	2.19(15.6℃)	0.540	0.131		21.3
三氯甲烷	$CHCl_3$	1489	61.2	253.7	0.992	0.58	0.138(30℃)	12.6	28.5(10℃)
四氯化碳	CCl_4	1594	76.8	195	0.850	1.0	0.12		26.8

续表

名称	化学式	密度(20℃)/(kg/m³)	沸点(101.3kPa)/℃	汽化热/(kJ/kg)	比热容(20℃)/[kJ/(kg·℃)]	黏度(20℃)/mPa·s	热导率(20℃)/[W/(m·℃)]	体积膨胀系数 $\beta\times10^4$(20℃)/℃$^{-1}$	表面张力 $\sigma\times10^3$(20℃)/(N/m)
1,2-二氯乙烷	$C_2H_4Cl_2$	1253	83.6	324	1.260	0.83	0.14(60℃)		30.8
苯	C_6H_6	879	80.10	393.9	1.704	0.737	0.148	12.4	28.6
甲苯	C_7H_8	867	110.63	363	1.70	0.675	0.138	10.9	27.9
邻二甲苯	C_8H_{10}	880	144.42	347	1.74	0.811	0.142		30.2
间二甲苯	C_8H_{10}	864	139.10	343	1.70	0.611	0.167	10.1	29.0
对二甲苯	C_8H_{10}	861	138.35	340	1.704	0.643	0.129		28.0
苯乙烯	C_8H_9	911(15.6℃)	145.2	352	1.733	0.72			
氯苯	C_6H_5Cl	1106	131.8	325	1.298	0.85	1.14(30℃)		32
硝基苯	$C_6H_5NO_2$	1203	210.9	396	1.47	2.1	0.15		41
苯胺	$C_6H_5NH_2$	1022	184.4	448	2.07	4.3	0.17	8.5	42.0
酚	C_6H_5OH	1050(50℃)	181.8(熔点40.9℃)	511		3.4(50℃)			
萘	$C_{16}H_8$	1145(固体)	217.9(熔点80.2℃)	314	1.80(100℃)	0.59(100℃)			
甲醇	CH_3OH	791	64.7	1101	2.48	0.6	0.212	12.2	22.6
乙醇	C_2H_5OH	789	78.3	846	2.39	1.15	0.172	11.6	22.8
乙醇(95%)		804	78.2			1.4			
乙二醇	$C_2H_4(OH)_2$	1113	197.6	780	2.35	23			47.7
甘油	$C_3H_5(OH)_3$	1261	290(分解)	—		1499	0.59	5.3	63
乙醚	$(C_2H_5)_2O$	714	34.6	360	2.34	0.24	0.14	16.3	8
乙醛	CH_3CHO	783(18℃)	20.2	574	1.9	1.3(18℃)			21.2
糠醛	$C_5H_4O_2$	1168	161.7	452	1.6	1.15(50℃)			43.5
丙酮	CH_3COCH_3	792	56.2	523	2.35	0.32	0.17		23.7
甲酸	HCOOH	1220	100.7	494	2.17	1.9	0.26		27.8
乙酸	CH_3COOH	1049	118.1	406	1.99	1.3	0.17	10.7	23.9
乙酸乙酯	$CH_3COOC_2H_5$	901	77.1	368	1.92	0.48	0.14(10℃)		
煤油		780～820				3	0.15	10.0	
汽油		680～800				0.7～0.8	0.19(30℃)	12.5	

四、干空气的物理性质（101.33kPa）

温度 t/℃	密度 ρ/(kg/m³)	比热容 c_p/[kJ/(kg·℃)]	热导率 $k\times10^2$/[W/(m·℃)]	黏度 $\mu\times10^5$/Pa·s	普朗特数 Pr
−50	1.584	1.013	2.035	1.46	0.728
−40	1.515	1.013	2.117	1.52	0.728
−30	1.453	1.013	2.198	1.57	0.723
−20	1.395	1.009	2.279	1.62	0.716
−10	1.342	1.009	2.360	1.67	0.712
0	1.293	1.005	2.442	1.72	0.707
10	1.247	1.005	2.512	1.77	0.705
20	1.205	1.005	2.593	1.81	0.703
30	1.165	1.005	2.675	1.86	0.701
40	1.128	1.005	2.756	1.91	0.699

续表

温度 t/℃	密度 ρ/(kg/m^3)	比热容 c_p /[kJ/(kg·℃)]	热导率 $k\times10^2$ /[W/(m·℃)]	黏度 $\mu\times10^5$ /Pa·s	普朗特数 Pr
50	1.093	1.005	2.826	1.96	0.698
60	1.060	1.005	2.896	2.01	0.696
70	1.029	1.009	2.966	2.06	0.694
80	1.000	1.009	3.047	2.11	0.692
90	0.972	1.009	3.128	2.15	0.690
100	0.946	1.009	3.210	2.19	0.688
120	0.898	1.009	3.338	2.29	0.686
140	0.854	1.013	3.489	2.37	0.684
160	0.815	1.017	3.640	2.45	0.682
180	0.779	1.022	3.780	2.53	0.681
200	0.746	1.026	3.931	2.60	0.680
250	0.674	1.038	4.288	2.74	0.677
300	0.615	1.048	4.605	2.97	0.674
350	0.566	1.059	4.908	3.14	0.676
400	0.524	1.068	5.210	3.31	0.678
500	0.456	1.093	5.745	3.62	0.687
600	0.404	1.114	6.222	3.91	0.699
700	0.362	1.135	6.711	4.18	0.706
800	0.329	1.156	7.176	4.43	0.713
900	0.301	1.172	7.630	4.67	0.717
1000	0.277	1.185	8.041	4.90	0.719
1100	0.257	1.197	8.502	5.12	0.722
1200	0.239	1.206	9.153	5.35	0.724

五、水的物理性质

温度/℃	饱和蒸气压/kPa	密度/(kg/m^3)	焓/(kJ/kg)	比热容/[kJ/(kg·℃)]	热导率 $k\times10^2$ /[W/(m·℃)]	黏度 $\mu\times10^5$ /Pa·s	体积膨胀系数 $\beta\times10^4$/℃$^{-1}$	表面张力 $\sigma\times10^5$/(N/m)	普朗特数 Pr
0	0.6082	999.9	0	4.212	55.13	179.21	−0.63	75.6	13.66
10	1.2262	999.7	42.04	4.191	57.45	130.77	0.70	74.1	9.52
20	2.3346	998.2	83.90	4.183	59.89	100.50	1.82	72.6	7.01
30	4.2474	995.7	125.69	4.174	61.76	80.07	3.21	71.2	5.42
40	7.3766	992.2	167.51	4.174	63.38	65.60	3.87	69.6	4.32
50	12.34	988.1	209.30	4.174	64.78	54.94	4.49	67.7	3.54
60	19.923	983.2	251.12	4.178	65.94	46.88	5.11	66.2	2.98
70	31.164	977.8	292.99	4.187	66.76	40.61	5.70	64.3	2.54
80	47.379	971.8	334.94	4.195	67.45	35.65	6.32	62.6	2.22
90	70.136	965.3	376.98	4.208	68.04	31.65	6.95	60.7	1.96
100	101.33	958.4	419.10	4.220	68.27	28.38	7.52	58.8	1.76
110	143.31	951.0	461.34	4.238	68.50	25.89	8.08	56.9	1.61
120	198.64	943.1	503.67	4.260	68.62	23.73	8.64	54.8	1.47
130	270.25	934.8	546.38	4.266	68.62	21.77	9.17	52.8	1.36
140	361.47	926.1	589.08	4.287	68.50	20.10	9.72	50.7	1.26
150	476.24	917.0	632.20	4.312	68.38	18.63	10.3	48.6	1.18
160	618.28	907.4	675.33	4.346	68.27	17.36	10.7	46.6	1.11
170	792.59	897.3	719.29	4.379	67.92	16.28	11.3	45.3	1.05
180	1003.5	886.9	763.25	4.417	67.45	15.30	11.9	42.3	1.00
190	1255.6	876.0	807.63	4.460	66.99	14.42	12.6	40.0	0.96
200	1554.77	863.0	852.43	4.505	66.29	13.63	13.3	37.7	0.93
210	1917.72	852.8	897.65	4.555	65.48	13.04	14.1	35.4	0.91

续表

温度/℃	饱和蒸气压/kPa	密度/(kg/m³)	焓/(kJ/kg)	比热容/[kJ/(kg·℃)]	热导率 $k\times10^2$/[W/(m·℃)]	黏度 $\mu\times10^5$/Pa·s	体积膨胀系数 $\beta\times10^4$/℃$^{-1}$	表面张力 $\sigma\times10^5$/(N/m)	普朗特数 Pr
220	2320.88	840.3	943.70	4.614	64.55	12.46	14.8	33.1	0.89
230	2798.59	827.3	990.18	4.681	63.73	11.97	15.9	31	0.88
240	3347.91	813.6	1037.49	4.756	62.80	11.47	16.8	28.5	0.87
250	3977.67	799.0	1085.64	4.844	61.76	10.98	18.1	26.2	0.86
260	4693.75	784.0	1135.04	4.949	60.48	10.59	19.7	23.8	0.87
270	5503.99	767.9	1185.28	5.070	59.96	10.20	21.6	21.5	0.88
280	6417.24	750.7	1236.28	5.229	57.45	9.81	23.7	19.1	0.89
290	7443.29	732.3	1289.95	5.485	55.82	9.42	26.2	16.9	0.93
300	8592.94	712.5	1344.80	5.736	53.96	9.12	29.2	14.4	0.97
310	9877.6	691.1	1402.16	6.071	52.3	8.83	32.9	12.1	1.02
320	11300.3	667.1	1462.03	6.573	50.59	8.3	38.2	9.81	1.11
330	12879.6	640.2	1526.19	7.243	48.73	8.14	43.3	7.67	1.22
340	14615.8	610.1	1594.75	8.164	45.71	7.75	53.4	5.67	1.38
350	16538.5	574.4	1671.37	9.504	43.03	7.26	66.8	3.81	1.60
360	18667.1	528.0	1761.39	13.984	39.54	6.67	109	2.02	2.36
370	21040.9	450.5	1892.43	40.319	33.73	5.69	264	0.471	6.80

六、饱和水蒸气表（以温度为准）

温度/℃	绝对压力		蒸汽的密度/(kg/m³)	焓				汽化热	
				液体		蒸汽			
	/(kgf/cm²)	/kPa		/(kcal/kg)	/(kJ/kg)	/(kcal/kg)	/(kJ/kg)	/(kcal/kg)	/(kJ/kg)
0	0.0062	0.6082	0.00484	0	0	595	2491.1	595	2491.1
5	0.0089	0.8730	0.00680	5.0	20.94	597.3	2500.8	592.3	2479.9
10	0.0125	1.2262	0.00940	10.0	41.87	599.6	2510.4	589.6	2468.5
15	0.0174	1.7068	0.01283	15.0	62.80	602.0	2520.5	587.0	2457.7
20	0.0238	2.3346	0.01719	20.0	83.74	604.3	2530.1	584.3	2446.3
25	0.0323	3.1684	0.02304	25.0	104.67	606.6	2539.7	581.6	2435.0
30	0.0433	4.2474	0.03036	30.0	125.60	608.9	2549.3	578.3	2423.7
35	0.0573	5.6207	0.03960	35.0	146.54	611.2	2559.0	576.2	2412.4
40	0.0752	7.3766	0.05114	40.0	167.47	613.5	2568.6	573.5	2401.1
45	0.0977	9.5837	0.06543	45.0	188.41	615.7	2577.8	570.7	2389.4
50	0.1258	12.340	0.0830	50.0	209.34	618.0	2587.4	568.0	2378.1
55	0.1605	15.743	0.1043	55.0	230.27	620.2	2596.7	565.2	2366.4
60	0.2031	19.923	0.1301	60.0	251.21	622.5	2606.3	562.0	2355.1
65	0.2550	25.014	0.1611	65.0	272.14	624.7	2615.5	559.7	2343.4
70	0.3177	31.164	0.1979	70.0	293.08	626.8	2624.3	556.8	2331.2
75	0.393	38.551	0.2416	75.0	314.01	629.0	2633.5	554.0	2319.5
80	0.483	47.379	0.2929	80.0	334.94	631.1	2642.3	551.2	2307.8
85	0.590	57.875	0.3531	85.0	355.88	633.2	2651.1	548.2	2295.2
90	0.715	70.136	0.4229	90.0	376.81	635.3	2659.9	545.3	2283.1
95	0.862	84.556	0.5039	95.0	397.75	637.4	2668.7	542.4	2270.9
100	1.033	101.33	0.5970	100.0	418.68	639.4	2677.0	539.4	2258.4
105	1.232	120.85	0.7036	105.1	440.03	641.3	2685.0	536.3	2245.4
110	1.461	143.31	0.8254	110.1	460.97	643.3	2693.4	533.1	2232.0
115	1.724	169.11	0.9635	115.2	482.32	645.2	2701.3	531.0	2219.0

续表

温度/℃	绝对压力		蒸汽的密度/(kg/m³)	焓				汽化热	
	/(kgf/cm²)	/kPa		液体		蒸汽		/(kcal/kg)	/(kJ/kg)
				/(kcal/kg)	/(kJ/kg)	/(kcal/kg)	/(kJ/kg)		
120	2.025	198.64	1.1199	120.3	503.67	647.0	2708.9	526.6	2205.2
125	2.367	232.19	1.296	125.4	525.02	648.8	2716.4	523.5	2191.8
130	2.755	270.25	1.494	130.5	546.38	650.6	2723.9	520.1	2177.6
135	3.192	313.11	1.715	135.6	567.73	652.3	2731.0	516.7	2163.3
140	3.685	361.47	1.962	140.7	589.08	653.9	2737.7	513.2	2148.7
145	4.238	415.72	2.238	145.9	610.85	655.5	2744.4	509.7	2134.0
150	4.855	476.24	2.543	151.0	632.21	657.0	2750.7	506.0	2118.5
160	6.303	618.28	3.252	161.4	675.75	659.9	2762.9	498.5	2087.1
170	8.080	792.59	4.113	171.8	719.29	662.4	2773.3	490.6	2054.0
180	10.23	1003.5	5.145	182.3	763.25	664.6	2782.5	482.3	2019.3
190	12.80	1255.6	6.378	192.9	807.64	666.4	2790.1	473.5	1982.4
200	15.85	1554.77	7.840	203.5	852.01	667.7	2795.5	464.2	1943.5
210	19.55	1917.72	9.567	214.3	897.23	668.6	2799.3	454.4	1902.5
220	23.66	2320.88	11.60	225.1	942.45	669.0	2801.0	443.9	1858.5
230	28.53	2798.59	13.98	236.1	988.50	668.8	2800.1	432.7	1811.6
240	34.13	3347.91	16.76	247.1	1034.56	668.0	2796.8	420.8	1761.8
250	40.55	3977.67	20.01	258.3	1081.45	664.0	2790.1	408.1	1708.6
260	47.85	4693.75	23.82	269.6	1128.76	664.2	2780.9	394.5	1651.7
270	56.11	5503.99	28.27	281.1	1176.91	661.2	2768.3	380.1	1591.4
280	65.42	6417.24	33.47	292.7	1225.48	657.3	2752.0	364.6	1526.5
290	75.88	7443.29	39.60	304.4	1274.46	652.6	2732.3	348.1	1457.4
300	87.6	8592.94	46.93	316.6	1325.54	646.8	2708.0	330.2	1382.5
310	100.7	9877.96	55.59	329.3	1378.71	640.1	2680.0	310.8	1301.3
320	115.2	11300.3	65.95	343.0	1436.07	632.5	2648.2	289.5	1212.1
330	131.3	12879.6	78.53	357.5	1446.78	623.5	2610.5	266.6	1116.2
340	149.0	14615.8	93.98	373.3	1562.93	613.5	2568.6	240.2	1005.7
350	168.6	16538.5	113.2	390.8	1636.20	601.1	2516.7	210.3	880.5
360	190.3	18667.1	139.6	413.0	1729.15	583.4	2442.6	170.3	713.0
370	214.5	21040.9	171.0	451.0	1888.25	549.8	2301.9	98.2	411.1
374	225	22070.9	322.6	501.1	2098.0	501.1	2098.0	0	0

七、饱和水蒸气表（以用 kPa 为单位的压力为准）

绝对压力/kPa	温度/℃	蒸汽的密度/(kg/m³)	焓/(kJ/kg)		汽化热/(kJ/kg)
			液体	蒸汽	
1.0	6.3	0.00773	26.48	2503.1	2476.8
1.5	12.5	0.01133	52.26	2515.3	2463.0
2.0	17.0	0.01486	71.21	2524.2	2452.9
2.5	20.9	0.01836	87.45	2531.8	2444.3
3.0	23.5	0.02179	98.38	2536.8	2438.4
3.5	26.1	0.02523	109.30	2541.8	2432.5
4.0	28.7	0.02867	120.23	2546.8	2426.6
4.5	30.8	0.03205	129.00	2550.9	2421.9
5.0	32.4	0.03537	135.69	2554.0	2418.3
6.0	35.6	0.04200	149.06	2560.1	2411.0
7.0	38.8	0.04864	162.44	2566.3	2403.8
8.0	41.3	0.05514	172.73	2571.0	2398.2
9.0	43.3	0.06156	181.16	2574.8	2393.6

续表

绝对压力/kPa	温度/℃	蒸汽的密度/（kg/m³）	焓/（kJ/kg）		汽化热/（kJ/kg）
			液　体	蒸　汽	
10.0	45.3	0.06798	189.59	2578.5	2388.9
15.0	53.5	0.09956	224.03	2594.0	2370.0
20.0	60.1	0.13068	251.51	2606.4	2854.9
30.0	66.5	0.19093	288.77	2622.4	2333.7
40.0	75.0	0.24975	315.93	2634.1	2312.2
50.0	81.2	0.30799	339.80	2644.3	2304.5
60.0	85.6	0.36514	358.21	2652.1	2393.9
70.0	89.9	0.42229	376.61	2659.8	2283.2
80.0	93.2	0.47807	390.08	2665.3	2275.3
90.0	96.4	0.53384	403.49	2670.8	2267.4
100.0	99.6	0.58961	416.90	2676.3	2259.5
120.0	104.5	0.69868	437.51	2684.3	2246.8
140.0	109.2	0.80758	457.67	2692.1	2234.4
160.0	113.0	0.82981	473.88	2698.1	2224.2
180.0	116.6	1.0209	489.32	2703.7	2214.3
200.0	120.2	1.1273	493.71	2709.2	2204.6
250.0	127.2	1.3904	534.39	2719.7	2185.4
300.0	133.3	1.6501	560.38	2728.5	2168.1
350.0	138.8	1.9074	583.76	2736.1	2152.3
400.0	143.4	2.1618	603.61	2742.1	2138.5
450.0	147.7	2.4152	622.42	2747.8	2125.4
500.0	151.7	2.6673	639.59	2752.8	2113.2
600.0	158.7	3.1686	670.22	2761.4	2091.1
700.0	164.7	3.6657	696.27	2767.8	2071.5
800.0	170.4	4.1614	720.96	2773.7	2052.7
900.0	175.1	4.6525	741.82	2778.1	2036.2
1×10^3	179.9	5.1432	762.68	2782.5	2019.7
1.1×10^3	180.2	5.6339	780.34	2785.5	2005.1
1.2×10^3	187.8	6.1241	797.92	2788.5	1990.6
1.3×10^3	191.5	6.6141	814.25	2790.9	1976.7
1.4×10^3	194.8	7.1038	829.06	2792.4	1963.7
1.5×10^3	198.2	7.5935	843.86	2794.5	1950.7
1.6×10^3	201.3	8.0814	857.77	2796.0	1938.2
1.7×10^3	204.1	8.5674	870.58	2797.1	1926.5
1.8×10^3	206.9	9.0533	833.39	2798.1	1914.8
1.9×10^3	209.8	9.5392	896.21	2799.2	1903.0
2×10^3	212.2	10.0388	907.32	2799.7	1892.4
3×10^3	233.7	15.0075	1005.4	2798.9	1793.5
4×10^3	250.3	20.0969	1082.9	2789.8	1706.8
5×10^3	263.8	25.3663	1146.9	2776.2	1629.2
6×10^3	275.4	30.8494	1203.2	2759.5	1556.3
7×10^3	285.7	36.5744	1253.2	2740.8	1487.6
8×10^3	294.8	42.5768	1299.2	2720.5	1403.7
9×10^3	303.2	48.8945	1343.5	2699.1	1356.6
10×10^3	310.9	55.5407	1384.0	2677.1	1293.1
12×10^3	324.5	70.3075	1463.3	2631.2	1167.7
14×10^3	336.5	87.3020	1567.9	2583.2	1043.4
16×10^3	347.2	107.8010	1615.8	2531.1	915.4
18×10^3	356.9	134.4813	1699.8	2466.0	766.1
20×10^3	365.6	176.5961	1817.8	2364.2	544.9

八、水在不同温度下的黏度

温度/℃	黏　度/mPa·s	温度/℃	黏　度/mPa·s	温度/℃	黏　度/mPa·s
0	1.7921	33	0.7523	67	0.4233
1	1.7313	34	0.7371	68	0.4174
2	1.6728	35	0.7225	69	0.4117
3	1.6191	36	0.7085	70	0.4061
4	1.5674	37	0.6947	71	0.4006
5	1.5188	38	0.6814	72	0.3952
6	1.4728	39	0.6685	73	0.3900
7	1.4284	40	0.6560	74	0.3849
8	1.3860	41	0.6439	75	0.3799
9	1.3462	42	0.6321	76	0.3750
10	1.3077	43	0.6207	77	0.3702
11	1.2713	44	0.6097	78	0.3655
12	1.2363	45	0.5988	79	0.3610
13	1.2028	46	0.5883	80	0.3565
14	1.1709	47	0.5782	81	0.3521
15	1.1403	48	0.5683	82	0.3478
16	1.1111	49	0.5588	83	0.3436
17	1.0828	50	0.5494	84	0.3395
18	1.0559	51	0.5404	85	0.3355
19	1.0299	52	0.5315	86	0.3315
20	1.0050	53	0.5229	87	0.3276
20.2	1.0000	54	0.5146	88	0.3239
21	0.9810	55	0.5064	89	0.3202
22	0.9579	56	0.4985	90	0.3165
23	0.9359	57	0.4907	91	0.3130
24	0.9142	58	0.4832	92	0.3095
25	0.8973	59	0.4759	93	0.3060
26	0.8737	60	0.4688	94	0.3027
27	0.8545	61	0.4618	95	0.2994
28	0.8360	62	0.4550	96	0.2962
29	0.8180	63	0.4483	97	0.2930
30	0.8007	64	0.4418	98	0.2899
31	0.7840	65	0.4355	99	0.2868
32	0.7679	66	0.4293	100	0.2838

九、液体的黏度共线图

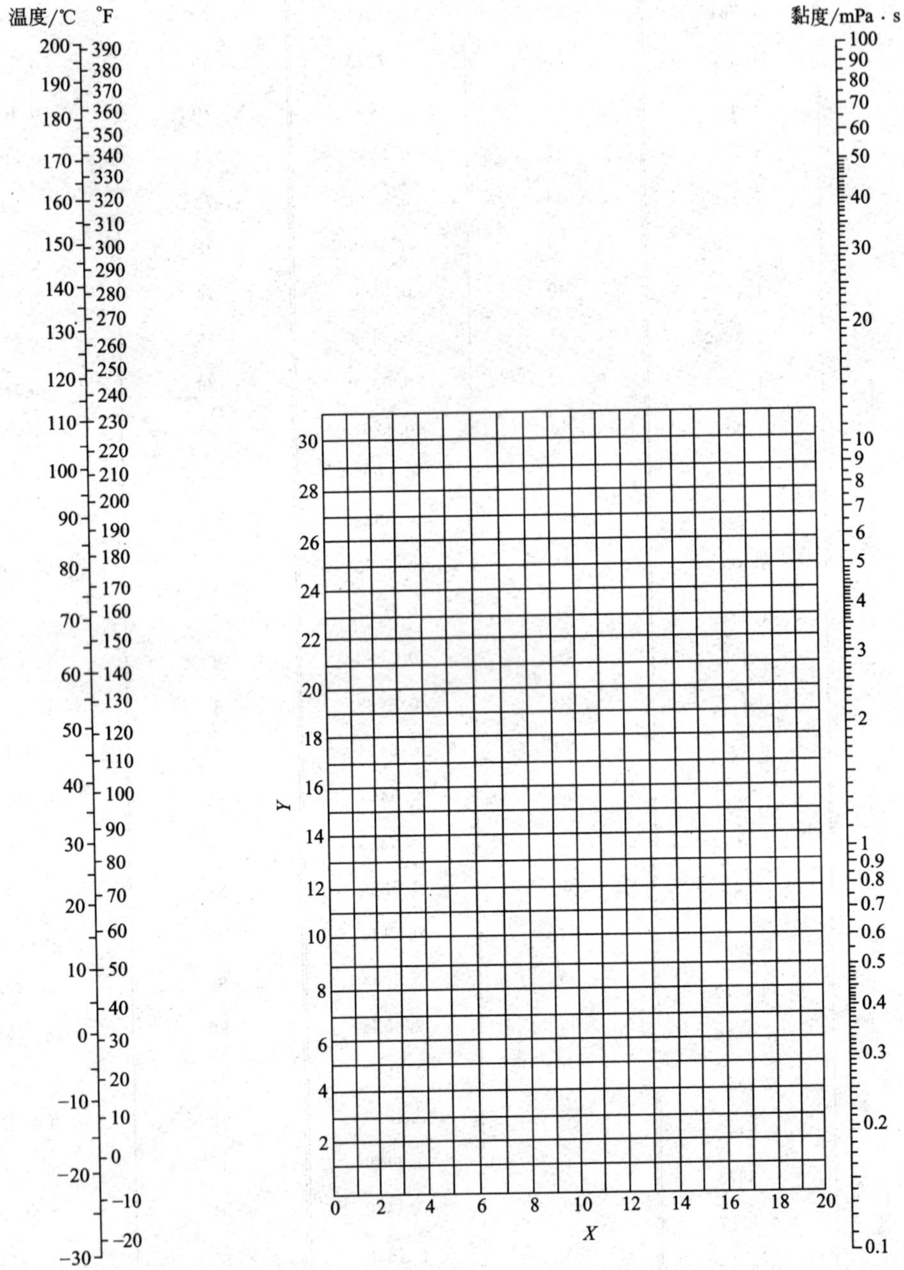

液体的黏度共线图的坐标值列于下表

序号	名称	X	Y	序号	名称	X	Y
1	水	10.2	13.0	31	乙苯	13.2	11.5
2	盐水(25%NaCl)	10.2	16.6	32	氯苯	12.3	12.4
3	盐水(25%$CaCl_2$)	6.6	15.9	33	硝基苯	10.6	16.2
4	氨	12.6	2.2	34	苯胺	8.1	18.7
5	氨水(26%)	10.1	13.9	35	酚	6.9	20.8
6	二氧化碳	11.6	0.3	36	联苯	12.0	18.3
7	二氧化硫	15.2	7.1	37	萘	7.9	18.1
8	二硫化碳	16.1	7.5	38	甲醇(100%)	12.4	10.5
9	溴	14.2	18.2	39	甲醇(90%)	12.3	11.8
10	汞	18.4	16.4	40	甲醇(40%)	7.8	15.5
11	硫酸(110%)	7.2	27.4	41	乙醇(100%)	10.5	13.8
12	硫酸(100%)	8.0	25.1	42	乙醇(95%)	9.8	14.3
13	硫酸(98%)	7.0	24.8	43	乙醇(40%)	6.5	16.6
14	硫酸(60%)	10.2	21.3	44	乙二醇	6.0	23.6
15	硝酸(95%)	12.8	13.8	45	甘油(100%)	2.0	30.0
16	硝酸(60%)	10.8	17.0	46	甘油(50%)	6.9	19.6
17	盐酸(31.5%)	13.0	16.6	47	乙醚	14.5	5.3
18	氢氧化钠(50%)	3.2	25.8	48	乙醛	15.2	14.8
19	戊烷	14.9	5.2	49	丙酮	14.5	7.2
20	己烷	14.7	7.0	50	甲酸	10.7	15.8
21	庚烷	14.1	8.4	51	乙酸(100%)	12.1	14.2
22	辛烷	13.7	10.0	52	乙酸(70%)	9.5	17.0
23	三氯甲烷	14.4	10.2	53	乙酸酐	12.7	12.8
24	四氯化碳	12.7	13.1	54	乙酸乙酯	13.7	9.1
25	二氯乙烷	13.2	12.2	55	乙酸戊酯	11.8	12.5
26	苯	12.5	10.9	56	氟里昂-11	14.4	9.0
27	甲苯	13.7	10.4	57	氟里昂-12	16.8	5.6
28	邻二甲苯	13.5	12.1	58	氟里昂-21	15.7	7.5
29	间二甲苯	13.9	10.6	59	氟里昂-22	17.2	4.7
30	对二甲苯	13.9	10.9	60	煤油	10.2	16.9

用法举例：求苯在60℃时的黏度，从本表序号26查得苯的$X=12.5$，$Y=10.9$。把这两个数值标在前页共线图的X-Y坐标上得一点，把这点与图中左方温度标尺上50℃的点连成一直线，延长，与右方黏度标尺相交，由此交点定出60℃苯的黏度为0.42mPa·s。

十、101.33kPa 压力下气体的黏度共线图

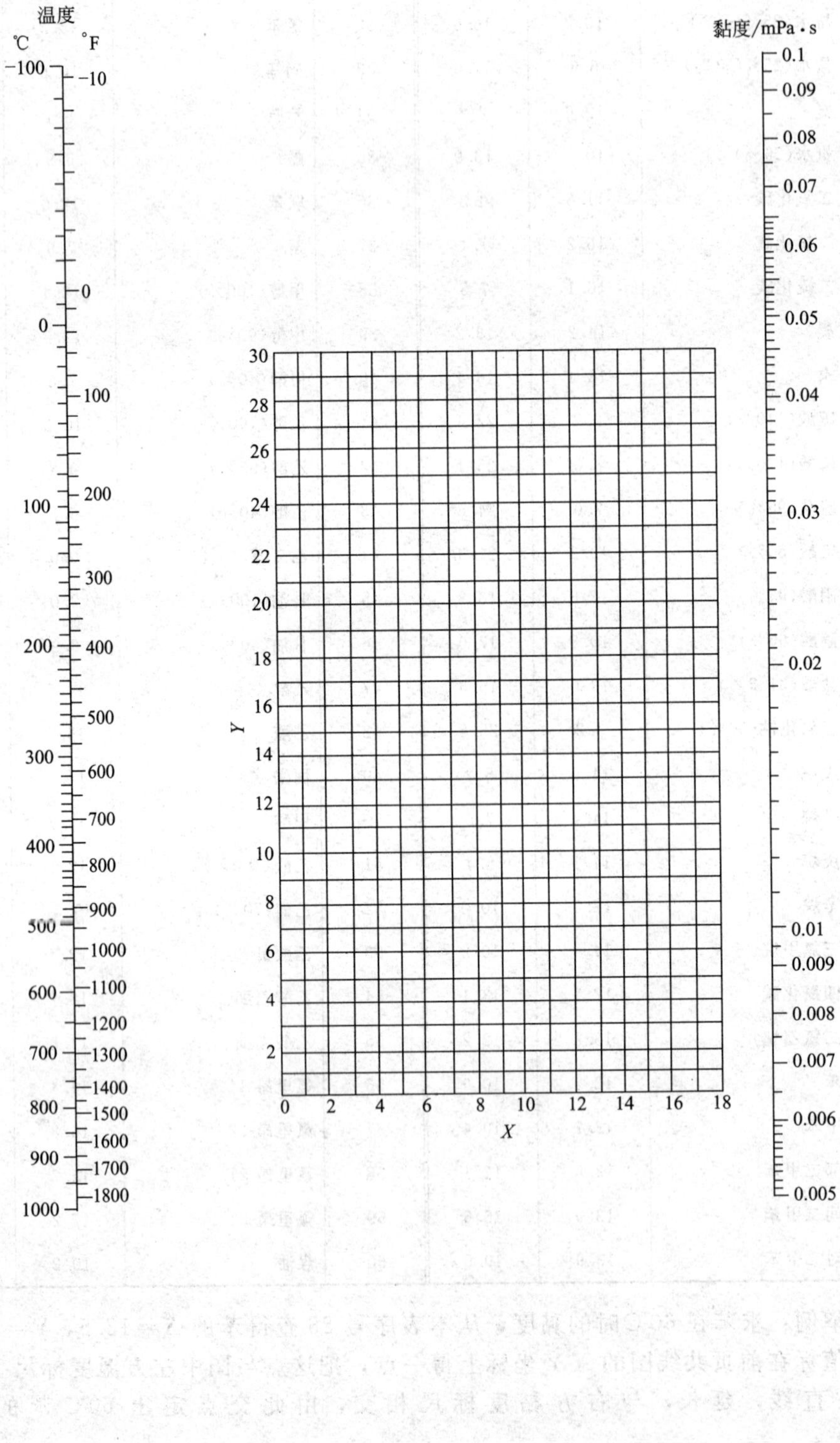

气体的黏度共线图坐标值列于下表

序号	名称	X	Y	序号	名称	X	Y
1	空气	11.0	20.0	21	乙炔	9.8	14.9
2	氧气	11.0	21.3	22	丙烷	9.7	12.9
3	氮气	10.6	20.0	23	丙烯	9.0	13.8
4	氢气	11.2	12.4	24	丁烯	9.2	13.7
5	$3H_2+1N_2$	11.2	17.2	25	戊烷	7.0	12.8
6	水蒸气	8.0	16.0	26	己烷	8.6	11.8
7	二氧化碳	9.5	18.7	27	三氯甲烷	8.9	15.7
8	一氧化碳	11.0	20.0	28	苯	8.5	13.2
9	氦气	8.4	16.0	29	甲苯	8.6	12.4
10	硫化氢	8.6	18.0	30	甲醇	8.5	15.6
11	二氧化硫	9.6	17.0	31	乙醇	9.2	14.2
12	二硫化碳	8.0	16.0	32	丙醇	8.4	13.4
13	一氧化二氮	8.8	19.0	33	乙酸	7.7	14.3
14	一氧化氮	10.9	20.5	34	丙酮	8.9	13.0
15	氟气	7.3	23.8	35	乙醚	8.9	13.0
16	氯气	9.0	18.4	36	乙酸乙酯	8.5	13.2
17	氯化氢	8.8	18.7	37	氟里昂-11	10.6	15.1
18	甲烷	9.9	15.5	38	氟里昂-12	11.1	16.0
19	乙烷	9.1	14.5	39	氟里昂-21	10.8	15.3
20	乙烯	9.5	15.1	40	氟里昂-22	10.1	17.0

十一、液体的比热容

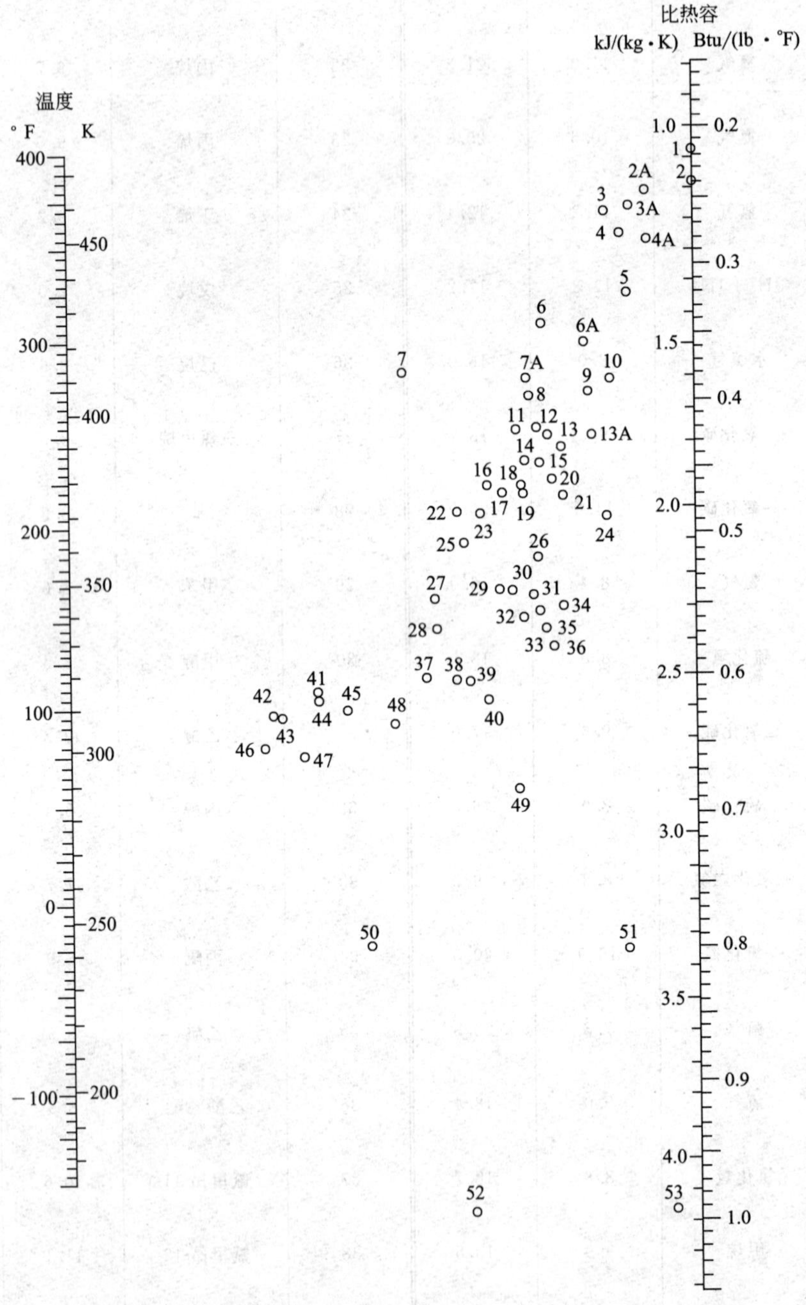
比热容
kJ/(kg·K) Btu/(lb·°F)
温度
°F K
400
450
300
400
200
350
100
300
0
250
−100
200
1.0
0.2
0.3
1.5
0.4
2.0
0.5
2.5
0.6
0.7
3.0
0.8
3.5
0.9
4.0
1.0
1
2
2A
3
3A
4
4A
5
6
6A
7
7A
8
9
10
11
12
13
13A
14
15
16
17
18
19
20
21
22
23
24
25
26
27
28
29
30
31
32
33
34
35
36
37
38
39
40
41
42
43
44
45
46
47
48
49
50
51
52
53

液体比热容共线图中的编号列于下表

编号	名　　称	温度范围/℃	编号	名　　称	温度范围/℃
53	水	10～200	35	己烷	－80～20
51	盐水(25%NaCl)	－40～20	28	庚烷	0～60
49	盐水(25%$CaCl_2$)	－40～20	33	辛烷	－50～25
52	氨	－70～50	34	壬烷	－50～25
11	二氧化硫	－20～100	21	癸烷	－80～25
2	二氧化碳	－100～25	13A	氯甲烷	－80～20
9	硫酸(98%)	10～45	5	二氯甲烷	－40～50
48	盐酸(30%)	20～100	4	三氯甲烷	0～50
22	二苯基甲烷	30～100	46	乙醇(95%)	20～80
3	四氯化碳	10～60	50	乙醇(50%)	20～80
13	氯乙烷	－30～40	45	丙醇	－20～100
1	溴乙烷	5～25	47	异丙醇	20～50
7	碘乙烷	0～100	44	丁醇	0～100
6A	二氯乙烷	－30～60	43	异丁醇	0～100
3	过氯乙烯	－30～140	37	戊醇	－50～25
23	苯	10～80	41	异戊醇	10～100
23	甲苯	0～60	39	乙二醇	－40～200
17	对二甲苯	0～100	38	甘油	－40～20
18	间二甲苯	0～100	27	苯甲醇	－20～30
19	邻二甲苯	0～100	36	乙醚	－100～25
8	氯苯	0～100	31	异丙醚	－80～200
12	硝基苯	0～100	32	丙酮	20～50
30	苯胺	0～130	29	乙酸	0～80
10	苯甲基氯	－20～30	24	乙酸乙酯	－50～25
25	乙苯	0～100	26	乙酸戊酯	－20～70
15	联苯	80～120	20	吡啶	－40～15
16	联苯醚	0～200	2A	氟里昂-11	－20～70
16	导热姆 A(Dowtherm A)(联苯-联苯醚)	0～200	6	氟里昂-12	－40～15
14	萘	90～200	4A	氟里昂-21	－20～70
40	甲醇	－40～20	7A	氟里昂-22	－20～60
42	乙醇(100%)	30～80	3A	氟里昂-113	－20～70

用法举例：求丙醇在47℃(320K) 时的比热容，从本表找到丙醇的编号为45，通过图中标号45的圆圈与图中左边温度标尺上320K的点连成直线并延长与右边比热容标尺相交，由此交点定出320K时丙醇的比热容为2.71kJ/(kg·K)。

十二、101.33kPa压力下气体的比热容

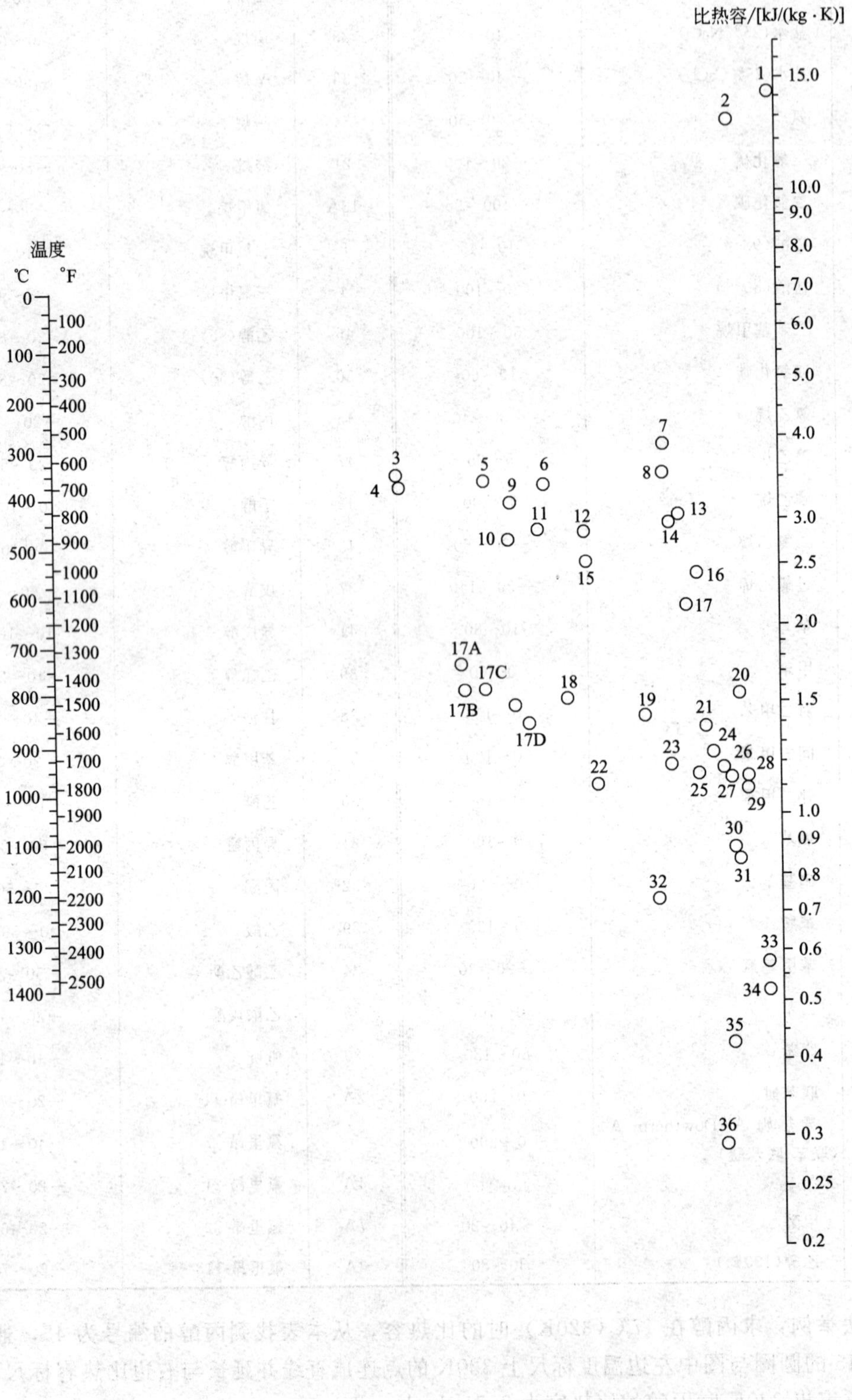

气体比热容共线图中的编号列于下表

编号	气　体	温度范围/K	编号	气　体	温度范围/K
10	乙炔	273～473	1	氢气	273～873
15	乙炔	473～673	2	氢气	873～1673
16	乙炔	673～1673	35	溴化氢	273～1673
27	空气	273～1673	30	氯化氢	273～1673
12	氨	273～873	20	氟化氢	273～1673
14	氨	873～1673	36	碘化氢	273～1673
18	二氧化碳	273～673	19	硫化氢	273～973
24	二氧化碳	673～1673	21	硫化氢	973～1673
26	一氧化碳	273～1673	5	甲烷	273～573
32	氯气	273～473	6	甲烷	573～973
34	氯气	473～1673	7	甲烷	973～1673
3	乙烷	273～473	25	一氧化氮	273～973
9	乙烷	473～873	28	一氧化氮	973～1673
8	乙烷	873～1673	26	氮气	273～1673
4	乙烯	273～473	23	氧气	273～773
11	乙烯	473～873	29	氧气	773～1673
13	乙烯	873～1673	33	硫	573～1673
17B	氟里昂-11(CCl_3F)	273～423	22	二氧化硫	273～673
17C	氟里昂-21($CHCl_2F$)	273～423	31	二氧化硫	673～1673
17A	氟里昂-22($CHClF_2$)	273～423	17	水	273～1673
17D	氟里昂-113(CCl_2F-$CClF_2$)	273～423			

十三、蒸发潜热（汽化热）

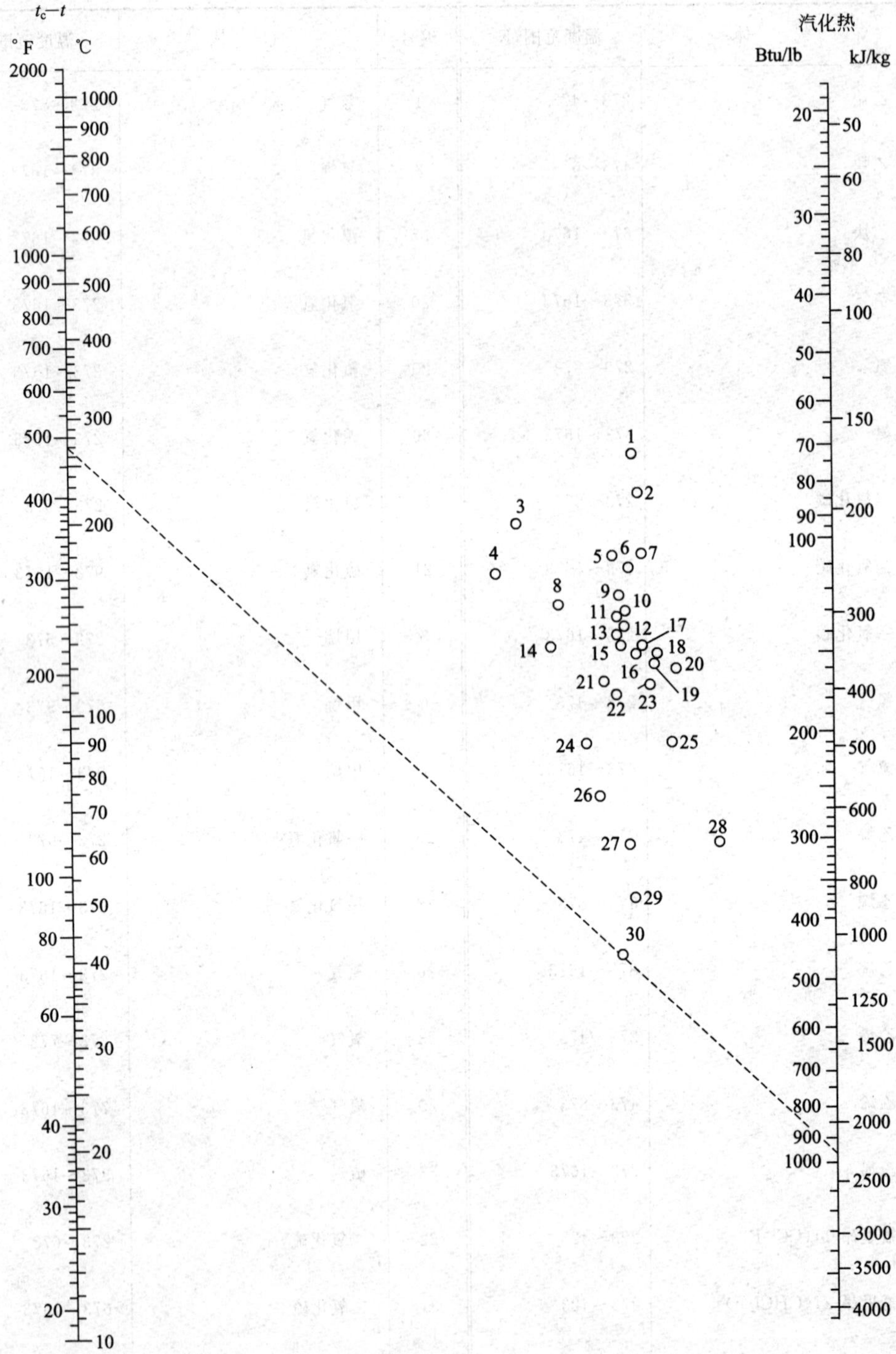
t_c-t
°F
℃
汽化热
Btu/lb
kJ/kg
2000
1000
900
800
700
600
500
400
300
200
100
90
80
70
60
50
40
30
20
10
1
2
3
4
5
6
7
8
9
10
11
12
13
14
15
16
17
18
19
20
21
22
23
24
25
26
27
28
29
30
2500
3000
3500
4000
1250
1500
2000

蒸发潜热共线图中的编号列于下表

编号	化 合 物	范围(t_c-t)/℃	临界温度 t_c/℃
18	乙酸	100～225	321
22	丙酮	120～210	235
29	氨	50～200	133
13	苯	10～400	289
16	丁烷	90～200	153
21	二氧化碳	10～100	31
4	二硫化碳	140～275	273
2	四氯化碳	30～250	283
7	三氯甲烷	140～275	263
8	二氯甲烷	150～250	216
3	联苯	175～400	527
25	乙烷	25～150	32
26	乙醇	20～140	243
28	乙醇	140～300	243
17	氯乙烷	100～250	187
13	乙醚	10～400	194
2	氟里昂-11(CCl_3F)	70～250	198
2	氟里昂 12(CCl_2F_2)	40～200	111
5	氟里昂-21($CHCl_2F$)	70～250	178
6	氟里昂-22($CHClF_2$)	50～170	96
1	氟里昂-113(CCl_2F-$CClF_2$)	90～250	214
10	庚烷	20～300	267
11	己烷	50～225	235
15	异丁烷	80～200	134
27	甲醇	40～250	240
20	氯甲烷	70～250	143
19	一氧化二氮	25～150	36
9	辛烷	30～300	296
12	戊烷	20～200	197
23	丙烷	40～200	96
24	丙醇	20～200	264
14	二氧化硫	90～160	157
30	水	100～500	374

【例】 求100℃水蒸气的蒸发潜热。

解 从表中查出水的编号为30，临界温度 t_c 为374℃，故

$$t_c-t=374-100=274℃$$

在温度标尺上找出相应于274℃的点，将该点与编号30的点相连，延长与蒸发潜热标尺相交，由此读出100℃时水的蒸发潜热为2257kJ/kg。

十四、某些有机液体的相对密度（液体密度与 4℃水的密度之比）

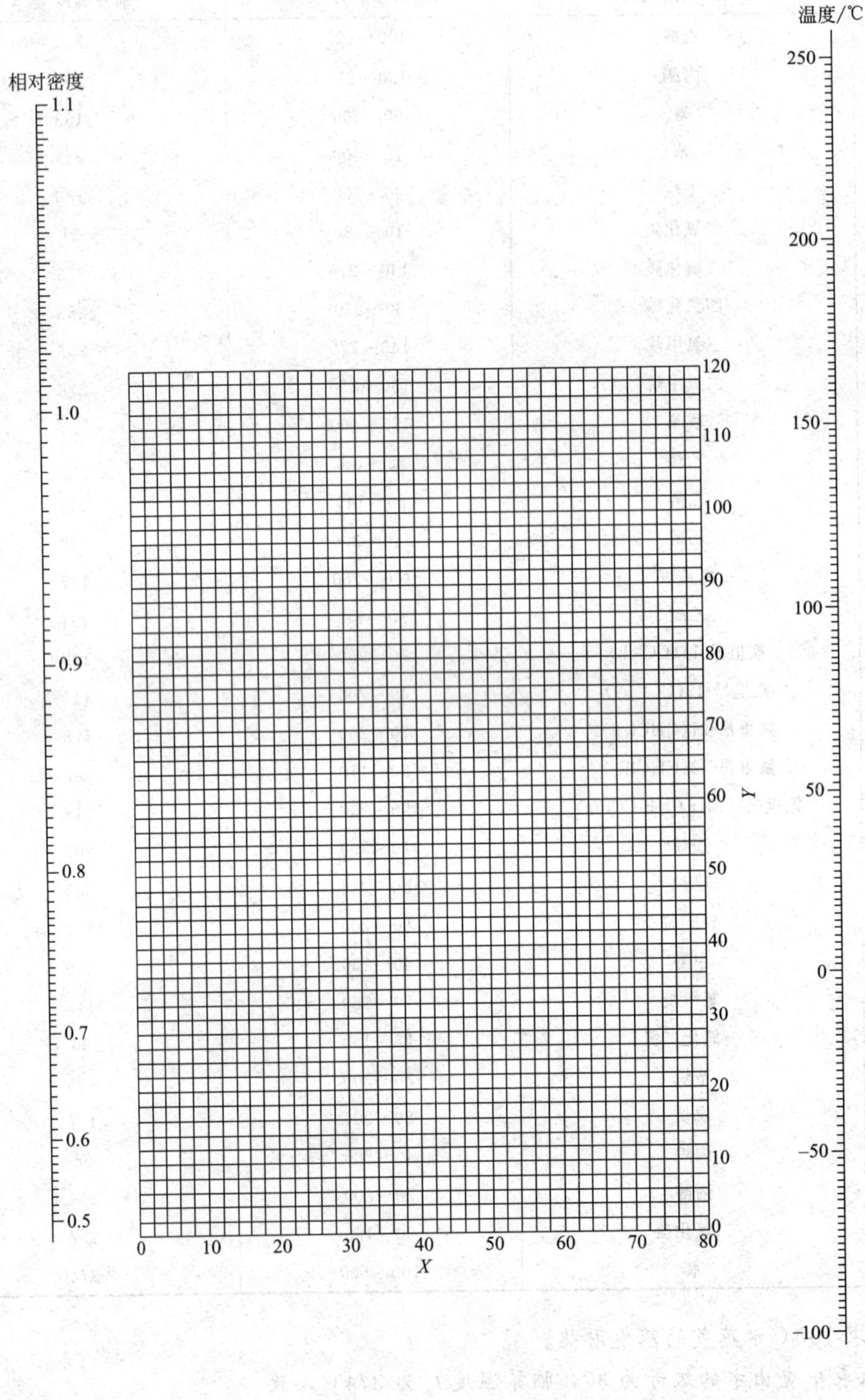

有机液体相对密度共线图的坐标值

有机液体	X	Y	有机液体	X	Y
乙炔	20.8	10.1	甲酸乙酯	37.6	68.4
乙烷	10.8	4.4	甲酸丙酯	33.8	66.7
乙烯	17.0	3.5	丙烷	14.2	12.2
乙醇	24.2	48.6	丙酮	26.1	47.8
乙醚	22.8	35.8	丙醇	23.8	50.8
乙丙醚	20.0	37.0	丙酸	35.0	83.5
乙硫醇	32.0	55.5	丙酸甲酯	36.5	68.3
乙硫醚	25.7	55.3	丙酸乙酯	32.1	63.9
二乙胺	17.8	33.5	戊烷	12.6	22.6
二氧化碳	78.6	45.4	异戊烷	13.5	22.5
异丁烷	13.7	16.5	辛烷	12.7	32.5
丁酸	31.3	78.7	庚烷	12.6	29.8
丁酸甲酯	31.5	65.5	苯	32.7	63.0
异丁酸	31.5	75.9	苯酚	35.7	103.8
丁酸(异)甲酯	33.0	64.1	苯胺	33.5	92.5
十一烷	14.4	39.2	氯苯	41.9	86.7
十二烷	14.3	41.4	癸烷	16.0	38.2
十二烷	15.3	42.4	氨	22.4	24.6
十四烷	15.8	43.3	氯乙烷	42.7	62.4
三乙烷	17.9	37.0	氯甲烷	52.3	62.9
三氯化磷	38.0	22.1	氯苯	41.7	105.0
己烷	13.5	27.0	氰丙烷	20.1	44.6
壬烷	16.2	36.5	氰甲烷	27.8	44.9
六氢吡啶	27.5	60.0	环己烷	19.6	44.0
甲乙醚	25.0	34.4	乙酸	40.6	93.5
甲醇	25.8	49.1	乙酯甲酯	40.1	70.3
甲硫醇	37.3	59.6	乙酸乙酯	35.0	65.0
甲硫醚	31.9	57.4	乙酸丙酯	33.0	65.5
甲醚	27.2	30.1	甲苯	27.0	61.0
甲酸甲酯	46.4	74.6	异戊醇	20.5	52.0

十五、管子规格（摘录）

（一）水、煤气输送钢管（摘自 YB 234—63）

公称直径		外径 /mm	壁厚/mm		公称直径		外径 /mm	壁厚/mm	
mm	in		普通管	加厚管	mm	in		普通管	加厚管
6	1/8	10	2	2.5	40*	1½	48	3.5	4.25
8	1/4	13.5	2.25	2.75	50	2	60	3.5	4.5
10	3/8	17	2.25	2.75	70*	2½	75.5	3.75	4.5
15*	1/2	21.25	2.75	3.25	80*	3	88.5	4	4.75
20*	3/4	26.75	2.75	3.5	100*	4	114	4	5
25	1	33.5	3.20	4	125*	5	140	4.5	5.5
32*	1¼	42.25	3.25	4	150	6	165	4.5	5.5

注：1. YB 234—63“水、煤气输送管”适用于输送水、煤气及采暖系统和结构零件用的钢管。

2.“*”为常用规格，目前 1/2in、3/4in 供应很少。

3. 依表面情况分镀锌的白铁管和不镀锌的黑铁管；依带螺纹与否分带螺纹的锥形或圆柱形螺纹管与不带螺纹的光滑管；依壁厚分普通钢管和加厚钢管。

4. 无螺纹的黑铁管长度为 4～12m；带螺纹的白铁管长度为 4～9m。

（二）普通无缝钢管

1. 热轧无缝钢管（摘自 YB 231—64）

外径 /mm	壁厚/mm		外径 /mm	壁厚/mm		外径 /mm	壁厚/mm	
	从	到		从	到		从	到
32	2.5	8	102	3.5	28	219	6.0	50
38	2.5	8	108	4.0	28	245	(6.5)	50
45	2.5	10	114	4.0	28	273	(6.5)	50
57	3.0	(13)	121	4.0	30	299	(7.5)	75
60	3.0	14	127	4.0	32	325	(8.0)	75
63.5	3.0	14	133	4.0	32	377	9.0	75
68	3.0	16	140	4.5	36	426	9.0	75
70	3.0	16	152	4.5	36	480	9.0	75
73	3.0	(19)	159	4.5	36	530	9.0	75
76	3.0	(19)	168	5.0	(45)	560	9.0	75
83	3.5	(24)	180	5.0	(45)	600	9.0	75
89	3.5	(24)	194	5.0	(45)	630	9.0	75
95	3.5	(24)	203	6.0	50			

注：1. 壁厚（mm）有 2.5、2.8、3、3.5、4、4.5、5、5.5、6、(6.5)、7、(7.5)、8、(8.5)、9、(9.5)、10、11、12、(13)、14、(15)、16、(17)、18、(19)、20、22、(24)、25、(26)、28、30、32、(34)、(35)、36、(38)、40、(42)、(45)、(48)、50、56、60、63、(65)、70、75。

2. 括号内尺寸不推荐使用。

3. 钢管长度为 4～12.5m。

2. 冷拔（冷轧）无缝钢管（摘自 YB 231—64）

外径 /mm	壁厚/mm		外径 /mm	壁厚/mm	
	从	到		从	到
6	0.25	1.6	28	0.40	7.0
8	0.25	2.5	32	0.40	8.0
10	0.25	3.5	38	0.40	9.0
16	0.25	5.0	44.5	1.0	9.0
20	0.25	6.0	50	1.0	1.2
25	0.40	7.0	56	1.0	12

续表

外径/mm	壁厚/mm		外径/mm	壁厚/mm	
	从	到		从	到
63	1.0	12	110	1.4	12
70	1.0	14	120	(1.5)	12
75	1.0	12	130	3.0	12
85	1.4	12	140	3.0	12
95	1.4	12	150	3.0	12
100	1.4	12			

注：1. 壁厚(mm)有 0.25、0.3、0.4、0.5、0.6、0.8、1.0、1.2、1.4、(1.5)、1.6、1.8、2.0、2.2、2.5、2.8、3.0、3.2、3.5、4.0、4.5、5.0、5.5、6.0、6.5、7.0、7.5、8.0、8.5、9.0、9.5、10、12、(13)、14。

2. 钢管长度：壁厚≤1mm，长度为 1.7～7m；

壁厚＞1mm，长度为 1.5～9m

十六、离心泵规格（摘录）

（一）IS 型单级单吸离心泵性能表（摘录）

型号	转速 n /(r/min)	流量		扬程 H /m	效率 η /%	功率/kW		必需汽蚀余量 $(NPSH)_r$ /m	质量(泵/底座)/kg
		m^3/h	L/s			轴功率	电机功率		
IS80-50-250	2900	30	8.33	84	52	13.2	22	2.5	90/110
		50	13.9	80	63	17.3		2.5	
		60	16.7	75	64	19.2		3.0	
	1450	15	4.17	21	49	1.75	3	2.5	90/64
		25	6.94	20	60	2.22		2.5	
		30	8.33	18.8	61	2.52		3.0	
IS80-50-315	2900	30	8.33	128	41	25.5	37	2.5	125/160
		50	13.9	125	54	31.5		2.5	
		60	16.7	123	57	35.3		3.0	
	1450	15	4.17	32.5	39	3.4	5.5	2.5	125/66
		25	6.94	32	52	4.19		2.5	
		30	8.33	31.5	56	4.6		3.0	
IS100-80-125	2900	60	16.7	24	67	5.86	11	4.0	49/64
		100	27.8	20	78	7.00		4.5	
		120	33.3	16.5	74	7.28		5.0	
	1450	30	8.33	6	64	0.77	1	2.5	49/46
		50	13.9	5	75	0.91		2.5	
		60	16.7	4	71	0.92		3.0	
IS100-80-125	2900	60	16.7	36	70	8.42	15	3.5	69/110
		100	27.8	32	78	11.2		4.0	
		120	33.3	28	75	12.2		5.0	
	1450	30	8.33	9.2	67	1.12	2.2	2.0	69/64
		50	13.9	8.0	75	1.45		2.5	
		60	16.7	6.8	71	1.57		3.5	
IS100-65-200	2900	60	16.7	54	65	13.6	22	3.0	81/110
		100	27.8	50	76	17.9		3.6	
		120	33.3	47	77	19.9		4.8	
	1450	30	8.33	13.5	60	1.84	4	2.0	81/64
		50	13.9	12.5	73	2.33		2.0	
		60	16.7	11.8	74	2.61		2.5	

续表

型号	转速 n /(r/min)	流量		扬程 H /m	效率 η /%	功率/kW		必需汽蚀余量 $(NPSH)_r$ /m	质量(泵/底座)/kg
		m^3/h	L/s			轴功率	电机功率		
IS100-65-250	2900	60	16.7	87	61	23.4	37	3.5	90/160
		100	27.8	80	72	30.0		3.8	
		120	33.3	74.5	73	33.3		4.8	
	1450	30	8.33	21.3	55	3.16	5.5	2.0	90/66
		50	13.9	20	68	4.00		2.0	
		60	16.7	19	70	4.44		2.5	

（二）Y型离心油泵性能表

型号	流量 /(m^3/h)	扬程/m	转速 /(r/min)	功率/kW		效率/%	汽蚀余量/m	泵壳许用应力/Pa	结构形式	备注
				轴	电机					
50Y-60	12.5	60	2950	5.95	11	35	2.3	1570/2550	单级悬臂	
50Y-60A	11.2	49	2950	4.27	8			1570/2550	单级悬臂	
50Y-60B	9.9	38	2950	2.39	5.5	35		1570/2550	单级悬臂	
50Y-60×2	12.5	120	2950	11.7	15	35	2.3	2158/3138	两级悬臂	
50Y-60×2A	11.7	105	2950	9.55	15			2158/3138	两级悬臂	
50Y-60×2B	10.8	90	2950	7.65				2158/3138	两级悬臂	
50Y-60×2C	9.9	75	2950	5.9	8			2158/3138	两级悬臂	
65Y-60	25	60	2950	7.5	11	55	2.6	1570/2550	单级悬臂	
65Y-60A	22.5	49	2950	5.5	8			1570/2550	单级悬臂	
65Y-60B	19.8	38	2950	3.75	5.5			1570/2550	单级悬臂	
65Y-100	25	100	2950	17.0	32	40	2.6	1570/2550	单级悬臂	泵壳许用应力内的分子表示第Ⅰ类材料相应的许用应力数，分母表示第Ⅱ Ⅲ类材料相应的许用应力数
65Y-100A	23	85	2950	13.3	20			1570/2550	单级悬臂	
65Y-100B	21	70	2950	10.0	15			1570/2550	单级悬臂	
65Y-100×2	25	200	2950	34	55	40	2.6	2942/3923	两级悬臂	
65Y-100×2A	23.3	175	2950	27.8	40			2942/3923	两级悬臂	
65Y-100×2B	21.6	150	2950	22.0	32			2942/3923	两级悬臂	
65Y-100×2C	19.8	125	2950	16.8	20			2942/3923	两级悬臂	
80Y-60	50	60	2950	12.8	15	64	3.0	1570/2550	单级悬臂	
80Y-60A	45	49	2950	9.4	11			1570/2550	单级悬臂	
80Y-60B	39.5	38	2950	6.5	8			1570/2550	单级悬臂	
80Y-100	50	100	2950	22.7	32	60	3.0	1961/2942	单级悬臂	
80Y-100A	45	85	2950	18.0	25			1961/2942	单级悬臂	
80Y-100B	39.5	70	2950	12.6	20			1961/2942	单级悬臂	
80Y-100×2	50	200	2950	45.4	75	60	3.0	2942/3923	单级悬臂	
80Y-100×2A	46.6	175	2950	37.0	55	60	3.0	2942/3923	两级悬臂	
80Y-100×2B	43.2	150	2950	29.5	40				两级悬臂	
80Y-100×2C	39.6	125	2950	22.7	32				两级悬臂	

注：与介质接触的且受温度影响的零件，根据介质的性质需要采用不同性质的材料，所以分为三种材料，但泵的结构相同。第Ⅰ类材料不耐腐蚀，操作温度在－20～200℃之间，第Ⅱ类材料不耐硫腐蚀，操作温度在－45～400℃之间，第Ⅲ类材料耐硫腐蚀，操作温度在－45～200℃之间。

十七、无机盐水溶液在101.33kPa压力下的沸点

水溶液 \ 温度/℃	101	102	103	104	105	107	110	115	120	125	140	160	180	200	220	240	260	280	300	340
	溶液的含量/%（质量分数）																			
$CaCl_2$	5.66	10.31	14.16	17.36	20.00	24.24	29.33	35.68	40.83	45.80	57.89	68.94	75.86							
KOH	4.49	8.51	11.97	14.82	17.01	20.88	25.65	31.97	36.51	40.23	48.05	54.89	60.41	64.91	68.73	72.46	75.76	78.95	81.63	86.63
KCl	8.42	14.31	18.96	23.02	26.57	32.02		（近于108.5℃）												
K_2CO_3	10.31	18.37	24.24	28.57	32.24	37.69	43.97	50.86	56.04	60.40	66.94		（近于133.5℃）							
KNO_3	13.19	23.66	32.23	39.20	45.10	54.65	65.34	79.53												
$MgCl_2$	4.67	8.42	11.66	14.31	16.59	20.32	24.41	29.48	33.07	36.02	38.61									
$MgSO_4$	14.31	22.78	28.31	32.23	35.32	42.86		（近于108℃）												
NaOH	4.12	7.40	10.15	12.51	14.53	18.32	23.08	26.21	33.77	37.58	48.32	60.13	69.97	77.53	84.03	88.89	93.02	95.92	98.47	（近于314℃）
NaCl	6.19	11.03	14.67	17.69	20.32	25.09	28.92													
$NaNO_3$	8.26	15.61	21.87	27.53	32.43	40.47	49.87	60.94	68.94											
Na_2SO_4	15.26	24.81	30.73	31.83		（近于103.2℃）														
Na_2CO_3	9.42	17.22	23.72	29.13	33.86															
$CuSO_4$	26.95	39.98	40.83	44.47	45.12		（近于104.2℃）													
$ZnSO_4$	20.00	31.22	37.89	42.92	46.15															
NH_4NO_3	9.09	16.66	23.08	29.03	34.21	42.53	51.92	63.24	71.26	77.11	87.09	93.20	96.00	97.61	98.84	100				
NH_4Cl	6.10	11.35	15.96	19.80	22.89	28.37	35.98	46.95												
$(NH_4)_2SO_4$	13.34	23.14	30.65	36.71	41.79	49.73	49.77	53.55		（近于108.2℃）										

注：括号内的温度指饱和溶液的沸点。

参 考 文 献

[1] 柴成敬等．化工流体流动与传热．北京：化学工业出版社，2000.

[2] 蒋维钧等．化工原理（上册）．第2版．北京：清华大学出版社，2002.

[3] 陆美娟．化工原理（上、下册）．北京：化学工业出版社，2001.

[4] 中国石化集团上海工程有限公司．化工工艺设计手册（上、下册）．第3版．北京：化学工业出版社，2003.

[5] 天津大学化工原理教研室．化工原理（上、下册）．天津：天津科学技术出版社，1989.

[6] 梁中英．化工原理．北京：中国医药科技出版社，2002.

[7] 俞子行．制药化工过程及设备．第2版．北京：中国医药科技出版社，1998.

[8] 金德仁．化工原理．北京：化学工业出版社，1987.

[9] 张弓．化工原理（上、下册）．北京：化学工业出版社，2000.

[10] 贾绍义，柴诚敬．化工传质与分离过程．北京：化学工业出版社，2001.

[11] 崔克清．化工单元运行安全技术．北京：化学工业出版社，2006．

[12] 周国良等．泵技术问答．北京：化学工业出版社，2009.

[13] 初志会，金鹤等．换热器技术问答．北京：化学工业出版社，2009．

[14] 赫军令等．塔设备技术问答．北京：化学工业出版社，2009.

[15] 姚玉英等．化工原理学习指南．天津：天津大学出版社，2003.

[16] 疋田晴夫．化学工学通論Ⅰ．東京：朝倉書店，1984.